セオドア・M・ポーター

数値と客観性

科学と社会における信頼の獲得

藤垣裕子訳

みすず書房

TRUST IN NUMBERS

The Pursuit of Objectivity in Science and Public Life

by

Theodore M. Porter

First published by Princeton University Press, New Jersey, 1995

Japanese translation rights arranged with
Princeton University Press, New Jersey through
The English Agency (Japan) Ltd. Tokyo

目次

日本語版（二〇一三年）への序

一九九五年に本書『数値と客観性』の初版が英語で出版されたとき、計測、統計、計算といったトピックは、歴史学や社会科学の研究テーマとしてはまだ発展の初期段階にあった。しかし幸運なことに、私は最初からよい師と同僚に恵まれた。イアン・ハッキングは先駆的な著書『確率の出現』（一九七五）を仕上げたばかりだったが、まったくの偶然から私はスタンフォード大学の学生だった頃、近代哲学に関する彼の授業に出席していた。とはいえ彼が講義のなかでこの仕事に言及していたとしても、私は四年後にプリンストン大学で統計学史に関する博士論文に着手したとき、その本を思い出すことはできなかっただろう。さらに幸運なことに、私はチャールズ・ギリスピーに卒業論文の指導を受けたが、彼がこの本のことをよく知っていたのである。ギリスピーからは、ハッキングによる十九世紀についての関連研究（一九九〇年に『偶然を飼いならす』〔石原・重田訳、木鐸社、一九九九〕という本になる）があることを教わった。その一、二週間後に、私はチャールズ・ギリスピー自身の確率と政治と科学に関する重要論文にたどり着いたが、それらのうち最初のものはすでに一九六三年に出版されていた。

プリンストン大学でのもうひとりの師はトマス・クーンで、すでに一九六一年に、定量化の歴史にとりくんだ「現代物理科学における計測の機能」という論文を『アイシス』誌に発表していた。これは定量化の歴史に力をそそいだものである。『科学革命の構造』（一九六二）〔中山茂訳、みすず書房、一九七一〕で鍵になる議論のいくつかは、ここではじめて考察されたのだったが、その論文も著書も、定量化についての歴史的・社会的・哲学的関心をほとんど呼び起こさなかった。およそ二十年後にようやく、ドイツの哲学者ローレンツ・クリューガーが、クーンの『科学革命の構造』と、ハッキングの偶然についての研究に触発されて、ビーレフェルト大学の学際研究センターで、

「確率革命」についての一年間の研究プロジェクトを組織したのである。またしても幸運なことに、私はこのプロジェクトに参加することができ、一九八二―八三年のその期間、土壇場で得た助成金が新しい研究資金になった。われわれの研究の集大成が『確率革命』という二巻本で世に出た一九八七年までには、このテーマは注目を集めるようになっていた。その兆候のひとつは、二巻のうち歴史的論考を収めた巻がすぐに日本語訳され、一九九一年に刊行されたことである〔『確率革命――社会認識と確率』近・木村・長屋・伊藤・杉森訳、梓出版社〕。

私の最初の本『統計学と社会認識』は、ビーレフェルト大学での二冊とその他の研究によってこのテーマが注目を浴び始めていたことで恩恵を受けた。一九八六年に出版され、一九九五年に近昭夫ほか三名の共訳者によって日本語となった〔『統計学と社会認識――統計思想の発展一八二〇―一九〇〇年』長屋・近・木村・杉森訳、梓出版社〕。しかし、この本のもとになった博士論文を一九八一年に仕上げて以後、この本をほぼ書き終えるまでのあいだずっと、数や計測や統計の歴史を明らかにする学術研究がたちあがる気配は感じられなかった。実際、私が最初にこのトピックの可能性を感じたのは、はるか以前の一九〇四年に出版されたジョン・セオドア・メルツの大著『十九世紀ヨーロッパ思想の歴史』の第二巻「自然についての統計的見地」の章によってである。

『数値と客観性』に関しては状況がまるで違っていた。プロジェクトが形になりつつあった一九八三年頃から一九九〇年までのあいだに、私は数と統計に関する新しい展望に遭遇する機会にいたるところで恵まれたようである。この短い序のなかで長いリストを掲げるのは無意味なことだろうが、幾人かの同僚研究者の名前をあげることで、わがトピックに何がおこったのかをいくらかでも伝えることができるだろう。ビーレフェルトのグループの重要なメンバーには、近代ヨーロッパの確率理論を研究していたロレーヌ・ダストン、経済学史を研究していたメアリー・モーガン、物理学史を研究していたノートン・ワイズがいる。また、イアン・ハッキングと統計学者スティーヴン・スティグラーもおり、スティグラーはビーレフェルトのわれわれのところも訪ねてくれ、また、私の博士論文を最初から手伝ってくれていた。ドナルド・マッケンジーとバーナード・ノートンもビーレフェルトに滞在した。ダニエル・ケヴレスは私の二年のポスドク期間をカリフォルニア工科大学で受け容れてくれ、優生学の歴史との関係で統計について書いた。ビーレフェルト時代とその直後、私はパリの研究者たち、マリー・ノエル・ブルゲ、エリック・ブリアン、ベルナー学院生として訓練をつんだとき、多くの学者は自然科学とくに物理学のなかでの理論の発展に力点をおいていた。一九九〇年までに、物理学と同様に生物学が、実験室や実験が急激に優位性を増していくなかで重要となっていった。私の最初の本では物理学や生物学のなかの「統計的思考」について多く論じていたが、私の研究の軌跡は社会科学の歴史の方向へ深くふみこんで展開した。実際、犯罪や貧困や病気そして人口動態を計測し制御しようとするやっかいな官僚的努力の研究へ到達した。この到達点は、一九六二年に社会科学における定量化の歴史をめぐって研究会が開かれたときの動機からは非常に遠く離れている。このときの組織者は、トマス・クーンを招き、物理学の理論や実験の基礎として定量化が成功した秘密を解き明かしてくれることを期待した。ここで強調しなくてはならないことだが、クーンは会議の前提に沿うことはせず、代わりに、明確な理論的な概念をもつまでは会計も測定も社会科学に何ももたらさないだろうと主張した。しかし多くの統計学は、理論をもたず、政治や行政に関する具体的問題を把握する試みであることを私は学びつつあった。そしてこのような取り組みは統計物理学へインスピレーションを提供しさえしていたのである。

一九八六年には、私はまだ、社会統計や経済統計は社会科学とくに政治学の中でも、とりわけ経済学の周辺にあると考えていた。彼らはみな社会科学高等研究院のマルク・バルビュによる確率と統計の歴史研究セミナーに多かれ少なかれ密接に関係していた。ロンドン・スクール・オブ・エコノミクス（LSE）に招かれて、私はアンソニー・ホップウッド、ピーター・ミラー、マイケル・パワーら会計社会学と会計史の研究者に出会った。デューク大学の経済学史研究者の何人かは、メアリー・モーガン（LSEの経済史学者）のもとで、理論を越えて実証的定量的方法を試みようとする研究活動に参加した。心理テストが心理学における統計的手法の歴史を研究するための核となり、治験という問題が疫学や公衆衛生学とともに、医学における計測と統計の歴史を研究する上での研究の焦点となりつつあった。私にとっては主に背景をなし、多くのひとにとっては前景をなすのが、近年亡くなったミシェル・フーコーの圧倒的存在である。フーコーの名は実際いまでも、人間科学の歴史と同義語である。

『数値と客観性』はこれらの学者そして他の学者に、概念化および多くの実証的資料において負うところがきわめて大きい。この流れを探究する上で、私は科学史の分野のコアから、あるいは科学史の分野のコアが当時あった場所から遠くへきてしまった。私が科学史の分野で大会科学を物理学のようにするための努力であると考えていた。しかし、ビーレフェルトで私が参加した知的な議論のなかで、基礎科学の規範に関する内容はどんどん減っていった。行政府の実践に関わる定量家にとって、真実はいいことだろう。しかし彼らは「客観性」の形式を追い求めているのであり、その客観性は「信頼」の基礎を確立できるかどうかにまず本質的にかかっているのである。そういったことを私は探究しはじめた。基本的な信頼は、すでに確立された学問分野ではそれほど問題ではなく、少なくとも強力な利害関係者に影響を与えるような政策的助言をしないかぎりは、さして問題にならない。しかし、会計や教育計量学や公共事業計画といった定量的な分野では、厳格な一様性から離脱することは、鎧甲《よろいかぶと》の隙間のようにまさに敵がつけこむ隙となるのである。このような状況下では、分をわきまえた同僚同士のゆるやかな合意程度では、公共の信頼を確立するに十分ではない。そのような官僚的な努力こそが、厳格な標準化をもっとも強力に推進してきたのである。「数値を信頼する」という言葉で、私は、社会で広く無差別に数字が好まれていることを意味しているわけではない。誤りや偏見や不正によってエキスパート・ジャッジメントが損なわれていると主張する人々の疑いを解くために、計測と計算の高度に標準化された手続きに頼ろうとする必要性を、意味しているのである。

本書は、数値に対する信頼に関する歴史的論理を、一九三〇年代から一九六〇年代にかけてアメリカで開発された費用便益分析の方法との関係においてもっともよく分析している。この時代は、水資源管理の規模が大幅に拡張された時代である。電気会社、鉄道会社といった企業の利益や省庁間の利益からの挑戦に直面して、これらの計算をつくった技術者たちの間に合わせの方法は系統化される必要があり、より詳細にわたって説明される必要があったのである。技術当局は、ますます管理することが難しくなった計算の政治的問題に対処するために、このプロセスに経済学者をはじめとする社会科学者を起用した。私は、規則を徹底的に細分化するアメリカ流のやり方を、一世紀前のフランスの国家技術者をめぐる環境と比較した。フランスもまた計画のための経済的道具を開発したが、より高度なエリートからなる土木局は、この政治的挑戦をより非公式な形で管理し、行政的な権力と専門家の特権を防御することができたのである。

東日本大震災とフクシマの原子力発電所事故から二年後の二〇一三年に日本語版が出版されることを想うと、本書が技術者に焦点をあてていることは、たいへん的を射たものに見えることだろう。しかし被災地でいっそう直接的に論点となっているのは、コストに対する便益比というより、リスクの定量化である。公共的意思決定の道具としてのリスク計測の技術は、いまや少なくとも費用便益分析なみに洗練されている。日本の原子力技術者は、アメリカの技術者が直面したような世間一般による監視の目からは、驚くほど切り離されていた。このことは、彼らの実践してきた定量化の形式に反映されているに違いないと私は考えている。アメリカ式の計画立案と計算は明らかにオープンネス（公開性）が高いが、そのことがより高い安全基準をもたらすのかどうか、重要な問いではあるけれども私には答えられない。疑わしく思う理由はある。アメリカの原子力産業の人目をひく公式ウェブサイトは、アメリカの原子炉のすばらしい安全性を謳うばかりで、震災までは世界のモデルと目されていた日本のシステムが失敗したことを、それによって自国の安全評価を見直さなければならないかもしれないにもかかわらず、認めようとしていない。リスク心理学の専門家にとって、原子炉は長らく、素人の非合理性を示す格好の例と見なされてきた。というのも普通のひとびとは「あらゆる証拠」にもかかわらず、巨大原子力発電所のほうが自転車や家電製品の危険性より不安であると一貫して言い募ってきたからだ。公衆の疑念を和らげ、疑いのかけられた事柄を取り扱うには、まず、数値や計算が動員されるだろう。

本書が一九九五年に出版されてから、数値や計測や統計学の社会的歴史的分析は広く拡大した。ごく簡単にウェブ検索するだけで、関連文献の多さからそのことが容易に確認できるだろう。『数値と客観性』は、専門分野になってはいないが、むしろ社会科学、人文学、その他の専門分野の広がりのどこかに専門領域をもつひとびとの「交差点」となっている。科学のなかでの統計という数学的道具の使用から、私は統計史の研究をはじめたが、その地点は本書の扱う広い研究のなかではほんの一部分でしかない。代わりに、国籍と民族性、医学と公衆衛生、貧困と失業、学校全体の成績と生徒個人の成績、刑務所と犯罪、といったものの分類と計測に関する豊かな研究群を見いだすことができる。患者や労働者を律するのと同様、専門家や管理者を律するために統計的指標を使うこと、均等で精巧なシステムを用いた人と組織のランクづけをすることは、権力の道具としての計測の役割を例示している。コンピューターの果たす役割のとてつもない拡大や、インターネット、また情報処理・情報保存・情報交換の形式の多様化によって、新しいビッグ・データの領域が形づくられるようになった。それは、私たちが小さな画面でソリティアを楽しんだり、すぐ傍らにひとがいるのを無視して遠く離れたひとびととチャットに興じたりしているだけのつもりでいる間にも、私たちひとりひとりの情報がひそかに集められ、それが私たちに物を買わせたり、あるいは何かしらの行動をとらせるような戦略につながるビッグ・データの時代を形成しつつあるのである。数値の力を基礎づけるのは、距離を越える技術、標準化された手続きである。それらは、ローカルノレッジや信頼や知恵を前提としたものの考え方への依存度を小さくしてくれる。と同時に、標準化しルーティン化する努力は、それ自体の弱みを、新しいごまかしの機会というかたちでつくりだすのである。数値は現在、いたるところに存在し、私たちがおこなうほとんどすべての活動と密接に関係している。したがって、数値、統計、計測は、人文学や社会科学における問いの焦点として、重要性をそう簡単に失うことはないだろうと私は確信している。

最後になったが、日本語版の出版を可能にしてくれたみすず書房と、出版の話を進め翻訳の労をとられた藤垣裕子氏に感謝申し上げる。

セオドア・M・ポーター

カリフォルニア大学ロサンゼルス校にて

二〇一二年九月二十三日

序

今日私たちは、科学を賞賛と危惧の入り混じった目で見ている。ごく最近まで英語圏の科学史家たちは、科学の力を懸念するというよりは、科学の要求に憤慨する傾向があった。ここでいう憤慨とは、敬意から生まれたものである。カール・ポパーとアレクサンドル・コイレは、特に一九五〇年代にはじまった科学哲学と科学史の光り輝く伝統をかたちづくった人物である。彼らの一致した意見は、科学とは思考であり理論であるというものであった。コイレは、手や道具を使った実験より、思考実験の方を重視していた。そして、もしガリレオがどんな実験であれすべて実行していたとしたらどうなっていただろうと思案していたことは有名である。ポパーは、実験は理論を反証することができると認めた。しかし、科学の真の仕事は、理論が的確に明言されたときになされると考えていた。実験者は、理論が指示することをただ単に実行するだけであった。コイレとポパーは、科学を知的で哲学的な偉業の見本として称えた。どちらも、科学が技術といっそう深く関わることができたはずだと考えるべき理由を提供しなかった。まして科学史家や科学哲学者の序列的な発想からは、社会科学が真に有力であるとは考えなかった。

以上のような科学と技術の関係に関する問題は、科学の変革に対する「エクスターナリスト」と「インターナリスト」の相対的価値に関する熱い（現在では、空虚で一貫しないようにみえる）論争とはまったく別のことを喚起した。議論するどころか多くの専門家は、科学が、工学や生産物や管理といったことと関係するとはほとんど見なしていなかった。ふりかえってみると、私の大学院の訓練は、より思考的な側面を形づくるための機会を十分に提供してくれた。私の教師たちは、科学研究は主に理論を追求するのだという見方には限界があることを私より先に学んでいた。それでも、大学院生時代の私は、同世代の科学史家と同じく、科学と技術、あるいは科学と行政や管理の専門知とは広範に結びついており、その結びつきが本質的にまやかしをふくんでいると考えていた。それらの結びつきは、科学を現実より実践的なものに見せ、かつ「応用」を現実の姿より知的なものに見せることによって、科学と技術、あるいは科学と行政の専門知の双方に不相応な信頼をもたらしたと考えていた。

この種の批判が、本書の構想の原点をなしている。私は、新古典派経済学という社会科学分野においてもっとも数学的な分野――実際、すべての分野のなかでもっとも数学的な可能性もある――の歴史を分析しようと計画した。経済学は、非常に抽象的な数学にもっとも価値をおいている。しかし経済学者たちはどういうわけか、経済学という分野が、財界や政府に対してより効果的な管理のやり方を示唆できる分野であるというイメージを持ちつづけている。私は、経済学と政策との関係の分析を通して、アカデミックな経済学がスポーツのようなもので、経済的実践には何の示唆も与えないことを示そうと考えた。

しかし、これらは本書の内容ではない。新古典派の経済学はすでに多くの批判者がおり、彼らの方が私が努力してももちえない、より多くの知識をもっていることに私はすぐに気づいた。また、経済学という分野には、私が認識していたより多様なツール、目的、実践があるということも学んだ。予測や政策提案を裏づけるため経済学で用いる数学と実践の関係については、より深い考察が必要であるといまでも思っているが、これは私がすべき仕事ではない。いずれにせよ、数学と政策はほとんど独立したものではないかという私の初期の疑いは、歴史学的な研究計画を立てるのを困難にした。まして歴史学的な研究計画の妥当性を示すことは、その短所を示すことよりもさらに難しかった。事実、もし新古典派の数学が実際の経済と無関係であったなら、私が考える経済学と政策とのあいだにある歴史は、無の歴史になってしまう。

そこで、私は異なる方針をとった。一歩譲って特に二十世紀になって、科学と技術の相互浸透性は疑う余地がない。科学と技術ほどではないが、社会についての知識と社会政策の相互浸透も深まってきている。現代社会において定量的方法の威信と力はどのように説明されるのだろう。たいていは擁護する側も批判する側も、同様にこう答えるだろう。定量化は、自然を対象とした研究において成功した結果、社会や経済の探求にもぜひとも求められるようになったのだと。私はこの答えに満足しない。この答えはまったく空虚であるとはいえないが、きわめて重大な疑問をいくつか喚起する。なぜ、星や分子や細胞の研究で成功した方法が、人間社会の研究でも魅力的なモデルと考えられるようになったのだろうか。そして実際、定量化が自然科学のなかで広く普及していることをどのように理解すればよいのだろう。本書では、逆の方向から考えることの有効性を示したいと思う。なぜビジネスや政府の活動、社会科学研究において定量化が極度の魅力をもつのかを理解したとき、逆に物理化学や生態学で定量化が果たしている役割について新しい知見が得られるだろう。

　本書の方法は、まず数字・グラフ・数式をコミュニケーションの道具としてとらえることである。数字・グラフ・数式は、共同体の形式と切っても切れない関係にあり、それゆえに研究者の社会的アイデンティティとも切り離せない関係にある。このように論じることによって、数字・グラフ・数式が、記述しようとする対象に対して妥当ではない、と言いたいわけではない。また、科学が数字・グラフ・数式なしにうまくいくのだ、と言いたいわけでもない。前者は単に間違っており、後者はばかげていて無意味である。しかし、今日の世界に遍在する数字や量的な表現のうち、自然法則を具現化するように見えるものはほんの一部であり、まして外界について完全で正確な描写ができているものは、さらにわずかである。定量的表現は、なじみのある標準化された形式で結果を伝えるために使われる。あるいは、遠く離れていても理解できるような方法で、仕事がどのようになされたかを説明するために使われる。定量的表現は、数多くの複雑な事象や相互作用を便宜的に要約する。一方、土地固有の言葉もまたコミュニケーションに用いることができる。では、数量化表現に特徴的なことは何だろうか。

　この重要な問いに対する私の答えを要約すると、定量化とは距離を越える技術であるということである。数学の言語は、高度に構造化され、規則に制約されており、使うひとに厳しい規律を強要する。その規律は世界の大部分においてほぼ一様である。この規律は自動的にできたわけではない。特に教育するプロセスで厳格な規律たろうとしたがゆえにできたのであり、この規律がある程度現代数学をかたちづくってきた[1]。また、個人的あるいは非公式の場面では、定量的技法の厳格さと一様性は姿を消す。しかし、公的な場面、そして科学的に使用される場面では、数学は（おそらくは法よりも）、長いあいだ厳格さと普遍性とほぼ同義語になってきた。数値を収集し操作する規則は広く共有されているので、簡単に海を渡り、大陸を横断して、さまざまな活動を調整し、争いを解決することに使われる。おそらくもっとも重大なことは、数値や定量的操作を信頼することによって、個人に由来する深い知識や信頼が最小限にしか必要とされなくなることである。定量化は、局地的な共同体の境界を越え出るコミュニケーションに、たいへん適しているのである。高度に規律化された言説は、その言説を生み出す個人に依らない知識生産を助長する。

この最後の一文こそが、私が基礎とする客観性の定義である。哲学的な見地から言えば、これは弱い定義である。これは、自然の真理に関して何も意味しない。むしろこの定義は、判断を排除すること、つまり主観との闘いにより関係がある。この没個人性というのは、長いこと科学の特徴の一つとして扱われてきた。本書はこの考え方をおおむね支持している。また、この考え方こそが、現代政治の場面で、科学的であることの権威をもっともよく説明するという立場をとる。しかし、本書は科学を、客観性を追求する冷静な原動力としてとらえることはしない。科学において客観性は、距離と不信に対処するための戦略である。政治や管理の場面での戦略と同じである。もし実験室が、古い統治体制の村のように、個人の知識によって機能する場であったなら、規律は中央集権的な国家のように、知識を取得し伝達するためのより公的な形式によって決まるだろう。定量化は、科学がただ単に局所的な研究共同体の集合体ではなく、グローバルなネットワークとして構築されるために、卓越した方法なのである。

最近のもっとも優れた、もっとも流行の科学論研究では、科学をまったくの局所的現象として理解しようとしている。ミクロ歴史学のジャンルは、文化史という分野で輝かしい成功をおさめたが、これは科学史にも影響を与えつつある。私はミクロ歴史学から多くのことを学んだし、ミクロ歴史学の長所を正しく理解していたいと願う。ミクロ歴史学は科学論における優れた出発点を提供した。なぜなら、まさに科学的知識の普遍性を疑問視したからである。しかし、ミクロ歴史学は科学知識の普遍性を無効にしたわけではない。科学は結局のところ、普遍的な主張を押し通し、国際的な承認を得るという目覚ましい成功をおさめてきた。この成果を説明し、その含意を読み解くことこそが、科学史の中心的課題であるべきである。本書が提供する説明は、主に文化的であり、概して政治的なものである。科学が直面する組織やコミュニケーションに関する問題は、現代の政治秩序が直面する問題と類似している。科学が自然物の特質によって制限されているわけではない、とか、ましてや私が議論する際に用いる言語や方法がそれらの特質と無関係である、と言いたいわけではない。定量化が単に政治的な問題を政治的に解決しているにすぎない、と主張したいわけでもない。しかし、定量化は、政治的問題への政治的解決の一つであることは確かである。定量化を広く用いている共同体の構造と関係づけることによって理解しようとしないかぎり、定量化についてよく理解することはできないだろう。

本書は、これまで述べてきたとおり、歴史学的であると同時に社会学的あるいは哲学的でさえある。私は社会学および哲学の専門家ではないので、歴史学の範疇に収まらない本を書くということには身震いがする。しかし、本書で扱う話題や議論は、叙述的かつ分析的な歴史学の手法で折り合いをつけることは困難である。実際、本書は、確立された学問のジャンルのいずれにも収まらない。しかし、この狂気のなかにも、何らかの方法論があると思いたい。手始めに、本研究をかたちづくる責務と戦略を説明しよう。

まず、前述したように、社会における定量化の近現代史を、学問分野との関係にそって探求した。つづいて、専門家および官僚制度に注目した。この研究の大部分は、一次資料に拠るものであり、第3章と第5—7章に記した。また他の章でも、さまざまな議論を裏づけるために用いている。専門家と官僚制度についての分析が、この本の核である。これらの章は、私の専門とする歴史学の分野の標準的な方法に忠実にしたがった。歴史学の方法で何かを立証するためには、現実の歴史的な状況が文化的に豊かであることを尊重するような、分析的叙述の方法にもとづいて、一般的に通用する説明を提示しなくてはならない。他の章は、より一般的であり、理論的でさえあり、他の専門分野の知見から多くを得ている。それらの章は、部分的には歴史学的な分析を適用して導いた結論であるかのようにも見える。しかし、より実証的な章が、これら理論的な章の提示する見解からまったく影響を受けていないわけではない。その逆に、叙述的な部分が書けるようになるまでには、実証的な章が取り組んでいる事柄についてじっくり考えなくてはならなかった。

本書は、三部九章に分けられている。第一部は、どのようにして数値が妥当性のあるものとなったのか——つまり、幅広い領域において数値がいかに標準化されたのか——を扱っている。第1章は、自然科学の側面に着目し、第2章は社会科学を取り上げる。第3章は、自然科学と社会科学の関係である。実際に定量化する活動は、少なくとも広汎な理論的真実を定式化しようとする野望と同じくらい、現代科学のアイデンティティと規範にとって重要であったことを論じている。第4章は定量化を認め奨励する政治秩序の構造について考察している。これまで非公式な判断が占有してきた領域に厳格な定量的規則を導入しようとする傾向によって、生じた倫理的・政治的な課題を吟味する。

第二部は、社会的および経済的な定量化を、明らかに政治的で官僚的な場で用いようとした顕著な試みを提示する。エキスパート・ジャッジメントから明示的な意思決定基準への遷移は、力のある内部者たちがよりよい決定をしようと試みたことから生じたわけではない。むしろ彼らが外部からの圧力にさらされた反応として、没個人的な戦略が必要となって生じたのである。第5章では、そのような圧力に抵抗することができた十九世紀イギリスの保険数理士と、抵抗することができなかった二十世紀アメリカの会計士について分析する。第6章と第7章では、十九世紀フランスの技術者と二十世紀アメリカの技術者とが経済の費用便益分析を使用した場面を取り上げ、第5章の事例と類似してはいるが、より微妙な対比を扱う。第一部で述べたとおり、数値と定量化のシステムが大きな効力を発しうる一方で、定量的規則が個人的判断にとってかわろうとする駆動力は、力のなさと脆弱さの反映であった。私はこの駆動力を、安定して自律したコミュニティが欠如しているときの不信の状況に対する反応と解釈する。

第三部では、第二部で扱った専門家や官僚についての分析で得られた視点をふたたび学問分野に適用することを企てている。第8章は、官僚文化が科学に与えた影響を評価し、そののちに、医学や心理学において分野内部の弱点や外的規制の圧力に対処するために、統計的推定がどのようにして標準になったのかを示す。最後に第9章では科学者共同体の倫理的な秩序について吟味する。表面上はどこででも推進されるように見える科学内の客観性や没個人性が、それほど普遍的なものではないことを示す。そしてその背景には、制度的に統一されていないことや、分野の境界に透過性があることに対する適応として、ある程度は理解すべき部分があることを議論した。

本書が定量化の歴史全般を描いていると主張する気はない。一八三〇年以前についてはほとんどふくまれていないし、また西ヨーロッパと北アメリカ以外についてはほとんど何も書かれていない。地理的な偏りは、時間的な偏りよりも許容しがたいであろう。植民地主義の歴史や、国際組織の歴史や、中央計画経済の歴史は、すべて定量化の歴史にとってきわめて意味のある素材を提供している。もっとも確立された学問分野を頻繁に扱ったが、どの学問分野についても深く扱いはしなかった。むしろ、会計学、保険学、公的統計や費用便益分析のような応用分野において定量化が果たした役割に注力した。このような限定をつけたとしても、本書は網羅的というにはほど遠い。右にあげたトピックはどれも、研究課題としてそれぞれ歴史学の完全なサブ領域を形成しうる。本書がまったく議論していない他の多くのトピックも同様であろう。おそらく、本書について無理なく抱くことのできるもっとも高い望みはそれであろう。もしその望みがかなうならば、今後数十年かけて、サブ領域の体系的な探求が可能だろう。私が一国や一トピックについての単行本を書くのではなく、さまざまなトピックや国々について論じた理由は、この分野の潜在的豊かさを示唆するためである。この戦略は、私のもう一つの重要な目標を前提としている。私がめざしたのは、読者に、定量的な客観性の歴史は結局のところ今後探求すべき潜在的な研究対象であって、単なる寄せ集めではないと確信させることである。

しかし、私は定量的な客観性の分析というこの研究トピックが、一つの新しい独自の専門分野になることはまったく望んでいない。過去十年ほどの科学史の発展のなかで真に力づけられることの一つは、科学史が孤立を解いたということである。統計学の歴史が認知され、科学史や統計学史だけでなく文学、哲学、社会学、心理学、法学、社会史、そして自然科学のさまざまな分野でますます研究されるようになっていることには、少なからず満足している。さらに、定量化の歴史が、客観性の文化研究にまで進むことにも望みをかけている。実際、本書で扱った問いに直接関係する文献がすでにかなりあり、多くは最近出版されたものである。これまでは、一つの議論というよりは、分野ごとに隔絶した場で交わされるさまざまな局所的会話の寄せ集めでしかなかった。そのような壁は壊されつつあると思う。そして本書がその壁をいくらか壊すのに役立てばうれしい。本書ではいくつもの分野の学術文献を自由に広範囲にわたって引用した。主な理由は、それらの文献が本書の議論になくてはならないものだったからである。しかし同時に、それらの文献の著者らやそれらの文献の価値を知った読者らが、お互い思いがけず統合された隣接分野にいることに気づき、そして、そのことを楽しんでくれればと望んでいる。

謝辞

この本のかなりの部分が多くのひとびとの仕事を統合したものなので、本文と註それ自体が、私の謝意を適切に代弁している。本のかたちをとるまでのあいだ、初期のアイディアの発表や論文に対して、刺激的な質問をしてくれたり、参考になるコメントをくれた友人や反対意見の持ち主すべてに個別に謝意を述べるスペースはない。研究補助において専門性を発揮したアイヴァル・ラマティと、本の原稿として整えることを助けてくれたデイヴィッド・ホイトに感謝する。ロレーヌ・ダストン、アイヴァル・ラマティ、マーガレット・シャバス、メアリー・テラル、そしてノートン・ワイズからは、本文全体に対する有益なコメントをもらった。また、レナード・バーランスタイン、チャールズ・ギリスピー、マーティン・ロイスからは、いくつかの章についてコメントをもらった。

この研究は、非常に長い立案期間を要したが、その間いくつかの財団や研究資金からとても寛大に助成していただいた。イヤーハート財団、セスキセンテニアル財団、そしてヴァージニア大学サマー・ファカルティ・フェローシップ基金、トマス・ジェファソン記念財団、カリフォルニア大学ロサンゼルス校大学議会、全米人文科学基金、ジョン・サイモン・グッゲンハイム記念財団、全米科学財団の助成金DIR90-21707である。記録資料の利用については、パリの国立公文書館、国立図書館、国立土木学校図書館、フランスのロゼールにあるエコール・ポリテクニーク図書館、またワシントンＤＣ、メリーランド州スートランド、カリフォルニア州ラグーナ・ニグエル、カリフォルニア州サンブルーノの各所にある国立公文書館、カリフォルニア大学バークレイ校にある水資源図書館、そしてヴァージニア州ベルヴォアールにあるアメリカ陸軍技術団歴史資料室にこころから感謝する。

最後に、より個人的な感謝をのべておきたい。ダイアン・キャンベルと私は、同じ場所で二つのアカデミックな仕事を見つけようと十年にわたって努力してきた。それで不本意ながらヴァージニア大学での職を去り、彼女のあとについて新しくカリフォルニア州立大学アーヴァイン校の生物学の職についたときは、絶望的な気分にもなった。それらの月日、私は友人や同僚からの支えや励ましにおおいに助けられた。より目に見えるかたちでは、手紙や電話をもらった。私はいつまでも感謝を忘れない。驚いたことに、最終的にはうまくいった。一九九一年に引き受けた職は、このアカデミックな職における地理上の問題を（プラスマイナス六〇マイルの距離は残るものの）見事に解決した。最後に私の両親、クリントン・ポーターとシェリー・ポーター、私の妻ダイアン・キャンベル、私の息子デイヴィッド・キャンベル・ポーターに向けて、彼らの愛と忍耐に感謝を捧げる。

カリフォルニア大学ロサンゼルス校にて

一九九四年三月

はじめに——客観性という文化

「いやしくも論理が親切に教えてくれることなら、書きとめる価値はありますな」亀がいった。「ですから、どうか書き込んでいただけませんか」
（ルイス・キャロル「亀がアキレスに言ったこと」*Mind*, 1895）

「客観性」という言葉は、情熱を喚起する。他の言葉でこれほど情熱をかきたてるものはほとんどない。客観性は、基本的な正義や誠実な政府、そして真実の知識において明らかに必要とされる。しかし、過度に客観性を求めることは、個人の主観を押しつぶし、マイノリティの文化をおとしめ、芸術的な創造を軽んじ、純粋な民主的な政治参加の評判を悪くする。このような批判にもかかわらず、客観性はこの上なく肯定されている。真の客観性に対する非難はほとんどなく、むしろ自らの不正を隠すために客観性を装う偽善者や、おそらくは文化全般にわたる虚偽や不正に対して、非難が向けられている。多くの場合、客観性は厳密に定義されていないにもかかわらず、賞賛にも非難にも引き合いにだされる。アメリカでは、科学者、技術者、そして裁判官は、概して客観的であると見なされており、政治家、法律家、そしてセールスマンは、客観的ではないと見なされている。

これら客観性の属性が何を意味するのかは、難しい問題である。客観性は誰に対しても用いることの可能な敬称ではない。なぜならこの言葉は、尊敬されている企業家より軽蔑されている官僚に対してより頻繁に用いられるからである。しかしながら、客観的という称号を誰に付与するかによって、明らかにこの用語にともなう肯定的な連想をよびおこすこともあれば、この用語を不明瞭にすることもある。客観性の語源をたどると、かつては対象について知っていることを意味していた。逆説的なことに、十八世紀までは、われわれにとって対象 objects は物理的な物体というより、常に意識の対象のことであった。物理的物体、われわれの外側にある実在物は、対象subjectsといわれたのである。しかし、現代の哲学的な用法では、客観性は現実主義（リアリズム）とほぼ同義であり、かたや「主観的」subjectiveとはわれわれのこころのなかにのみ存在するアイディアや信念を意味する。科学の客観性について哲学者が語るとき、概して彼らは、ものごとthingsを現実にあるがままに捉える能力を意味している[1]。

古い世代の哲学者である実証主義者たちは、そのような主張はただ形而上学的であって、それゆえに意味がないと考えていた。しかし、彼らはこの用語を使うことをためらったわけではない。科学の客観性については他の解釈もある。なかでももっとも影響力が大きいものは、客観性をコンセンサスに至る能力として定義するものである。通常は、特定の専門分野のコミュニティのなかでコンセンサスが得られれば客観的と見なされる。アラン・メギルにしたがってこれを「専門分野の客観性」と呼ぼう。そして、さきに述べた物事を現実にあるがままに捉える「絶対的な（無条件の）客観性」と比較してみよう。「専門分野の客観性」は、独立して存在するわけではない。当該分野の外のひとがこの客観性を受け入れるかどうかは、特定の仮定によって決まる。この仮定は、厳しく要求されないかぎり、ほとんど明確に表現されることはない。客観性を主張する専門家は、彼らの専門技能の証拠を提示しなくてはならない。彼らは適切にふるまわなくてはならない。彼らは適度に私欲のないように見えなくてはならないし、少なくとも、彼らの個人的あるいは職業的利益が危機にさらされていても、権威的なしゃべり方をしてはならない。私たちは過冷却ヘリウムの相転移について話す物理学者を信頼するが、しかし、もし彼らが法廷に日当つきの鑑定人として現れればより懐疑的になるし、あるいはまた彼らが超電導の超衝突型加速器の建設にともなう経済的利点の大きさについて語れば、やはり疑わしく思うだろう。

それでも物理学者は、自分たちの結論を正当化せよと外部者から要求されないような広い領域を支配している。専門分野の客観性は主に、その不在によって明白になるのである。専門家間のコンセンサスが得られにくいとき、あるいは外部者の満足感が得られないとき、機械的客観性〔ここで機械的とは、ある規則にもとづいて「機械的」におこなえば、誰がやっても、つまり個人的特性を排除する形で、同じ結果に至ることを示す。なお以下、訳注は割註で示す〕が本領を発揮する。機械的客観性は実証主義哲学者に好まれてきた。また公衆にも強く支持されている。機械的客観性は個人の自制、つまり規則に従うことを含意する。規則は、主観性を抑制する。規則は、探求の結果に個人的なバイアスや好みが影響できないようにしな

読者カード

みすず書房の本をご購入いただき，まことにありがとうございます．

書　名

書店名

・「みすず書房図書目録」最新版をご希望の方にお送りいたします．

（希望する／希望しない）

★ご希望の方は下の「ご住所」欄も必ず記入してください．

・新刊・イベントなどをご案内する「みすず書房ニュースレター」（Eメール）をご希望の方にお送りいたします．

（配信を希望する／希望しない）

★ご希望の方は下の「Eメール」欄も必ず記入してください．

（ふりがな） お名前　様		〒
ご住所　都・道・府・県	市・郡	
	区	
電話　（　　　）		
Eメール		

ご記入いただいた個人情報は正当な目的のためにのみ使用いたします．

ありがとうございました．みすず書房ウェブサイト https://www.msz.co.jp では刊行書の詳細な書誌とともに，新刊，近刊，復刊，イベントなどさまざまなご案内を掲載しています．ぜひご利用ください．

郵便はがき

料金受取人払郵便

本郷局承認

6392

差出有効期間
2025年11月
30日まで

113-8790

東京都文京区
本郷2丁目20番7号

みすず書房営業部
行

通信欄

(ご意見・ご感想などお寄せください．小社ウェブサイトでご紹介させていただく場合がございます．あらかじめご了承ください．)

くてはならない。規則に従うことは、真実を探求する上でよい戦略となることもならないこともあるが、その違いにこだわるのは下手な修辞家だけである。そんなことよりむしろ、規則に準じた厳密な方法は、同じ分野の同僚も実践しており、個人のバイアスを排除し、誰もが認めるもっともな結論に導くものだということを、堂々と語る方がよい。

専門分野の客観性と機械的な意味での客観性とのあいだに緊張があることは、この本の主要な関心である。しかし、これらの二つの客観性の意味は、科学の領域でのみ議論されるものではない。明らかに倫理的・政治的な言説のなかで用いられる客観性の意味を考えることも重要である。多くの文脈において、客観性は公平性と中立性を指す。「客観的でない」ひとは、判断をまげるような偏見や私利を許容してしまう。法廷を信頼できるかどうかは、そのような嫌疑を避ける能力によって決まる。多くは、高度にコントロールされた状況に論争の当事者を置き、どちらの側にも属さない裁判官や陪審員に権威を与え、事実を解明し法を適用することを通してこのような嫌疑を避ける。陪審員の客観性とは、前提とされる公平無私とほぼ同義である。なぜなら定義上、陪審員は特別な専門性をもたないからである。裁判官も同様に公平であることが期待されているが、彼らは訓練をつんだ職業専門家である。裁判官の専門性には、規則に従う能力――つまり機械的客観性――もふくまれていなくてはならない。しかし、思慮深い自由裁量権の行使が拒まれるわけではない。

ケント・グリーナヴァルトが『法と客観性』で議論した客観性の三つの意味のうち、二つは公平性としての客観性に直接関係している。「法的決定性」は、法律家あるいは他の有識者の誰であれ、法が何を意味しているのかについて同じ結論を導くことのできる能力をいう。これは、既存の法律が倫理的に正当化できる状況を必要とするわけではなく、ただ単に、異なる裁判官が、ほとんどの事例に同じ法を同じように適用することを意味している。このように定義すると、この種の客観性は、分野の内部者だけの領分ではなくなる。しかし、法の文化のなかに没入したものだけが、この一致した判断に至ることができるというものだろう。グリーナヴァルトは次に、「客観的標準」に従ってひとびとを没個人的に扱うことが、法の規則とわれわれが呼ぶものの焦点であると主張する。これは多くの場合、さまざまな犯罪行為を厳格に処罰し、犯罪者の性格や意図を主観的に推論して裁量で加減する機会を最小にする。客観性のこれら二つの意味はどちらも、裁定は規則によるべきであり、職業的判断は個人的判断と同様に抑制されなければならないことを含意している。このことは、知識生産の理想としての客観性と、倫理的価値としての客観性の親和的な関係を示している[2]。

機械的客観性はけっして純粋に機械的なものにはなれない、と理解することは重要である。グリーナヴァルトは一例として、部下がオフィスに入ってきたときに上司が発した「ドアを閉めてください」というありふれた指示をあげている。この指示に応じるためには、世間的な経験やおそらくは問題となっているオフィスについての何らかの経験を必要とする。どのドアをいつ閉めればよいのかを知り、開いたままにしておかなくてはならない理由をまず言わなくてはならないかどうか判断し、そしてまた、もし社長が突然ドアの前に現れたら、その命令は脇に置かなくてはならないことを理解するには、経験が必要である。これらのどれひとつをとっても、少なくとも一つの文化の内部にいるかぎり、言葉にして説明する必要はめったにない。同様の問題が、ときにははるかに難しい問題として、書類を提出するときや、帳簿をつけるとき、人口統計を取るとき、あるいはグラフを用意するときに発生する。特に法、哲学、会計学といった、賢いひとびとが曖昧さを解明することによって商売している領域では、他では言うまでもないことの多くが「言わなくてはならないこと」になる。

数学的、定量的理由づけは、このような環境下で特に価値あるものとされる。それは万能の方策ではない。現実の世界に数学を位置づけるのはいつも困難だし、問題をともなう。自然科学で定量化を用いることを批判するひとたちは、社会科学や人文科学分野での使用と同様、数字のみを信頼すれば意味深く重要な事柄を巧みに避けることになると考えてきた。たとえそれが事実であっても、一つの客観的手法は、奥深く探る方法よりも高く評価される場合があるだろう。定量的な知識のどのような領域も、実験知の領域同様、ある意味では技巧的である。しかし、現実は、技巧によってつくられている。これまでに、ありとあらゆる定量的方法が、科学者、学者、経営者、そして官僚にとって利用可能となっている。定量的手法はきわめて融通がきくようになってきており、ほとんどどんなことでもこの言語によって定式化できる。一度導入されれば、より普遍的な推論が可能になり、その意味でより厳密になる。定量化のもっとも大きな弱点——数と世界のつながり——においてさえも、計測と集計の方法のほとんどは、高度な規則に縛られるか、公的に認定されるかしている。したがって、ライバルになろうとする方法はおおいに不利である。数的な情報を処理したり分析したりする方法は、現在かなり開発が進み、ときにほぼ完璧に明確化されている。ひとたび数が手に入ってしまえば、結果を機械的に生成することができる。現在、これはたいていコンピューターによってなされている。(3)

公共の意思決定において定量的専門性の役割が拡大してきていることは、学者のあいだでよく知られている傾向である。しかしいまだに、私たちは定量的専門性について満足のいく歴史をもっていない。それは主として、定量的手法の発展と専門的知識一般の発展に関する二つの敵対する見方を統合できていないためである。一方の見方では、定量化の歴史をより真実に近づく方法への進歩の蓄積として、あるいは少なくともより有力な方法への進歩の蓄積としてとらえている。別の見方では、定量化をイデオロギーに還元し、統治の社会構造の観点から主に説明されるべきと考えるが、もっとも、定量的専門性を提供する個々人のしばしば無法な目的には、当然注意を払っている。これらは定量化をめぐる両陣営の熱心な支持者、さしあたり微妙な差異の大切さを忘れているひとびとの議論である。しかし、求められているのは、単なる中庸ではない。専門性とは、科学よりもさらに、単独の思考や単独の実験の結果として単純に理解できるものではないし、ましてや専門分野共同体のダイナミクスとして理解できるものでもない。専門性とは、職業的専門家――たいていはアカデミックな科学者あるいは社会科学者――と役人との関係である。同様に、専門的知識に対する彼らの評価も、彼らと広い公衆との関係を反映している。定量的客観性が求められるようになった背景を理解するためには、専門家の形成される知的過程をみるだけでなく、権威というものが社会的にどのように築かれてきたかをみることがさらに重要である。

この洞察を出発点とした研究は今のところ少ない。アメリカの歴史家のあいだで非常に影響のある一つの議論は、一八九〇年代および一九〇〇年代の社会科学はアメリカ人のあいだで芽生えた相互依存という新しい感覚から生まれており、結局のところ社会的および経済的プロセスがその相互依存を生み出したというものである。(4)この主張には疑いの余地のない示唆がふくまれている。世界経済が十九世紀後半に突然に形成されたわけではないにしても。しかし、この相互依存の感覚に特別に応えて生まれてきた専門知識の形式は、もっとも重要な類のものではなく、けっして社会科学を公的に用いる際の特徴などではない。トマス・ハスケルの説明によると、要するに、それは人間の相互依存についての哲学的な理解を意味し、混乱する公衆に説明による慰めを提供している。実際、産業社会にはさまざまな敵対する説明の仕方があり、すべてが慰めになるわけではなく、多くのものは大学教授たちからというより伝道師や労働運動家からもたらされた。アカデミックな社会科学者は、公衆の意見をかたちづくる上でごくささやかな成功をおさめたにすぎない。社会科学者の専門知識に耳を傾けた主要な層は官僚であったが、だいたいは公選された政府高官による黙認であった。公共の文化は、アカデミックな専門家に対して、研究結果を全般的に公表するのではなく、特定の成果をまとめることを認可したのである。

たしかに、専門的知識はこれ一種類ではない。親から子供へ、あるいは親方から弟子へ伝授されるような、長い経験から得られる知恵のようなものもある。現代では、親方から個人的に教授される経験や人的つながりは、大学や他の教育機関での正規教育によって次第に補完され、代替されつつある。正規教育では、手技や職人集団による言葉に言い表しがたい技術は、できるだけ公式で明示的なものに変換され、それゆえに手仕事の秘密は、あまり重きをおかれなくなった。大規模な民主的社会の市民にとっては、より好ましいことである。なぜなら、よりオープンでかつ個人に依存しないからだ。それでもやはり、専門家の知識とは、定義からして非常にわずかなひとびとがもつものである。また、そのような技芸は誰でも調べることができたり、教科書から習得できるような一握りの規則に還元できるものではない。したがって、専門家の洞察や判断は、ある程度、尊重に値しつづけることになる。たとえば医師でさえ、なぜ問題が肝臓にあるにちがいないといえるのか正確には説明できない。それでもやはり、外科医と患者は、直感にすぎないものにもとづいた意見だけでは満足しないようになってきた。機器を利用したり、文化を解釈したり、なんらかの具体的な証拠を提示する方がよいのである。

私的な事柄よりも公的な事柄において、専門知識はますます客観性と切り離せなくなりつつある。事実、先の例を思い出してみても、外科医と患者の関係はもはや私的なものではないため——法廷の場に出る危険もあるため——、客観性という道具は医療行為のほとんどすべての側面において中心を占めるようになった。公的な問題では、豊かな経験からの判断にすぎないものを頼ることは、民主的でないようにみえる。その判断が、さまざまな利害に対する説明として解釈しうるような、ぬきんでた権限のある筋からなされたものでないかぎり。理想的には、専門知識は機械的であり客観化されていなければならない。それは多くの専門家によって認可された特定の技術に基礎づけられていなくてはならない。その結果、あらゆる格差や特異性をともなうような単なる判断は、ほとんど消失したようにみえる。

機械的客観性についてのこのような理想、すなわち明示的な規則に徹底的にもとづいた知識には、けっして完全に到達できはしない。純粋に科学的な事柄に関してさえも、暗黙知の重要性は現在、広く認識されている(6)。科学者共同体の外から提起された問題を解決する努力において、学識による直感は、ますます重要になっている。しかしながら、科学的専門知について公衆が口にするレトリックは、科学のこのような側面をわざと無視している。客観性は主に長い経験を通して獲得した知恵から導き出されるのではなく、公認された方法、あるいはおそらく神話的に一元化された「科学的な方法」を、中立と推定される事実に対して適用することによって得られる。結論をゆがめるような研究者のバイアスが入り込む余地があってはならない。もちろん調査者や役人が、もともと偏見のない人柄だったり、またおそらくは結果に対してまるで無関心であるために、結果として公正である場合もありうるが、そんなことをどうやって知ることができよう？　法による支配を理想化する政治的文化のなかでは、どんなに経験豊かなひとの判断であっても、単なる判断に依拠するのはよくないやり方である。

この理由で、客観性への信仰は、民主的政治と結びつく傾向にある。あるいは少なくとも客観性への信仰は、官僚機構のメンバーが外からの攻撃に対してきわめて脆弱であるようなシステムと結びつく傾向にある(7)。予測や政策提案を生み出す能力は、後に続く経験によって正当性が立証されるようにみえるのだが、この能力は、疑いようもなく方法や手続きを重視したがる。しかし数量的予測はときに、誰も本当にそう確信すべき妥当性があるとは考えないようなときでさえ、かなりの重きをおかれることがある(8)。数字による訴えは、特に国民の選挙で選ばれたわけでもなく神権を授かったわけでもない、官僚機構の役人にとって説得力がある。そのような役人が批判されるときのもっともよくある理由は、恣意性やバイアスというものである。数値（あるいは他のなんらかの明示的なルール）によって下された決定は、少なくとも、公正で没個人的に見える。このように科学的客観性は、偏りなく公正であれという道徳的な要求に対する、一つの答えとなるのである。客観性は、意思決定しているとは見えないようにして意思決定する方法の一つである。

客観性は、自らはほとんど権威をもたない役人に権威を貸し与えるのである。

第一部　数の力

ここで今、理解されなくてはならないのは、インクというものが文書を送りつける強力な兵器であるということだ。学者間のあらゆる闘いにおいて、羽ペンとよばれる装置で運ばれ、果てしない数で敵へと投げつけられる。双方の猛者が同じだけの腕前と激しさで、あたかもヤマアラシがトゲで交戦するように。

（ジョナサン・スウィフト「古典と最新の書物の……戦争」一七一〇）

第1章　自然記述の技巧の世界

自然科学の仕事は、自然に関する事実を発見することであって、自然を創造することではないと考えていた。

（エルヴィン・シャルガフ、一九六二）

知識を没個人化する

数値の信頼性、あるいはどんな形の知識であれその信頼性は、社会的かつ倫理的な問題である。この問題はまだ十分には評価されていない。一九七〇年代以来、客観性に関する哲学陣営と社会学陣営とのあいだの討論は、主に実在論の問いをめぐって二極化した。「科学は社会的に構成されている」という主張は、科学の妥当性や科学的真実に対する攻撃と見なされることがあまりに多かった。私はそれを誤りであり、より重要な論点から逸れることにもなると考えている。おそらく科学がものごとの真の性質をつかむことができるかどうか議論することで、なにかしら達成されることもあるだろう。しかし、その答えは、とても科学に特有のものとはなりえない。毎日の生活のなかで私たちがあたかも直感的に実在をとらえているにもかかわらず、体系的な研究には実在物を識別することなど原理的にできないと仮定するのでないかぎり。私は実在論も構成論も同じように疑わしいと考える。本書は、さかんに論じられている哲学的実在論を前提としないし、また実在論のどの立場をも擁護しない。

最初に自らの立ち位置を宣言しなくてはならないのなら、私は以下のように言うだろう。科学に関心のある行為者が科学をつくる。しかし、自分で選んだやり方では科学はつくれない。彼らは制約されている。絶対的制約というわけではないが、自然のなかに何がみえるか、実験室のなかで何がおこるようになっているか、といったことに制約をうけている。実験研究は理論によって導かれるが、理論にすべてを支配されるわけではない。また実験研究はときに非常に影響力がある。何を真実とみなすべきかについては、まだ扱いの難しい問いが残っている。イアン・ハッキングの謙虚でしかしみごとな定式化を思い出そう。「真実という言葉をこれほど便利にしたものは形而上学ではない。それは機知である。機知の真髄は簡潔であること」(1)。ここでは議論のために、科学的探究は、世界にある物体やプロセスについて真実の知識を生み出すことができると仮定しよう。それでもやはり社会的プロセスを通してしか、科学的探究は知識を生み出せないのだ。ほかにやり方はないのである。

この点を前提にするのは、問題を議論する用語を固定するためであって、問題を解決するためではない。どのような特有の社会的プロセスをへて、科学的知識はつくられるのだろうか？　何が真実であるかを決定するプロセスには、どのくらい広い領域の研究者や判断者が関与するのだろう。成熟した科学において長く定評のある見方によれば、真実というものは、社会的イデオロギーや政治的要求を締め出すくらい十分に強固な組織に属する専門家たちの学問分野ごとの共同体によって分析され協議されている。私は、本書のなかで、そのような領域分断の効力が誇張されてきたことを示そうと思う。すなわち、科学は自らの領域を独占するために、科学の適切な領域を定義し直すことを余儀なくされてきたのだ。私はまた、科学的方法と認められてきたものの多くは、力の弱いコミュニティが、一つには外からの圧力に対する科学の脆弱性に対処する目的で考案したものであることも示したい。しかし、さしあたっては、分野内部での知識構築のプロセスについて考えてみよう。

個人主義者の立場から科学について発せられるレトリックによると、発見は実験室のなかでつくられる。このレトリックは今でも特定の目的のためによく使われているが、発見は、みごとな忍耐や、熟練した技術、そして絶え間ない探究心と偏見のない心をもって作業をおこなったことの産物であるとする。さらに、発見はそれ自体が雄弁である。少なくとも、先入観のあるひとが黙らせようとしても止められないほど、力強くしつこく語る。このような信念がうのみにされているはずがないと仮定してはたぶん間違いであろう。だがしかし、このような信念が公共の場面での行為を基礎づけると考えるひともほとんどいない。いわゆる発見といわれるものについて記者会見する科学者が、まず先に専門の査読者の吟味をへないで自らの主張を発表すれば、かならず売名行為として厳しい非難をあびる。科学のコミュニケーションの規範として前提にされるのは、自然は明白に語ったりしないし、知識は分野の専門家によって正統性を認められるまでは知識ではないということである。科学的真実は、それが科学者集団としての成果となるまではほとんど身分をもたない。誰かの実験室でおこったことは、科学的知識が構築されるただの一段階にすぎない。

最近では、ピアレビュー（同じ分野の専門家による査読）は、科学的と認められるための指標としてほとんど神話的な地位を獲得した。(2) それは、研究結果を没個人的なものと保証し、その重要な含意として「客観的」と保証する卓越したメカニズムとして、統計的推定に匹敵する。しかしながら、ピアレビューはそれ自体ではけっして、主張の妥当性あるいは重要性を確証する上で十分ではない。実際、真実であるという主張の妥当性が、実験研究から得られる主要な成果であるかのように言っては間違いである。実験の成功は、よその実験室でも同じ実験器具や方法、同じ事実が前提とされていることによってもたらされる。日々の科学は、少なくとも理論的学説の確立にかかわるのと同じくらい、技能や実践の伝達にかかわる営みである。(3) 実験結果が真実であるかどうかは、とりわけ他の実験室の研究者が十分に同様とみなしうる結果を生みだせるかどうか、そして彼らがその同等性を本当に十分なものと確信しているかどうかにかかっている。

技能、実践、信念の伝達がどのようにおこなわれるかは、現代の科学論における重大な論点の一つである。この問題は、実験室と実験者についての新しい関心を背景として、はっきりと提起された。一九五〇年代にすでに、マイケル・ポランニは、科学が「暗黙知」という重要な要素をふくんでいると論じた。暗黙知は、明確に表現できず、規則に還元できない知識を指す。実際、それは本や雑誌論文がかならずしも知識の伝達にとって十分な手段ではないことを意味している。なぜなら、もっとも重要なことは言葉では伝えられないからである。このような彼の理論にもとづけば、科学の伝達にとって重要なのは、学生が教師である科学者のもとで学ぶ見習い期間であると考えられる。(4)

このような議論では、刊行論文や教科書の重要性は減じられ、知識は図書館のなかでなく、まず実験室のなかに求められる。また、科学の普遍性に疑義を申し立て、科学を特定の空間に限定する議論である。原理的にはもちろん、空間をへだてる障壁は簡単に破られる。自然は一様なものだと私たちは仮定している——他の研究者が同じ手続きをとるならば、たとえ異なる大陸で異なる世紀に実験をおこなっても、同じ結果が得られなくてはならない。しかしこのような原理は、実践のなかで実例をあげて裏づけられなければほとんど価値がない。実際のところ、実験結果を再現することはけっして簡単ではない。この洞察は、独立の再現は事実上不可能であると考えたハリー・コリンズによってもっとも周到に展開された。印刷された情報だけをもとに、新しい道具や実験設備を独自に複製しようとした研究者は、たいてい失敗する。詳細なレポートや私的なコミュニケーションがあってこそ実験の再現が容易になるが、しかしこれらは同時に、主張の独立性を危うくもするのである。新しい道具や技術の使い方を学ぶにはふつう、直接に経験するやり方をとる。これこそがTEA[5]レーザーの再現を可能にしたただ一つの方法であるとコリンズは、新たなパラダイムを拓いたと今日広く認められているケーススタディにおいて議論している。コリンズはこの点を誇張しているかもしれないが、これは現役の科学者たちが長年にわたって理解してきた現象である。たとえば、アーネスト・ローレンスは一九三〇年代に、彼のバークレイにある実験室に誰かを派遣することなしにサイクロトロンを建てようとするのは無謀であると警告した。「操作が少し扱いにくいんだ」と彼は説明した。「うまく動かすためには、ある程度の経験が必要なんだ[6]」。

この種の議論は、科学的に真実であるという主張について私たちが理解するにあたって、重要な示唆を含んでいるかもしれない。もし実験装置が本当にそれほど扱いにくく、現象がそれほど信頼性を生み出しにくいのであれば、そしてもし実験結果を独立にはほとんど再現できず、しかし逆に、原型の装置とのあいだで調整が十分になされた装置を使えば常に再現されるのだとすれば、実験の規則性とは、おそらく安定した自然の性質や自然の一般法則に即した作用よりも、むしろ人間の技能によって理解されるべきだろう。もしくは、これらの選択肢ではとって代われないならば、少なくとも単一の実験室の境界を越えて技能を移動させる問題は、重要であると認識しなくてはならない。そのような伝達がなければ、客観性は存在しえないのである。なぜなら、すべての実験室がそれ独自の科学をもつことになってしまうから。ふたたびポランニの言葉を用いれば、科学というものは、「個人的知識」にすぎないことになる。

ポランニ自身は、科学が個人的知識であるとは考えていなかった。「科学や技術のなかで鑑識眼が働いているときはいつでも、測定可能な評価が代替できないから、識別眼が作用しつづけているのだと考えられるだろう。なぜなら測定というものはより優位な客観性をもつからである。測定は、世界中の観察者の手に首尾一貫した結果を与えるという事実が示しているように」[7]。しかし、彼は、特定の領域のなかで多大な努力をもって成し遂げられたことを、測定の性質自体の手柄にしている。一般的に妥当であると主張できる測定システムの構築は、単に忍耐や注意に関することではなく、同じくらい組織や訓練にも関することなのである。この種の管理上の成果は、ほとんどの実験および観察による知識の本質である。数学と論理はこの見地からすると、さほど扱いにくいわけではない。

理論的論証ももちろん批判の余地がないわけではない。たとえば、熱に浮かされた脳から生み出されたとか、現実世界とは何の関係ももたないとかいった非難に弱い。一方で理論的論証は、印刷物にたいへんよくなじむ。ふりかえってみれば、印刷物は理論的論証にとってうってつけの媒体のようだ。このように、理論的論証は、特別な経験に依存する実験的論証よりもはるかに簡単にコミュニケートされうるのである。そして厳密な演繹によって得られた結論は、ほとんど同意を余儀なくさせる。純粋数学の極端なケースにおいては、公理を受け入れた人間は、たとえ便宜的に虚構として受け入れたとしても、不可避的に結論に至らねばならないのだ。たしかに科学における数式化された理論は、その分野からは離れたところにいる読者にとって、その重要性や意味がすぐにわかるほど明晰でかつ厳密であることはほとんどない。この種類の科学もまた、理論を生み出したひとと共通の知的なコミュニティに属すひとびとの方が容易に評価できるのである。ポランニが観察したように、形式に従った推論にさえ、個人芸が依然としてあるのである。「私たちの個人的な知識のなかでのみ使える規則というものが存在する」。コリンズも同様に数学的演繹や人工知能についても議論している[8]。それでも、純粋に理論的な科学においては、経験にもとづく科学よりは、距離というものが障害になることははるかに少ない。このため再現性の問題も同様に少ないのである。「科学」という言葉が、論証された知識を意味し、実験系研究者のコミュニティが存在するよりはるか前から論理学、神学、天文学に適用されてきたことはさほど不思議ではない[9]。

実験は十七世紀には、神秘と秘密の意味合いをふくみながら錬金術のような実践とまだ関連していた[10]。このような私的な知識が、どのように客観的文化に適合する素材に変換されたのであろうか。歴史学の文献は、この問いに取り組みはじめたばかりである。社会学者は、このことをより真剣に扱ってきた。少なくとも二つの系統の応答が展開されている。一つは、実験結果が、通常はごく少数のひとびとによってのみ証明されうるものであるにもかかわらず、どのようにしてほとんどすべてのひとに真実であると受容されるようになるのかに焦点をあてる。これはとりわけレトリック――私が本書のなかで信頼の技術と呼んでいるもの――の勝利である。と同時に専門分野の勝利でもある。本書の第一部と第三部は主に実験室にかかわることではないが、この論点を中心的にとりあげている。

もう一つの論点は、実験の客観化を広範に説明しようとすることであり、実験室での実践が多様であることを強調する。他に依存しないで実験結果を再現できることは稀かもしれないが、方法を再現することは稀ではない。十八世紀までに、実験的な知識は、かなりの程度、潜在的な再現可能性によって定義されなくてはならないようになった。ロバート・ボイルのような十七世紀の実験哲学者は、取り扱いにくさこそが無駄な理論化よりも実験の方が優位であることの証拠と考え、突飛な事件をたいへん好んでいたことが知られている。しかし、特異な出来事は、実験の場に同席しなかったものにとっては、誠実に報告されることを望む以外何もできなかったため、研究者のコミュニティの形成にはほとんど寄与しなかった。ロレーヌ・ダストンは、一七二〇年代から三〇年代のフランスの研究者シャルル・デュ・フェの例をあげて、実験の異なる理想型をあげている。ボイルが冗長で有名だったのに対し、デュ・フェは簡潔であり、結果を生み出すために何が本質的であるかということのみ読者に伝えた。そして彼は、よく制御された実験から結果を得たのではないかぎり、結果を報告してはならないと考えていた。[11] そのような実践は、自然の法則らしさを増す。なぜならよく制御された実験室で生じる現象は、単なる事件よりも存在論における重要性を保証されるだろうから。それらはまた、少なくとも専門家のコミュニティのなかにおいては、公的な知識を生み出す精神を促進する。なぜなら、実験室での周到なコントロールは、他の場所での実験結果を再現する可能性を最大にするからである。

それでも、たとえばニュートンがプリズムを使って色を分離した実験のように私たちにとってもっとも基本的であるかにみえる実験でさえ、その再現性をはばむ障害は、厄介なものになりうるのである。[12] 個人的接触は、しばしばよその実験室への訪問もふくめて、方法と結果を共有するために計り知れないほど有益であったし、またいまも有益でありつづけている。ボイルと同時代のひとびとは、彼のエアポンプの実験が作動しているのを見るあらゆる機会を捉えていたし、彼が生み出したと主張する結果を目の当たりにする機会も逃さなかった。[13] 現代では、直接の接触をとおした道具や技術の普及は、さまざまなやり方で制度化されている。ほとんどが短期のあるいは長期にわたる訪問である。新しい設備の使い方や技術を習得したいと思うものは、若ければ、すでにそれらが作動している実験室に行くし、年配で確立したキャリアをもっているのなら、そのような実験室に大学院生またはポスドクを派遣する。したがって知識は、発見のされた場所から外へ一様に拡散するわけではない。知識はネットワークにそって新しい結節点に伝わっていく。普遍的妥当性としてあらわれるものは実際のところ、社会的な複製による偉業なのである。[14]

新しい技術の黎明期、それが最先端である時期には、個人的接触は技術がほかの実験室に普及するためにもっとも重要なものとなるだろう。実際、実験科学において個人的な接触は、文字通り「境界を切り裂くもの（最先端）」を意味するだろう。しかし継承された実験は、おそらく当然のことながら、難解な伝統技能や徒弟制の領域に長くとどまりはしないだろう。エアポンプはこの点でも象徴的といえるだろう。ボイルは吹きガラスという製法に途方もない努力を費やさねばならなかったし、革や封蠟の扱いにもっとも熟練した職人を必要とした。ときには、きちんと動くポンプをつくるために、莫大な私財を投じねばならなかった。しかし、ボイルの時代でもすでに、科学的な設備に専門特化する店はあったので、すぐに店の品揃えにエアポンプを追加した。最初は真空状態という実験的現象をつくり出すことのできないエアポンプが、不幸な顧客に売られたこともあっただろうが、その後はそうでなくなる。ポンプが改良され、標準化されると、現象はよりたやすく再現可能となる。[15] 最近では、このような技術は急速に増えている。設備が標準化されてきただけでなく、自然も標準化されてきた。化学者はカタログに掲載されている精製済みの試薬を買う――もし自分自身で土の成分から精製しなくてはならないとしたら、さぞかし困るだろう。がんの研究者は特許を得た系統の実験用マウスに依存しており、普通の野生のマウスから得られた結果では、どう理解すればいいのかわからないだろう。

科学の発展は、自然を人間の技術と置き換えることに大きく関わってきた。イアン・ハッキングはこの洞察を、科学哲学を論じた重要な概説書の基礎に据えている。実験は、実験対象の確実な操作を可能にしたときに継承される、と彼は観察した。少なくともこれら実験対象のうちいくつかは、たとえばレーザーは、実験室の外には存在しないだろう。ほとんどのものあるいはすべてのものは、けっして純粋な形では存在せず、人類の介入によってつくられたもののみが存在する。しかし、これらの人工的なあるいは純化された実験対象は、より確実な形で操作されると他の実験のなかに組み込まれるようになり、そしておそらくは、実験室の外のプロセスにも組み込まれるようになる。おそらくこれが、「実験室が自己正当化する」ことのもっとも重要な意味であろう。(16)

ブルーノ・ラトゥールは、科学はもはや技術と切り離すことができないと論じ、「テクノサイエンス」という言葉を両者の融合を象徴する言葉として使っている。ラトゥールは、科学と技術がともにブラックボックスを形成しようともくろんでいること、構成単位ごとに扱われ、誰にも切り離すことのできない人工物を構成しようとしていることを主張する。科学者によってつくられるブラックボックスとは、法則であったり因果関係であったり、マテリアル技術であったりするだろう。しかし、法則や因果関係やマテリアル技術を生み出すためには、設備や試薬を必要とする。まさにその設備が科学的知識の恩恵なしにはつくれず、操作できず、解釈することもできないのと同じように。私たち人類の介入はあまりに大規模になってきたので、科学を、人間の活動と無関係に自然界で生じていることの知識として語ることはもはや意味がない。すべての科学的主張は、ネットワーク——試薬、細菌、設備、引用そして人の結びつき——を動員することによって継承される。もしネットワークが強固であれば、新しい事実が創造される。それは人工物ではあるが、それでもやはり実在している。なぜなら、新しい事実を支持するネットワークを得られるからである。実験室科学の進歩とは、新しいものをつくって使う能力の向上のことであり、同時に科学が描写するとされている世界を変換する能力の向上のことである。ラトゥールは、科学理論における数学の成功とは「奇跡ではなく、相互に調整しあう困難なプロセスの結果である」というエリー・ザハールの議論に賛同している。(17)

この相互調整は、理論や実験にとどまらず、科学者自身にまでも及ぶ。「自己正当化する実験室」はまた、適切なひとを選択し、そこでの規律を受け入れないひとを排除するかどうかにもかかっている。たとえば心理学では、リアム・ハドソンが、「タフな」実験主義者は人間中心主義者を軽蔑している、彼らはそれを認めようとしないが、と説明している。

もし問い詰められたら、彼らは不幸な事実を指摘するだろう。心理学者のなかで、より人間味のある部門を専門に研究しているのは劣った学生たち——成績が下位の学生、人間に関心をもつ若い女性たちなどであるということを。続いて、タフな実験主義者は、きわめて遺憾なことに、より人間味のある領域であればあるほど、研究の水準が低くなることを指摘するだろう。この議論は、とくにその予言が現実化しつつあるがゆえに、論破することが難しい。教師や審査官のように、タフな精神の持ち主は、自らの仮定に説得力をもたせることができる。彼らは、誰も真似できないほど虚心に、授業を計画し、レポートを課して、実験研究を遂行するのに適した知性のスタイルを有する候補者を優遇する。彼らはこのように自己永続的な社会システムを運営しているのである。

この種の議論は、たいていの一流の自然科学分野にとっては一見、信憑性が低いように見える。しかし、それらの科学分野が臨床系や人文系の部門をもたないためにそう見えるだけである。あるいは、それらの部門が科学の領域から追い出されてきて、現在では自然を描く文学や詩、そして環境運動といったジャンルにのみ見いだされるからだともいえる。しかし、社会淘汰は、少なくとも物理学と生物学においては心理学と同じくらい強くジェンダーを反映した特質をふくむのであるが、知識と実践の一形態としての現代科学に特有の性質を説明する上で重要なポイントである。(18)

定量化と実証主義

数値もまた、新しいものを創り出し、古いものの意味を変える。次章において示すように、数値による創出と意味の変換は特に人間科学において顕著である。しかし、測定という活動は物理科学においても、もっとも基本的な考え方のひとつを形成する上で中核をなした。気質 Temperament が人間の身体の特徴を表すために使われたのとほぼ同じように、温度 Temperature が医学的概念でもあって、大気の状態を記述するためにも便利に使われていた時代は、まだ三〇〇年も前のことではない。実験物理学は、より限定されて扱いやすい温度の概念を、ほとんど理論から学ぶことなくつくりだした。熱が運動であり、温度というものが平均分子エネルギーの尺度であるといった考え方は、十九世紀後半まで展開されなかった。十八世紀後半に標準的だったのは、熱は運動かもしれない、あるいは熱は実体かもしれないという見方であり、測定は、どちらであっても進めることができた。水銀の温度計は少なくとももものが熱くなったときに上がり、冷えたときに下がるのである。熱さの平均を知るために、異なる温度の液体を混ぜることもできただろう。このような大雑把な測定が、少数の単純な類推を用いて、「熱容量」「潜熱」といった量的な概念を生み出した。これらの現象は、力学と同じくらい正確に描写できるかに見えた。[19]

この種の測定に心酔することが、それらの概念の創造だけでなく概念の中立化をもたらしたということは、注視されてしかるべきだろう。温度は、実験物理学者が支配するようになってから、人間的な意味合いが薄くなっていった。ディドロは、よりロマンティックなやり方で、数学が人間を自然から疎外したと訴えた。一八三〇年代、ヘーゲル派の自然哲学者ゲオルク・フリードリッヒ・ポールは、ゲオルク・ジモン・オームによる電気回路の数学的な扱いを旅行ガイドブックと比較し、オームのやり方は、正確な列車の到着時刻や出発時刻を記録することに熱中するあまり、魅力的な景色や住民を無視していると述べた。[20]

十八世紀後半、実験自然哲学の定量化を推進した学者たちは、厳密さと明確さを向上するために、豊かな概念を積極的に犠牲にしようとしていた。これは実際、エティエンヌ・ボノ・ド・コンディヤックによる影響力ある哲学において明白に提唱された。コンディヤックは唯名論者であった。彼はものごとの真の性質を理解したいということに何の理由も見いださなかっただけでなく、ものごとは真の性質をもつと推量することにさえ、何の理由も見いださなかった。決まった様式のない世界では、人間は自由に、自らの目的にもっとも資するどのような秩序をも自然に対して強要できる。コンディヤックは厳密な分類区分を称賛した。彼はまた徹底した定量化を好んだ。彼は代数学をモデルとなる言語であると考えた。なぜなら、代数学は、既知の数量から未知の数量を推論することを可能にするからである。これは自然哲学において数学的法則の発見と同義ではない。が、しかし、チャールズ・ギリスピーがいったように、収支決算の帳尻をあわせることではある。[21] 測定は、そして数式化でさえ、理論を回避するためによく好まれた。つまり、熱を実体として扱う理論であるか運動として扱う理論であるかのどちらかを選択する必要はなく、毛管現象に関する正しい力の法則を見つけることも必要ではなかった。たとえばラヴォワジエやラプラスは、データとして氷熱量計を用いた実験結果を定量的に示したが、その結果は、さまざまな理論を信奉する研究者にただちに受け入れられたのである。[22]

マックス・ホルクハイマーとテオドール・アドルノは、共著『啓蒙の弁証法』のなかで実証主義を、深い理解の代わりに表面的な描写を提供する単なる数式であると定義した。[23] もちろん数学は、実証主義者が、フランクフルト学派を悩ませてきた因果関係的な理解から撤退したことに常に同調してきたわけではない。実際、ナンシー・カートライトは、説明するための仕組みをある程度仮定することなく統計的分析を始めることは不可能であると主張した。[24] 理論的な文献を通して、数学的実在論の風潮は、ときに幾何学的あるいは数占い的な神秘主義の傾向をもちながら、ピタゴラスの時代から科学に次第に広まってきた。しかし、数学を単なる描写であるととらえる考えは、数学的実在論に劣らず多大な影響力をもち続けてきた。この考え方は、ルネサンス期の大学で数学的天文学が、物理学や神学といった（アリストテレスによる）因果関係を重視してより高い地位を得ていた分野に対抗するために、根拠を提供してその地位を守った。カトリック教会は、ガリレオの地動説を抑えつけるのに同じ方法を用いた。しばしば、科学者は自分たちを守るためにこのレトリックを使ってきた。ニュートンは、自分が推測した力を満足に説明するメカニズムを見つけられなかったのに、デカルトのエーテルのような単なる仮定を激しく批判した。定量主義者たちは、数学的な法則を定式化するよりも測定することに忙しく、特に記述主義の言語にたびたび魅力を感じたのである。

一見すると記述主義の言語は、謙虚で控えめな言語に見える。が、疑いなくその役割にかなう力を発揮してきた。ジョン・ハイルブロンは、記述主義とは文化的現象であるともっとも辛辣に書いたが、彼は十九世紀終わり頃に物理学者のあいだで記述主義が人気を博した理由を、次のように考えた。つまり、貴族階級や教会といった伝統的な地位がいまだに支配していた国々において、より高い権力を有するひとびとの機嫌を損ねてはならない、という物理学者たちの必要性からであると。[25] しかし、偽善者《ユライア・ヒープ》はまた謙虚でもあった。形而上学的な謙遜は埋め合わせとして利点をもたらした。実証主義哲学者や現役の科学者たちは、それらの利点をはばかりなく獲得してきた。

なかでもとりわけ利点であったのは、実証主義は自然を支配しようとする探求と適合していたことである。このことは、ルネサンス期の数学者が低い地位にあったこと、つまり純粋な真実の探求者ではなく技術屋か商人と見なされていたことによってすでにいくらか明らかであった。[26] より現代に近くなると、このようなヒエラルキーは平板化されたり、あるいは逆転さえし、実験が支配すること自体が、知識を受容する形式となった。自然科学においては、エルンスト・マッハの実証主義は、実験者のあいだで特に影響力を及ぼした。ジャック・ロープのような生物学者や数多くのマッハ崇拝者たちが、「自然」を、B・F・スキナーが意識を扱ったようなやり方で扱った。そのような方法では自然を知りえず、おそらくは単なる形而上学の慢心であった。もしラットが迷路をうまく走り抜けたとしても、あるいは実験的試行が矛盾のない結果を生み出したとしても、私たちは知ることのできることを知るだけである。[27]

もう一つの利点は厳密な確かさである。厳密な確かさとは、深い理解を求めない流儀の科学において認められた美点である。一つには、十九世紀後半に電気に関するおびただしい説明があらわれたことへの反応として、多くの物理学者は現象を純粋に数学的に記述することにふたたび固執した。おそらくもっとも影響力があったのはグスタフ・キルヒホフとハインリッヒ・ヘルツであり、両者ともほぼ純粋に数学的な形式でさまざまな論文を書いた。彼らは、どんな原因仮説も用いずに推論することを可能にして、観察された現象を厳密に記述しようと努めた。たとえばヘルツは、実在するかどうか疑わしいと考えられていた力という概念を使わずに、彼の力学を構築した。力は、方程式のなかでは加速度におきかえることが十分に可能であった。原因とメカニズムについて偽りの知識をあきらめることによって、彼は物理学がほとんど永遠の妥当性を得ることを望んだのである。

記述主義、あるいはおそらくは実証主義とよばねばならぬものは、三つめの、おそらくいっそう重要な利点をもっている。実証主義は作用している真の原因について何も前提としなかったため、対象に対してきわめて中立に近かった。実証主義が科学主義とほぼ同義語になったのは偶然ではない。オーギュスト・コントは、実証主義の創始者だが、天文学で科学が用いられているように社会学でも科学を応用できるように、しかも一方が一方を支配することのない方法で、科学を特徴づけようとした。一世紀以上あとに、ウィーン学団の実証主義者たちは、啓蒙的に『統一科学の百科全書』と名づけられた本を彼らの遺言として残した。その世紀の終わりにかけて、エルンスト・マッハと彼の同志は、科学の哲学は、物理学にだけ適用されるとしたら妥当たりえない、と繰り返し主張した。マッハからみると、実証主義は唯物論の影響を弱め、心と物質をつなぎあわせることによって物理学と心理学を融合した心理（精神）物理学の道を開いた(28)。

実証主義者による定量化への心酔は、社会が科学に対して抱いた大それた野望と共鳴した。この共鳴現象は、とりわけカール・ピアソンの経歴に体現されている。一八九〇年代初頭から四十数年後に他界するまで、ピアソンはその並はずれた才能を、統計学的方法の開発と、その方法を生物学的および社会的課題へ応用することに捧げた。彼は実際に数学的統計学の創始者である。そして、数学的統計学が人間の活動のほぼすべてを論証するために適した学問であると固く信じていた。数学的統計学が論証できる範疇には、あまりに長いあいだ科学に無知な紳士や貴族に占拠されてきた政府や管理機構もふくまれていた。

ピアソンは英国人であるが、学生時代をドイツで過ごし、生涯ドイツ文化を愛好した。彼の実証主義は、マッハと同じく、唯物論への反発から生じた。ピアソンの実証主義において、世界は実在物ではなく、知覚によって構成されていた。科学の正しい目的は、それらの知覚を秩序立てることであった。自然はそれ自体、決定的な構造をもっていなかった。しかし、ピアソンの実証主義は、いわゆる知識が、恣意的であり単に個人的であるという立場はとらなかった。自然は、あるいはより正確に言えば自然に対する私たちの理解は、方法によって秩序立てられている必要があった。このことは、物理的な領域と同様に、社会的、生物学的な領域についても当てはまった。「科学の領域には限界がない。その題材には終わりがない。すべての自然現象、過去および現在の発展のあらゆる段階は、科学の題材である。すべての科学の統一は、その方法のなかにのみあり、その題材のなかにはない」。その方法は、「注意深く、入念に事実を分類し、それらの事実の関係性や順序を比較する。そして最終的には、簡潔な文や数式によって秩序立てられた構想力が新しい事実を発見する。そのような数式は、ほんの少しの言葉で、広範囲の事実を要約する。そのような数式は、科学の法則と呼ばれる(29)」。

科学的探究にさらされて、自然はまったくの受け身ではなかった。ピアソンは、独立して存在する世界について語ることが有用であるかどうかを疑っていたが、科学がどのようにコンセンサスを成し遂げるかを説明するために「通常の」知覚的な能力を引き合いに出した。そのような能力は、自然から与えられていると彼は考えた。つまり、自然選択によって与えられているのである。自然はまた、知覚に現象を与えた。しかし、私たちは現象の本質あるいは原因を理解することはできない。たとえば、力について語る際には、「運動の原因としてではなく運動を測定するための便利な方法として」語る場合にかぎって合理的でありえよう。原子や分子は、「現象についてわれわれが記述する際の複雑性を縮減する」であろう有益な「概念」である。そのような概念の地位は、たとえば円などの「幾何学的概念」とほぼ同じであった。円は、知覚的経験の限界にすぎない。これらの概念の妥当性は、どの場合においても実用性によって定義された。その実用性は、状況によって変化することさえありえた。このため、ピアソンは、学問分野ごとに明らかに矛盾する表現を使うことに、反対すべき理由を見つけることができなかった(30)。

しかし、ピアソンがもっとも好んだのは、モデル化ではなく、簡潔な定量的記述や分析である。定量的記述や分析には、学問分野間で矛盾することのない、普遍的に適用可能な首尾一貫した概念が凝縮している。なかでも傑出していたものは統計的な手法であり、統計的な手法は、世界にほどよく配置された知的な構成概念であった。完璧な法則性はどこにも見つけることができないとピアソンは強調した。相関関係はどこででも見いだすことができる。つまり、力学のなかにさえ、説明できない変分が常に存在する。このことを嘆くことはない。もっとも一般的な方法においてのみ、探究すべき現象の性質が科学の可能性を決定づける。相関関係は結局のところ、世界についての奥深い真実ではないが、しかし、経験を要約する上で便利な方法である。ピアソンの科学についての考えは、自然哲学というより、社会哲学的であった。彼は科学の鍵を、世界のなかにではなく、探究のための秩序立てられた方法のなかに見いだした。ピアソンによると、科学的知識は正しい方法に依拠している。そして正しい方法とは何よりも、人間の主観性を制御することを意味した(31)。

尺度の標準化

ピアソンの哲学は、世界を理解することよりも管理することに関与しているというと、異議を唱えるひともいるかもしれない。しかし、統一した基準や測定方法を官僚的に押しつけることは、局所的な技能を一般に通用する科学的知識へと変形するために不可欠であった。よく知られているように科学は、自然の管理というみごとな社会的達成に依拠している。ピアソンは鮮やかに、官僚的であれ科学的であれ定量化しようとする活動の裏に潜む心をとらえ、多くのひとを魅了した。彼の哲学は、尺度を標準化しようとする運動に特によくあてはまる。典型例として、アメリカにおける長方形に区画した土地調査をとりあげよう。測量技師は地球の屈曲を完全には無視できなかったが、しかしこれは測量技師たちが自然に対して譲歩した、たったひとつの点であった。川の流れや山は、統一化した碁盤目《グリッド》を土地に付与する際に障害とはならなかった[32]。

このことは、定量化が本質的に自然に敵対するということを意味するわけではない。統一化された格子（碁盤目）やそれに相当するものは、定量化された知識がとりうる唯一の形式ではない。土地の測量技師たちは川の位置を地図に記すことに優れていたし、土地の形を詳細に描くために等高線を用いることも得意であった。地形は数え切れないほど多様なやり方で定量的に描写することができる。しかし、正方格子が他の方法よりも単純であるがゆえに中央政府によって好まれてきた。一つの正方格子をつくるためには高度に組織化された労働力を必要としたが、しかし、一度正方格子を土地に付与すれば、何百マイルも離れたところから土地の権利を登録したり、行使したりすることが可能となった。個人の判断やローカルノレッジは最小限にしか必要とされなくなった。

社会的な尺度は、オティス・ダッドリイ・ダンカンが述べたように、単純に外から押しつけられることはめったにない。そうではなく、定量化は潜在しているのである。「どんな社会科学者が立ち入るより前に、社会プロセスそのもののなかに[33]」。それに対して、自然の尺度は、明らかに外界から与えられる。にもかかわらず、自然の尺度もまた社会プロセスのなかに潜在していると見なすことができるかもしれない。自然を利用し探究する社会的プロセスのなかに。このことは確かに、私たちが自然科学者と認めるであろうひとたちが立ち入りはじめるよりもはるか前から進行していた。けれども、問題をこのように提起することは、本質的に誤解を招くおそれがある。もちろん、尺度は存在した。しかし、どのような種類の尺度か？　科学者たちは、社会科学者も自然科学者も、尺度が内在する社会プロセスを本質的に変化させた。彼らがもたらしたものは、ある種の客観性――土地ごとの慣習やローカルノレッジからの独立を志向する尺度――である。この変化をもたらすために、科学者たちは、中央集権国家や巨大な経済機構と同盟を結んだ。政治、経済、科学の領域で、知識をそのローカルな文脈から切り離すというほぼ同じ問題に直面するのである。

時間を記録することが社会的尺度を意味するのか自然的尺度を意味するのか、というのはおそらく難しい問いだろう。ほんの二、三世紀前までは、社会的時間は、自然的時間によって満たされていた。日時計による時間は、最初に昼と夜に分けられ、それぞれの部分が一二時間に分けられていた。昼と夜を区切るのは、日の出と日の入りであった。現在用いられている均一な時間からみると、昼間の時間は夏場のほうが冬場よりも長かった。これはまったく適切であった。なぜなら、労働時間もまた夏のほうが冬より長かったからである。自然のサイクルによる時間の識別は、一日の変化よりも季節の変化の方がもっと顕著であった。すべてのことにそれぞれ季節というものがあった。種まき、乾漑、除草、草刈り、放牧、山の放牧地に動物をつれていくこと。遊牧民にとっては、このような季節のサイクルは、なおさら精巧なものになった――森へ鹿を狩りにいく時、草地へ果実をつみにいく時、川へ産卵期のサケをとりにいく時、入江に渡り鳥をつかまえにいく時。太陽や月の位置、日々を一覧表にすること、などがこれらの時間を同定するのを助けたが、他にも、融通の利かない天候に適応しようとする生物のもつ兆候も役立った(34)。

より厳密で予測能力のある暦が求められるようになったのは、教会や国家がさまざまな事柄を管理する目的からであった。税金を払う時期、兵役につく時期、受難節を過ごす時期、イースターを祝う時期、などを定める必要がこれらの教会や国家にはあるのである。時計による時間もまた、宗教的な重要性を獲得した。修道院における朝の定時の祈り（朝課）は、時計が刻む時間とともに生活することの最初の動機となった(35)。産業化された労使関係はより広範囲にわたる影響を及ぼした。産業化の始まり以来ずっと、時計は工場、学校、オフィスを規律にしたがって管理するための重要な媒体の一つであった。時計の支配権が拡大するとともに、必然的に明暗や寒暖といった自然による、日々のリズムは使われなくなっていった。要するに、時計による支配は、人工的な管理体制の一部であり、技術的、経済的、社会的な時間の征服であった。十九世紀の終わりまでには、鉄道網の普及にともなって、広大な大地に北から南まで一様の時間を課すことさえ望ましいものと見なされはじめた。農民やそのほか依然として自然のサイクルを用いているひとびとからの強い反対に直面して、少し後に、政府は初めて、毎年春になると時間をすすめ、秋にはもとに戻すことを宣言した(36)。

同様の考察が、長さ、重さ、そして体積の尺度にもあてはまる。これらは物理的な尺度である。しかし、同時に社会的尺度でもある。そして多くの社会的尺度と同様、それらは科学と関係なくずっと前から存在したのである。

市場経済や商取引を、価格や尺度など大量の定量化抜きで想像することはほとんど不可能である。これらの単位の多くは、もともとは人間になぞらえたもので、私たちが自然から徐々に遠ざかって恣意的な単位へと近づいていったことがわかる。しかし、尺度のシステムがフィートやポンドか、あるいはメートルやキログラムか、どちらにもとづいているかということはそれほど問題ではない。真に重要な変化は、標準化および互換を可能とする変化である。定量化の文化は、この三世紀ほどで急激に変わった。そしてこの変化には、官僚だけでなく、科学者も影響を及ぼしてきた(37)。

現代では、測定は、正確で客観的でなければ何の意味もない。私たちが理想とする交換は、没個人的なものである。消費者は自分たちが買う商品の持ち主やつくり手を知ることはめったにない。商人や仲介業者は彼らが扱う商品を見ることさえないかもしれない。個人的な信頼という重要な要素が、これらの取引にともなっている場合もあるが、取引は没個人的な技術や規制のメカニズムに対する信頼に、さらにいっそう依拠している。没個人的な技術や規制によって、正確に重さが測られ、箱の表示には偽りがないことが保証される。体積の尺度は、重さの尺度と比べてより統御することが難しく、液体の尺度を除いて、ほとんどが廃れてしまった。一ポンドのバターがどれだけけか、あるいは一ヘクタールの土地がどれくらいの広さかについて、意見が相違しうるなどと想像するひとはいまやほとんどいない。科学の実験室は、注釈や精査なしに、ナノ秒、ミリグラム、オングストロームといった計測器の測定値が受け入れられる。

対照的に、古い統治体制の社会では測定は常に交渉の対象であった。とはいっても、すべてのことが交渉可能というわけではなかった。ヴィトルド・クラによると、十八世紀のヨーロッパの町役場にはよく、その地域で通用する一ブッシェル〔容積単位で三五・二三八リットル、質量単位で二七・二キログラム〕の容器が陳列されていた。もし、どれか特定の一ブッシェルの正確さを問題にするひとがいれば、自分の容器の中身を町役場にある公式の容器にあけて、正しく一ブッシェルあるかどうかを確かめることができただろう。しかし、これで問題が解決するわけではけっしてない。穀物をより高い位置から注げば、より高密度で詰めこむことができることを誰もが知っていたので、目的によっては、穀物を詰める方法を契約や法によって特定することもあった。もっとも問題となったのは、一ブッシェルの容器に穀物を盛った際の山の高さである。穀物を平らにならした一ブッシェルでさえ、斗かき板で強く押したか否かによって量が異なった。山の高さを決めるところにはいつでも、権力、交渉、そしてごまかしの作用する余地が存在したのである。

このような裁量で計算するシステムは、環境がととのえばかなりよく機能した。穀物には適切な値段がつけられ、計量の尺度が柔軟であるがゆえに、計量システムは長く機能しつづけることができた。たとえば、小麦はオート麦よりも高く評価されていたので、通常は平らにしたときの尺度で交換された。一方、オート麦は山盛りで売られていた。小麦であっても、もし汚れていたり、もみ殻だらけだったり、かび臭かったりした場合は、それにふさわしい山の高さで交渉されたであろう。商人たちは山盛りのブッシェルで買い、売るときは同じレートで、穀物を平らにして、適正な価格を保った。これは彼らの生計を維持するために必要不可欠であった。クラは以下のように述べている。ポーランドの土地の尺度は、一単位の土地がほぼ等しい生産性を表すことができるように、土の質によってしばしば変動した。この単位は、多くの場合、一定の量の種を適切に蒔くことのできる区域として定義された。もし論争が生じた場合は、「もっとも正直で経験豊富であり、一ガロンの範囲内で正しい種の量を見計らうことができると信頼されていた種まき人(38)」をよぶことによって解決されただろう。そのような正直な仲介人なしには、システムはほとんど機能することができなかった。しかし、信頼が支配する体制のなかでは、このような自由裁量による尺度は、検査人が生み出した無差別で客観的な結果よりはるかに有用であった。

私たちはここに、幸福なゲマインシャフト、信頼が遍在し、悪用されることのない社会を仮定すべきではない。尺度は、特に対等ではないひとびとのあいだの取引においては、論争と恨みの深刻な原因にもなりえた。クラは、この自由裁量による測定システムは、統一的な法ではなく社会的な特権にもとづいた統治体制と固く結びついていたと述べている。身分の高い封建領主は、ほぼかならず山盛りのブッシェルで地代と税を徴収していた。より積極的な領主は、定期的に新しいブッシェル容器を取り入れたであろう。たとえ新しい容器が前のものと同じ容量であっても、容器を浅くしたり平たくしたりすることによって、より山盛りの穀物を入れることができた。農民たちはこれらの変化を見逃さなかっただろう。あるいはおそらくときどき尺度が操作されていることを想像しただろう。しかし、農民たちは、不正な尺度に対して苦情を申し立てる社会的な権力を事実上もっていなかった。フランス革命の初期に農民たちが陳情書をつくる機会を得たとき、もっとも頻繁に苦情を述べた原因は尺度であった。彼らが言うには、地方のブッシェルの単位は領主の利益のために大きくなっていく一方であった。もはやフランス全土で通用する、唯一の真の一ブッシェルを定めるべき時機がきていた。

クラは以下のように結論づけている。産業革命以前の世界では、質が、常に量を支配していた。自由裁量と交渉の体制は、広く認められていると同時に、明らかに中央の権力よりも地方の利益を優先していた。尺度の客観性を特権的に判断できることは、氷山の一角にすぎなかった。すべての地域が、ときにはすべての村が、独自の尺度をもっていた。クラは、旧シレジア〔オーデル川上流から中流〕では、「新しく公権を得た町は、自由と主権の象徴として独自のブッシェルの単位を決定しようとした[39]」と述べている。実際、独自のブッシェルを決めることは象徴以上の意味があった。なぜなら、町ごとにブッシェルを決めることは、より高位の権力者にとっては統治や徴税を複雑で面倒にしたからである。フランスのように比較的中央集権的な国家の政府でさえ、独自の尺度を有する無数の自治区と対峙していた。さらに、異なる物資あるいは異なる材料ごとに異なる単位があった。絹は亜麻布と異なる尺度で交換され、また牛乳はワインと異なる尺度で交換された。どの尺度も十進法ではなかった。貨幣制度もなかった。それぞれの尺度の計算はあまりに複雑で、地方の商人でさえ、三数法〔中世ヨーロッパの商人が用いた比例式の計算方法〕を使って商いをするとなると、自らの技能に限界を感じざるをえなかっただろう。ある地域の単位を別の地域の単位に変換することは通常、計算の達人の助けが必要であった。それゆえに、近代ヨーロッパの黎明期に多くの数学者が商取引を手伝うことによって生計を立てていた[40]。町や物によって尺度が異なることは、障害にまでならないとしても、大規模な交易網が発達するためには、少なくとも不便ではあった。資本主義の拡大は、尺度を統一し単純化する上で重要な推進力の一つであった。

もう一つの推進力は、もちろん、国家であった。国家は、ときには大きな産業あるいは商業的利益と協調し、ときには自らの動機にもとづいて行動した。少なくとも、尺度を標準化し、分類を統一することは、大規模な商業や製造業にとって便利であるのと同じくらい、中央集権化された政府の活動にとっても便利であった。イギリスの尺度は、十八世紀以前にかなり標準化されていた。しかしヨーロッパ大陸では統一した尺度をつくり上げる上で、フランス革命が契機となった。クラは、計測における平等を法律上における平等と結びつけたが、政治的な革命がロシアと中国にも同様にメートル法をもたらしたことを指摘している。正確で統一された尺度が、経済を特権による秩序から法律の支配へと移行させたのである。それらの尺度はまた、行政が徴税を管理することを助け、経済発展を促進した。同時に、新しいシステムを最初に実行に移すためには、国家権力を印象づける必要があった。フランスでは、このことに四十年以上を要した。誰もリットルやキログラムが何を表すかを知らなかったため、国家が地方の単位を使ってそれらを表現することからはじめなくてはならなかった。中央政府によって最初に考え出された計画は、すべての地方の尺度を集め、パリへ送り、メートル法に換算することであった。この計画は、確かにパリを計測の中心地にしたであろう。しかし、まったくうまくはいかなかった。

特に地方からの抵抗が強く、実行が難しかった。リットルやキログラムは、フランスの農民が陳情書に書いて懇願していたようなものではなかった。なぜなら、メートル法は、農民たちのために考案されたものではなかったからである。メートル法は、真のブッシェルを地方にもち返ったのではなく、ブッシェルを棄てて完全になじみのない量と名前によるシステムを選ばせた。新しいシステムで用いられる単位の多くは、遠い異国のすでに使われなくなった言葉から命名されていた。メートル法は、普遍主義を志向しようとする野心によって形づくられたが、まさにその野心ゆえに、制度化することが特別に難しかったのである。この普遍主義は、革命のイデオロギーと、とりわけ、帝政のイデオロギーと一致していた。さらに科学者の理想ともよく一致していた。結局は、科学者がこの普遍主義を考案したのである。新しい単位にはギリシア語の名前が与えられた。ラヴォワジエや彼の共同研究者が新しい化学の元素にギリシア語の名前を与えたように。

より印象的なことに、メートル法の考案者たちは、彼らの尺度を完全に全世界的《コスモポリタン》な基準枠から求めようとした。実に顕著な例がメートルである。一メートルは、北極点から赤道までの距離の一〇、〇〇〇、〇〇〇分の一として定義された。これはどの国からも独立した自然の単位である、と最初にメートルを提案した科学者委員会は述べた。メートルは、完全な客観性を得たいと切望する科学の典型的な特性をよく例証しているようである。あたかもマックス・プランクがあらゆる人間の特性や利益から完全に切り離された自然の定数を称賛したように。そのような定数はそれゆえに、人間でないものにさえ等しく有効でなければならない(41)。しかし、このメートルの定義は、局所的な政治がもつ不確かさへの応答でもあった。フランスのほとんどの科学者は、一秒を刻む振り子の長さによって定義する単位の方が好ましいと考えていた。しかし、時間も十進法表記になる可能性が明らかにあった。メートルを、秒のようにすばやく過ぎ去っていくものによって定義することは賢明ではないと思われたのである。[42]

地球を基礎にメートルという単位を決めたように、尺度が極端に世俗から超越していることは、合理的な測定のシステムを構築するために必須であったわけではない。しかし、メートル法の定義に科学と国家が協力したことは、双方の利害に何らかの共通性があることを示している。科学と国家のどちらもそれぞれのやり方で、法の支配を求めていた。法の有効性は、私的な知識や個人的な関係に依拠すべきではないと考えられていた。むしろ距離が離れていても効力があり、見知らぬ者でも執行可能であるべきと考えられていた。標準化の設定にあたって科学者の関与が、一七九〇年代以降よりいっそう重要となったことは無理もない。さまざまな意味において、標準を設定する活動の山場は、十九世紀後半に電気に関する標準を設定したことであり、超一流の科学者たちがかかわった。[43]一八七一年には、標準化のための最初の研究所が創設され、標準化をめぐる科学と国家の関係は、新しい局面に移行した。それはベルリンにあった帝国理工学研究所であり、ヘルマン・フォン・ヘルムホルツが初代所長を務めた。[44]科学と国や巨大産業とのあいだに、利害の不一致があったという証拠はほとんどみつかっていない。ペーター・ルントグレーンは、「科学の中立性と公的な権威とが同盟を結ぶことは、紛争の解決、あるいは少なくとも紛争の縮小のための非常に説得力のある手段として機能した」と述べている。ルントグレーンは、一八七七年に政府による素材検査の必要性を訴えて失敗したユリシーズ・グラント〔当時の大統領〕を引用している。「これらの実験は民間企業では適切に実行することができない。それは費用がかかるためだけではなく、結果が公平無私な人物の権威にもとづいていなくてはならないためである……」。[45]標準化を担う機関は通常、科学、政府、そして産業の連携をともなった。

測定の手続きを確立したり、調整したりしたのは、公的な機関だけではなかった。産業によっては、業界団体が同様の機能を果たした。科学者たちもたいていは中央集権政府の機関から支援を受けなくても、尺度を統一することができた。しかし、公的ではない組織による標準化の作業には、必然的に政府による積極的な介入がともなった。ラトゥールが主張するように、すべての尺度は、「目盛りを定める以前には存在しなかったような通約性をつくりあげた」。このことの難しさを示すよい例が、大気圧のデータを用いて天気図を書くことである。十九世紀の終わりまでには、ヨーロッパのほぼ全域を対象とした気象観測のネットワークがすでにできていた。計測器の測定値は電信でほぼ瞬時に集めることができた。原理的には、すべてのひとびとが、同じ量を計測していることになる。しかし、計測器と計測の実施にはばらつきがあり、それらを調整することはきわめて難しかった。ノルウェイのヴィルヘルム・ビヤークネスが不平をいったように、何年ものあいだ、計測値の調整がうまくいかないために、天気図上には、ストラスブール上空に完全に人工的につくられた低気圧が現れていた。明らかにストラスブールの観測所は、他の大半の観測所と比べて、低い気圧の測定値を系統的に生み出していたのである。観測所を調整することは、観測所が生み出す結果を分析するための理論的な枠組みを定義することと同じくらいの偉業であった[46]。

それでもそのような達成は、現代の標準化を担う公的機関が直面している課題と比べるとたいしたことではない。彼らの仕事は、政府のすべてのレベルの役人に、あらゆる種類の尺度を、規格と公差〔一定の標準と実物とのあいだにおける差異を法律で認許した範囲〕とともに提供することである。これらの活動は、純粋な科学研究にとっても価値があるが、主な目的は科学と規制が交差する場面で機能することにある。今日、特に重要なのは、大気、水質、土壌の汚染防止にかかわることである。潜在的に有害な物質を規制するためには、測定するための方法を規定しなくてはならない。J・S・ハンターは、アメリカ国立標準局について書いている。「いまや、ほとんどすべての物理的、化学的、生物学的現象について、連邦政府の定めた測定方法があるという段階にわれわれは到達した[47]」。公的に認可された測定規約をもつことは科学者たちにとってもしばしば役に立つだろうが、連邦政府が測定方法を定めた主な理由は、もちろん、科学を不正から守ることではない。それは経済主体、たとえば汚染者が、自分たちにとってもっとも有利になる測定方法を採択することを阻むためである。これらの測定全体で、アメリカのGNPの六パーセントを要すると公式に見積もられている。ハンターは、これらすべての資金や規格にもかかわらず、ほとんどすべての尺度がきわめて不十分なままであると嘆いている。規制という目的のためには、科学を目的とする場合以上に、尺度は合理的に標準化されていなければ価値がないのである。農地、実験室、工場、そして小売店に、彼らが放出する多種多様な物質の量を、同じ測定手順にもとづいて同じ形式で報告させることは、極度に困難であることがわかっている。

公的な目的のために測定するには、対象に気軽にメートル尺をあてるようなわけにはほとんどいかない。ハンターは、「測定のシステム」について壮大に、しかし的確に語っている。廃棄物の排出量を測定する場合、適正な測定システムは以下の基準をふくんでいなくてはならないと彼は提案した。(1)サンプルの選択、(2)サンプルの操作と維持、(3)分析用の試薬の管理、(4)測定器のキャリブレーション〔尺度の目盛り調整〕をふくむ測定方法、(5)サンプルの保管、(6)データを記録・操作・保管する方法、(7)人材の訓練、(8)実験室間の偏差の管理である。明らかに、適正な測定とは測定装置や手順を標準化するのと同じくらい、ひとを規律に従わせることをも意味している。ひとが規律に従わないかぎり、測定は信頼できないのである。たとえどんなにたくさんの数を集めたとしても規格との不一致が残っているかぎり、測定された放出量の値は、有効に定量化されたとはいえない。実際、規格を定めるだけでは十分ではない——規格は、何百万ものさまざまな地点で、何百万もの測定器を何百万ものひとびとによって、同じ標準にキャリブレーションされてはじめて施行されねばならない。

もし以上のすべてが達成されたとしても、まだ疑念の余地があるかもしれない。ハンターは、ある物質の真の放出量を知りうるかどうかについて公然とは気にかけていない。より差し迫った実務的な問題は、すべてのひとが、同じやり方で放出量を測定し、報告することを保証することである。これが保証されれば、少なくとも適正な定量化について合理的に語ることができる。そしてデータを組み合わせたり、操作したりすることができる。たとえば、ある川に関して報告されたすべてのデータを足し合わせて、ある物質がその川に排出された総量の目安とする、といったことである。測定の手順におけるばらつきを調整することは、ほとんど不可能である。もし奇特だが良心的な製造業者が余剰の資金を投入して、特別に優秀な化学者を雇い、最新の研究方法でかなり慎重に排出量を分析したとしても、規制当局はそのような取り組みを実験室間の偏差と潜在的な不正を生み出す厄介な源と見なし、正確度の向上として歓迎することはないだろう。規制当局にとっては、正確度の高い尺度よりも厳格で標準化可能な尺度を好む強い誘因があるのである。もし別の場所で、同じ操作と測定が実施できないのだとしたら、ほとんどの目的にとって正確さは意味をなさない。このことは、研究結果が科学者共同体の外で使われるような場において特にあてはまり、かつ特に差し迫った問題である。

生物学的標準化

医学ほど、高水準の研究結果が多くの現場で機能している領域は他にない。研究を実践に結びつけることは、主に十九世紀になって重要となった。それが可能になったのは、一つには、医師が医師免許を取得するために関連科学の領域で集中的にアカデミックなトレーニングを積むことが必須になったからであった。しかしこの仕組みは、もし臨床医が、研究室で生み出されるデータとまったく同じ診断検査や診断画像に接することができなければ、ほとんど機能しないだろう。同様に、治療学も薬の標準化に依存している。主に植物由来の物質を扱っていたかつての何千もの薬剤師たちは、一律の薬を提供することはできなかったにちがいない。十九世紀後半の大きな薬品会社でさえ、異なるバッチ〔一度に製造できる束の単位〕間で薬はかなりばらつきがあることを見いだした。一九〇〇年ごろ、製薬業界で科学者に求められた主要な役割は、新しい薬の開発ではなく、試験と標準化であった。[48]

標準化のもっとも重要な方法は化学的なものであった。有効成分を単離することによって、薬の合成が可能となった。このことによって自然の変動性による問題を取り除いたり、かなり減少させたりすることができた。しかし、重要な薬の類は、化学的単離がなかなかできない。このことから、二十世紀はじめに、国際性を強調した新しい専門分野として、「生物学的標準化」という研究テーマが生まれた。この分野での基本的な考え方は、自然変動性が高いと疑われる薬を動物で試験し、その効き目を測ることである。問題となっている薬のロット〔製造の一単位〕の効きめが比較的強いか弱いかが判明すれば、投薬量を調整できるだろう。

このプロジェクトが中央集権的な性質をもっていたため、薬剤師たちは自律性への脅威と見なして抵抗した。薬剤師の職務内容は、結局、薬の化学的な試験であり、生物学的な分析は原則としてそれほど複雑なものとは思われていなかった。一九一〇年に、二人のアメリカ人が、ジギタリス製剤（強心製剤）を試験するための「小売の薬屋にも習得でき、手元にある器具でできるくらい簡便な」方法を明らかにした。これは手の込んだ生理学的な測定ではなかった。「進歩的な薬剤師」は、収穫されたジギタリスの葉ごとにネコの体重一キログラムあたりの最小致死量を定めるだけで、試験することができる。これは「ネコ単位」と呼ばれるべきであろう。ネコは簡単に使える、と著者は説明している。そして、ネコの死は、「イヌの死ほどには、感傷的な薬剤師にも影響しない」。ネコはまた、薬に対する反応において、「驚くべき一様性」を示している。

　当初は、そのように見えたのである。おそらく校正の際に追加された脚注のなかで、最近になって耐性が五〇パーセント高いネコがいることが発見されたと警告されている。したがって、この方法の信頼性を示すためには、今では「いくぶん多くの観察」[49]が必要となったというのである。感傷的な薬剤師たちは喜ばなかっただろう。また別の問題もあった。キツネノテブクロから抽出されたジギタリスにはいくつかの有効成分が含まれていることが発見された。医師たちは、薬効成分が一体化していることの言葉では言い尽くせない利点を好み、この薬の単離に抵抗を示した。試験動物の他の候補は、有効成分に対して異なる反応をするように見えた。すでに「カエル単位」は評判を落としていた。なぜなら、カエルは夏と冬とでジギタリスに異なる耐性を示し、またカエルでは心臓より神経システムに作用して頻繁に死んだからである。一九三一年までにはジギタリスの定量試験に関する

七〇〇本以上の論文が書かれ、そのなかにはさまざまな実験動物がふくまれていた。ジョシュア・H・バーンはこの分野の第一人者の一人であったが、一九三〇年に、生物学的な試験は「満足や自尊心の対象というより、娯楽か絶望の対象のままである。われわれにはネコ単位、ウサギ単位、ラット単位、マウス単位、イヌ単位、そして最近ではそれらに加えて、ハト単位もある。飼いならされた実験動物の類はほとんど使い尽くしており、いまやより大胆な心を持ち合わせている研究者が、ライオン単位やゾウ単位などと表現される方法を見つけること[50]か残っていない」と述べている。

　これら実験動物（パウル・エールリッヒの好みのいい方ではいけにえの動物）の種類に関する不一致は、しばしば国家のプライドの意味合いを帯びていたが、ジギタリスを試験する進歩的な薬剤師にとっては、それほど不便を生じなかったであろう。同種の個体間に変動があること、およびその変動性の結果を証拠立てるために、多くの薬を試験しなくてはならないことの方が、より深刻な問題であった。実際、生物学的な標準化が、製薬業界の整理統合を招き、薬剤師の技能の再定義を迫る力の一つであ[51]った。大企業には、必要な試験をおこなうための科学知識をもつ人材を雇う資金があった。それでもやはり、研

究者や政府は、製造者ごとに異なる従来の単位よりもすぐれた単位を求めていた。たとえ従来の単位が信頼可能と推定できたとしてもである。科学者たちは、十分に標準化した実験動物を飼育することによって自然の変動性を克服しようと努力した。しかし、薬を試験するためにどの種が最適であるかについてさえ同意が得られず、この試みは成功しそうになかった。もっとも見込みのある方策は、白金製のメートル原器のような、それを用いればあらゆるタイプのあらゆる薬を試験できるような、一連の標準を定めることであった。そのためには、記念碑的な組織化を達成する必要があり、最終的には、各国政府と国際機関との協力を必要としたのである。

ジフテリア抗毒素がよい例である。パウル・エールリッヒは、十九世紀最後の数年に研究をすすめ、ジフテリアの毒素は不安定ではあるが、抗毒素は乾燥状態で保存できることを発見した。彼は、単一の源から採取した抗毒素を同じ手順で試験することによって、抗毒素の他のサンプルを標準のものと比較した。発見者としての彼の名声は、彼の抗毒素を、他の抗毒素と比較すべき標準とするのに十分であった。エールリッヒは、彼の抗毒素のサンプルを、それを所望する他の研究者たちに送ることによって、標準を維持した。

第一次世界大戦のあいだ、ドイツの抗毒素は利用できなくなったため、株分け先の一つであるワシントンＤＣのサンプルが、しばらくは国際標準となった。一九二一年に、国際連盟は会議を開催し、このサンプルとエールリッヒの標準とを比較し、それらのあいだに違いがあるかどうかを確認した。二つのあいだに違いがないことに満足して、会議の場ではそのサンプルを「ジフテリア抗毒素の国際単位」として確定した。翌年の一九二二年、国際連盟は破傷風の抗毒素を確定した。続いて多くの抗毒素が確定された。そのなかにはジギタリスもふくまれており、その標準は、異なる場所から採取された葉を混ぜ合わせたものを平均して制定された。国際連盟は、一九二四年に生物学的標準化に関する常設委員会を設立した。その委員会は、標準血清の保管をコペンハーゲンのデンマーク国立血清研究所にまかせ、ほかのすべてをロンドンの国立医学研究所にまかせた。(52)

インシュリンの標準化は、作動中のシステムについての好例である。インシュリンを最初に発見したトロントの研究者たちは、二キロの重さのウサギに一定の低血糖の症状をおこさせるのに必要な投与量をインシュリンの単位として定義した。しかし、生物学的標準化を先導するイギリスの研究者ヘンリー・H・デールが指摘したように、その単位は、「数々の異なる国の異なる研究所で測定された場合、必要となる一様性を維持」することができかった。「それぞれの研究所では実験動物を異なる環境下で飼育していたからである」。そこで国際会議は、インシュリンを乾燥させ、安定した形状で準備しておくことが、「単位を定義し、一定に保つ」ために最適である、と定めた。「そうすれば、標準品は、便利な通貨として機能するだろう。関心のあるあらゆる国に運ぶことができるという意味で」。実際、彼らは一〇分の一グラムの標準品を、「各国の責任ある機関」、あるいは少なくとも責任ある組織をもつと見なされるそれぞれの国へ送った。その結果、各国の科学者たちはそれぞれが最適と考える比較をおこなうことができた。それでもなお、公的な会議の公刊物は二つの既存の方法を詳細に記述した論文を載せていた——ウサギの血糖値を測る方法と、そしてマウスのけいれんを誘発する方法である[53]。

国際連盟は、のちに国際連合のWHOに引き継がれることになるが、標準品を維持し普及させるための精緻なシステムを開発した。A・A・マイルズは一九五一年に、どのようにこのシステムが機能していたかを説明している。ほとんどの標準品は乾燥され、封印され、窒素のような不活性ガスによって固定されて、暗所に摂氏マイナス一〇度で保管された。ときどき、それらは貯蔵所の外へ出され、実際に作動する現場に近いサンプルと比較された。残念ながら、標準品は除々に劣化した。そして非常に困難な作業は、劣化していないのを確かめることであった。動物による反応は、公的な標準にはなりえなかった。なぜならば、「動物それ自体が正確には特定できない」からであった。マイルズが説明したように、動物実験は、「隠れた標準」にとどまった。「実験動物の貯蔵、飼育、給餌に作業者が精通していて、ある種の試験を継続的に実施している実験室では、作業者たちの標準に関する経験が複合して、標準が有効であるかどうかを検査する際におおいに役立った。ただし、それらの多くは伝えることができなかったが[54]」。

「この種の安定した標準を採用することにより、生物学的特性の評価は、長さや重さの計測と同等の位置に達した」とJ・H・バーンは生物学的標準化のハンドブックで説明している[55]。しかし彼は、生物学的標準化にはより大きな課題があったと認めた。実際、標準化の利点を技術、規制、医学、そして社会にまで浸透させるためには、英雄的努力を必要とした。標準化は、応用と緊密な関係をもたずして確立した科学にとって重要だったので、そうした科学分野は応用との緊密な関係なしにさまざまのことを達成することができた。科学を専門分野あるいはそのサブ領域のコミュニティごとに組織化することによって、個人的な知識を広範囲にわたって共有するよう促進された。科学者の個人的な利害からは、不正をする動機は生じにくいため、規則や標準はそれほど厳密に定義される必要はない。が、医学、産業、農業、そして規制といった匿名で多種多様な世界のなかで、非公式の作業方法を調和させることは不可能に近い。したがって、定期的な監視に支えられた一義的な規則はますます重要となる。

それでも、これらは程度の違いであって、種類の違いではない。科学的な法則や方法が外の世界に対してどのような妥当性を主張したとしても、そう主張するだけでは、文化、言語、経験の境界を越えて操作上妥当になることはけっしてできない。われわれが自然の一様性と呼んでいるものは、実際は、人間による組織化——規制、教育、製造、そして方法の組織化——による勝利である。数もまた、かつて、妥当とされる必要があったが、しかし、いまではまた、この人間による組織化というプロジェクトを進展させる上で不可欠であることが判明している。カール・ピアソンは定量化を崇拝した最初のひとでもなければ最後のひとでもないが、彼は定量化を科学的方法にとって不可欠であると考えた。定量化の魅力は、没個人性、規律、そして規則の魅力であった。このような素材から、科学は一つの世界を創りだしたのである。

第2章　社会を記述する数値が妥当とされるまで

数学は考える機械だ。工場の機械よりもずっと多くの利益をわれわれにもたらしてくれる。
（ジュール・デュピュイ、一八四四）

統制と妥当性

「妥当性 validity」の語源はラテン語の「権力」に由来する。測定や集計を妥当と認めさせるためには、権力がさまざまな手段で行使されなければならない。たとえば、ある排水中にそれなりの量のリンが含まれていることを誰も深刻に疑っていないとしよう。しかし、そのような排水を放出してもよい基準値を設けるためには、社会的権力が多大に行使される必要がある。これには、訓練された労働力だけではなく、良好な社会的信頼関係を必要とする。もしも工場主や環境保護派のひとびとが、測定プロセスが信頼できない、間違っている、偏っていると考えるならば、信頼関係はこわれてしまうかもしれない。もっとも正確な方法ではあまりに費用がかかるのなら、劣った方法のほうが標準となるかもしれない。ある特別なケースにとって一番適した方法を使うと、今度は〔方法の選び方が恣意的ではないかと〕疑いがかけられるだろう。あるいは少なくとも、従来の方法を使っている現場との関係で尺度の解釈の問題が生じるだろう。これらの不確かさは、いずれも事実への疑義から生じているわけではない。二つ以上の測定の体系が使用可能であるために、二つ以上の解決法がありえるのである。そしてこれは、潜在的に妥当な尺度というものには幅があることを意味している。

公的な統計の例によって、何が問題になっているのかを示そう。原則として、ある国の人口は、比較的問題になりにくい数値である。しかし、それは地表に分布している人体の数によって完全に決められているわけではない。最初に、旅行者、合法あるいは不法に滞在する外国人、駐留している軍人、あるいは二つ以上の居住地を有するひと、多重国籍をもつひと、をどう数えるのか決めなくてはならない。このようなことがらが解決されたあとでさえ、人口という数字は、それを得るための方法にかかっている。アメリカでは、国勢調査局が自らの数え落としを見積った数字を公的な数字として受け入れるかどうかについて活発な議論が続いている。数え落としというのは、都市部のホームレスの数に特に影響を与えると推測されるため、これらの見積もりはけっして政治的に中立なものではない。一九九〇年の国勢調査では、商務長官が、そのような調整を加えることは十分に客観的であるとはいえないという理由、あるいは口実から、見積もりの数字は使わないことを決めた。

しかし、もちろん人口を数え上げた数値自体は、転居してきたばかりのひとや、自宅ではまったく暮らしていないひと、あるいは定住場所をもたないひとびとをどのようにして位置づけ、集計するかを詳細に特定することによってのみ客観的になる。特定の管轄区域や、特定の人種的、民族的分類に体系的に不利となるような方法は、紛争につながることが必至である。なぜなら、政治的権力と連邦政府の歳入の割り当てが、その数によって決まるからである。国勢調査局は外からの批判にあまりに脆弱なので、人口統計の方法を決める際、政治を無視して専門的な判断に従うことができない。人口統計の尺度は、妥当であると認められようとして、これまでその場しのぎの修正を過剰に受け入れてきてしまっていることが明らかである(1)。

定量化の様式を決める上で妥当性と同様に重要なのは、専門的技能の形態と、調査団のなかの権力関係である。世論調査と学術的な意識調査との違いは、参考になる。どちらの調査の方法も、おもに両大戦間のアメリカにおいて考えだされた。世論調査は、調査者と回答者に厳しい規律を課した。同じ質問を論理的に等しい形式で聞いても、まったく異なる解答分布を生むという教訓から、世論調査会社は、この種の変動を最小にするために、厳格に標準化した質問と調査方法を用いた。世論調査会社に雇われた調査者は、一つ一つの質問を、まったく同じ言葉で、ある決められた順番で、すべての相手に復唱するように指導された。調査される側は、少数の一連の文章から自分の意見をもっともよく表現するもの一つを選ぶよう求められた。対照的に、「意識」についての学術的研究では、一般にインタビューする側が、質問を言い換えたり、質問順序を変えたりすることが奨励され、また聞かれる側には、自分自身の言葉で応答することが許された。このようにして、研究者たちは、質問が回答者に確かに正しく理解され、また回答が確かにそのひとの信念や感情を真に表現していることを期待した。

以上のことは主題に対する異なる考え方を反映している。学者たちは、自分たちがうわべだけの意見と考えるものを収集することに満足しなかった。回答者の行動を説明しうる、より深いレベルでのこだわりや信念を知るためには、いくつかさりげなく探りを入れるための質問が必要であった。このような異なるインタビューの形式は、異なる形式の社会組織とも密接に結びついていた。学術的な研究者たちは、作業の多くを自分たちで実施するか、あるいは質問の仕方の自由度を所定の方法で行使できるように、訓練を積んだ大学院生を用いた。世論調査では、数多くの大規模調査を、主婦など低賃金で雇われたアシスタントによって実施しており、アシスタントは、技術の奥儀の手ほどきを受けてはいなかった。アシスタントたちの判断は信頼されなかったので、あまり変更のきかない客観的な形式の選択問題からなる質問用紙は「必需品」であった。(2) 数の収集にあたるひとびとがその技巧に十分に精通していないかぎり、厳密な規則はほぼ欠かせない。一九〇三年にジャック・ベルティヨンが、死因について国際的な統計を集める上での大問題について語ったように、困難な事例においてはいつも、判断に頼るよりも明確な標準をもつほうがよい。「どのような解決方法が採用されたとしても、その解決方法が一様であることが好ましい」。このことはまた、さらに警句的な形で一九七八年に、死亡診断書のコード化にかかわった二人の研究者によって表現されている。「比較可能な統計は、もしすべてのひとが自分たちが正しいと考えることをしていたら、得られない」(3)。

より極端なケースでは、利用可能な社会組織の形態によって、人口を数えられるかどうか自体が決まったかもしれない。大規模な国勢調査を遂行するためには、精緻な官僚機構を必要とし、十九世紀以前にはそのような官僚機構をもっている国家はほとんどなかった。フランスでは十八世紀のあいだ、人口を推計するには、ある種のサンプリング（標本の抽出）と確率論的計算に頼っていた。(4) イギリスにおける最初の四つの国勢調査は、一八〇一年から一八三一年にかけて、イギリス国教会によって実施された。マリー・ノエル・ブルゲのみごとな著書によると、特に興味深くかつ野心的な国勢調査の試みが、フランスで第一共和政の第九年（一八〇〇―一八〇一）に実施されている。この時期は、革命期の絶え間ない戦争が少なくとも一時的に鎮まった比較的温和な政治状況であった。調査のかなりの部分を先導したフランス統計局は、国勢調査を自由な政府を推進するためのプロジェクトと考えるひとたちが支配していた。彼らはフランスの全地域について大量の情報を集め、広めることによって、国家の結束を強め、市民の知識を高めようとした。また、共和政の政府のもとでフランスが繁栄しているかどうかも知りたいと考えていた。統計局は、それぞれの県の知事に、大量の情報を求める質問用紙を送った。質問の多くは量的な情報を求めていた。もちろん彼らは人口を知りたかったのであるが、同時に、経済状況についての詳細な情報も要求した。県の面積、耕地に適しているかに加えて、ブドウ畑、果樹園、牧草地、そして森の面積はいくらであるかを尋ねた。また家畜についても聞いた。それぞれの県の牛、山羊、羊の数。繁殖率、牛乳生産量、毛糸生産量、皮革生産量、そして食肉の生産量。さらに、職業や不動産や資産によって分類した人口。これらの分類は、革命以前に使われていた身分の区別によらないものが求められた。

新たに設置されて過重負担を強いられていた県は、これらの要求に当惑し、途方に暮れた。各県は何ページにもわたる表を埋めるように指示されたが、その表に記入するデータを集めるために必要な官僚をまったく指揮することができなかった。そのため地域の学者や名士、一族が長くその地域に住んでいて、地域の伝統、習慣、生産物について詳しく知っていると自負するひとびとを探した。このように、各県がなんとか結果を得ようと調査した成果は、地形の特徴や県民、衣服、習慣、風習、祭礼、農産物、そして製品についての有用な情報が満載された資料の集積となった。学者たちは思想的には数字に反対しなかったし、出生や婚姻、あるいは輸出について情報が得られた場合には、報告書はそれらの情報を伝えたかもしれない。しかし、これらエリート階層の協力者たちは、一軒一軒、居住者や資産や生産物について詳細に聞いて歩くということはしなかっただろう。たとえ彼らがそのような調査を望んだとしても、人口のほんの一部を調べることができただけで、県全体を調べるには十分な数の学者がいなかった。そしてもしそのような情報がなんとか収集できたとしても、県にも統計局にも、そのような情報を熟考する人材がいなかった。

統計家と地元の名士との関係に、文化の衝突を見てとることができる。統計局は、大きな統制された官僚機構だけが提供できるような情報を望んだ。報告書を書いたのは、サヴァン savants（一般的学者）とエリュディ erudits（碩学、特に歴史に造詣）であり、両者は知るということについてかなり異なる理想を抱いていた。彼らは、他のひとびとが調査した内容を自動的に伝える代理人にはなれないひとたちであった。二つの文化の衝突の場に三つめの文化が、数年後に皇帝および将軍という形で強引に参入した。ナポレオン・ボナパルトである。統計家の自由主義的な目的は、ナポレオンには意味をなさない。彼は徴兵、接収、徴税、戦時下経済の管理を目的とした、具体的で焦点を絞った情報を望んだ。統計局はナポレオンが要求したものを提供することができず、彼は一八一一年に統計局を閉鎖した。

これらの行政および政治上の困難は、フランスの統計家が一八〇〇年に直面した、より一般的な障害を示している。フランスは、まだ統計で表すことができなかったのである。一つには、中央集権化と官僚的な管理体制が整っていなかったために、労働力を統制することができなかった。さらに、当時のフランスという国家の多くの特徴が、統計という形では描写できなかった。革命期のフランスは、重要なところで、いまだ旧体制の社会のままであった。もちろん人口は数えることができた。しかし、高度に階層化された社会では、ほとんど誰にも、これほど多様な数多くのものを集計することによって何か特別に有用なことを達成できるとは理解することができなかった。ひとを分類する作業は、特別にやっかいであった。革命が公式に報告で用いるのを廃止した社会的ランクや秩序を、ふたたび用いることは難しかった。さらに統計局は、フランス全土で通用する単一の分類など存在しないことを早くに学んだ。J・A・C・シャプタル〔化学者、政治家。フランス最初の化学工場の設立者。ナポレオン一世の下で内相を務める〕はこれに気づき、地方の権力者に文書を送って、必要であれば表に新しいカテゴリーを導入してよいと指示した。しかし、この行為は、当初の目的を損なう譲歩であった、とブルゲは指摘している。なぜならそれは、「国家の会計のカテゴリーに変換することのできない、多様な地域固有の現実が存在していることを認める[5]」ことを意味したからである。職業は変わりやすく、いずれの職業も、地域ごとに異なっていた。労働者、専門的職業人、管理者の序列は不安定で、多様であった。地方の学者たちは、統一され厳密に定量化された統計より、言葉による記述的な統計を好んでいた点で正しかったようである。複雑で、地域差に対応している彼らの仕事は、中央集権化された行政の要求にはうまく適応しなかった。官僚的な目的に適した統計は、この国がふたたび建て直されるまで待たねばならなかった。

規則と介入

数十年あとにバルザックは、フランスは統計家の要求に従って再建されたと考えた。「社会は一人一人を孤立させ、彼らを支配しやすいようにし、力を弱めるためにあらゆるものを分断した。社会は単位を統治し、山盛りの麦粒のようによせ集められた数値を統治しているのである」[6]。このような個人主義への動きは、単に「社会」だけの結果ではなく、国家行政権が拡大した結果だったので、統計事業もある程度自らを正当化していた。実際、社会という概念自体も、ある程度は統計的な活動による構築物である。初期の「道徳統計〔慣習、特に犯罪、非行、自殺を対象とした統計〕」の調査として公表された犯罪や自殺の規則性は、もちろん個人の属性として理解されることはなかった。したがって、それらは「社会」の特性となり、一八三〇年から十九世紀の終わりまで、犯罪率や自殺率は犯罪や自殺が実在することを示す有力な証拠と広く考えられてきた[7]。

統計が新しいものごとを創りだす力は、社会のような包括的なものに限定されるわけではない。すべてのカテゴリーは、新しいものになる潜在能力をもっている。婚姻に関する表は、毎年、二十代男性の少数が、七十代の女性と結婚していることを示していた。これはよく調べてみるに値する現象だ。興味をもった統計家は、国ごとに数値を比較したり、宗教上の信仰や相続法を比較したりして、この現象を社会生活の側面から理解しようと試みることができた。私たちにとってよりありふれた統計は、犯罪率である。もちろん、犯罪は、統計家がこの領域を占拠する前から存在した。しかし、犯罪率という概念があったかどうかは疑わしい。同様に、失業が統計的な現象となる以前から、ひとびとは自分や知りあいがときどき、仕事にあぶれることがあることを知っていた。一八三〇年代の犯罪率の発案と、一九〇〇年前後の失業率の発案は、異なる種類の現象を物語っている。失業率や犯罪率の考案は、当時の個人がおかれた不運で非難に値する状態よりも、むしろ集団責任をともなう社会の状態を示唆している[8]。

イアン・ハッキングは、統計が創りだす実体について生々しい実例を提示している。一八二五年にジョン・フィンレイソンは、イギリス下院の特別委員会で、死亡率はよく知られている自然法則に従うが、疾病率はそうではないと証言した。そのような事態は政府としては受け入れがたいものだった。特に、何千もの労働者共済組合が加入者と疾病保険の契約を結んでいたために、フィンレイソンの証言は受け入れることができなかった。特別委員会は、共済組合がまもなく破綻することを懸念した。

四月までに、特別委員会はフィンレイソンを威圧して、疾病にも法則性があるかもしれないと認めさせた。その上で、委員会はフィンレイソンの証言を誤解を招く表現で要約して、疾病は「ほぼ確実な法則に変換しうる」と証言したと報告した。一八五二年の解説は、この委員会報告を妥当と認めた上で、共済組合が五年ごとに提出する報告書には豊富なデータが含まれているにもかかわらず、なぜこの疾病の法則が集計されていないのかと疑問を呈した。この解説に対して、新設された（イギリスの）保険数理士協会の評議会は、保険数理領域全般における法則の妥当性を否定することによって返答した。「一定の死亡率、あるいは一定の疾病率が存在するという考え方は、明らかに擁護できない。これらの率が、保険団体によって異なると信じる理由が存在する。おそらく広範囲にわたって異なるというよりは、特徴的に異なるのである[9]」。

　保険数理士たちは、このばらつきこそが、なぜ保険会社が自分たちのような熟練した専門職による管理を必要とするのかを説明していると考えた。しかしながら、このことは、保険会社が自然や加盟者の習慣のなすがままになっているということを意味したわけではない。保険会社は、ある組織内の疾病率を自分たちの定めた法則群の範囲内に留めることによって、自分たちの身を守ることができた。一八四九年にウィリアム・サンダーズというひとが、共済組合に関する英国議会特別委員会の他の多くの委員に対して、彼がどのようにバーミンガム総合共済慈善協会を支払い能力のある経営状態に保っているかを説明した。疾病率を示す表は重要であるとサンダーズは言った。しかし、より重要なのは、適切な疾病について範囲を決める厳密な規定である。証言は以下のように続いた。

T・H・サットン・サザン（特別委員会）　よくできた表から単に計算しただけでは、社会に対して保証するには十分ではないでしょう。あなたは、よくできた規則ももっているのでしょう?

サンダーズ　ほど遠い状況です。私はよくつくられた表とできの悪い規則をもっている社会よりも、適度な表とよい規則をもっている社会を信じます。

H・ハルフォード卿（特別委員会）　規定の厳格さは、支払いを少なくすることを表しているのですか?

サンダーズ　もちろん、われわれは保険に制限を課して規定を厳格に適用しています。われわれは、加入者の生活環境や収入を調べて、加入者が疾病をいつわって申告したくなるような金額の保険はかけることができないようにしています。

ハルフォード　あなたは、疾病の現状について医師による厳密な監視を参照しないのですか？

サンダーズ　それはもちろん調査しています。われわれは医師の診断書がないかぎり何も支払いません。診断書に加えて、わが協会の職員が訪問して、訪問の内容を、事務長に毎週報告しています。

ハルフォード　もちろん、あなたは疾病にかかっているあいだ加入者が働くことを禁じているのでしょうね？

サンダーズ　その点に関するわれわれの規則は、もっとも厳密です(10)。

要するに、疾病は、緻密な計画を立てて細かく分類されなければ、信頼のおける形で定量化できなかった。近年では、疾病を規制することは、なおさら重要になってきている。そうでなければ、公的な基金はとても容認できないような病気の流行によって使い果たされてしまうだろう。そして、新リカード学派の論理に従って、すべての余剰は不可避的に、医師の手にわたってしまうだろう。

生命保険を、仮病によって請求することは難しかった。このため、操作されていない、信頼のおける定量化を期待できるのは好都合であった。たとえば国民全体の健康を監視するというような目的にとって、一般的な生命表が適していると考えられていた。典型的な生命表は、男女それぞれの一〇、〇〇〇人の出生コホート〔ある一定期間に生まれた人口集団〕を仮定して、一〇〇歳になるまで毎年、平均して何人の生存が期待できるかを示していた。生命表に示された規則性は、もちろん、コレラやジャガイモの疫病による飢餓などによって変動する。生命保険会社はしかし、これらの変動をたいした問題ではないと考えていた。もし生命保険会社がすべての加入希望者を受け入れてすぐに疾病にかかったり死亡したりする加入者ばかりになってしまえば、生命保険会社にとっても加入者にとっても致命的となったであろう。たとえ「死亡の一般法則」なるものがあったとしても、それは保険数理士のあいだでまだ議論の対象になっていたのだが、そのような法則が生命保険制度に通用する基準を提供することはなかっただろう。十九世紀の保険数理士たちは、自分たちの仕事には、人為的な秩序にもとづく領域を創造することが必要であると知っていた。保険数理士たちはそれを、巧みに被保険者を選択することによってなし遂げようとした。

保険の歴史に関する現代の研究では、この選択の重要性について、ヴィクトリア時代の保険数理士たちの考え方が裏づけられている。クリーヴ・トレビルコックは、ペリカン生命保険会社は十九世紀のあいだずっと採算が取れなかったと説明している。なぜなら、ペリカン社は「どの被保険者を保障するかについての選択にまったく熟達していなかったから(11)」である。ペリカン社はあまりにも多くの自堕落な貴族たちと保険契約を結んでいたようである。他の保険会社は、節度ある中産階級を加入させていた。加入者を適切に選択することが非常に重要であることは、広く知られていた。一八四三―四四年にチャールズ・ディケンズが著した小説『マーティン・チャズルウィット』のなかに、アングロ＝ベンガル公正貸付生命保険会社という会社が出てくるが、この小説はディケンズの読者たちに、会社が無差別に生命保険契約を結ぶことは無責任であると広く知らせた。この会社の医師であるジョブリング博士は、保険契約が締結されるたびに手数料をうけとっていた(12)。

被保険者の選択は、信頼と監視についての難しい問題を提起する。堅実な会社は、医学および財政の専門家が取締役会のメンバーにふくまれるように配慮しただろう。生命保険産業の黎明期には、保険会社は、契約希望者を一人ずつ、取締役が集まって面接することが決まりであった。面接では契約希望者をじっくり調べたであろうし、契約希望者が本当に「選ばれた」生命の持ち主であるのかについての意思決定もなされたであろう。しかし、ときにそのような検分はひどく面倒なものとなった。特に契約希望者がロンドンから遠く離れたところに住んでいる場合には。チャールズ・バベッジは、一八二六年に書いた生命保険会社についての研究報告のなかで、ほとんどの会社は、かなりの割合で、このような訪問を喜んで免除したと報告している。しかしその免除の割合はいまだかつて集計されたことがない、と彼は非難をこめてつけ加えている(13)。

いずれにしても明らかに保険会社は、契約を結ぼうと検討している被保険者について何らかの情報を必要としただろう。もっとも便利な情報源は、契約希望者がまずはじめに訪れる、よその都市にある代理店からの情報であった。しかし、代理店には医療の専門家がいないかもしれないし、どのような場合でも、委託で働いているひとびとの判断に依拠するのは危険なことであった。トレビルコックは、少なくとも火災保険の場合では、いくつかの代理店による誤った判断あるいは金銭欲によって、フェニックス証券はセント・トマス、続いてリヴァプールで、初期に甚大な損害を被ったと述べている。(14) ペリカン社は、一八二八年に医師を取締役に任命し、会社に属す医師たちの質と実績を監視しようとした。しかし、ペリカン社の医療への関心は、途切れがちであった。大量の契約破棄が、ペリカン社がしょっちゅう誤りを犯していたことを証明している。取締役会はおおむね、保険数理士や医師の仕事よりも、投資に興味をもっていた。おそらく、これが、この会社が高い死亡率に悩まされた原因であろう。(15) 対照的に王立為替保険会社は、保険数理士や検診にあたる医師をより効果的に扱ったことで、生命保険業務においても成功した。この会社は医師をペリカン社よりも十四年も遅れて、一八四二年に取締役に任命した。この会社では一八三八年まで、生命保険の契約希望者に健康診断書の提出を求めていなかった。これは、この会社が被保険者の医療情報に無関心であったというよりも、むしろ個人に強く関心をもっており、被保険者の生命の質に関する重要な判断を他人に委託することに抵抗があったためであると考えた方がいいだろう。(16)

一八四三年に、議会の「株式会社に関する特別委員会」に呼ばれた四人の保険数理士が、かなり詳細に、生命の質の識別について述べている。まず契約希望者は、「特定の病気」にかかったことがあるかどうかを聞かれた。次に、「主治医、あるいは希望者本人の生活習慣や健康状態をよく知っている親しい友人」からの照会書を提出するように求められた。問い合わせの手紙がそのような医師や友人に送られ、契約希望者自身が「保険会社の取締役か、あるいは会社の任命した医師、あるいはその両方の前に」出向かなくてはならなかった。特別委員会の議長であったリチャード・レイラー・シールは、取締役会の面前に出ることが有益とは信じなかった。「私はそれはとても有益であると考えます」とチャールズ・アンセルは回答した。「しかし、もっとも信頼したのは、医師の診断書ではないかね?」彼は聞かれた。「その問いにお答えする準備はできていません。実際、取締役たちが大胆にも嘱託医たちとまったく異なる判断を下したケースを知っています。嘱託医が拒否した被保険者を受け入れたり、あるいはその逆といったケースです」。別の保険数理士グリフィス・デイヴィーズは、口をさしはさんで、取締役たちは嘱託医が拒否した被保険者を受け入れることはほとんどない、しかし嘱託医が承認した応募者を拒否することは頻繁にあったと述べた。「そこにはほかの利点があるのです」。アンセルは続けた。「生命保険に加入するにふさわしい人物を提案するために被保険者を面接しつづけてきたひとから、ときおり得られる利点です。それは、ひとの習慣というものは、そのひとの見た目にほぼ現れるということです。見た目によって、契約者の生活習慣に関する問い合わせの内容が決まります」。たとえば、飲酒など[17]。生命保険は、ずぼらなひとや評判の悪いひと向けのものではなかった。

保険会社は、十九世紀なかばごろは、まだそれほど大きくもなかったし官僚的でもなかったので、保険数理士たちも、被保険者の選択にかかわった。ときおり、選択についてのこまごました助言が、『保険雑誌』という保険数理士協会の雑誌に掲載された。一八五九年から六〇年にかけて、この雑誌は、悪い被保険者を識別する医学的格言集を掲載した。「検査にあたる医師の経験を積んだ目は、ひとめで、むくんだ顔つきからかなりの大酒のみであるかどうかを見抜き」その契約希望を拒否する。発作に関しては、どんなに小さな発作でも「被保険者を不適格にし」、また名声のある会社は、「美食家で運動習慣のない痛風病み」を真剣に検討したりはしなかった[18]。

カテゴリーをつくる

公的な統計のカテゴリーをめぐっては、常に論争がある。そこにふくまれる数値は、常に誤解や私利私欲に脅かされている。統計家は再現性の問題に直面するが、それは廃水中にふくまれる汚染物質の濃度を測定する際に直面する問題と非常によく似ている。規則にあてはまらない人間の属性を、適したカテゴリーに分類するために、何千もの人を訓練しなくてはならない。そのような技巧がそれぞれの役所で開発される。たとえば統計家は、歯科医を退職して貸別荘を経営しているひとや、駆け出しの小説家で当面のあいだ飲食店で給仕しているひとなどを、どのような職業に分類するのが適切であるかを議論しあう。フランス国立統計経済研究所（ＩＮＳＥＥ）のアラン・デロジエールとローラン・テヴノは、このコード化の問題を論じ、この模範的な統計局においてさえも、同じ人物が次の調査で異なる職業に分類される事態が、最大二〇パーセントの確率で発生していることを報告している[19]。

ときにはこの不確実性はますます深刻になり、カテゴリーそのものに疑義が唱えられることもある。人種や民族に関する分類は、激しい感情をかきたて、アメリカでは常に非常に議論が分かれる。社会活動家と官僚が、メキシコ、キューバ、プエルトリコ、イベリア半島、そして中南米出身のアメリカ人から「ヒスパニック系」というカテゴリーを何とか創ったが、このカテゴリーはそう呼ばれるひとびとの側からは、けっして一様に支持されたわけではない。[20] ドイツ、アメリカ、そしてフランスには、英語でプロフェッショナルと呼ぶひとについて、三つの異なるカテゴリーがある。デロジエールとテヴノは、それらの違いを生みだした政治的および行政的野心について議論している。三つのカテゴリーはみな、部門ごとのカテゴリー化——たとえば医師と看護婦を同じカテゴリーに分類し、自動車産業の幹部を流れ作業の労働者と同じカテゴリーに分類するような——をやめて、職業階層をより厳格に反映するように変化してきたことを表している。また、それぞれに、その国に特有の物語がある。ドイツのアンゲシュテルト Angestellte というカテゴリーは、公的機関の外にいる給与所得者を指すが、このカテゴリーは、ビスマルク時代の社会保障法の時代につくられたものである。高い地位にある給与所得者が、賃金労働者と同じカテゴリーに分類されたり、社会主義者の組合として表されたりしないように、このカテゴリーはつくられた。アメリカにおける「専門職（プロフェッショナル）」というカテゴリーは、二十世紀のはじめに、サービスの理念にかかわる知的職業に従事しているひとと企業経営者とを区別するために生まれた。フランスの統計学者は、カードル cadre（幹部、管理者）というカテゴリーを、一九三〇年代および四〇年代の経済計画の一環として創り出した。

カテゴリー化が特定の環境に依存することは、そのようなカテゴリーがきわめて偶発的に生まれ、それゆえに脆弱なものであることを示している。しかし、カテゴリーはひとたび導入されると、みごとなほどに弾力性をもつ。多くの統計家は、カテゴリーが妥当であるという仮定のもとに数値を集めたり加工したりする。新聞社や役人たちは、母集団の数字上の特徴を議論したがり、それらの数値を異なる数値に再加工する能力にきわめて乏しい。このように、統計上の数値はブラックボックス化され、内部の人間によるかぎられた形でしか疑義にさらされることがない。そして公的なものとなることによって、それらの統計上の数値は、ますます誰もが認めるようになる。

デロジエールは印象的な例を示している。一九三〇年のフランスでは、誰もカードルについて語っていなかったし、またそれが誰を意味するのかさえも知らなかった。この概念の萌芽は、金権政治家や労働者階級に対抗する中産階級の連帯運動のなかに見出される。カードルという言葉は最初、ヴィシー政権下〔第二次大戦中ドイツ占領下のフランス南部に成立した政権〕の技術者や管理者に対して使われた。戦後の国家計画のなかで、カードルは、公的統計のなかのカテゴリーとなった。そのため、カードルに属するひとを数えるための厳密な定義が必要となり、ほどなく多くの数的な特徴づけがなされた。いまではフランスの新聞を読めば、カードルがその日の出来事についてどう思い、どのような服を着て、何を読むかを知ることができる。[21] 統計的なカテゴリーはますます、個人および集団のアイデンティティの基礎をなすようになってきている。テヴノはこのような変化を社会階級の形成にとって重要なものとした。そして、社会階級の形成と社会階級を表現する社会統計という道具は、切り離せないものであると論じている。[22] 国家のアイデンティティもまた、公的な統計によって表現されることを通じてある程度は形成されるかもしれない。あるいは、統計上の一様性が明白に欠如していると、イタリアの例のように、国家のアイデンティティをも脅やかすかもしれない。[23] 公的な統計が社会的現実を記述できる理由の一つは、公的統計が、社会的現実を定義するのに役立っているからだ。

産業化が進んだ西側諸国では、マルクス主義社会主義の名の下に形成された中央計画経済の国と同じように、定量化は市場介入の方策の一部であり、単なる記述ではなかった。小説家アレクサンドル・ジノヴィエフはソ連の例を、みごとに、そして少々の皮肉をこめて特徴づけている。

将来の予測を立てる領域で科学的発見をしたいと望むのは、根拠のないことだ。第一に、ソ連において将来の予測は、党の最高権威者たちだけにできる特権である。そのため、科学者集団などという取るに足りないひとびとには、この領域において発見をすることなど許されていない。第二に、党の最高権威者は、将来を予測するのではなく、計画するのである。原則として将来を予測することは不可能だが、計画することはできる。結局のところ、歴史というものはある程度は計画に対応しようとした試みである。それは五カ年計画のようなもので、常に行動指針としての役割を果たしているが、しかし、けっして予測ではない。[24]

テオドール・アドルノは、このことに関連して、文化産業における定量化と資本主義との関係について主張している。アメリカ亡命者として、思想史上の数奇な運命のめぐり合わせの一つによって、アドルノはもう一人のドイツ語圏からの亡命者で数量計算に秀でたポール・ラザースフェルドが主導するラジオの研究に携わることになった。アドルノは、回想してこう語った。「私が『文化を測る』という要求に直面したとき、文化とは、まさに文化を測定可能なものと考える知性を排除した状態のことかもしれない、と考えたものだよ」。しかし彼は、大衆娯楽に関する定量的研究を除外する必要はないと判断した。「文化産業の製品、つまりいったん人手を介した大衆文化の産物が、それ自体、実質的に統計的な視点から計画されているということは、定量化手法が正当であることを証明している。定量的分析は、独自の基準を用いて文化の産物を測定する」[25]。

自然科学の方法と同様、社会生活や経済活動を探究するために使われる定量的技術は、記述しようとする世界がその定量的技術のイメージに従って再構築できるときに、もっともよく機能する。もし心理テストが学校の成績をよく予測するとしたら、それはひとつには、非常によく似たテストが学校で生徒たちを評価するために使われているためである。もし心理テストの結果がビジネスでの成功と相互に関連するのであれば、それはビジネススクールによってもち込まれた定量的な謎解きの文化からいくぶん恩恵を受けているためである。ジノヴィエフがソ連の経済計画について述べたことは、西側諸国の官僚的な企業にほぼあてはまる。定量化は、計画の方法であると同時に、予測の方法でもある。会計システムと生産プロセスとは相互に依存している。たとえば、原価計算は、製品や機械や工員が高度に標準化されていなければできない。加えて精緻な会計は、大量生産の経済を創りだすうえで不可欠であった。手工業や物々交換の世界では数量計算の達人が用いる道具はほとんど役に立たなかっただろうし、また受けつけなかっただろう。

会計は、大企業の行動指針にはなるかもしれないが、経営状態を表してはいないと言われてきた。これは疑いのないことではあるが、しかし、誤った二分法について考えるヒント以上のものがここに示されている。真理を表しているとは信じられないような数値は、企画力や活動の調整においてもほとんど機能を発揮しない。しかし、数値のもつ威圧的な雰囲気が、企業の行動指針を定めがちである。明細が十分に記述されていても、もし数値が合理的に標準化されていなければ何も意味をなさない。そのような標準化によってのみ、計算は規範やガイドラインを確立することができ、そしてその規範やガイドラインによって、働くひとは評価されるし、また自分自身を評価することもできる。企業は、早くから労働者を生産量によって評価することをはじめた。この評価は、二重の利点をもっていた。計測が簡単であるという利点と、明らかに会社の収益に関係しているという利点である。

会計のきわめて重要な目的の一つは、そのような客観的な評価の信頼度をますます高め、それによって、多角経営を展開する大企業を、できるかぎり明確で公開性の高い標準に従って経営することである。一九三〇年にG・C・ハリソンが述べたように、これを実行するには、トップ企業の経営者より、「一日五ドル稼ぐひと」の方がはるかに達成しやすい。しかし、当時すでにデュポンやゼネラルモーターズのような企業は、標準化した利潤率や投資収益率という指標を使って、事業部門を評価していた(26)。

そのような尺度は、必然的に情報の消失をともなう。ときには会計と同様に、最終損益の信頼性は、そのような情報の消失とはまったく関係ないように見えるかもしれない。しかし、そのような見方は、企業活動の集計によって最終損益が一義的に定まると仮定しているのである。最終損益がそのように定まることはけっしてない。経営者が会計によって評価される場合、彼らは会計を最適化しようとする。おそらく、必要なメンテナンスを延期したり、他の長期的な出費を後回しにするといった技巧を用いて(27)。財務以外の尺度は、おそらくいっそう不正確なものであろう。アメリカ連邦議会は、森林局に対して、木が毎年の成長によって回復する割合を超えて木材を伐採してはならないと命じた。この法律が施行されて以来、樹木の年間成長率はおおいに増加した。少なくとも森林局の計算では、新しい除草剤や殺虫剤を用い、そして木の種類を増やすことによって成長率が上昇した。そのような疑わしい予測によって、森林局は、法の威力を無効にしたのである(28)。

尺度が私利による操作によって損なわれうるということを考えると、私たちは尺度がはたして実在の世界と対応しているのだろうかと疑うだろう。しかしそれにもかかわらず、十分な制度的な基盤にもとづくもっともらしい尺度は、現実性を増しうるのである。会計で用いられる投資収益率といった尺度が典型的である。ピーター・ミラーとテッド・オリアリーが指摘したように、この指標は、ただ単にトップ経営者に逐次知らされる一片の情報として機能するだけではない。また、中間管理職を無視して集権的な経営陣によって決定を下すことを可能とするような強制力の手段でもない。この数字が現実性を帯びているかぎりにおいて、この指標は、きわめて重要な一種の自律性の根拠を提供し、管理職の利益と会社の利益を結びつける。会社が成功するかどうかは、各部門に分かれた事業に活気があるかどうかにかかっている。数値が提供する情報だけでは、会社の経営にかかわるきめ細かい決定を下すためにはけっして十分ではない。数値の最大の目的は、倫理を教え込むことにある。収益性の尺度——一般的な業績の尺度——は、ニコラス・ローズの言葉を借りれば、それらが「魂の技術」となった度合いに応じて、成功する。それらの指標は経営行為に正統性をあたえる。なぜなら主に、それらの指標は、ひとびとが自分自身を評価するときの基準を提供するからである。学校における成績、標準化された試験での点数、そして企業の収益報告の最下行に示される最終損益は、それらの妥当性が、少なくとも道理にかなっていることが、測るべきと主張する業績や価値を有するひとびとに受け入れられなければ、機能を発揮しない。それらの指標が受け入れられたとき、尺度はまさにそれが測定している活動に対して方向性を示すことに成功するのだ。このようにして、個人は統治可能にされる。統治可能にされたひとびとは、フーコーが「統治性」governmentalityと呼ぶものを体現する。数値は規範を創りだし、規範と比較される。そしてその規範とは、現代の民主主義社会における権力の形態のなかでもっとも温和であると同時にもっとも普及力のあるものである。(29)

情報

このように以前にはなかったものを創りだす活動は、私たちが情報と考えているものの多くにとっての前提条件でもある。もちろん、ある種の知は、実質的に人類のあらゆる活動にとって前提である。そしてこの知識の共有なしには社会は機能しない。この意味で、現代用語である「情報社会」という言葉は、いささか無意味である。なぜなら、小作農の村も情報なしでは生き残っていけなかったし、それは大企業の本社が情報をどうしても必要とするのと変わりない。しかし、微妙な意味合いの差異にほんの少しの注意を払えば、多くのことが変わったとわかる。情報の専門家がよく指摘していることだが、一つには国勢調査によると、主に知識の蓄積や交換によって生計を立てるひとの数と種類が大幅に増加したことが明らかである。いつも白くて柔らかいままの手をしたひとびとのことである。もう一つは、事実を記した印刷物の急増である。それによって基本的な読み書きと計算の能力は、産業社会（あるいはポスト産業社会）で職務を果たすためには必須のものとなった。

しかし、このような知識の急増は、われわれがふだん信じこまされているほどの変化ではない。知ることは、通常は印刷物にはよらない。もし近代の農民や、大工や肉屋や鍛冶屋が、めいめいの仕事に精を出すのと同じくらい、その仕事を記述することに熱心であったなら、きっとたくさんの本を書いただろう。今日の研究者がやっているように。しかし、彼らは、もっと個人的に技術を共有したり品物を交換したりするのが常だった。農民の子供たちは、加減の難しい農耕技術を両親から習得した。職人は、長い見習い期間を通して手工芸の技術を学び、技術と倫理の指導を受けた。農民でも職人でもない外部者は、何も知る必要はなかった。そして実際、無差別に技術を共有することは、仕事の質を維持することや自律性をむしばんだであろう。それらによって、同業者によるギルド（組合）は成り立ってきたのだ[30]。

公共の業務もまた、少なくとも十八世紀後半までは大部分非公開にされてきた。秘密を保持するためには複雑な仕組みは必要なかったが、公的な組織には、私的な組織と同じく機密を守るべき正当な理由があった[31]。このことはむしろ、公的な知識を広めようとする機関の弱点を示していた。政治の情報は、経済の情報と同様に、主に個人的な知り合いのネットワークを通して広められた。実際、政治における人脈とビジネスにおける人脈はだいたいにおいて切り離せないものであり、またどちらも友情関係と容易に区別できるものではなかった。十八世紀のアメリカ人は私的な手紙も公的事柄と見なし、手紙は、送り手から受け手に届く間に経由する知人によって何度も開けられ、読まれたのである。家族は、多くの情報交換の中心となり、上流階級の家族間で交わされる手紙には、家族のニュースと公的なニュースとが混じり合っていた。非公式に政治的な事柄を学ぶ人脈をもたないものは、それを知る必要があまりないと見なされた。上流階級のひとびとは、地方紙を個人的な知識の延長にすぎないと考えていた。外国の新聞のみが、純粋な情報らしきものとして扱われていた。印刷物でさえ多くの場合、個人的な特質を帯びていた。というのも、遠方から新聞あるいは何らかの布告をたずさえてくる訪問者は、内容を解釈したり説明したりするよう求められたのである[32]。

ほかにどのようなやり方が可能であっただろうか？　作者不明の文書を信頼するどのような理由があったであろうか？　個人的でない情報は、手にいれることが非常に難しかったのである。ブルゲの研究が示しているように、一八〇〇年のフランスの官僚制度でさえ、没個人的情報を創りだすことができなかった。科学的な報告の信頼性は、著者や証人の社会的地位に依拠しており、その名前は印刷物に頻繁に記載され、識別することができた。信頼が欠如していると、他と比較することができないという問題と相まってますます信頼が損なわれていった。比較可能性の問題は、制度が多様であり、商品や尺度が標準化されていない結果として生じた。情報社会において、情報とはまずお互いに知らないひとびと、つまり理解を共有する上で個人的なつながりのないひとびとのあいだで交わされるすべてのコミュニケーションを意味する。そのような情報は、十八世紀においては近年ほど重要ではなかった。多くのニュースは個人的に流通していたので、よい情報源とは、権力と同義語であった。これはある意味で今でも真実である。しかし、二世紀前までは個人的に学ばねばならなかったことの多くは、形式化され、印刷された知識とおきかえられてきたのである。これは、十八世紀後半にはじまった新聞発刊の大幅な拡大によって推し進められた。R・R・パーマーによって「民主化の革命の時代」と称され、ユルゲン・ハーバーマスによって「公共圏」と称されたものとも関連している[33]。しかし、印刷された事実の情報を当然のごとく信頼するようになるためには、前提として、それらの情報がどのように生み出され解釈されたかを特定する規律が共有される必要があった。多くの場合、新しいものごとを管理するための仕組みもつくり出さなくてはならなかった。

ウィリアム・クロノンの著書で論じられたシカゴ商品取引所の仕事は、傑出した例を提供している。鉄道が通じる以前の穀物取引の標準的なやり方は、農民が穀物をブッシェル袋に積めて、川を下る船で送るというものであった。川下の製粉業者や卸売業者は、サンプルをよく吟味して穀物の値段を決めようとした。そのような状況では、「穀物の値段」について語ることや、そもそも情報について語ること自体が難しい。アメリカ中西部は平坦でどこも同じように見えたが、農地ごとに生産物には異なる特徴があった。高品質の穀物はある程度の値段がついたかもしれないが、商人自身あるいは信頼のおける代理人が、その場で実際に穀物に手でふれて確かめずに穀物を買うような愚かなことはなかったであろう。このような個人的な検査は、消費者に小麦あるいはパンの形で最終的に届くまで、何度も繰り返されたのである。

しかし、一八五〇年代までに市場はより中央集権化された。シカゴ商品取引所は、一八四八年に実業家の有志による自発的な組織として設立された。そしてすぐにこのきわめて変化に富んだ世界に対して、ある画一性を課すようになった。まず、ブッシェルを重さの単位として再定義した。ブッシェル袋は川船には適していたが、穀物倉庫では不便であった。穀物倉庫でより深刻だったのは、品質の問題であった。穀物倉庫の中で、生産農家ごとに区画して穀物を管理することは不便であった。一八五六年から、商品取引所は小麦のカテゴリーを統一するため、定義の見直しに着手した。その最初の努力は、大失敗におわりかけた。農民たちは、上等できれいな小麦が、汚れていたり、湿っていたり、発芽したりしている小麦と同じ値段でしか売ることができないと知るや、ひどく不平をいいはじめたのである。農民は、小麦に土やもみ殻を混ぜるようになり、少なくとも小麦をきれいに保つことにあまり注意を払わなくなった。すぐにシカゴの小麦は、ニューヨークの市場で、ミルウォーキーの小麦より五セントから八セント安値となった。新しいシステムは、画一化された値段という形によって、没個人的な情報をつくり出すには適していることが明らかになった。しかし、中西部の農民や商人にとっては途方もない損害をもたらすことも明らかとなった。

一八五七年にシカゴ商品取引所は、品質にもとづいた小麦の等級づけを導入した。このために、商品取引所は市の穀物検査官を任命し、さまざまな穀物倉庫でどのように小麦の等級づけがされているかを監視させた。しかし、穀物倉庫の経営者、つまり利害関係者が実施する等級づけには問題があることが判明した。一八六〇年に、主任検査官は、専任の助手を養成して、小さな官僚制度を形成するよう命じられた。規定の手数料で、これらの検査官は、シカゴ証券取引所で取引されるために出荷されたどのような穀物の等級も認定した。この仕事のためには、検査官は、穀物倉庫に自由に入り、自ら穀物を検査する権利を与えられなければならなかった。一単位の穀物はどれも、上級から失格までの四つの等級のどれかが付与された。穀物倉庫の経営者はただ、四つの等級を維持管理し、そのうちの三等級をそれぞれ区分して保管すればよかった。

しかし、もちろん穀物倉庫の経営者たちはそのようには保管しなかった。なぜなら、品質は連続的であるのに対し、等級は非連続であったからである。穀物倉庫の経営者たちはすぐに、あらゆる穀物を混ぜ合わせて、各等級を決定するもっとも低い閾値に品質をあわせれば利益を増やせることを学んだ。このことはすぐにばれてしまった。すぐに農民たちが不平をいいはじめた。このように穀物を混ぜ合わせることで、本来農民が受け取るべき収入を、いかがわしい穀物倉庫の経営者にわたしてしまっていると。農民たちは新聞社と選挙によって選ばれた議員の共感を得ることに成功した。議員たちは、穀物取引に介入すると脅しをかけた。政治をコントロールすることは、穀物を標準化するために小麦を等級づけすることと同じくらい、重要であったのである。そして商品取引所は農民と協力して、異なる等級の小麦を混ぜ合わせることを禁止する法律を支持した。

ついに、官僚と商人は、農地やましてや自然界にはかつてまったく存在しなかったものをつくり上げた。それは、農産物の統一的なカテゴリーである。それ以来、シカゴ証券取引所では、小麦を見たこともない商人や見ようともしない商人――小麦とオート麦の区別もつけられない商人――が小麦をもち込んだり売ったりすることが可能となった。彼らはまだ商品が存在しないうちから、先物取引をすることさえもできるようになった。このように、規制活動のためのネットワークが、現代的な意味での情報の役割を創りだしたのである。小麦の取引で成功するには、もはや農地や港や貨物駅で、農民一人一人が生み出した農作物の品質を判断する必要はなくなった。一八六〇年までには、小麦の取引に必要な知識は、小麦やもみ殻から切り離された。いまや必要とされるのは、値段のデータや、生産物のデータであり、一分ごとに印刷される書類のなかに見つけることができるようになったのである。もちろん個人的なつきあいや私的な情報源の必要性がなくなったわけではない。しかし、うわささえも次第に、ことのおこなわれる現場つまり農地ではなく、商品取引所の室内で生まれるようになっていった。(34)

第3章　経済指標と科学の価値

社会工学者は政治の科学的基礎を社会技術のようなものと考える。
（カール・ポパー、一九六二）

社会的な技術としての定量化

教科書に載っている科学は、大部分が理論についての記述である。これは今や科学の女王として君臨する物理学において特に顕著であり、初学者や外部者はときおり、物理学を数学と混同してしまう。この外部者のなかには、ほとんどの社会科学者がふくまれる。社会科学者は、自然科学の達成や、それらの達成が人間に関する研究に何を意味するかについてとにかく考えてきた。もし科学において理論が果たしている役割を、このような抽象的な言葉で述べられるとしたら、実験科学者でさえ、しばしば自分たちの仕事は理論を検証することだというだろう。第一章で、実験は独自の世界をもつ、つまり計測器を用いた実践を繰り返す営みであると信じるに足る証拠をいくつか論じた。しかしもちろん、実験の世界は、学問的な実践の世界でもあり、分析し、書き、そして議論する世界であり生活である。定量化は、現代の実験科学の世界にとって重要であり、物理学の理論にとっての数学に匹敵する。定量化の目的の一つは、実験室の物質的な文化と、理論から導き出す予測とのあいだを架橋することである。これは、実験による定量化が、科学の実践において決定的な役割を果たしていることを意味している、と考えられがちである。しかし、そうではない。数学的理論をふくまない研究課題を扱う研究者もしばしば実験研究者と同じくらい注意を払って、詳細に方法論について報告しているし、結論を量的に示したり、また量的には表せない結果を除外したりしているのである。

　定量化とは社会的な技術である。現代数学の理想は古代の幾何学を起源としており、証明に重きをおき、数値という領域からかなり切り離されていた。一方、算術や代数学は、実用的な技術として生まれた。算術や代数学は商人の活動と、つまり、帳簿をつけることと関係していた。このことは十六世紀まで本当であったし、十九世紀になってさえも、ある程度は事実であった。科学においても、定量的な測定や数値の操作は古代にさかのぼるが、しかしそれらは明らかに数学的な証明よりも下位のものと考えられていた。ルネサンス期には、定量的な測定や数値を操作するような活動が数理天文学の大部分をつくり出した。数理天文学は、惑星の位置を予測したりイースターの日を決めたりするのに便利だと思われていたのである。この目的のために、恒星や惑星の位置は注意深く測定された。ケプラーの時代までは、測定を物理学理論に適合させようと悩むひとはほとんどいなかった。測定は理論からまったく離れているわけではなかったが、しかし、理論のために存在していたわけではなかった。

十八世紀の終わりになってさえ、実験科学は、測定の倫理に魅了されていたが、実験科学の世界は、正確な理論と同じくらい密接に、商業や行政の実践的世界と結びついていた。鉱物の鑑定に用いられていた化学天秤が、化学において使われるようになったのは、鉱業にかかわる国の官僚が、鉱業で使っていた秤を化学で用いることを奨励したからである。ラヴォワジエにとって、化学天秤は実験にどの程度熟練しているかを確実に検証する道具であったが、そのときでさえ、化学天秤は理論の検証とはほとんど関係していなかった。もう一つのよい例は、標高を測るために気圧計を用いることである。パスカルは一六四八年に、質的な理論にもとづいて、気圧計を標高の高い場所にもっていくと気圧計の水銀が下がるはずだということに気づいた。そして確かにそうなった。十八世紀の陸軍の技術者たちは、山岳地域の地形図を描くために、かなり正確な気圧計を必要とした。このことが気圧測定法において正確さを求める重要な動機となった。(1)

気圧測定学もふくめて多くの分野において、検証すべき数学的理論がすぐにあらわれてきた。理論を検証することは、ときに、測定の精度を向上する重要な誘因となった。初期の有名な例は、ニュートン派とデカルト派による、地球は南北方向に径の短い扁球なのか、それとも長球なのかについての論争である。メアリー・テラルが示したように、意味深いことに、後者の主張は、デカルト派の理論の帰結ではなく、フランスの地図作成者が早い時期にみつけ、後にニュートン派の立場に異論を唱えるために用いられたのである。地球の曲率を測ろうとしてラップランドとペルーに赴いた世紀なかばの有名な探検には、この論争のため、精度と信頼性を大幅に向上しなくてはならない理論的な理由があった。しかし、精度は、地図作成という、ニュートンとデカルトの論争とは関係なく生じていた課題においてすでに十分重要な問題になっていた(2)。そしていずれにしろ、どちらの理論が正しいかを決めるために精度の高い測定をおこなうことは、これまでまったく繰り返されてきてはいない。ようやく最近およそ二世紀間に、定量的な精密さが実験科学にとっても中核的なものであると考えられるようになった。たとえ測定が数学的理論と関係づけられない場合においても。精度の追求は、理論の厳密さのためよりもむしろ、モラル・エコノミー〔道徳経済。人間の道徳的なものや倫理が経済活動を支えるとする考え方で、人間の合理的計算や打算が経済行動を支えるとする政治経済の考え方に対置される〕と関係する理由から科学のなかで支持されてきた。精度は、勤勉、技術、没個人性の象徴として評価されてきた。定量化は、ひとや自然を管理するための重要な手段としても用いられてきた。

　この実用的な責務は、私が「会計の理想」と呼ぶものに不可欠な要素である。このような用語を科学との関係において使うことは、冒瀆のように思えるかもしれない。しかし、これは絶対君主がいなくても困らない者にとっては差し障りがない考え方のはずである。会計は、明らかに俗世間の活動であり、定量化の技能の側面に私たちの注意を向けさせてくれる。会計は、商業や官僚の世界を組織化する方法であり、科学においては実験的な探求を具体化するという類似の役割を果たしていることに注意を喚起してくれる。私たちは会計を、機械的で独創性に欠ける作業として片づけてしまうことのないよう、慎重でなければならない。会計や統計はつまらないという評判がかえって、それらの権威を維持することを助長している。社会現象として考えれば、会計は、学者やジャーナリストが一般的に理解しているよりもはるかに有力で、かつ問題をはらんでいる。

　会計の道徳的な特徴は、無害な没個人性や客観性の典型として、第4章で定義され、第5章でその歴史が展開される。この章では行政にとっての会計の有効性についてふれておきたい。会計や統計というものは、おおまかにいえば、ラトゥールが「計算の中心」と呼んでいるものと世界をつないでいる回線である(3)。必然的に、現象を管理する目的のためには、聴衆を納得させなくてはならない。フランス国家が、あるいはいずれの国の場合にも、産業労働者に労災保険を提供することを決めたとき、国家はその予算計上のために統計を必要とした。国家が、国勢調査の結果に応じて町に課税しようとするとき、人口についての議論は避けられない。そして人口を示す数値を認定するためには、客観的であることの保証が必要なのである。(4)科学者たちは、定量化のこのような特徴を痛感してきた。ごく少数の例外をのぞいて、科学者たちは理論に関与することに気がすすまなかったのであり、その理論には数学理論もふくまれていた。理論は、実験的な制御や測定の世界とどうしても相容れなかったのである。このことを、著名な科学者の意見で裏づけるのはたやすい。あとでいくつか例を示そう。しかし、会計の比喩が適切であることは、自然科学者たちが経済問題に対処しようとしたやり方に、もっとも如実に表れている。これが本章の主要な論点である。

不毛な理論

ウィリアム・ヒューウェルは、本章に登場する他の科学者や技術者の多くと同様、統計学を、経済学における抽象的な理論の代替、あるいは少なくともなくてはならない補足と考えていた。一八三〇年代から四〇年代のイギリスで統計学的かつ歴史学的な経済学を主導したのは、リチャード・ジョーンズであった。ヒューウェルは、ジョーンズの親しい友人であり、頻繁に文通していたので、ジョーンズの死後その思想の後継者となった。二人とも、ロンドン統計学会の創立当初の会員であった。ジョーンズの後を継いでヒューウェルは、支持してはいたものの、彼自身でやりたいとは思っていなかった実証的な経済研究に取り組んだ。ヒューウェルはけっして、自尊心が高すぎて事実の収集や分析という困難な仕事ができないタイプではなかった。しかし、ヒューウェルはジョーンズを主に異なる方法で継承した。つまり数学的理論を書いたのである。これはありそうもない連携に思えるかもしれない。なぜ、経済学における演繹に敵対していながら、演繹を数学的に扱おうとするだろうか？　もちろん、敵を倒すためである。ヒューウェルは数学が、理論的な政治経済学に規律を課し、その規律によって見境のない適用をきっぱり遮断できると期待していた。

政治経済学は、ヒューウェルの主な科学的関心の対象ではなかった。彼は博識家であり、科学的知見を組織することに卓越していた。ケンブリッジ大学トリニティ・カレッジの教師であり、教育上の課題についての思想家であり、著述家であった。天文物理学者であり、地質学者であり、鉱物学者でもあった。ヒューウェルは科学分野における努力の大半を、「潮汐学」に注いだ。これは潮の満ち引きに関する科学であり、膨大な数の定量的データの収集を要した。彼はそれらのデータを数学的な予測と一致させたいと願っていた。彼は現在では、三つの著作の著者としてもっともよく知られている。『帰納的科学の歴史』(上下巻)、『帰納的科学の哲学』(三部作)、『発見の哲学』である。

ヒューウェルの哲学的な見解を知ることは、彼の政治経済学に対する批判的な姿勢を理解しようとする上で、最適な出発点となる。[5]まずはじめに、政治経済学はヒューウェルの哲学や歴史研究における主題ではないことがわかる。結局、政治経済学は歴史を教える上での例示にすぎず、政治経済学に関する著作は残したが、政治経済学のなかに、他の科学的探究のモデルに適合できるようなものを何も見いだしてはいなかった。むしろ、政治経済学の研究者は、より成功していた専門分野、つまり自然科学を指すが、それらから多くを学ぶべきであった。ヒューウェルは、リカード派の経済学を批判した。自然科学のモデルを政治経済学に適用することが不適切であると考えたからではない。政治経済学者が、科学的探究が成功した過去の様式からあまりにも逸脱してしまった、という理由からであった。

過去の様式は、まず、帰納をふくんでいた。ヒューウェルはフランシス・ベーコンの熱心な信奉者であると自認していた。そして、科学は帰納によって、連続したより広範な一般化を推進すべきであると繰り返し論じた。偶然に観察された少数の事実から、広漠とした包括的な原理に飛躍しようとする誘惑には抗わなくてはならない。そのような飛躍は、演繹という安易な方法によって推進されてしまう。この最後の部分こそ、彼が、デイヴィッド・リカードのおこないであると考えていたことだった。数学をリカードの政治経済学と結びつけることは、「数学を無意味にしてしまう」。もし政治経済学者が「法外な理論で頭がいっぱいで常識を理解しようとしないのなら、彼らは、踏みにじられ、無視されるだろう[6]」。

言葉だけによる論証は信用できないと彼は主張した。言葉による論証では、前提を明確にすることを要求しないし、補助仮説が気づかないうちに紛れ込んでしまうこともある。論証の誤りを、確実に防ぐために検査する仕組みもない。このため、言葉による論証は、あまりに不正確であり、論証の結果を妥協のない判断や、実験、観察と照らして検証することができない。数理経済学は、これらの欠点を克服するかもしれない。数理経済学が導き出す結果は、もちろん、私たちがまだ演繹的推論には成功していないことや、私たちの前提が十分には世界と一致していないことを示すときも多かったかもしれない。しかしそれもまた、価値のある知識である。正確な結果は、たとえそれらが不完全であっても、不正確で一般化しすぎた結論より好ましい。すなわち、「私たちが経済学者たちからひっきりなしに受け取る言明、必ず到達するにちがいないが、しかし、まだそこまで至っていないという言明」、そして、「一般的な『真実』、つまり個々の具体的な事例を例外としてしまう真実」より好ましいのである。[7]

これらすべてを考えれば、ヒューウェルの結論に驚くことはあるまい。リカードは、疑わしい暗黙の仮定を彼の議論のなかに忍びこませてしまった。ひとたびそのような仮定が露呈し、明示されれば、リカードの質的な研究成果は、ジョーンズのような人物による歴史的かつ実証的な研究に対抗するものとして評価されてしまいかねない。ヒューウェルは、相手方の全面的な弁明を期待してはいなかったようだ。また彼はリカードの抽象的な言葉による論証のなかに誤りをみつけたと主張した。たとえば、リカードはイギリス経済の繁栄が地代と利益に及ぼす影響を誤って推測したし、さまざまな名目の税収が最終的に減少するセクターはどこかという推測を間違えた。ヒューウェルは、数学者たちならこれらの点について正確で厳密な結論を導くことができると信じていたわけではない。ヒューウェルの目的は、建設的であるよりも批判的に「どのような種類のどのくらいの量のデータがあれば、そのような問題に正確な解答を導くことができるのか」[8]を示すことであった。数学は、実証的研究に取って代わるべきではない。しかし、数学は、言葉による演繹の弱点を露呈することによって、実証的研究の根拠を明らかにする。

このように既存の理論が確定的ではないことを示すために数学を用いることは、十九世紀においては珍しいことではなかった。同じような目的をもって研究していたイギリスのもう一人の科学者は、フリーミング・ジェンキンである。ジェンキンは、ウィリアム・トムソン、ジェイムズ・クラーク・マクスウェル、ピーター・ガスリー・テイトの親しい友人であった。本人は、エディンバラ大学の工学の教授であった。彼は、熱機関〔熱を機械的エネルギーに変換する機械の総称〕で用いられている物理学にならって、彼の経済学をつくりあげた。[9]一八六八年と七〇年の彼の論文は、解析学というよりも、むしろグラフを用いた数学であった。そして彼の目的は、少なくとも部分的には建設的であった。しかし彼は、古典派経済学の主要な結論の一つである、いわゆる賃金基金説を嫌っており、そのことが、おおいに彼の経済学的な関心を刺激した。賃金基金説では、賃金の支払いに利用可能な資本金の総額はかぎられており、労働組合は資本金を増やすことができないため、労働条件を改善することができない、と主張されていた。ジェンキンは、どのようにして資本金の額が決められるかを知らないかぎりはこの説は無意味であると異議を唱えた。「これまで、その計算を可能とする需要と供給の法則を明示した経済学者はいない」[10]。原因の相互作用を算出するためには、理論的かつ数学的な定式化とまでいかなくても、少なくとも一般化することのできる定量的な技術を必要とした。彼は、実証データを大幅に改良することなしには解を得ることはできないと断言したのである。

彼は供給と需要のあいだの均衡を探しはじめた。もちろん、それらは価格を決定する関数である。あるいは、特にここでの問題に関していえば、賃金率を決定する関数でもある。需要と供給を示す曲線の形は、本質的に不変のものとして与えられているのではなく、ジェンキンの言葉によると、資本家と労働者のこころの状態によって決まる。「価格の法則は、力学の法則と同じように不変である。しかし、賃金率が人間の統制下にないと仮定することは、人間が機械の構造を改良できないと仮定することと同じくらいばかげている」。このように、いわゆる需要と供給の法則は「どのようなものの価格にしろ、長期的にどのように推移するかを決める上では、ほとんど、いやまったく役にたたない」[11]。市場がどのような構造であるかは重要である。たとえば、組織化されていない労働者は、破産して売りに出された資産のようなものである。したがって労働組合を組織することによって、もっとも確実に労働者の分け前を増やすことができる。どのくらい改善できるのか？　続く論文のなかでジェンキンは、課税の影響を排除するために、供給曲線と需要曲線を実証的に計測することを提案している。そして同じ方法が、賃金にも応用可能であろうと論じた[12]。しかし、賃金の決定において精神的な要素が作用することを非常に強く主張したため、この予測は、経済学者の技巧をはるかに超えるものであった。

この実証主義的な考え方を、イギリスの特徴として考えたくなるかもしれない。特にヒューウェルやチャールズ・バベッジらが、経済学について著した書物で会計や統計、そして機械を強調していたころの特徴として[13]。しかし、実際には、実証主義的な傾向はドイツ帝国の方が強かった。ドイツ帝国では、歴史学派の経済学が、古典派経済学の理論に対して完璧な勝利をおさめた。ドイツの歴史学派は統計を重んじた。学派の数名、よく知られているところではウィルヘルム・レクシスやジョージ・

フリードリッヒ・クナップなどが、高度な数学を使っていた。主に批判の道具としてではあったけれども。彼らは、「原子のようにばらばらな」個人主義に反論し、社会において「自然法則」が作用している可能性を否定しようとした。

興味深く、かつ示唆に富むが、グスタフ・シュモーラーを中心としたドイツ歴史学派の学徒たちとオーストリア学派のカール・メンガーらを中心とした演繹主義者とのあいだで展開した「方法論争」では、定量化は明らかに歴史学派の側にあった。定量化は、演繹法に対抗してはいたが、メンガーの言葉による理論と、新しい数学的な限界概念による理論〔限界効用理論や限界費用理論などをふくむ経済学の理論〕との中庸をなす、別の観点を提供していた。その新しい理論は、レクシスがあまりに抽象的であるとして批判していたものである。レクシスは、演繹法は傾向しか示すことができないと非難した。演繹法の命題は、「現実の事象を前もって確実に決める」ことができず、そして、「経済学の目的を追求するために採るべき方法を自ら決めることができない」[14]。歴史学派にとっては、経済学の目標は何よりも実用的であり行政上有益であることであった。歴史学派は何よりも社会変革を目的とし、労働者の生活の改善をめざしていた。彼らは、経済活動に国家が効果的に介入できるかどうかは、実証的な妥当性を証明する専門的な知見にかかっていると信じていた。これはもちろん、言うは易く、おこなうは難しである。しかし、選択を求められれば、彼らは記述的な説明や統計を、型通りの演繹法よりも好むであろう。同じ考え方が、経済的な問題について言及した自然科学者の著作の多くに典型的に現れていた。

技術者と物理学者による経済学

技術者はしばしば職業上、経済学の実践を求められる。物理学者は、少なくとも研究者としては通常そのようなことは求められない。しかし、物理学と工学との境界は、常に鮮明であったわけではない。両者の隔たりは十九世紀の大部分の期間においては狭いままであった。最初は熱機関の開発のために、次には電気の開発のために、物理学と工学がどちらも非常に重要となったためである。特に十九世紀のはじめ、熱力学と経済学の発想は非常に近かったといえるだろう。それぞれが相手の概念を利用した。けっして経済学が単に物理学に寄生していたわけではない。経済学と物理学の発想は文脈を共有してともに発展したのである。経済学の観点からいえば、エネルギーの変換や交換を通してエネルギー収支の均衡を保つという発想は、熱力学における主要なメタファーを形成している。この考え方は、主にリカードやジャン・バティスト・セーのような人物の思想から派生したわけではない。エネルギー収支についての経済学的な思考方法は、高尚な理論よりもむしろ会計とより密接に関係している。この経済学的な概念は、それ自体、すでに労働価値説と動力にかかわる一連の比喩を統合していた[15]。

　このような経済学の枠組みは、おそらくイギリスにおいてもっとも展開された。ノートン・ワイズが示したように、物理学的な概念を用いた経済学では仕事、つまりはエネルギーを意味するものが、新しい経済学の基礎となった。エネルギーの経済学は、測定の経済学として理想的であった。なぜなら、エネルギーの経済学は、絶対的な基準を背景として労働生産性を評価することを可能にしたからである。エネルギーの経済学は、機械の仕事と、動物の仕事、そして人間の仕事を同一単位で測ることを可能にした。エネルギー経済学の推進派は、概して自由貿易やレッセ・フェール（自由放任主義）やその他の古典派経済学の主要な理論と敵対することはなかった。しかし、彼らは、主に理論だけに依拠する経済学には満足しなかった。エネルギー経済学では、経済学的な論法と、そしてより重要なことには経済実践のシステムを用い、それらは、科学者が機械や労働の生産性を評価し、向上させることを可能とした。この経済学では、工場や労働者や生産についての統計が意味をもった。定量化は行政管理を支援することができ、技術者や改革者の行動を改善する指針となった。

　イギリスで、「仕事」に関する新しいフランス物理学の成果を早くから推進した最重要人物は、ヒューウェルであった。彼は『技術の力学』を一八四一年に著した。彼は工学を単なる職人の技巧以上のものにしたいと考えて、物理学の理論と物理学的な測定を工学に取り入れた。彼の本では、一フィートポンド〔重量一ポンドのものを一フィート持ち上げるのに必要な仕事量〕を仕事量の単位とした。このようにして、機械の仕事量は人間や動物の仕事量と比較可能になり、機械の優位性が親しみやすい言葉で理解されるようになった。ジェイムズ・トムソンは、有名な物理学者ウィリアム・トムソンの兄であり、彼自身は優れた技術者であったが、一八五二年に象徴的な計算をしている。彼は自分のポンプが、一分間に二二、七〇〇フィートポンドの割合で水をくみ上げることができるのを突き止めた。人間は、一分間に一、七〇〇フィートポンドしかくみ上げることができず、かつ一日に八時間しか労働しない。したがってポンプは四〇人分の仕事をする。ワイズが述べたように、ここでは物理的な仕事が、文字通り労働の価値となった(16)。

さらに重要なことは、この定式化によって有用な仕事と無駄な仕事が明確に分けられ、そして実際に、効率が定量的に表現できるようになったことである。これは生産工学者にとっては非常に有益であった。なぜなら、効率の計算は、生産のため投下する機械と人間の労働力の最適な比率を決めるのに使うことができたからである。ウィリアム・トムソンは電信のしくみを設計する際に、エネルギーの計算と金額の計算をどのように組み合わせるともっとも効率がよいかを示した。電線のなかを信号が伝わる際に生じる減速度をどのように計算するかが決まると、その計算式は、「電線と電線を被覆する素材の規格を決めるための、簡単に計算可能な経済学的な問題となった。つまり、銅、グッタペルカ樹脂〔熱帯樹グッタペルカから採れるゴム状の物質。電気の絶縁体・歯科治療などに使われる〕、鉄の定価がわかれば、最小の初期費用で実現できる一定の速度を計算することが可能である」と書いている。ほぼ同時期に、兄のジェイムズ・トムソンは、尿を沸騰させて肥料にして、人間の労働者の食料生産量を増やすことと、石炭の火を直接に工業生産に用いることでは、どちらがエネルギーの利用として効率がよいかを究明するための計算をしている(17)。

このようにして、私たちはエネルギー計算の利点に気づきはじめた。計算は貧しい労働者階級の同胞、特に、もとは現実のものにしか関心がなく情に薄かった慈善家たちのために有益であることがわかった。R・D・トムソンは、グラスゴーの哲学学会に属していたが、「科学の光によって、貧しいものの守護者たちが、貧しさにあえいでいる同胞を正確で明確な規則によって管理することが可能となる(18)」日を楽しみにしていた。この目的のために、グラスゴーのひとびとは、喜んでさまざまな食品の栄養価の一覧表を利用した――インゲン豆、エンドウ豆、小麦、ライ麦、オート麦、キャベツ、カブなど。R・D・トムソンは、さまざまな種類のパンを生産するための費用に対する栄養価の比率を計算して、人間の労働力を維持するために供給しなければならないエネルギーに要する費用を最小化しようとした。彼にとってそれは、石炭のエネルギー量や機械の効率性を測定するようなものであった。ルイス・ゴードンは、イギリスの大学で最初の工学の教授になったが、この見地を共有していた。徹底的にエネルギー計算をすることによって、工学者は、工場の生産効率を最大化するように設計し稼働させることができると考えた。

エネルギー経済学は、経済学の定量化において慣習的に用いられていた貨幣という媒体による定量化とは、矛盾することがなかった。ここで重要なことは、測定をするということ、つまり、比較可能な標準の単位によって定量化するということである。これは物理学を手本とした経済学の形式であった。そしてそれは、理論の精密さよりも、実用的な管理や効率を目的とした。エネルギー経済学は、二十年後にウィリアム・スタンリー・ジェヴォンズやレオン・ワルラスによって展開された数理経済学と対比すると、ずっと勢いがあった。定量化したエネルギー経済学は、効用を数学化した経済学とは異なり、その時代の物理学者の興味をひき、熱狂さえ勝ちえた。

これはフランスにおいても同様であった。実際にフランスは、物理学と工学や経済学とのあいだに論争が生じた最初の場所であり、この論争は多くの成果を生んだ。フランス科学アカデミーのメンバーは、旧体制から続いていた技術的および経済的な決定を支援するように要請されていた。多くの研究者メンバーはたとえば、ラヴォワジエが革命期にフランス国家の国家会計の作成を試みたように[19]、定量的な人口統計学や経済学の研究にもかかわっていた。エネルギーと仕事についての研究は、エコール・ポリテクニーク（理工科学校）の文化と深く関係していた。エコール・ポリテクニークは、世界で最初に数学と自然科学を工学教育の中心にすえた機関である。一七九五年の設立直後、ポリテクニークで教育を受けることは、二つの名高い国家技術局の入局の必須条件となった。鉱山局と土木局（橋と道路だけではなく、運河、港湾、鉄道の管理もふくむ）である。これらの技術者が教え込まれた数学の多くは非常に抽象的であった。そして技術者養成における数学の役割は、けっして明白ではなかった。多くのひとが、数学の教育は技術者よりも数学者を養成することのほうに適していると非難した。数学は実践よりも、ただの資格認定にしか役に立たないとさえ言われた。実際にはどのような意味があったにせよ、数学教育は、ポリテクニシャン〔ポリテクニーク出身〕が、数値や数式の操作に熟達していることを保証した。少なくともこの控えめな意味においては、フランスの技術者は、彼らの数学の知識が仕事に役立つと考えた。

注目すべき例はエンジンの研究であった。ナポレオン戦争が一八一五年に終結したとき、フランスは、蒸気機関の技術においてイギリスに数十年の遅れを取っていることを知った。蒸気機関は科学的にも技術的にも重要な課題となった[20]。フランスの技術者たちは、エンジンの開発に、技能や技術的な創意工夫の課題として取り組むだけでは満足しなかった。C・L・M・H・ナヴィエ、G・G・ド・コリオリ、J・V・ポンスレ、シャルル・

デュパンは、工学と科学は一体であると信じ、エンジンの効率性を言葉で表すための適切な科学的用語を探し求めた。用語は、必然的に測定が可能であることを前提としていた。これらの状況から彼らは、物理学の主要な考え方である仕事という概念を導入した。物理学でいう仕事とは、物体がある距離を移動するあいだの力の作用であり、もち上げた物体の重さともち上げた高さとの積によって、もっとも簡単に計測できる。イギリスの追随者と同様に、彼らは仕事を労働力の尺度として、日常会話でも経済学的な意味においても用いる言葉とした。(21)

仕事やその他の量を計測することは、フランスの伝統的な技術経済学の中心的な活動であった。「技術者は、他のひとが経済学について語っている間に、経済学を実践する」と二十世紀にフランスのポリテクニシャンの技術者が誇らしげに述べた。(22) エコール・ポリテクニークと国立土木学校は以前からずっと、技術者の職務には経済学的な思考に精通していることが求められると考えてきた。自ら政治経済学者を称するひとびとの著作が、技術者にとって必要な内容を提供できているかどうかについては、常に疑念が呈されてきた。古典派経済学はあまりに非実用的であり、質的であり、独断的である、と非難するものもいた。一般には、技術者たちは自由経済学を独断的主張としてのみ認めてきた。(23) 技術者たちは独自の実践的な経済学の流儀を培ってきたのであり、その過程で、セーや、ジョゼフ・ガルニエや他のフランスの古典派経済学者たちから学ぶことは、ほとんどなかった。

フランスの技術者たちが経済的な問題に長年関心をもち続けてきたことと、そして彼らが経済学者たちは彼らの知りたい知識をもっていないのではないかと疑っていたことは、ともに、エコール・ポリテクニークの理事会が一八一九年に下した決定にはっきりと表れている。それは、社会数学と呼ばれる新しいコースを設けようとする決定であった。理事会は以下のように宣言している。

フランスの産業界で日々生じている発展や、憲章によって樹立された現政府とこの産業とのあいだに密接な関係を培う必要性を考えれば、公共事業の実施は、多くの場合、営業権の制度や民間の事業によって担うことが増えていくのは明白である。したがってわが校の技術者は、今後これらの発展を規制し指導することができなくてはならない。事業の有用性や不便さを評価できなくてはならず、また、それぞれの事業が局所的にしか通用しないものであるか一般的に通用するものであるのかも評価できなくてはならない。技術者はひいてはそのような投資の原理について、真実で正確な知識をもっていなくてはならない。つまり、技術者は、産業や農業について総合的な知識を持っていなければならない。通貨、融資、保険、会社の資産、債務の償還などの性質や影響についての知識である。要するに、すべての事業によって発生しそうなだいたいの利便性と費用を、技術者たちが評価するのに役立つあらゆる知識である。社会数学のプログラムでは、これらの知識を一群の教科として教育する。(24)

理事会は続けて論じた。今の世界では、市民の平穏が保証されるのは、上位の階級に属するひとたちが自分たちの富や権力を徳と知識によって正当化することができるときだけであると。社会数学という学問は、フランスのエリートたちのそのような質を向上するために考案された。

実際、コースは開講された。このコースは、経済学者ではなく物理学者フランソワ・アラゴ〔一七八六―一八五三、天文学者、数学者、政治家。二月革命後の臨時政府で陸・海軍大臣を務めるが、ナポレオン三世のクーデターにより失脚〕によって教えられた。フェリックス・サヴァリが一八三〇年に後任となるまで、彼はその任にあった。振り返ってみると当然の選択であったようにみえる。なぜなら、アラゴは、科学的というだけでなく政治においても活動的だったからだ。しかし、彼はやや退屈な数学的確率を中心としたテーマを教えた。アラゴが教えた内容は、技術者や行政官の要求に直接応えるものはほとんどなかった。エマニュエル・グリソンは、このコースは、ラプラスがエコール・ポリテクニークのカリキュラムを純粋数学の方向へ変えさせようと努力していた時期に創設されたと述べている。(25)しかしラプラスは、フランスの技術者から経済学的な見方を根こそぎ奪ったりはしなかった。経済学的な考え方に対する真の脅威は、不朽性を重んじる価値観であった。この傾向は十九世紀においては十八世紀ほど顕著ではなかったが、フランス政府の技術者たちは、安価な構造物よりも耐久性の高い構造物を常に好んだ。(26)それでもなお、経済的な視点は技術者の標準的実務の一部であり、特別な教育を必要とはしていなかった。

これらのことは、フランスの土木局が発行した年報に掲載されている、技術的な主題を扱った多くの論文に明らかである。技術者は効率を無視することはけっしてなかった。公共事業の計画においても、効率性の問題が頻繁に浮上した。ナヴィエは、一般に安価な構造に傾きがちであったかどうかは疑問だが、鉄道や水路の最適なルートを決める際に経済性を考慮する必要を強調した。この目的のために、機械的効率といった物理的な変数は、建築費用、維持費用、積み荷の上げ下ろし費用と同一単位で測れるものにしなければならなかった。次に技術者は、一トンの商品を一キロメートル輸送するための平均コストを最小化しようとしただろう。ナヴィエは、この主題に関する論文によって、現代会計学のパイオニアともいわれるようになった。ナヴィエのような卓越した物理学者であり土木局における経済や会計を主導した人物が、経済性の問題に取り組んでいること自体が、いかにフランスの技術者たちが深刻に経済性の課題について考えていたかを示唆している。[27] 課題は緊急のものであった。しかし、定量化することは困難であった。特にどの都市に最初に鉄道を敷くべきか決めなければならないときに、あるいは鉄道にどのくらい投資し、水路にどれくらい投資するか決めなくてはならないときにはそうであった。[28]しかし、経済性の課題は、公共技術〔日本語では civil engineering を「土木」と訳しているが、ここでは「公共技術」の訳をとった〕では日常的に生じるもっともありふれた問題であった。道路に使用する材料を選択したり、鉄道の勾配やカーブの曲がり具合を決めたりすることは、経済の問題であった。このことは、道路の建設に携わる政府の技術者たちが書いたどの論文でも認識されていた。[29]

ジュール・デュピュイは、十九世紀フランスの技術者のなかで、経済学についての著作が後世にまで知られている唯一の人物である。彼は、シャロン＝シュール＝マルヌ〔県庁所在地、シャンパーニュ地方の中心都市の一つ〕で主任技術者として直面した技術的な問題について書いたことから、経済学者として認められるようになった。彼は工学の論文で一八四二年に土木局の二つの金メダルを得ている。一つは、幹線道路で荷馬車をひくために必要な力についての論文であり、その力は荷馬車の種類と積み荷の種類との関数であった。もう一つは、道路の維持費用を最小にすることに関する論文である。[30] この二つは互いに関連している。デュピュイは、積み荷の重さと車輪の幅に関する規制を解除することを巧みに論じた。つまり、一回の輸送量が増えることによる利益が、道路の維持費用の増加を上回ることを示したのである。より一般的には、彼は、こういった議論を日々の目先の必要からいかに引き出すかを示したのである。デュピュイは幹線道路の課題に「数学的厳密さ」を導入することを提案した。すなわち、道路の維持に要する定期的な費用を見積もったのである。これは、道路の摩耗した分をそのつど正確に修復して、わだちができてひどく損傷し、多額の費用が生じるのを避けることを意味した。このように定式化することにより、道路の維持は定量的な問題となった。道路の摩耗、つまり路面が削られて塵になる割合は、交通量の一次関数になるはずであり、道路一キロメートルあたり用いられる石の量から求められるはずである。そうすれば、道路がどのような石でつくられていたとしても、維持にかかる費用を計算することは簡単であった。維持費用を最小化するためには、交通量に応じて路面の材料を選べばよかった。

道路の維持の問題に対するデュピュイの解決策は、経済学的なものであった。しかし彼は、物理的な計測からはじめなければならず、その計測値を貨幣価値に換算するために用いた。彼はより広い経済学的な見地から、結論を述べている。道路の維持にかかる費用のおよそ二〇倍の金額が、道路を通行して荷物を輸送するために費やされていると。もし維持の費用を二〇パーセント増やすことによって輸送のための費用を一〇パーセント減らすことができれば、「社会」全体としては、一本の道路につき八倍以上の利益が得られる。同様に、橋を建設することによって五〇〇人の炭鉱労働者の毎日の移動距離を一キロメートル減らすことは、一年に三六、五〇〇フランの価値がある。これは、もし橋の建設と維持にかかる費用が一年に一〇、〇〇〇フランしか要しないのであれば、すぐれた投資である。「これらの数値の抗いがたい力と闘おうとしても、無駄である」[31]。

公共事業に値段をつける

運賃をいくらに設定するかは、鉄道技術者が直面したもう一つの避けることのできない問題であった。運賃の基準について分析した論文はかなり多く発表されていたものの、みなの同意を勝ちえた運賃基準はなかった。ナヴィエによって導入された通例の方法は、運賃の基準を配分的正義の問題としてとらえ、使用頻度に比例して運賃を決めるというものである。『土木年報』の一八四四年の論文でアドルフ・ジュリアンは、鉄道輸送の一様な単位を定義しようとした。乗客と貨物との換算率を定義し、続いて平均輸送団（客車が六・二五、貨車が一・七、郵便車が〇・二九、馬をのせる車両が〇・〇三）を定義した。これは、乗客に換算すると一一八・六一人分に相当する。一車両あたりの平均費用は、一キロメートルあたり一・四八七七フランであり、一輸送単位あたりの費用は、〇・〇一二五四フランとなる。ジュリアンは次に、やや独断的に、この費用を二倍して、管理や資本に対する利子として考えた。これを鉄道輸送の適切な運賃としたのである[32]。

しかし、この計算は料金を決める十分な根拠にはならない、とアルフォンス・ベルペールは主張した。彼は、ベルギーの土木局の技術者であった。ジュリアンは平均値を見境なく使っており、原因と結果を寄せ集めて混同してしまっているので、それらのどれについても影響を明らかにすることができない、と彼は主張した。「そのような混合が何の役に立つだろう[33]」。原因に対して費用を分配しても、もしその計算がいずれの車両であれ運送費用の予測を可能にするのでなければ意味がない。彼は、費用は輸送量に比例しないということが重要であると考えた。輸送量を増やすことによってどれくらい費用が下がるかがわかれば、運賃を下げられるかどうかを決めることができる。この考え方は、費用を生じさせる特定の要因に費用を負担させること、つまり綿密な分析を必要とした。

　このような考え方をもとに、彼は一八四四年にベルギーの鉄道システムの運営に関する六〇〇ページの大著を書いている。彼はさまざまな費用を生じうる原因を明らかにするという骨の折れる作業に取り組み、固定費用に関しては、車両、乗客、利用回数などの適切な単位ごとに一様に分配した。彼は、その計算において数学的な厳密性を熱心に追求しすぎるということはなかった。たとえば、用いている数値が、路線に特有のさまざまな事情にかなり依存しているということを認識していた。「もし観察者が厳密で絶対的な考えに傾きがちであったなら、そして概算を認めず、厳密な数学的正確さを欠くものを拒否する人物であったなら、そのようなひとにとってこの計算は役に立たないだろう。そして解決すべき課題は同じ場所に永遠にとどまり続けるだろう。少なくとも多少不正確なものを認める精神がこの計算を受け入れるまでは[34]」。

　別の、明らかに同じくらい几帳面さを求めないやり方が、一八三〇年に最初に発表されたナヴィエの別の論文でおおよそ示されている。ナヴィエはその論文で、費用を配分することではなく、利益を算出することを目的とし、どのようにして利益を最大にできるかを示している。水路を建設するためには、一リーグ〔距離の単位、四・八キロメートル〕あたり七〇〇、〇〇〇フランかかる。これは年間の利息として三五、〇〇〇フラン（五パーセントとして）に換算できる。維持費と管理費として一リーグあたり一年で一〇、〇〇〇フラン追加される。一トンの商品を水路で輸送する場合と陸路で輸送する場合の費用の差は一リーグあたり〇・八七フランである。とすると簡単に以下の計算ができる。水路の建設は、もし年間五二、〇〇〇トン（つまり、〇・八七フラン／トンで割ると四五、〇〇〇フランとなる）運ぶことができれば価値ある投資となる。問題は、もし一トンあたり〇・八七フランの通行料を水路の利用に課したとき、多くの輸送は、水路による輸送には時間がかかるという理由で、陸路の方に戻ってしまうであろうということである。明らかな結論は、水路の建設と稼働のための財源を、利用者からの徴収でまかなってはいけないということであった。イギリスは民間企業に力を入れすぎて、公共事業に必要な助成金を出すことを拒んだ。しかし、フランス政府は助成金を出すことができた。その管理は、「経験、優れた啓蒙思想、権力、富、信用そして献身」(35)を誇示していた。

ナヴィエがこの長所のリストに経済をふくめなかったことは、注意してよいだろう。彼は概して頑丈な構造物を、科学の最新の進歩を体現しているとして、単に安価な構造物よりも好んだ。ナヴィエは、民間企業が提案した橋の建設事業を土木局を代表して断ったことで知られている。その理由は、企業が提案した設計の原理は、数学的に定式化することができなかったためである。(36)しかし、数学が常に勝利をおさめていたわけではなかった。ナヴィエが公共事業の利益を計算で示すことによって公共事業を擁護しようとしていたまさにそのとき、彼はパリのアンヴァリッドの橋をめぐるスキャンダルの渦中にまきこまれた。ナヴィエは記念碑となるような建造物を望んだ。そして国家技術者たちの洗練された数学的計算が、正規の訓練を受けていない建設業者の単なる経験主義よりも優れていることを誇示したかった。大規模なつり橋は、最新技術であり、伝統的な構造物がこれまで必要としなかった意味で数学を用いることを必要とした。ナヴィエの設計は民間の事業家たちが建てるにはあまりに費用がかかったので、彼らはその設計に反対した。さらにいっそう悪いことに、ナヴィエの橋の固定基礎〔つり橋のケーブル端部を固定する目的で、橋梁の端部に設けられるコンクリートの大塊〕は、建設がほぼ完成しかけたときに壊れてしまった。固い固定基礎は、従来の地面に建設するタイプの橋についての詳細な知識に依存していて、つり橋の設計のうち、数学的考え方が及んでいなかった部分である。ナヴィエの橋は壊れてしまい、橋に使われていた材料は、民間企業が安価な三つの建造物を建てるのに使われてしまった。この不幸な話は、明らかにきわめて例外的な状況である。しかし、橋の弁済を求める要請に対してナヴィエが抱いた軽蔑は、異常とはいえなかった。また彼の数学的分析に対する愛着も異常とはいえなかった。(37)

定量的に公共事業を管理しようとするナヴィエの理想は、土木局ではごく当然のこととなった。この定量的な管理について経済的な視点で書かれたもののなかでもっとも理論的な著作が、デュピュイによって一八四〇年に出版されている。限界効用が減少していくという概念は、おそらく先行研究のなかでも含意されていたであろうが、彼の著作のなかで明示的にされ、基本的な概念となった。鉄道によって移動することによる便益はすべての利用者にとって一定ではなく、彼らが喜んで払おうとする額（支払意志額）と等しい。ひとによっては、鉄道旅行の便利さと速さに高額を支払うが、ただで乗れるときしか鉄道を使わないひともいる。商品やサービスの価値を表現するための唯一の整合的な方法は、需要曲線である。価格が非常に高いと、需要はゼロに近づく。価格が下がると、需要は非常に大きくなる。

デュピュイの経済学的な計算方式は、一八七〇年代のはじめには、土木局で影響力のあるものとなった。しかし最初は反対され理解されなかった。公共事業の効用を比較的低く評価する彼の計算は、土木局の技術者から疑いの目を向けられた。さらに技術者たちが怪しんだのは、真に有用な事業は採算が取れるというデュピュイの議論であった。彼によると有用な公共事業においては代価は費用に応じて配分されるのではなく、輸送の効用に応じて配分された。つまり、鉄道輸送によってもっとも便益を得る乗客や荷物の送り主が、もっとも多く払うべきであった。このようにして、新しい鉄道の路線を敷くことによってもたらされる公的効用の増加分を財源におきかえた。そして荷物の鉄道輸送を減少させることなく、少なくとも輸送のために生じるさまざまな費用をまかなうことができた。この経済戦略は国家も民間企業も適用することができた。このため、鉄道や水路が公営でなければならない特別な理由はなかった。[38] デュピュイは、闘志にあふれた自由《レッセ・フェール》主義者であった。彼の信念を裏打ちしていたのは、数学であった。「社会の慣習は、〔政治を〕倫理の科学として扱う。時間がたてばそれがより的確なものになるだろう、とわれわれは確信している。政治は、論証の手法を分析や幾何学から参照することによって、現在は不足している正確さを今後増すことができるだろう」。「自分たちの経済原則を控えめに適用することを好むひとびとは、幾何学者のようなものだ。彼らには、みごとな柔軟性がある。三角形の内角の和が、直角の二倍（一八〇度）よりときには大きく、ときには小さく見える」。さらに、デュピュイは数理経済学の確実性が政策にとってもっとも信頼できるものになると主張した。立法者の本来の役割は、「経済学が論証した事実を正当化することである」[39] と彼は説明した。

デュピュイの自由主義は、土木局の多くの技術者たちの痛いところをあまりに突いていた。技術者ルイ・ボルダスは、デュピュイは効用を単なる価格と混同していると批判した。ボルダスはまた、実践の見地からもデュピュイに異議を申し立てた。価格の関数としての需要曲線は、せいぜい純粋な推測にもとづく曲線であり、けっして知ることができない。「こんなに可変なものを根拠として、どのようにして理論を構築できるのだろう？　需要曲線は、完全に一人一人の消費者の好みと富に依存したものだ」[40]。デュピュイはいくつかの試行錯誤が必要であろうと認めた。しかし、たとえ「実践的な理由から厳密な解を得るのが不可能だとしても、この科学は少なくとも、厳密な解に近づくための手段を提供できる」。政治経済学者は、幾何学者と同じように、「利用できるデータが不完全で不確かだからこそ、厳密な原理をこの科学の要素に適用する必要がある」と彼はつけ加えた[41]。何十年かあとに、デュピュイの議論は実際、公共事業を管理するために適した定量化の戦略となった。このことは第6章で示す。

　フランスの公共技術の伝統において、通行料をめぐる問題に対するもう一つのより広く用いられていた方法は、一八八〇年代にエミール・シェイソンによって開発された。シェイソンの経歴は土木学校出の技術者がたどる経歴を誰よりも典型的に示している。彼の経歴には、行政、改革、経済、統計がすべて含まれていた。エコール・ポリテクニークと土木学校を卒業したあと、シェイソンは一八六〇年代は鉄道技術者として働き、七〇年代前半はル・クルーゾ〔ブルゴーニュ地方の商業都市〕で鉄鋼の仕事に携わった。七七年にフランスの官僚機構にふたたび加わり、統計と公共事業の経済一般を担当した。その後、彼は、フランスの新しい地形測量の準備を指揮し、すぐにその精密で簡潔な統計図や図表で広く知られるようになる。彼は統計の後援者であり改革者であって、単なる統計学者ではなかった。六〇年代のなかばに、彼はフレデリック・ル・プレー（ル・プレーも鉱山学校の出身であった）とつき合うようになり、そののち、彼はル・プレーの仲間が推進した社会改革の理想に深くかかわるようになった。

　シェイソンは、数学的な厳密性にこだわるあまり統計学的な研究が価値を失っていくことを望まなかった。一八八六年の平均値をめぐる懸賞の審査委員の一人として、シェイソンは、たった一件の応募しかなかったこと、そしてそれが単なる数学的な内容であったことに非常に失望した。そのことを、委員会報告のために彼自身がエッセイに書いている。この懸賞のテーマは、彼のアイディアであり、統計学の一般的方法を開発しようとする彼の運動の一環であった。技術者は、労働者を管理する技能を高めるために統計を理解する必要があると彼は考えていた。また、経済学を抽象的な状態から抜けださせるために数字を使うことを望んだ。経済学が抽象的なものではなく「最大多数の個人の幸福、平和、生命を生み出す条件についての研究」であることを強調した。つまり、経済学は、効率だけでなく満足も生み出すだろう。シェイソンの工学的なイデオロギーは、世紀末を覆った社会自由主義の基礎となった、とサンフォード・エルウィットは示唆している。彼の語呂合わせを使うと、シェイソンは、ル・プレー派改革者と共和主義的社会自由主義者のあいだを架橋した[42]。しかしシェイソンの社会工学は、エルウィットが暗示するほど、旧式な雇用者パターナリズムからの離脱をめざしたわけではなかったようである。労働者の客体化〔労働者を生産要素として客観化して扱うこと〕は、彼らをどう扱うかを数式によって統一しないかぎり不完全にとどまるにちがいない。雇用関係は、シェイソンのもとでは雇用主の正しい判断に委ねられたままであった。統計情報を参照はするが、統計によって決められるのではない雇用主の判断次第であった。

良識と正しい判断に敬意を払うことは、機械的計算に対抗するものである、という見方もまた、シェイソンの政治経済学の考え方のなかに見いだされる。ほかの多くの技術者たちと同様、彼は物理学を手本にしていた。経済学はいつも、比較によって苦しめられてきた。経済学には共通の単位がないと彼はいった。貨幣価値はあまりに変動しやすく、効用は測ることができない。ほかの多くのひとびとと違って、シェイソンはエネルギーを貨幣や効用の代替物として用いることを追求しようとはしなかった[43]。代わりに、経済学は厳密な科学であるかのように見せかけることはできないと彼は認めた。この言葉は、経済学を厳密な科学と見せかけている限界効用理論の提唱者のような経済学者たちに向けたものである。「巧妙な試みがいくつもなされているにもかかわらず、代数の厳密な手続きをこの位数〔ある種の指標として働く数〕の現象に応用するのは不毛であることが明らかである。なぜなら方程式はすべての事実を包括することはできないからである[44]」。

それでも、シェイソンは自動的に意思決定をおこなうための基準に結果的につながる思考を展開した。判断の機械化におけるその傑出した貢献は、統計学の幾何学に関する論文であり、一八八七年にはじめて工学誌に掲載された。この論文は、特別な商業教育を擁護するために書かれている。また、すぐれた実業家や産業界の管理者を養成することは学校にはできず実践だけが役立つ、という考えに対抗するために書かれていた。技術者が効率を向上したり費用を削減したりするために用いるあらゆる技術は、もし製品、材料、市場、価格に関する判断を誤れば、すべて無に帰してしまう。これがフランスに蔓延している状況であると彼は論じた。幾何学的な統計学を救済策として推進すべきである。政治経済学と異なり、幾何学的な統計学は単なる抽象や「純粋に理論的な分析」ではない。公共の業務あるいは民間の業務における現実的な問題を解決するために開発された定量的手法である。この手法によって意思決定者は、最適な価格や税率をやみくもに模索することなく、妥当な解を直接計算できるようになる。

シェイソンは、最適化問題を解決するために、図的方法を用いることを擁護した。しかし、「分析」によっても同じ結果が得られることを認めていた。分析は手の込んだ数学を必要とし、「普遍言語」である図を用いた統計のように直感的な訴求力に欠けていた。たとえば、ある路線、あるいはある鉄道網の鉄道運賃をいくらにするかを決めたいとしよう。このためには、二つの曲線を描く必要がある。一つは、デュピュイが主張したように需要を示す曲線であり、もう一つは費用を示す曲線である。それぞれの曲線はキロメートルあたりの運賃の関数として表せる。これらの曲線を描くための数値を得ることは難しいとシェイソンは認めたが、しかしその数値は確かに存在した。一度それらの曲線を描いてしまえば、純収入の曲線を描いたり、その頂点を示したりするのは簡単である。この頂点が、鉄道会社にとって、最適化された値〔運賃の額〕である。これは厳密な解法となりうると彼は主張した。いくつかの事例ではさらに外挿が必要であろうが、それは最適な運賃が鉄道会社が試算した範囲外にある場合だけである。オーストリアのノルドバーンがこの事例に相当したが、このときは、試算の金額帯が利益の最適値のかなり上に位置していることにシェイソンは気づいた。

このような分析がまず最初に鉄道に適用されたのは自然なことであった。鉄道は運賃を詳細に規制していたからである。シェイソンはしかし、彼の手法には普遍性があると主張した。彼の曲線は、最適な賃金を見つけることにも利用できるだろう。そしてこの理由ゆえに、この曲線は、労働者の同胞たちから無視されてはならない。投資の決定や、どこから材料を買うべきかについての選択、さらに、税金率や関税率さえもこの曲線から導くことができた。しかしシェイソンは彼の方法の一つの重大な限界を認識していた。この方法は、矛盾する目的を調整できない。生産者にとっての最適な価格は、消費者にとっての最適な価格と同じではない。同様に財務省や納税者たちも簡単には同意しないだろう。まさにその理由から、他の工学者たちは、利益を最適化すると同時に生産者と消費者が納得しうる適正な価格を計算する基礎を探したのである。シェイソンは、そのような考慮を、責任ある当事者の的確な判断にまかせた。しかし、一つの立場から問題を解決するだけでも、彼にとっては大きな前進であるように思えた。そしてオーストリアのノルドバーンのような事例では、シェイソンの曲線は消費者も会社も好む変更へと導いたのである。(45)

ワルラスとポリテクニシャンとの対立

「経済学!」ディヴィジアは、フランスの技術経済学者を祝して叫んだ。

何十年も何世紀にもわたって堂々めぐりしてきた論争から、われわれはどれだけ進歩したのだろうか。巧妙で難しい分析や、政府高官のもくろみ、同時に二つのまさに現実とは正反対の予測、本当は実験ではない実験、事実を学ぶという価値さえ欠けた実験。経済学! 結局、それは巧みに成し遂げられた仕事にすぎないのではないか。ちょうどすべてのわれわれ技術者全員がどう仕事をやり遂げられるかを知っていなければならないように。(46)

ディヴィジアの軽蔑した対象は、経済学の専門家であり、新古典派経済学の手法である。十九世紀フランスは、この理論的な経済学の創始についてイギリスと同じくらい強く主張していた。数理経済学は、本当に実務的な定量化の要請からほど遠かったのであろうか。定量化を必要とする考え方は、フランスの技術者のなかに広くゆきわたっていた。

フィリップ・ミロウスキーは、何が最初に反対意見として登場したかを論じている。つまり、経済学は、物理学者や技術者のまねをしようと計画して努力した結果、十九世紀後半に数学的になった。しかしながら、それは失敗に終わった。数理経済学が用いた数学的アナロジーは、反論から守られなかった、(47)とミロウスキーはつけ加えている。ヒューウェルやシェイソンなどが展開した経済学的な批判は、おそらくミロウスキーの指摘した失敗の原因を裏づけているといえるだろう。しかし、すべての技術経済学者が、古典派経済学を受け入れなかったわけではない。ナヴィエとその称賛者たちは、古典派経済学による定義や概念的枠組みを、それらの定義や枠組みがセーの政治でないかぎり支持した。デュピュイはより批判的であり、彼の追随者は、経済学の計算に関してフランス技術者の伝統以外に目を向ける必要をほとんど感じていなかった。同時代の経済学者は、概して技術者たちに賛辞を返した。フランソワ・エトナーが指摘したように、これらの技術者たちは、効用を計算して問題を解決する作業に従事していたのであって、経済の仕組みを説明しようとしていたわけではなかった。彼らの作業は実際に、しばしば一般的な公式を導いたが、それは経済学的な動機からというよりも管理上の目的によるものであった[48]。

レオン・ワルラス〔一八三四―一九一〇、経済学者。一般均衡理論を提唱し、ローザンヌ学派を興した〕は、偉大な十九世紀フランスにおける数理経済学の卓越した主唱者であるが、彼の経歴をみると、計算をする技術者とそれにもっとも近いように見える経済学一派との違いがはっきりする。前任者A・A・クールノーと同じく、ワルラスは、彼が自由主義者と見なし、当時のフランスの政治経済学を支配する学者たちからの支持を得ること、いや、関心をもってもらうことにさえ、ほとんど完全に失敗しかけていた。回想によると、彼は学者生活のすべてを国外生活者として、スイスのローザンヌ大学で過ごしたという。クールノーとワルラスに関する最近の研究では、彼らがフランス政治経済学の法律学派からも人文学派からもほとんど完全に孤立していたことが指摘され、代わりに当時の工学的および科学的伝統と結びつけて考えられている。つまり、「古典力学の模範をあがめ奉る科学のイデオロギーと……エコール・ポリテクニークの制度――そこでは問題は明確化され、数学の『応用』に集中している[49]」と関係づけられている。実際、これらの経済学者は、数学の文化を参照していた。しかし、実務的に数量計算していたひとたちと彼らとの関係は、絶え間ない誤解の歴史である。その根底には、双方の目的が両立しえない、ということがあった。

エコール・ポリテクニークは、もともとは技術学校であった。革命は、ほとんど絶え間なく続く戦争を戦うために、軍の技術者を必要とした。軍事工学の科学志向は、応用工学の伝統と結びついていた。そして応用工学は、熱狂的革命家で射影幾何学を創始したガスパール・モンジュ〔一七四六―一八一八、数学者。画法幾何学を発見し、エコール・ポリテクニークの設立に尽力〕と結びつくようになる。ナポレオン帝政下、若い男性は、ポリテクニークで勉強をはじめたころに軍に徴兵された。これは主に、すでに工学分野を支配していた革命的伝統を一掃して、工学分野における統制を強化するためであった。ナポレオンも、エコール・ポリテクニークのカリキュラムを工学の方へ、実際には軍事技術の方へ近づけた。高等数学や化学の課程を短縮し、防御設備やその関連科目を勉強する時間を増やしたのである。(50)

このような教育哲学はすぐに破綻したが、その原因は、しばしばナポレオンの失脚と関係づけて論じられる。テリー・シンは以下のように議論している。王政復古〔一八一四―一八三〇〕時代の政府の下で、応用工学のみにあまりにも集中したカリキュラムは、あたかも出自にもとづく社会階層を覆そうともくろんでいるかにみえた。この理由から、カリキュラムは一八一九年に変更され、より理論的な科学の科目をふくむようになり、文学などまで教えられるようになった。ラプラスがモンジュよりも支配的な存在となった。彼は、ポリテクニークを彼の科学帝国の一部にしたいと望んでいた。(51)

変化がどれほど急激であったのかは疑わしい。ポリテクニークは、卓越した科学者を輩出した。が、たとえばビオー、フレネル、アンペール、カルノー、ポワソンなどは一八一九年より前にポリテクニークで学んでいる。一方で、ジャン・ドンブレが指摘するように、一八一九年に、社会算術と機械の理論に関する新しい課程を導入したことは、実務的な規範が根強く残っていたことを示している。(52) しかし、社会算術の指導内容は、まだ会計からはほど遠かった。明らかに、そこには相反する影響があった。ポリテクニークの学生は、概して、彼らの揺るぎない実用主義の精神を誇っていた。しかし、これはカリキュラムのせいではない。カリキュラムは、彼らの技術者としてのアイデンティティを形成するうえで決定的に重要ではなかったように見える。もしポリテクニークが工学の学校であったとしても、ボルトとナットの扱い方も、砂利や敷石のことも教えなかった。エコール・ポリテクニークの工学は、抽象的で数学的であった。道路や橋や大砲の研究がそうであるのと同じように。いや、これらの研究は、ポリテクニークの工学以上に抽象的で数学的ともなりえただろう。

このようなスタイルはまた、クールノーが一八三八年に発表した数理経済学の論文のなかにも見いだすことができる。彼は実際にはポリテクニシャンではなかったが、高等師範学校（エコール・ノルマル・シュペリウール）の卒業生であった。高等師範学校は、ポリテクニークに比べてよりアカデミックであり、研究志向が強かった。両者の差異は、十九世紀半ば以降、より著しくなった。(53) クロード・メナールが指摘するように、クールノーのモデルは、工学ではなく、有理力学であった。そして彼の数学の多くは、物理学から直接変換されたものであった。彼は銀行の業務には関心がなかったし、蒸気機関の経済性にも関心がなかった。彼は金の量を価格と関連づけるための実証的な数式や繁栄の水準を商取引の様式と結びつけるための数式をまとめようとはしなかった。彼は政治経済学において優れた仕事を終えるとすぐに、確率と統計学について本を書き始めたが、そのどちらにおいても、実証的な統計学を強調することはなかった。彼は、実践的な勧告というものは、せいぜい、経済学を数学的に厳密に定式化したときに、運がよければ得られる副産物ぐらいにしか思っていなかった[54]。

　クールノーが経済学に用いた数学は、彼が社会を合理的な方向へと全般に導きがちだったことを反映している、と解釈することも可能である。しかし、ベルペールやナヴィエやデュピュイと比較すると、クールノーは、行政に対して具体的な計画を提供するよりも、形而上学的な満足感を提供することに向いていた。彼が経済学を数式化するために採った戦略は、歴史を排除することであった。なぜなら歴史は無理数でありけっして均衡しえないからである。クールノーは、哲学に関する議論のなかで、数学的な理論の及ばないところに経済学の技巧があり、反対に、実践とは切り離されたところに純粋科学が力を発揮する場所があるにちがいない、と主張している[55]。メナールはクールノーのこの洞察を正しく理解し、その初期の取り組みを、クールノーの傑出した業績であると評価している。クールノーは数学的な合理性を得るために、社会的経済学の領域をすべて排除するという代償を喜んで受けいれようとしていた。社会的経済学の領域を排除するということは、濁りのない水のように明晰な純粋経済学による論証を濁らせてしまう、あらゆる複雑化の要因を考慮しないということであった。具体的な経済にかかわる決定を下すためには、あまりに多くの複雑な要素を考慮しなくてはならず、実用的な賢明さが、科学的な理解よりも重視されてしまうとクールノーは主張している[56]。

　それでもなお、クールノーは、彼の数学が現実の何かを描写していると、こころから信じていた。貨幣は、金貨でさえ、経済学の単位として用いるには、あまりに変動が大きい。彼は、天文学における「平均太陽」に似た「平均価格」という概念が、どのようにして実測にもとづく経済学で用いられる不変の基準座標系を定義しうるか、を数式によって示そうとした[57]。このように、彼の経済学は、計測を重視しており、計測を重視することは十九世紀の物理学の特徴とも一致していた[58]。重要なことに、まさにこの点において、ワルラスとクールノーは別々の道を選んだのである。ワルラスは、尊敬する目上の経済学者であるクールノーにあてた手紙のなかで、特に純粋さと厳密さの点において、自分の方法はクールノーに勝ったと主張している。「あなたは、大数の法則がもたらす直接的な利点を用いて、数値的な応用を導くという道をたどっている。一方で私の仕事は、厳密な公理の領域においても、そして純粋な理論の領域においてもその法則から自由である」[59]。

ワルラスは常に自分の仕事をこのように形容していたわけではない。ジュール・フェリーという古くからの知人でフランスの教育省大臣となった人物にあてた手紙では、彼は、よりいっそう熱心に自分の理論的な洞察が実用的であることを書いていた。鉄道運賃をめぐる差し迫った問題は、経済理論がより成熟するまでは解決できないと力説した[60]。そしてクールノーとは違ってワルラスは、確かに実践的な問題について書いている。彼は経済改革の運動に二度もかかわってさえいる。最初は、彼が仕事をはじめてまもなく、自由貿易を支持する運動に、二度めは、研究者としての経歴の終わりごろ、土地の国有化の提唱者としてかかわった。しかし、クールノーにあてた手紙のなかでワルラスが自身について主張していることは正しい。クールノーは自分の理論を主に、貨幣の量などのマクロ経済変数を用いて構成した。ワルラスの理論家としての独創性は主に、自由な交換という抽象的なモデルからの演繹によって、より抽象的な理論である一般均衡理論を導いたことである。彼のミクロ経済学による手法は、利潤を最大化しようとする企業の行動を表す言葉として使うことができたかもしれない。しかし、ワルラスはそうはしなかった。彼は純粋に公共政策に興味をもっていたが、自分の理論と公共政策をつなげようとはしなかった。

ワルラスとエコール・ポリテクニークとのつながりは、クールノーと同じように、複数の意味がある。彼は、ポリテクニークの入試に合格できるほどには、数学ができなかった。しかし、ワルラスは鉱山学校で学外生として学んだ。鉱山学校は、土木学校のように、ポリテクニークのもっとも優秀な卒業生のみを正規の学生として受け入れていた。重要なことに、鉱山学校は、土木学校よりも貴族的であった。そしておそらくこの理由から、非実用的な知識に寛容であった。いずれにせよ、ワルラスは数学を鉄道の管理のような問題に適用しようとまじめに取り組むことはなかった。鉄道運賃は、一八七〇年代にさかんに議論されていた。ワルラスが理論書を出版したのと同じころである。定量的な解決方法を見つけようと多くの技術者が取り組んでいた。そしてこれは、フランスにかぎったことではなかった。経済的自由主義は、運賃の問題に答えを提供することはできなかった。ただ単に、独占状態が解消されれば市場が最適解へと導くだろうと示唆しただけである。この示唆は、国の行政官が求めていたことではなかった。彼らは市場による解決ではなく、管理のための戦略や意思決定をおこなうための技術を求めていた。ワルラスの理論で用いられた言語は、運賃の設定という政治的な問題を、効用や収入を最大化するという経済的な問題に変換するために利用されたのかもしれない。

土木学校を卒業した多くの技術者とは異なり、ワルラスは、これらの意思決定の問題を数値計算に変換して考えることをいとわなかった。しかし、彼自身が主張するように、彼の経済学で用いる数学と管理についての実際の問題とのあいだには大きな隔たりがあった。この種の経済学は、ポリテクニシャンに評価されなかった。ワルラスが彼らの評価を求めたのも無理はない。なぜなら、彼はフランス国内に支持者を増やそうと必死だったからである。しばらくのあいだ、彼は、フランス保険数理士会こそが頼みの綱であると考えた。この会が公言していた目的は、定量的な論拠を経済に関するあらゆる決定に適用することであった。

ワルラスとポリテクニシャンとの関係の経緯は、示唆に富んでいる。一八七三年に、ワルラスは、パリで開かれた精神科学・政治学アカデミーの会合で、フランスの秀でた経済学者に自分の仕事を知ってもらおうと論文を発表した。彼らの無理解に驚くというより失望した彼はその後、イポリット・シャルロンから連絡が来たときは喜んだ。シャルロンはワルラスの論文について、エルマン・ローランから知った。シャルロンはワルラスに、フランス保険数理士会が数学に高い関心をもっていることを伝え、会誌にワルラスの論文を掲載したいと申し出た。ワルラスは、フランスで彼が思っていたほどには孤立していないと知り、驚くとともに喜んだと自ら明かしている。[61]

ワルラスはすぐにシャルロンに、『純粋経済学要論』の重要な一章を単独の研究論文として送った。彼の近刊予定の本に注目してもらうことを期待したのである。かなり後になって、シャルロンから、フランス保険数理士会誌は、ワルラスの論文を掲載しないことに決めたという連絡があった。シャルロンは、ワルラスの論文を、「非常にすぐれており、論理的に正しい着想に富んでいる」と評価したが、しかし同時に、「われわれの雑誌がめざしてきた実践的かつ実証的な方向性から外れている。政治経済学に限らず、世の中には、数学的手法を用いる、あるいは用いることがある科学の分野が多数ある。それらすべてをわれわれの雑誌の掲載対象と見なすわけにはいかない」と述べている。シャルロンは、「経済学者と保険数理士のあいだには非常に残念な相容れない気質」があるようだと思索した(62)。

ワルラスは、数学者ローランとの関係でも同様に幸運にめぐまれなかった。ローランは、物理科学のモデルを経済学に取り入れようと非常にまじめに取り組み、長期的な経済比較をするためには、標準として用いる経済単位として貨幣や効用よりもエネルギーの尺度の方が使いやすいのではないかと考えた(63)。実際、彼はやや超俗的だったようである。彼がはっきり意図的に、経済学を実用の学にしたいという衝動を体現していたからである。この衝動は、ポリテクニシャンの経済学者として典型的であった。経済学を実用的にするためには、経済学を数学的にする必要がある、と彼は考えた。

一九〇二年に、ローランは政治経済学について簡潔にまとめた著書を出版した。これは、ワルラスとヴィルフレート・パレートによる「ローザンヌ学派の原理に従った」ものであった(64)。明らかに、ローランはワルラスらの業績を退けてはいない。むしろ彼らの業績には見込みがあると評価していた。ワルラスらの業績は、単なる言葉だけの理論とは対照的であった。言葉だけの理論は、どんなことにも合意できない経済学者たちのせいで役に立たないとローランは考えていた(65)。ローランは、経済学は本来、四つの部分に分けることができると説明した。統計学、「経済的事実」、金融業務の理論、そして保険の理論である。彼はワルラスの理論に敬意を表して、経済的事実の部類にふくめた。しかし、数学を用いて経済学を正当な科学に格上げするためには、経験的な現実についての研究と切り離すことはできなかった。このことは彼にとって、統計学に最新の注意を払う必要があることを意味していた。統計学のない経済学は、実験のない物理学のようなものである。ローランは、統計学という「政治経済学における実験的な側面」についての書物さえも一冊書いている(66)。

それは、国勢調査や社会調査をする研究者が実証的に導いた結論についての本というよりはむしろ、確率についての本である。ローランの実証主義は主に、善意に関する問題であることを念頭に置かなくてはならない。それでもこの本は、ワルラスとの文通をめちゃくちゃにするほどには、十分現実的であった。ローランは、一般均衡分析の厳しい制約から解放されたいと願っていた。経済静学〔経済諸量が時間の要素をふくまない分析〕に満足することなく、彼は、長期にわたる経済発展を定量的に研究するための原理を経済理論に求めた。この目的のために、彼は経済分析の基準として、ワルラスの言いようのない「効用」よりもエネルギーの単位を使うことを提案したのである。ワルラスは、もしエネルギーが限界における効用と等しいのであれば、その主張は妥当かもしれないと答えた。しかし、ワルラスはエネルギーが限界における効用と等しいという考えを疑っていた。また彼は、自分の理論に動的な定式化は必要ない、と答えた。「私は新しい科学の基礎を築きたいと忍耐強く願い続けたがために、経済静学の現象についての研究に、事実上自分自身を縛りつけてしまったのである」。ローランは納得しなかった。そしてワルラスはより辛辣になった。保険数理士協会には、「深い学識」は存在しないと締めくくった。(67)

シェイソンはやはり保険数理士協会に属しており、彼の数理経済学に対する批判は、同じような見解を示していた。(68)ワルラスがこれらの保険数理士やエコール・ポリテクニーク出身の経済学者たちに影響を与えられなかったことや、彼独自の実用的な経済学的手段を開発できなかったことは、十九世紀後半にフランスが実用的な定量化においてどのような位置にあったかを明確に示している。それはかなり独自の伝統に従って、科学的な目的というよりも、行政の目的のために発展してきていた。ワルラスが一般均衡理論を築くために用いた高度に抽象的なモデルは、工学に携わる行政官の意思決定プロセスにほとんど影響を与えることができなかった。哲学者のルヌーヴィエは、やはりポリテクニシャンだったが、ワルラスに異議を唱えた。「科学と、技術経済学者の技巧とのあいだの隔たりは、「科学と、技術数学者の技巧」（もしこの表現を使うことをあなたが許してくれるのなら）とのあいだの隔たりよりもはるかに大きいと。(69)土木学校出身の技術者に関していえば、この主張は非常に疑わしい。しかし、ワルラスに関して言えば、この主張はまったくもって妥当であった。シャルロンやローランと論争する前から、ワルラスは自分の目的が単なる定量化と異なることを主張していた。彼は、デュピュイを彼の理論の先駆者として認めることを拒んだ。デュピュイは統計学的に需要曲線について書いたのであり、ワルラスは効用の最適化について書いたのである。(70)

経済学、物理学、そして数学

新古典派経済学の先駆者たちは、数理物理学から大きな影響を受けて、新古典派経済学の理論的な構造を築いた。静力学やエネルギー物理学から着想を得て、経済学者たちは、どの自然科学分野にも負けないくらい印象的で労力を要する一連の数学的モデルをつくり上げた。しかし、物理学者たちは概して冷ややかであり、ときには辛辣に批判した。これはフランスにかぎったことではない。アメリカの天文学者で、「科学的方法」を代弁して影響力のあったサイモン・ニューカムは、究極の一例である。ニューカムは、政治経済学を称賛し、政治経済学をより科学的にしようとする考えに深く賛同していた。彼は、政治経済学に関する入門的な論文を書き、その論文のなかで経済的プロセスを説明するために力学のアナロジーを多用した。しかし、ワルラスやジェヴォンズの業績が十年も前に発表されていたにもかかわらず、彼は微積分学、つまり限界効用理論にとって欠くことのできない数学的基礎を用いなかった。彼は、実り豊かな経済学は、統計学と密接に関係していなければならないと主張した。そして彼は、イギリスの数理経済学者であるジェヴォンズを批判し、主観的な感情を経済学の基礎に据えることは無益であると主張した。むしろ目に見える現象、つまり人間の行為のように、それ自体で適切に定量化できる指標に集中しなくてはならないと論じている。[71]

なぜ物理学者たちの数理経済学に対する反応はそれほど鈍かったのだろうか？　確かに物理学者たちは数学を理解できた。しかし、彼らは、純粋に理論的な経済学の意義を理解することができなかった。少数のひとを除いて、十九世紀の物理学者たちは、数学的な演繹よりも測定の方が、自分たちの研究にとって重要であると考えていた。ウィリアム・トムソンは、ケルヴィン卿という通称で知られているが、かつて次のように述べている。「あなたが話していることを測定できるとき、そしてそれを数で表せるとき、あなたはそれについて何がしかを知っていることになる。しかし、もしあなたがそれを数値という形で測定できないのであれば、あなたのそれについての知識は、不十分であり不満足な類のものだ」[72]。この言葉を標語に変えて、石碑に刻み、シカゴ大学社会学部の建物の上部に掲げたひとたちは、ケルヴィン卿がここでマクスウェルの物理学理論における「ニヒリズム」を嘆いているのだということを理解していたとは考えがたい。そして、彼らはそれまでにもまして、新古典派経済学を冷ややかな目で見ただろう。

物理学者たちが数理経済学に冷淡であったことを、方法論に傾倒していたことのみに起因していると軽率に考えてはならない。ここで論じられた批判のほぼすべてが、少なくとも工学にも言えることであり、さらに批判の多くが職業的技術者にもあてはまった。フランスは特に、行政上の意思決定を支援する目的で、経済学の研究を推進してきた。フランス人にとって経済学は、純粋な研究上の興味を喚起する対象ではなかった。物理学が少なくともあるひとびとにとっては純粋に、研究上の興味を喚起したのとは異なる。それゆえフランス人が数理経済学に抱いた反発は、ある面で科学的であるかどうかというよりも実用的であるかどうかに関するものであった。明らかに、数理経済学によって経済的な意思決定を合理的なものにしたいと期待するひとびとよりも、政治経済学を応用することに無関心であるか、あるいは反対するひとびとのほうが数理経済学に魅力を感じたことだろう。ヒューウェルは、この見地からすると典型的である。十九世紀の終わりにかけて、ハーバート・S・フォックスウェルは、ジェヴォンズやアルフレッド・マーシャルの新しい限界効用理論の重要な長所のひとつとして、「学識ある経済学者たちが今後、理論と実践の限界を誤解したり、研究の信用を落としてほとんど研究の発展を止めてしまうような混乱を繰り返すことが事実上できなくなったこと」という点を挙げた。彼は、数理経済学と歴史経済学は、理論の誤った適用を防ぐために協力しているとさえ考えた[73]。数理経済学は、明白な不適切さという慎み深い美徳をもっていた。それは間違いなく、見せかけの適切さよりも優れていた。

ドナルド・マクロスキーは、最近、表向きはさりげなく次のように書いている。理論的な経済学の価値は、物理学の価値よりも、数学の価値とはるかに多くの共通点があると[74]。現代数学は、ヘルベルト・メールテンスが論じているように、まさに空間と時間、血と肉の世界から撤退して、知的情熱がもはや重苦しい身体に制約されない世界へと向かうことを意味した[75]。純粋な理論家は、数学という分野の特質を非常に強く科学的な資質に求めるようになった。これは、ひいき目にみてもたいへん疑わしいことだ。物理学者や技術者が書いた経済学に関する著作によると、少なくとも一九三〇年代までは、科学者たちは、抽象的な数学的定式化よりも、定量化と制御の理想を追求することに熱意をもっていたことがわかる。測定は、事象を単に理論と結びつけるだけではなく、事象を管理するための技術であり、構造化され科学的な実践に意味をもたせる価値体系なのであった。

第4章　定量化の政治哲学

市民社会は……比較できないものを比較しようとする。抽象的な数に換算することによって。啓蒙は、何であれ数に換算できないものを変化させ、最後には個性でさえも、仮象にしてしまうのだ。

（マックス・ホルクハイマー／テオドール・アドルノ、一九四四）

定量化は、政治哲学の主題としてはいまだとりあげられたことがない。定量化の政治的な側面が無視されてきたわけではない。倫理学者や、批評家、そして定量化を扱う研究者自身が、一見矛盾する多くの見解を展開してきた。これら定量化の政治的な側面についてふれた著作のなかには、無分別な論争もあるが、しかし繊細で思慮深い議論もふくまれている。最良の議論がすべてどちらか片方の側にあるということはけっしてない。残念なことに、双方の対話はこれまでほとんどない。とくに左派による批評は、定量化しようとする考え方は道徳的に擁護できないものであり、ユートピアを形にするための障害であると主張する。定量化の支持者はときには敵に反論することもあるが、多くの場合、定量化が、政治や文化を組織する方法ではなく、「知る」ための一つの方法として正当であると主張することによって擁護してきた。

主知主義者（知性的、合理的、理論的な者を重んじる立場）による定量化の擁護は確かに、倫理的な問題と関係している。明らかに誤った方式やあるいは検証不能な定説からなる方式が、自由な信念からではなく国家権力によって生み出されたのであれば、それは個人の自由を大切にするすべてのひとにとって、明らかに道徳的な含意をもつのである。この点は実際、二十世紀の科学を哲学的に擁護しようとする試みのなかでもっとも影響力のあった議論の核心をなしていた。ジョン・デューイは、科学と民主主義は互いに支持しあえると考え、科学的方法は、信念を懐疑的な調査に服従させることにすぎないと述べた。カール・ポパーは、科学的方法を二十世紀の全体主義者に対する解毒剤と考えた。ポパーは、科学が、「人類の批判能力を解放する」と論じた。それは、公開性と普遍主義を意味する。科学者は、「一つの、同じ言葉を話す。たとえ母国語が異なっていたとしても」。これは経験による言葉であるが、しかし、単にどんな経験をも含むわけではない。科学は「公的な性格をもった」経験に価値をおく。観察や実験によって繰り返すことができ、それゆえにうのみにする必要のない経験である(1)。

ポパーは、彼の科学の政治哲学に関する著作のなかで定量化を強調することはなかったが、彼が用いた語句は、容易に定量化に適用することができた。より厳密な言語は、経験を一般化することに役に立つ。しかしこの専門用語を使用するためには、定量化は、ダニエル・デフォー〔『ロビンソン・クルーソー』の作者〕がいうところの「もっとも完璧な……五〇〇人のひとびとにむかって話す際の流儀」でなければならなかっただろう。「聴衆にはまぬけや狂人は除くとしても、ありふれた、知的能力のさまざまなひとがいるにもかかわらず、すべての聴衆にすべて同じように理解されるべき流儀」。しかし、厳密な定義や専門的な意味は、曖昧さを避けるために重要である。ジョン・ザイマンのより葛藤をふくんだ主張によると、数字による言語は、「標準的な自然言語」と対比できるかもしれない。自然言語には、「定義が不明確であったり表現が曖昧であったりするがゆえに逃げ道」があり、ひとが「系統立った論理的思考の制約から外れる」ことを可能にする。科学的な主張は、法的な文書のように、「複雑で、形式化された（そして究極的に寄せつけない）言葉によって書かれなければならない(2)」。ここで、明晰さと少人数にしかわからない不可解さが結びつくこと、そして適切に結びついていることのなかに、矛盾が暗示されている。定量化を広い社会道徳の視点から考えることは、相反するものを相対応するものへと変換し、また道徳的な曖昧さを強調する傾向がある。

客観性／対象化

数値を非公式に形式ばらずに使うことももちろん可能ではあるが、公的な目的のための定量化は、科学的な目的のための定量化と同様、概して厳密さの精神と結びついてきた。理想的な計算の担い手はコンピューターである。コンピューターは、一つには主観性が入り込まないという理由から広くあがめられてきた。数学も同じような信用性を主張することができた。許せる程度の誇張はあるものの、数学には論証するための規則があり、その規則は非常に拘束力があるため、個人の願望や偏見を排除できると仮定されていたからである。自然もまた、他なるものを体現しているがゆえに客観的な存在とされてきた。しかし、自然にはさまざまな外観があり、正反対の自然観がストア派の倫理学者やロマン派の詩人などから称賛されてきた。カメラやイラストレーターによって匿名で記録された自然は、客観的という印象をより巧みに主張できる。しかし、野鳥観察者がよく知っているように、この理想は、矛盾をはらんでいる(3)。厳密な定量化は、計測や集計および計算によって実現される。これは、自然あるいは社会を客観的に表現するためのもっとも信頼のおける戦略の一つである。定量化は、この二世紀あまりのあいだ、欧米において普及し発展してきた権威である。自然科学においては、定量化による支配はより早くからはじまっている。しかし、定量化は激しい反対を受けてもきた。

この客観性の理想は、科学的であると同時に、政治的なものである。客観性は、法則による支配を意味し、ひとによる支配を意味するものではない。つまり、個人的な利害や偏見は公的な基準に従わなくてはならないことを意味する。このことは、数量化に卓越していたカール・ピアソンの業績のなかに、もっとも明晰に示されてきた。ピアソンの論証は実際、きわめて明晰であり妥協を許さないものであるため、現代の読者の多くは、彼の結論にたじろいでしまう。

没個人性としての客観性は、真実としての客観性とよく一緒にされる。ピアソンは確固たる実証哲学者であり、そのような誤りを犯さなかった。彼は客観性の認識論的な価値もさることながら、倫理的な価値を強調した。ピアソンは、宗教的な教理とはいわないまでも、宗教的な慣例を常に崇拝していた。そして、オーギュスト・コントとほぼ同じくらい明白に、科学をキリスト教の継承者として論じている。ピアソンは、「自由思想の倫理」のなかで、科学は「私利私欲からなされた行為や、一党派、一個人、一理論のみを支持してはならない」と論じている。さらに、「そのような行為は知識を歪曲させる。また、先入観なく真理を探究しようとしないものは、自由思想の神学においては、悪魔がはびこるユダヤ教会からの使いである(4)」と述べている。方法は、宗教的な儀式であり、自由思想者たちは方法を用いて、私利私欲に満ちた悪魔を追い出すことができるであろう。

もちろん、これは科学にとってよろこばしいことであろう。しかし、科学における教育やその方法は、科学者でないひとにとっても重要であった。ピアソンは、科学にかかわる教科の学校カリキュラムを再編成することを望んだ。テクニシャンを養成するためではなく、可能なかぎり最良の倫理教育を提供するために。科学を教える教室は、市民をつくる工場になりうるだろう。「科学的な人間は、何にもまして、自らの判断から自己を排除することに励み、彼自身だけでなく、どの個人にとっても真実である議論を提供しようと努力しなくてはならない」。科学は、「法則の連鎖」を導き、その法則の連鎖には、「個人が空想をめぐらすような遊びの余地はない」。「現代科学は、事実を正確に偏りなく分析するこころの訓練であり、健全な市民性を促進するのに特に適した教育である」[5]。つまり、科学は、一般法則と社会的な価値を、個人の主観性や利己的な欲望に優先させるという点で、社会主義を意味していたのである〔著者独自のアイロニー〕。

このように科学の客観性を称賛することは、エリート主義とよく混同される。しかし、ここで定義するように、この称賛はエリート主義とはほど遠い。ピアソン流の教育では、すべてのひとを専門家に養成しなくてはならない。そしてすべての専門家は互いに代替が可能でなければならない。ついに、ピアソンは、一部の市民を他の市民よりも客観的にする方法を考案した。しかし、彼の著作に浸透している清教徒的な無私の倫理を見落としてはならない。彼の客観主義は、人間主体さえも物としての客体に変えられ、社会の要求に即して形成され、厳密で一様な基準に照らして判断されるだろう。チャールズ・ギリスピーとドナルド・ウォースターは、逆の見地から次のように議論している。西洋の科学で客観性を重視する精神は、自然からの隔離を少なからず必要とする。イヴリン・フォックス・ケラーは、自然の統御は自己の統御でもあるとつけ加えている[6]。ピアソンの著作『科学の文法』は、この点について、前例のない明晰さで示している。

このような主観性に対する挑戦は重要な帰結をもたらすが、このことはあまり認識されてはいない。強い自我は概してエリート階級のなかで見られる。このことは、階級社会の教育制度のなかで少なくとも暗黙のうちには認識されてきた。このため、教育の使命は性格の形成であり、単なる知識の習得ではなく、技能の習得ではなおさらないとほとんど常に考えられてきた。十九世紀のドイツでは、古典的なギムナジウムで教育を受けたひとは、彼らのビルドゥング *Bildung*（陶冶）によって一般民衆とは違うということを示してきた。*Bildung* は豊かな概念であり、教育だけでなく、文化あるいは教養という意味もふくんでいた。文字通りの意味は形式であり、性格の形成である。ジャン・ゴールドスタインは、同時期のフランスのエリート教育がデカルト派の「自我」に固執していたことを示した。この自我は単一の自己であり、破砕しようとするさまざまな力から防御されなければならなかった。注目に値すべきことは、カール・ピアソンがエルンスト・マッハに従い、自己の連続性や完全性を否定したことである。このため自己の機能は規則や方法によって置換されうるようになった(7)。

教育によって個人のアイデンティティを形成することは常に、明示されているか否かにかかわらず、文化を形づくることであり、多くの場合エリートの文化を形づくることであった。定量化を強要することによって文化が壊されたり、あるいは文化の不在を定量化によって埋め合わせたりする。アメリカの政治学者ハロルド・ラスウエルは、一九二三年に正規の専門知識はけっして「君主制の支持」ではないと述べた。アメリカの政治システムは、彼によると定量化した客観的な知識を多用した。それらの知識がまさに民主的な性質を有していたからである。対照的に、イギリスの政治システムはより非公式の論証やコミュニケーションの流儀に依拠していた。イギリスの政治や行政の指導者たちは団結したエリートで構成されていたからである(8)。

定量化を文化の開放性と関係づけることは、本書で扱える範囲を超えた探究を必要とする。多文化主義の現代政治の出現によって、学者たちは以前よりも、科学的方法がイデオロギー性をふくんだものであると同様に、ジェンダー・バイアスをふくんでいるものであることに気づくようになった。数学が、男性特有の文化、あるいは白人男性の文化を表現しているとさえ、しばしば議論される。しかし状況は疑いなくかなり多義的であり、現代の定量化重視の傾向による影響は究極的には、おそらく女性や白人以外の民族にも専門職業の文化に加わる道を開いてきたであろう。このことの典型例は、執拗な定量化症状《クオンティフレニア》〔定量化 quantify を求める精神障害 phrenia という筆者の造語〕が官僚的に国民の多様性を管理しようとする方法にも蔓延していることである。アファーマティブ・アクション（積極的差別是正措置）の事務局や裁判所が、会社のオフィスや、大学の部局や、法律事務所における雇用や給与に関するあらゆる決定についてとやかく批判することは容易ではない。しかし、数をあつめて、あれやこれやの部署で差別的な判断がなされているという明白な事例を立証することはできる。

ビジネススクール（経営大学院）の増加が、アメリカ企業における人材の（性および民族の）多様性にどのような効果を及ぼしているかについて調べることは価値あることであろう。ビジネススクールでは、高度に定量的な経営戦略を教えている。ヨーロッパでもアメリカでも、数学は、長いあいだ男性向きの研究分野とされてきた。そしてこのことが、女性を科学や工学の分野から閉め出すことにつながった。しかし、定量化に大きく依存することによって促進された没個人的な形式の交流や意思決定は、従来のビジネスの文化とは一部異なる、別の選択肢を提供した。従来のビジネス文化とは、同好会や同窓のつながり（OB会）など打ち解けたつきあいを重視するものだったため、いまだに女性やマイノリティにとっての大きな障害として残っているのである。(9) シャロン・トラヴィークによる物理学者の研究から言葉を借りれば、「文化のない文化」というものがいまも欧州共同体（EC）のさまざまな文脈で勢いをふるっていることは、さほど不思議ではない。ヨーロッパに統一されたビジネスと行政の環境をつくろうとする運動にとって、定量化による言語は、英語よりも重要となりうる。この運動は、地域の文化を、体系立てられた合理的な方法に置き換えることを目指している。フランスの暴露的な漫画では、（性も民族も）多様なひとびとがフォンテーヌブロー〔世界有数のビジネススクールがある〕にあるビジネススクールに入学して、皆がそっくりな、白人で男性でビジネススーツに身を包んだ欧州官僚として卒業していく。それが意味するところは、平等主義であると同時に圧政的なものである。

定量的な手法を用いる社会科学において、ひとびとを客体化することにはもう一つの重要な特徴がある。社会的な定量化とは、ひとびとを分類して研究することであり、彼らの個性を取り除くことを意味する。このことは明白に道義に反するというわけではないが、しかし最近ではかなり批判されている。多くの、おそらくはほとんどの人口統計を扱う研究は、労働者や、子供、物乞い、犯罪者、女性、人種的・民族的マイノリティのおかれた状況を改善することを目的としている。社会統計や社会調査の先駆者たちが書いたもの、特に私的な文章は、博愛と善意にあふれている。しかし、印刷物になると、彼らは概して実際的な事実にもとづいた文体を用いて、女性も男性と同様に、科学的な社会調査を遂行する役割をになうと仮定し、単なる慈善家として扱うことはなかった。(10)

このように厳密さと中立性のために道徳的な感情を抑制することは、多くのひとびとから拒まれ、また受け入れたひとにとっては大きな心理的な犠牲を課した。しかし、定量的な調査方法によって道徳的な感情から距離をおいたことは、しばしば、調査をはるかにやりやすくした。数値が、工場労働者や、娼婦やコレラの罹患者や、精神障害者や失業者を調査するための手段として好まれたことは、偶然ではない。産業化の初期のイギリスやフランスでは明らかにそうだったし、また多少の違いはあるものの二十世紀初頭のアメリカにおいても同様であった。中産階級の慈善家やソーシャル・ワーカーは、統計を用いて、彼らの知らない種類のひとびとと、そしてしばしば個人としては知り合いになりたくないひとびとについて知ったのである。数を数えることは、彼らが異質であることによって妨げられることはなく、かえって促進された。なぜなら、平均値は、興味深い、特徴をもった母集団から求めた場合は常に、あまり意味をもたないからである。個性を無視した研究方法は、下級階層にとってはどうやら正しいように見えた(11)。

最後に、数というものはしばしば、ひとびとに作用する媒体であり、ひとびとに権力を行使する媒体となった。ミシェル・フーコーとその多数の崇拝者たちは、このような理由から、現代の社会科学を彼らの著作の多くで厳しく批判した。数値は、ひとびとを操作の対象としてしまう。権力があからさまに行使されないところで、代わりに数値がひそかに知らないままに作用している。イアン・ハッキングやニコラス・ローズは特に明敏に、統計学的および行動学的な規範が権威を帯びていることを見抜き、そのような規範が、正常と異常をわける圧政的な言葉を創出していることを示した(12)。既存の規範に従うことができないひとびとは汚名をきせられ、規範にしたがう多くのひとびとは、かつてないほど広まった専門家と計測者たちの官僚主義的な価値観を習得した。重要なことは、そのような規範がもつ権力は、規範の客観性と切り離せないことである。平均にもとづいた規範は、それとは独立に人間による選択というものがあることを魅惑的に宣伝して、その信頼性を高めるのである。

透明性／表層性

一八二〇年代および三〇年代に初めて統計に対する関心が非常に高まったことは、数の透明性を高めようとする責任から生じていた。ロンドンの統計家たちは、事実は自ずから明らかであるべきであり、統計学会の会報には意見が入る余地はないと、もっとも悪評の高い決定をした。これは、イギリス科学振興協会による懸念に答えたものである。統計家たちは科学振興協会に加入することをもくろんでいたが、協会は、統計部会はあまりにも政治的になるのではないかと恐れていたのである。この動きは、十九世紀初頭のイギリスにおける自然科学が実証主義に大きく傾斜していることを反映していた。実際、統計学会の標語である *Aliis exterendum*〔他者と徹底的に議論して解決する〕は、十七世紀の王立協会《ロイヤル・ソサエティ》の *Nullius in Verba*〔（権威者の）言葉によらず独立〕を真似ていた(13)。

　当然のことながら、意見を排除するという公約は、文字通りの意味では解釈できない。もちろんイギリスの統計家たちにも意見はある。この公約は、特別にレトリカルな表現を要する場面のための自己表現の形式であった。政治から独立しているように見えることは、自然科学者たちだけではなく、裁判官たちにとっても有利に働いた。十九世紀のイギリスでは、裁判官の裁量と個人的な知識は、新興の「見知らぬひとびとからなる社会」に適した規則によってますます拘束されるようになっていった(14)。このような私心のなさは、統計学者たちが自分たちを偏りのない知識人の持ち主という資格において、権力者たちに売り込むときにはいつでも、特に価値あるものと見なされた。つまり、統計家たちは、自分たちが弱い立場にあるときには自らの客観性をもっとも強調して、強い立場のひとびとに支持を訴える必要があったのである。しかし、統計家たちは圧倒的に支配階級の出身であったため、それが常に必要なわけではけっしてなかった。少なくとも、貧困層を描写するのに「怠惰な」「堕落した」「尊敬すべき」といった道徳的な価値判断を含む用語を用いても、何の支障もなかった(15)。それでも、意見をもっている人間を退けて、数値に自ら語らせる余地をつくることもあった。そしてこれはイギリスにかぎったことではない。このように数値に自ら語らせることによって、証拠の公開性を高めようとしたことは、数学の伝統をもっともよく受け継いでいた。古代ギリシアの時代から、幾何学的な証明の考え方は、「知識を公開するという理想」の反映であり、法的、政治的、そして認識論的な意味を含んでいた(16)。アメリカ人は、イギリスの統計家たちによって培われたレトリカルでない表現を特に気にいった。しかし、おそらく、統計の政治的な道徳性についてのもっとも興味深い議論が展開したのは、フランスにおいてであろう。

フランスを統計社会にする

旧体制下のフランスでは、統計は伝統的に、国家統制主義であり秘密主義であった。人口は、明らかに支配の及ぶ領域と関係していたため、君主政治は人口を知りたいと考えていた。しかし同じ理由から、人口を自由に世に知らせることは賢明ではないと思われた。コンドルセ

〔一七四三―一七九四、数学者・政治家。社会科学に数学の方法を応用しようと試みた。ジャコバン政府に反対したため恐怖政治期に逮捕されて獄中で自殺〕は数に対して少々異なる、より寛大な立場をとり、革命によって、数が公開されるようになることを望んだ。彼自身はその革命によって自らを滅ぼしてしまったが、まもなく彼の計画にとって好都合な状態が整った。統計局は、一八〇〇年ごろに活躍したが、情報を集めて公表することによって、知識の豊かな市民を育成することをめざした。この理想は不運なことに、ナポレオン帝政下では長くは生き残れなかった。王政復古時代の政府はなおさら定量的研究を支援することはなかった。七月王政および第二帝政の時代になっても、フランスの政府は、統計活動にさほど精力的ではなかった。統計家たちはこのことを切実に感じた。「なぜこれに立ち向かわないのか？」A・ルゴアは一八六三年に書いている。「統計は人気がない。政府は世論に迫られて公務としてしか統計を提供しない。そして悲しいかな、統計のできるひとはほとんどいない」(17)。信頼のおける統計を公開してほしいという要請はけっしてなくならなかったが、しかしその試みは主に精力的な有志が、個人的に活動したり、あるいは行政の片隅で自ら率先して取り組んだりすることによってどうにか維持された。エリック・ブリアンは数少ない自由主義者や科学者たちが、このような居心地の悪い環境のなかで統計を重んじる伝統を失わないためにいかに奮闘したかを示している(18)。

統計に対するフランスの風潮は、この点で、イギリスとかなり似ていた。イギリスでは公式な統計さえも、ロンドンやマンチェスターにある有志の統計家たちの組織から、公開せよと要請されていた。おそらく、フランスはさらに極端であった。統計とは、直接観察して得た数字を公開することを意味していた。一八七六年になってようやくフランス科学アカデミーのモンティヨン賞（統計に対する）を選ぶための委員会は、他者が集めた数字を数学的に操作することに重要な価値があるということに疑念を示した。他者が集めた数字の操作は、事実にもとづく知識というよりも、「実利的な推測」を意味していた。統計学は議論の余地なく自由主義的な科学であった。統計学者たちは国家が経済活動に介入することをほとんど許容することができなかった。彼らは数が示す事実を誠実に報告し、広く流布させることに教育的に高い価値があると、こころから信じていた(19)。多くの統計学者にとっては、人目にふれることが、彼らの仕事を影響力のあるものとするための唯一可能な方法だったのである。

このように、王政復古から半世紀ものあいだ、フランスにおいてもっともよく用いられた統計をめぐる言説は、統計が透明性をもたらすことを強調した。二十年ほど前に宣言されたロンドン統計学会の方針に同調して、新しく創られたパリの統計学会は、一八六〇年に「統計学は、事実にもとづく科学の知識にほかならない」と決議した。その規則は続けて、統計学は、自由主義国家にとって必須の科学であり、「統計学は、社会を統治するための基礎を提供する義務がある」(20)と宣言した。サン・シモン主義者〔サン・シモン（一七六〇―一八二五）は社会改革思想家。フーリエ、オーエンと並ぶ空想的社会主義者〕であったミシェル・シュヴァリエは、このことを強硬に主張した。「すぐれた統計は感情を交えない証言であり、脅迫や誘惑のようなものにも屈しない」。たとえば、教育に関する統計や、嫡出子と非嫡出子に関する統計は、「母集団の道徳性についての弾劾を許さない指標」(21)を提供した。数十年前に、バルザックの小説の登場人物の一人デ・リュポーは、数への執着は現行の経済秩序の特徴であると指摘している。「数字は個人の利益や金銭にもとづく社会において常に決定的なものだ。そしてそのような社会こそ、憲章がわれわれのためにつくった社会である。……だから教養のある公衆を納得させる上で数ほどよいものはない。わが国の左派の政治家は、すべてのことは数字で確実に解決できると主張している。だから、数字で表そう」(22)。

バルザックがほのめかしているように、このような数に対する信頼は、情報公開を通じて発展を遂げることができるという信念と結びついていた。難解な議論のうえに築きあげられ、長い経験を要する統計という科学は、公衆の議論に影響を及ぼしたり、公的な決定を下すための論拠を提供したりするには、あまりにも不完全な計算しかできなかった。言葉では言い表せないような判断は、ひどく非民主的な専門知の表れである。統計は徹底的に公開される知識を提供すべきであると考えられていた。そうした知識は、シュヴァリエが指摘したように、民主主義に適している。理想的には、民主的な統計学は、自明であるべきである。アルフレッド・ド・フォヴィルは、統計はどこに安全があるか、どこに破滅が潜んでいるかを教えてくれるが、しかし政府は聞く耳をもたないと指摘した。望むべくはせいぜい、市民に、彼らの統率者たちが達成したことを判断できる手段を提供することであった。デ・フォヴィルは、ご安心ください、と告げた。「公共の利益を守ろうとするものと私的な利益を守ろうとするものとのあいだで争いがふたたび生じたときにはいつでも、われわれ統計学者が武装し、進軍開始の準備を整えて待機していることを知るでしょう」(23)。シュヴァリエはいくぶん楽観的に次のように主張している。もっとも信頼できて豊かな統計情報は、専門機関のある国、特にイギリスによって公刊されている。当然でしょう。なぜなら、その数字は、他国に比べて自分たちがはるかにすぐれていることを示しているからです[24]。

これは公式の演説としては非常に優れていた。しかし、実際には、そのようにうまく機能することはめったになかった。早くも一八二八年に、フランスとイギリスの統計学者たちは、彼らの考え方と統計による数値間の矛盾が顕著となり、当惑することとなった。それは、教育こそが犯罪の解決策であるという彼らの持論と、かなり話題をよんだフランスの県ごとの学業成績と犯罪率を示す表との矛盾である[25]。このようなことがおこると、統計学者たちは必ず見た目を疑い、より徹底的に精査すべき理由があると言った。十九世紀後半になってようやく、統計学者たちは総体としての自分たちの専門知識に自信を深めるようになったが、同時に、複雑で当惑する状況はよくあることであり、例外的なものではないだろうと考えはじめた。フランスでは、どこよりも早くからそう考えられるようになった。一八七四年にトゥサン・ルアは『パリ統計学会誌』の社説を書き、政府は「小説や古い政府官報 *Moniteur*〔『モニトゥール・ユニヴェルセル』紙は、一七八九年パンクックによって創刊された立憲議会の議事新聞。一七九九年より政府官報となる〕の記事が、新たな官報［*Journal*］*Officiel* の掲載する統計情報に」代わったことを歓迎しているが、理解されていない事実だけでは、科学にはなりえないと主張した。むしろ、それらの事実を注意深く比較して、それらの重要性や意味を究明することこそ必要である。これは機械的な操作ではなしえない。「さかのぼって原因に到達するということは、社会に作用しているおびただしい数の多種多様な要素のなかから原因を見つけ出せるようになることであり、誤りを避けなくてはならず、深い知性と、持続的な注意と、卓越した分析精神と、非常に厳密な推論を必要とする。これらのことはすべて、もっとも秀でたひとであっても、長い経験を積むことなしには習得できない[26]」。アンドレ・リエスは、一九〇四年にこの点についていっそう強く主張している。「このような複雑な比較をおこなうためには、持続的な注意が必要であり、ものごとの相対性について習熟した知性が必要である。一般公衆に影響を与えるという目的においては、用語数が多くなればなるほど、そしてより広い範囲をふくめばふくむほど、それに比例して議論が力を失うのだ。統計学上の問題は、一般大衆のための初歩的な算数の問題ではないのだ[27]」。一八九三年に、フェルナン・フォールは、統計学を教えるための特別な学校をつくろうと呼びかけた。鉱山局や土木局のような集団の基礎をつくるためである。同じころエミール・シェイソンやエルマン・ローランらが数学的な統計を創ろうと取り組んでおり、同じような大望を表明していた。(28)

専門家の判断は、その専門家が有力な役人から諮問を受けるような近い関係にあるときに、受け入れられたかもしれない。その役人がかなり自由にふるまう権限を自らに認めているような場合である。しかし十九世紀において、世論を簡単に無視することはできなかった。そして今日では、いっそう多くの公衆が、公表された統計値を見聞きするいっそう重要な存在となっている。公衆のためを考えると、透明性を簡単に断念することはできなかった。標準の指標になる数値には、透明性を守るための最大の望みが託されていた。実際、社会の状況を表す指標と公衆の行動の深い結びつきこそが、統計の科学の確立への要望よりもいっそう、統計における尺度や指標の標準化を導いたのである。(29) 標準指標は、ときに個人的な判断にも役立つが、むしろ統計の公的な性質を強く反映する。標準指標はまさに、権威よりも説明責任の方を要する場面で、もっとも重要だったのである。標準指標は、客観性の社会的な役割を典型的に示している。

たしかに前例もあったものの、一八七〇年ごろにヨーロッパの多くの国で貨幣価値の尺度に対する興味が急にわき起こったことは、この点において画期的な出来事であった。指数は、けっして単純に観察できるものではなかった。指数は通常、大規模なデータの収集を必要としたし、たいていは難しい計算や、少なくとも単調で退屈な計算によって求めなくてはならなかった。指数の信頼性は、それらが算出されうるということにもとづいており、たとえデータがずさんであっても算出できなければならなかった。そしてどんな専門家であろうとも、判断を下す根拠とするためだけに数値を加減することはけっして許されなかった。確かに、数学は、制度的に権威を付与されないかぎり、ほとんど意味をなさなかった。かつてフランスの司法制度を改革する根拠として確率計算を利用しようとした歴史は、まさに無駄な試みの実例である。その主唱者たちが科学分野において高い名声を博していたにもかかわらず。コンドルセは、すぐれた学者であると同時に著名な政治家であったが、彼でさえ堅い制度的基盤なしにはこの事業を軌道にのせることはできなかった。(30) 定量的な議論には、何らかの影響力があった。しかし、多くの場合、定量的な議論は、むしろ権力をほとんどもたないひとびとが、代わりに客観性という権威を借りようと試みていることを示しているかに見えた。確かに、客観性という権威は制度的な権力に依存していた。少なくとも、パリ統計学会のような組織化された団体から支持されることが、価格や健康によいことの指標を策定するためには不可欠であった。より一般的には、客観性の権威は国家が認可するかどうかによって左右された。このようなことは、以下の例が示すように、ほぼ必ず論争を生んだ。

フランスの統計学者たちは、すぐにいくつかの基準となる数に着目することが有益であると気づいた。彼らは特に医療に関する統計を用いて改革を導く可能性に注意を払った。地域や施設ごとに居住するひとびとの健康状態を評価することは、本質的に比較の作業である。そしてこの比較のために、死亡率や、あるいは平均余命の尺度は不可欠であった。公衆衛生の統計学者は、健康によいことを測定する際に、自らの手腕のみに頼ってよいと一任されたわけではなかった。平均余命の尺度は、早い時期から数学的確率について書かれた著作中で、主に生命保険に用いるために開発された。しかし、保険数理士たちが用いた数式は、さまざまな県での健康状態を定量化するほど十分ではなかった。ましてや、孤児院や刑務所や、もっとも困ったことには病院の健康状態を定量化することができなかった。病院では年間の死亡者数が、一定期間の患者数をはるかに上回りかねなかった。一年のあいだに人口一、〇〇〇人あたり何人死亡したかを示す数よりも、精巧な指標が明らかに必要であった。もし統計が、健康状態の悪い施設を非難するための説得力のある根拠を提供しようとするのであれば。

少なくともこのようなことを目標に、ルイ・アドルフ・ベルティヨンは、パリの統計学会に死亡率と平均余命のより適切な定式化を提供した。彼は提案した。「寿命をさまざまな人間集団の衛生状態を評価するための尺度と見なすことは、当然のことであり合理的なことである」。しかし、少なくとも十一の定式化が競合していた。それらの競合する定式化のあいだにはあまりに多くの相違があったため、それらを使って、県を健康な順に並べようとしたときに、不一致が生じた。そのため、これらの尺度ほど「恣意的」なものはなかった。恣意性とは、まさにそれらの尺度が排除しようとしたものだったにもかかわらず。死亡率の研究が論争を免れるためには、客観性を与えることが必要であった。ベルティヨンは、それらを「真に科学的な方法」「さまざまな場所の正確な寿命を測定するための唯一の適切な方法」[31]に換えることを提案した。

県や郡を正しく順位づけるためには、全体の死亡率を、年齢分布を考慮した尺度に換える必要があった。この点については、統計学者たちはおおむね合意していた。刑務所や、学校、病院の死亡率を算出するのはさらに複雑だったが、きわめて重要であった。「さまざまな人間集団の死亡率は、もっとも確かなものさしである。……それぞれの環境が健康によいかどうかを評価するためにはあまりに多様で複雑な条件を測定しなくてはならないため、死亡率というものさしが必要なのである。このため、正確なだけでなく、統一された、死亡率を測定するためにふさわしい方法を用いることが重要なのである[32]」。彼は、統計学者たちが単に、いくつかの従来用いられてきた尺度のなかから同意できるものを見つけるだけでは十分ではないと考えた。「科学は唯一の答えを知っている。そしてそれは真実である」。ベルティヨンが探していた真実は、高い死亡率を説明できる真実であり、年間の死亡率が一〇〇パーセントを超えるようなばかげたことをふくまない真実であった。病院内の人数は、あまりに頻繁に変わるので、平均入院日数ごとの死亡率だけを計算することに彼は決めた。

たったひとつの尺度だけが真実に値する、というこの主張は、ほかのひとびとがベルティヨンの分析に反対したためにいっそう重要であった。トゥサン・ルアは、多様な施設の衛生環境を比較可能にする、統一された死亡率の尺度が必要であることを同様に確信していた。ベルティヨンの尺度は、しかしながら、不備があるとルアは評価した。ルアは病院の患者数についての指標を設けることが気に入らなかった。つまり、人口を数える他の方法とは異なる方法で算出した指標を用いるのを好まなかった。このような指標を用いれば、可能なかぎり広く応用可能な基準をもっとも必要とするときに、比較するための基準を不必要に狭めてしまうだろう。ルアは、一日ごとに死亡率を計算したほうがましだろうと主張した[33]。ベルティヨンは納得しなかった。彼はルアに応答した。病院で死ぬ確率は、そこで過ごした日数とはけっして比例しない。ルアの方法では、病院は、患者の入院期間を二倍にすることによって、死亡率を半分にすることができてしまう。比較のための正しい単位は、特定の疾病ごとであるべきで、日数ではない。

この些細な議論は、統計の標準化が機械的に達成できるわけではないことを表している。新しい研究についての意見の不一致は、結局のところ、科学全般で見られる。もっと重要なことは、彼らが同意に至ることに重要性を見いだしていたことである。彼らは、効果的に病院や他の施設を管理するためには、比較を可能とする客観的な基準が必要であり、客観的な基準とは定量的でなければならず、科学は、そのような尺度を確立するための適切な基準である、という点においては同意していた。科学とはつまり、国家によって支持されることを意味していた。

　数値への信仰は、もちろん、冷笑されることもあった。フォヴィルは一八八五年に述べている。劇場で「統計学者が舞台に現れたとたんに、誰もが笑う準備ができている」。エドモン・ゴンディネの『羽飾り』に出てくる野心的な知事は、男女の均衡を保つために（いますぐに）「一平方キロメートルあたり一・五人の男性が三マイナス四分の一人の女性と」結婚することを提案している。ラビッシュ〔一八一五―八五、フランスの劇作家。喜劇で知られる〕の喜劇のなかには、ケレスティヌス会修道士の魔法使いと結婚することから辛うじて逃れる女主人公が出てくる。その魔法使いは、「ヴィエルゾンの統計学会の秘書で」あり、彼のライバルであるキャプテン・チックは、セバストーポリの戦いで両軍から発射された砲弾の数をなぜ数えることができないのか理由がわからない。「統計というのはですね、お嬢さん、最新の疑いようのない科学なのです。統計はもっとも不明瞭な事実をも明らかにします。ですから、骨の折れる研究に励んでいる統計学者たちに感謝しなくてはなりません。われわれはごく最近、一八六〇年にポン・ヌフ橋をわたった男やもめの正確な数を知ることができたのです」（答えは三、四九八人で、「疑わしいひとがもう一人」というものである）(34)。

　これらはもちろんただのユーモアである。しかし辛辣である。統計的な知識は、ばかげているとは言わないまでも、本質的に表層的であり実態がないという議論は、すでに十九世紀において共有されていたのである。たとえば、フレデリック・ル・プレーが一八八五年に、パリの統計学者たちに当てつけた、気のない称賛のなかにもほのめかされている。彼は説明した。統計とは、世襲の貴族によって統治されている国家にとっては、さほど重要ではない。貴族たちは統治する人間となるべく育てられているし、ほとんど生まれつき統治することができる。しかしわれわれは政体の破綻を経験したので、今や、公務を実際に経験したことのないひとたちが、出世して高い地位に就くことができる。統計は、このような実務経験の不足を埋め合わせることを助けてくれる。そしてこの点において、統計的な知識は、統治にあたるひとびとに必要とされなくてはならない(35)。このような公的な知識の必要性は、広く認識されている。ジュール・シモンは、一八九四年に主張している。「貴族制で、支配階級があったとき、将来の行政官や将来の立法者はその一族から伝統的な技法を習得することが当然と見なされた。共和政においては、どんなひとでもどんな職業にも就ける。もっとも無教養なひとがもっとも困難な職務に任命されることもある」[36]。

二次元の文化

このように統計には実態がないことの説明は、左派からと右派からの二つの基本な形から成り立っている。ル・プレーは、明らかに右派からの説明に共感していた。彼は、見せかけだけの専門知よりも、統治するべく生まれついたものの思慮深さの方を好んだ。より近年の見解としては、マイケル・オークショットによる合理主義についてのエッセイがある。そこには、本書で論じている統計による構築主義の含意のいくつかがよく表れている。オークショットは、まぎれもなく統計学者を指して、合理主義者とは次のようなものであると論じている。合理主義者は、「社会階級に属さない外国人、あるいは階級から自由になったひと、……伝統やどのようにふるまうべきかの習慣について表面的にしか知らず、それらに当惑している。執事や観察の鋭い女中の方が、伝統や習慣のことならよく知っている」[37]。このような説明を読むと、合理主義者は無力と思えるかもしれない。しかし、オークショットの論調は絶望しているのであって、優越感にひたってはいない。合理主義は、社会のがん細胞のように増殖し、社会を変革することによって、そして現実には否定することによって、合理主義は結局のところ影響をもつようになる。合理主義は世界を理解するために効果的な道具であり、合理主義が自らその世界の構築を助長している。それはまさしく表層的である。なぜなら、合理主義はわれわれが失いつつある世界をけっして理解できないからである。

左派による批判もまた、郷愁の要素をふくんでいる。それはほとんど同時期に、戦後まもない時期に発せられたが、現在では、イギリスというよりフランクフルト学派（そしてロサンゼルス学派）によるものと考えられている。マルクス主義を公言しながらも、統計学に対する徹底的な批判は、ほとんどマルクス自身の考えも及ばないものであった。マルクスは英国博物館で長年を費やして、議会報告のなかから数字を集め、『資本論』を著した。マックス・ホルクハイマーとテオドール・アドルノは、『啓蒙の弁証法』のなかで、実証主義の科学者は「概念を公式に、因果関係を規則や確率に」置き換えたと主張している。このようにして、知識は、批判のための鋭利な刃物を放棄した、と彼らは考えた。実証主義は直線的にしかものごとを扱わず、弁証法的には考えない。ヘルベルト・マルクーゼは、ヘーゲルに関心を向ける方が、実証主義者に関心を向けるよりもずっとましだと主張した[38]。しかし、フランクフルト学派の批判は、革命への待望に駆られて、打算的な精神性に敵対するようになった。ホルクハイマーとアドルノは、自然を道具主義的に考えることを非難した。道具主義が、獲得を強調するからである。アドルノは、私たちがこれまでもみてきたように、文化の定量的研究および文化の破壊を引き合いに出して、資本主義が空虚な価値しかもたないことを実証しようとした。大衆文化は敵であった。大衆文化は自発的に発展したわけではない。打算的な文化産業が空虚であったために発展したのである。ほんとうの文化は、けっして測ることはできない。しかし、ますます実体を失っていく社会は、数えることによってしかものを知ることのできないひとびとから隠れられなくなっていく。

客観性には、さまざまな意味があるが、そこに内包される積極的な特徴によってではなく、むしろ何を除外するかを特徴とすべきだと言われてきた。ロレーヌ・ダストンとピーター・ガリソンは書いている。「客観性は、主観性とうまくなじむ。封印に使う封蠟のように。頑丈で硬い主観性という概観に、くぼみの印をつけるように[39]」。彼らが、そして本書の大部分が不問にしているものは、唯一無二で利害関心があり、局在している個人である。そこには、知識を構築し意思決定をする側の個人的な考えを、自制しようとする倫理が関係している。この倫理にしたがうことは、何も個人が豊かなローカルノレッジをもっていないと意味したり仮定したりするものではない。このローカルノレッジは、定量化を批判するひとたちが称賛するものである。しかし、もしローカルノレッジを否定するのでなければ、この倫理が要求する自己犠牲は、なおさら極端に思える。個人を除外し、部外者のようにならないかぎり、けっして定量的な科学研究の領域には入れない。究極の部外者は機械であり、機械は急速に定量化という王国の最有力者となりつつある。数学はあまりにも構造化され、ほとんどの計算や、いくつかの記号的な操作は、コンピューターにゆだねることができる。つまり、われわれが理解したいと思うどのようなものとも無関係となりうる。必然的に、意味は失われる。定量化は、標準化を進める強力な働きをする。定量化は、漠然とした思考に秩序を課すからである。しかし、秩序が課されるか否かは、定量化が難しく曖昧な多くの事象を無視したり変更したりすることを認めるかどうかによって決まる。論証の作業が計算可能であるならば、一般化された問題を扱っているのだと自信をもつことができる。つまり、知識を生み出すひとの人格から効果的に切り離された知識を扱っているのだと。十九世紀の統計学者が豪語したように、彼らの科学は、あらゆる状況依存的なもの、偶発的なもの、説明できないもの、あるいは個人的なものを平均して切り捨て、広域的な規則性のみを残した。

定量化が欠点という美徳をもっていることをつけ加えておくことは重要だろう。数値や計算が学問分野の境界や国境さえも越えて、学術的な言説と政治的な言説を結びつけるという注目すべき能力は、さきほどふれたような難解で極端な事柄を迂回する能力によるところが大きい。知的な交流においては、適切な経済的取引と同様に、数値は、異なる欲望、要求、期待を何らかの形で同一単位で測れるようにする媒体として機能する。現代の科学論文という文字による技術は、暗黙の実験テクニックがたくさんあることや、ついでにいえば少数のひとにしか知られていない、理論を定式化するための技巧を伝達することができない。多くの目的にとって、特に知識が共同体の境界を超えようとするときには、そのような公にされない知識は、とりたてて求められていない。表層的であることに価値があるという点は、ピーター・ガリソンによっても議論されている。彼は、物理学の道具主義者や、実験主義者たち、理論家たちのあいだの交流を、交易圏における取引、つまり、ヨーロッパの商人と、南アメリカ先住民の職人や農民とが交易する場所と似ていると述べている。宗教的な意味、宇宙論的な意味、そして観念的な意味は失われる。交易する当事者は、ただ単に、値段、数値、あるいは割合に関して同意すればよい。同様に、実験物理学者と理論物理学者のあいだで交わされるのは、主に予測であり測定であることが多い(40)。むしろ、双方の共同体のもつ豊かな技巧をさっぱり無視した方が、心地よいコミュニケーションを促すことさえありうる。

本書がこれから述べることの多くは、定量化の精神を表層的であるといって非難するひとびとにとって都合がいいであろう。したがって、何が定量化されうるかについてあらかじめ定まった制限はないことをつけ加えておくのは重要である。同様に、難しい課題について十分に巧妙で徹底的な分析は、その一部を定量化しようとする試みによって、論理的に排除されることはけっしてない。しかし、政治的には排除される場合がしばしばある。定量化は、不動の原動力でもなければ陰謀の産物でもないのであり、定量化によって文化が征服されることはない。

定量化は、自らが価値を生み出す以前の価値を反映している。最近の定量化の大幅な拡張は、変化しつづける政治文化から発展したのである。ヤロン・エズライは、アメリカ式の民主主義と外面的なものに対する信頼が共生していることを、強く主張している。[41] この外面的な信頼がもつ表層性は、いくらか正当化するためにオープンネス（公開性）と呼ばれ、汚職、偏見、エリートの特権を追放するように考案されている。それはかなり成功しているが、民主主義社会の監視にさらされている政府機関は多くの場合、仮面劇にも慣れている。定量化が民主的に成功したときには、ほとんど常に巧妙さや徹底性をいくらか犠牲にしている。そしてオークショットが示唆するように、これらの巧妙さや徹底性が言説から失われることは、同時に、それらが世界からも失われることを意味しているかもしれない。数値の力をこれほどまでに印象的に示すあり方はほかにない。

第二部　信頼の技術

交易で優位となるどんなものを考え出そうとも、信条を撲滅させるための法令が通過した六カ月以内には、東インド銀行の金利は、少なくとも、一パーセントは下落するだろう。そして、われわれの時代の知恵は、これまで五十回以上も危険を冒してキリスト教の維持をはかってきたが、ただ単にそれを破壊するというためだけに、そんな大きな損失を払わねばならない理由などなにもないのである。

（ジョナサン・スウィフト「英国におけるキリスト教の撲滅」一七〇八）

第5章　客観性に対抗する専門家——会計士と保険数理士

保険数理士の受注生産をしてくれるような工場はありません。
（エドワード・リレイ、一八五三）

私はすでに会計を、純粋数学および自然科学分野で育まれた孤高で超俗的な性質と対比することによって、定量的実用性の象徴のように扱ってきた。会計において実用性とは、生産の現場やマネジメントの世界との深い関係を意味する。私はこの語を広く、現象を予測したりコントロールしたりする技術に適用する。当然のことだが、このことからすぐに理論は非実用的であるといえるわけではない。事象を理解するのに有用なものは、信頼できる操作にもまた貢献するものだ。しかし、そろそろ科学を厳密で形式化された理論として認識するのをあきらめる時だろう。科学の力は何よりも、世界を掌握するために熟練した労働力をどれだけ組織化できるかという能力に依っているのである。

本書の最初の二つの章では、定量化が広い領域に対して、そして多様な対象に対して力を発揮するために、どのように作用するのかを扱ってきた。第3章では、この問題の逆の面に注意を転じた。厳密さの倫理はどのように研究者のアイデンティティを形成するのか。そして第4章ではこのような研究者のアイデンティティが、自己犠牲の理想と結びついていることを示した。カール・ピアソンのような数少ない科学者たちは、その倫理を個人的な理由、あるいは広い意味では宗教的理由から採用していたようである。(1) そして疑いなく、この自制の精神には、広範な宗教的要素が存在していた。しかし、本書で私はむしろ、その公共的次元を強調したい。客観性とは、力のある外部者からの疑いに対する適応である。第二部の三つの章では、この疑いは明らかに政治的な傾向を帯びている。そこには会計士の職業集団の例もふくまれるが、彼らはさまざまな度合で、公共の標準あるいは客観的な規則という名のもとにエキスパート・ジャッジメント（専門家判断）への開かれた信頼を断念したのである。それはけっして自発的な犠牲ではなく、強い圧力から、あるいは厳しい競争から生じていた。このような側面から定量的厳密性を追求することは、いつでも評価されるわけではない。純粋科学あるいは応用科学の定量化のプロは、彼らの理想を妥協させようとする政治的圧力が存在しなければ、厳密性や客観性を追求するのだと言われている。しかし、このような考え方はまったく間違っている。客観性は、政治的な文脈をもふくむ文化的文脈からその推進力を得ているのであり、同時にその形も意味も文化的文脈からつくられているのである。

そしてこれらは、ただ会計にのみ適用されることではない。ここで、ふたたび私は保険の数学や費用便益分析とともに、会計を例としたい。すべての知識生産に潜在していながら、たいていは明示されないプロセスを明確にするために。この章と続く二つの章は、経済学と財政をふくむ分野の実践に関心を向けている。これらの実践が、大組織にとって、とりわけ国家にとって重要であることは疑う余地がない。これらの分野の研究における客観性の追求は、アカウンタビリティ（説明責任）によって弱体化されることはなく、むしろアカウンタビリティによって定義されるのである。厳密な定量化は、これらの文脈において必要とされる。なぜなら、主観的な判断力が疑われているからである。機械的な客観性が、個人的な信頼の代替を果たす。

これらの文脈は重要であり、かつこのような文脈では経済学や財政学といった分野が、物理学、化学、医学といったよりアカデミックに重んじられている分野と同じくらい独自の重要性をもつことは、強調しておいていいだろう。科学史家、科学社会学者、科学哲学者は、もはや官僚的な知識生産を軽視している場合ではない。これらの分野に関心を向ける理由は、単に、あるいは主に、会計に関係する定量的実践が説明に役立つというだけではないのである。とはいえもちろん、私はこれらの分野が説明にも役立つと考えている。続く第三部では、第二部の分析を拡張して、どのように定量化が信頼の技術として会計以外の科学分野でも同様に機能しているのかを考えてみたい。

会計と没個人化のカルト集団

客観性というものが文脈によって定義されると議論するためには、その文脈の外からは知識の形態がどのように見えるのかという問いに答える必要がある。現代会計学の文脈は、広く企業組織または国家、あるいはその両方をふくんでいる。対照的に、前近代の簿記は、明らかにそれより非公式なもので、資産や債券を記録するのにもっと入り組んだやり方をした。ここで私は、もし会計のプロがより強かったとしたら、つまり専門家コミュニティの境界がより透過性の低いものだったとしたら、会計はどのように作用したのだろうかという議論からはじめてみよう。これは単純な反実仮想ではない。想像力の飛躍である。厳密な客観性と職業的自律性とは、ありうる連続体の両極である。このことについて、会計の主導者たちは、少なくとも六十年間にわたって活発に議論してきた。

「顔をつきあわせる関係にあるグループは、文書をつくる必要がない」とジャック・グッディは観察した。彼は、官僚化がリテラシーへの要求をつくる決定的な要素となることを主張した。ビジネス・リテラシーというものは十一世紀のヨーロッパで初めて重要になった。なぜなら広範囲な交易ネットワークが発展した時期であるからである、とハーヴィ・グラフは主張した(2)。定量化の成長にとって、交易が重要であることは明らかなことである。実際、数字というものは、言葉と同じくらいたくさんあったのである。バビロニアの粘土の表にも、エジプトのパピルスにも、初期の地中海文明の文書にも数字はあった。そして、もっとも単純な簿記の類いにもやはりふくまれていた。「ビジネスが小規模で、創業者によって日々の業務として管理されていたころ、そして所得税などというものが存在しなかったころは、外部の会計サービスの必要性は存在しなかった」。R・H・パーカーはこのように観察している。会計の専門家は、十九世紀半ばのスコットランドとイングランドで生まれた。そこでは、会計の専門家は、破産を取り仕切ったり、債権者からの公正な扱いを保証したり、といった公的な機能を果たしていた。それから少し経って、アメリカとイギリスにおける会計士は、鉄道やガスや電気会社といった公的な会社の会計を監査するようになる。多くは、新しい規制の要求にあわせるためであった。彼らの役割は、株主や他の利害関係者に、簿記が公正で正当であることを、独立の専門家として保証することであった。ここで重要な要素は、独立性と専門性である。これらの客観性の保証は不可欠だった。なぜなら、ウィリアム・クウィルターが一八四九年に議会の特別委員会で述べたように、会計監査は、判断の問題であり、「無味乾燥な算数の義務」ではないからである(3)。

このような見方、会計が公平無私のエキスパート・ジャッジメントをとおして客観性なるものを獲得するという見方は、いまも魅力を失ってはいない。最近、会計の数字が他の追随をゆるさない認証力をもつことは、ときに会計に関する著作で、解釈学の名の下に批判されている。現代のリテラシー理論を読んだことがありさえすれば、単純な事実というものが存在すると主張するイデオロギーは解釈や文化の意味論に道をゆずるべきだというような考え方は、単純にみえるだろう。会計の解釈学からのメッセージとは、財政業務は単なる数字の表にまとめきれるほど直接的なものではけっしてない、というものである。推定や解釈は、専門家の判断に頼っている。そして株主や債権者に、厳密な表による報告書よりも助けとなる手引きを提供できるだろう(4)。

注目に値すべきなのは、この機械的客観性の否認が、プロの専門性の擁護をもたらすということである。そして実際、非常に似通った議論が、会計の歴史をつうじておこなわれてきた。会計のプロは、医学のような分野を成功した実践のモデルと見なしていた。医学は、特に二十世紀半ばの初期においては、強大な力をもつ専門集団を意味し、そのエキスパート・ジャッジメントは、ほとんど疑問視されなかった。最近でも、多くの会計士たちは、同じ（職務上の）特権を主張しようとする。『会計レビュー』誌の一九六五年版にあらわれた議論では、たとえば、職業集団の自己利益から説明することがきわめて重要であることをほのめかしている。

会計の専門家のもっとも重要な資産は、エキスパート・ジャッジメントとして知られている特性である。判断とは、専門家のものであれそれ以外のものであれ、こころの産物である。もし判断が主観性と同義語とされたなら、われわれは客観性と専門的職業とを同時に手にすることができないだろう。明らかにわれわれはそのような客観性の見方を許容できない。むしろ、われわれは職業的判断の実践と、客観性への希求とが、相互補完的なものであることを示さねばならない。

確かに、この職業的判断は、「知覚の欠陥」から自由でなくてはならない。著者は続ける。明確なヴィジョンが選択と訓練から導かれなくてはならない。会計士は一般的原理にもとづく厳しい訓練によって適正に教えこまれる。そして最終的には、判断の形式が「より効果的で、より制御可能で、望ましい客観性を達成できるもの(5)」であることが求められている。

最近の影響力ある歴史研究は、多くは新しい構成主義を会計に応用するといった風潮には汚染されていない。しかし、「数によって」管理するよう訓練された陳腐な幹部による機械的な管理会計が増えているといって嘆いている。トマス・ジョンソンとロバート・カプランは、このような恥ずべき厳密性推進の張本人たちを二組に分けている。一つは会計学の教授たちである。象牙の塔に住み、いまだに自分たちが現実の生産者や消費者、そして契約の世界から孤立した不利な立場にいることを自覚していない。彼らは学生たちに少し距離をとって知識と行為を信用するように教え、結局は教授たち自身がそうせざるをえない事柄を、あたかも数字が自ら語るかのように教える。もう一方は、さらにいっそう非難に値するが、政府の規制者たちであり、彼らは企業経営の会計を公共の会計に変えることに成功した。つまり、会社経営に適していたカテゴリーが、税金を計算したり対外的な財政報告を準備したりするための公的に特定されたカテゴリーに徐々に席を譲ったのである。会計士と経営幹部は、数字をあがめるように訓練され、かつこの事実を無視し、数字のみを頼りにする。会計士のカリキュラムは、ビジネスからの要求というより、研究の理想や規制からの要求によって形づくられるようになったのである。

多くの恨み言と同様、ひとは、昔はもっとよかったのだと考えることだろう。ジョンソンとカプランによると、一九二〇年代は、経営会計は主には技術者の仕事であった。彼らは、「財政上の数字の基礎にあるプロセスや取引、出来事といったものについての情報に必然的に信頼をおかざるをえな」かった。しかし、彼らは社内が発展すればするほど、現実とのあいだに新しい隔たりができることを知っていた。特に部下の評価のために、投資に対する見返りといった利益の尺度を使うことは、会計の数字への依存を強めることとなった。[6] アルフレッド・チャンドラーと彼の学生たちは、政府の規制がそれほど介入する以前の段階で、会計の発達がどの程度、複合的で総合的な会社の成長と関連づけられるかを示している。[7] この見地からいうと、少なくとも、資本主義社会の大企業は、小さな企業よりも、ずっと政府の方に似ている。会計の勢力範囲はまずは管理的で政治的である。ロビンソン・クルーソーは、経済的合理性の象徴として、簿記の基本になる記録をつけながら、自分の島をよく管理したのである。小規模あるいは中規模の会社が、所得税や他の公的規制によってそういったやり方では通用しなくなるまで、うまく管理していたのと同じように。

厳密さや標準化へと駆りたてられるのは、ローカルノレッジが不十分になったときである。経済の密集とは、もはや自分の目で交易の相手を確かめられなくなることを意味する。保険のように複雑でリスクをともなう契約は、遠く離れた会社によって提供され、政府の監視が必要となる。銀行は、かつては地方で管理され、その地方に住むひとの便益のために動いていたが、手形の交換をはじめ、市場への責任を負うようになる(8)。機械的な客観性は、これらの変化する状況に対する唯一可能な反応ではなかった。十九世紀後半のはじめには、イギリスの会計士のエリートは、独立した会計会社にのみ存在した。独立が不偏性の保証になったのである。会計士にとってはまた、誠実さと技術に対する広い信望が重要であった。信望は、いくつかの大会社の名前によって保証されるようになった。それら大会社はまたアメリカにもひろがっていったが、アメリカは、紳士的な職業を続けるにはより厳しい環境であった。

一九三〇年代に、会計の客観性の基盤がエリートの公平無私から標準化へと移行しはじめた。世界大恐慌の時代のことであるが、より詳しくいえば、投資家の自信を回復させるために設置された新しい規制官僚制度であるSEC（証券取引委員会）の努力による。これを達成するために政府のとったやり方は、厳密な報告を出させる規則を普及させることであった。そのことによって誰もが会社の財務報告を読むことができるようになり、不正な虚偽報告が簡単にみつかり、罰することができるようになる。このように、会計士が自らの視界をせばめ、自らの技能は厳密な計算にあると認めたことは、彼ら自身の理由からではなかった。客観性への移行は、自律性の喪失を意味し、そして専門職としての破綻でもあった。差し迫った官僚的介入をかわすために、アメリカ会計士協会は、かれら独自の標準化の機構をうちたてた。一九三四年に会計の六つの「規則あるいは原理」を制定するために投票をおこなった。三八年に協会は会計プロセス委員会を設立し、これは、四九年には会計原理委員会になり、七二年には、財政会計標準委員会となった。これらはほとんど政府機関のように機能した(9)。

有名な会計士のあいだでは、標準化が望ましいという考え方に反対の意見もたくさん見られた。優勢だったのは、特にもっともエリートのレベルにおいては、標準化に反対の意見であった。ジョージ・O・メイは、一九三八年にアメリカ会計士協会にこう述べている。「画一性が広く求められていることは疑いようがない。……会計をより価値あるものにするための方法のうちの一つとしてのみ、画一性をとらえるべきだ。特に技能のない読み手のために。……われわれは過分の正直さや、会計を処理するための過分の技能、また会計を理解するための過分の知性をつくりだすことはできない」。ウォルター・ウィルコックスは、一九四一年に同僚に説明した。会計士には「費用とは何であるかを知りたいとわれわれに期待している大勢の聴衆がいる。費用とは単なる事実ではない。説明しにくい概念である。会計のそのほかの側面と同様、費用は、正確さについて誤った印象を与える」。誰も、SECの主任会計士でさえ、こうした複雑性を否定しないだろう。しかし、ウィルコックスはこれらの問題が注意深い研究によって徐々に克服されるだろうと論じ、標準化を正当化した[10]。

SECはしかし、問題を命令によって克服しようとした。SECは会計の真実よりも、強制できる規制のほうに興味があったのである。悪名高い例は、世界大恐慌時代の裁定である。会社の簿記の価値は、資産の取得原価によってきまり、再取得原価ではない、とした。SECの理由づけに不明瞭なところはなかった。投資家はすでに十分に神経質になっていたので、直接的な経費による財政会計は、私利的な操作の余地を最低限に抑えるように思われた[11]。しかし、インフレや技術改良を考慮に入れた資産の再評価を妨げるようなこの規則に、満足する会計士はほとんどいなかった。この規則は、会社が売却されるときにはいつでも、ときに徹底的に、資産が再評価されるというひどい事態をひきおこした。つまり、規則は、正確さよりも、利己主義や寸分たがわぬ精密さを促進するのである。このことは、会計の客観性の性質をめぐる国際的議論の焦点となった。いうなれば、哲学的現実主義者と、政治的現実主義者との論争である。両者は、むだに哲学的な抽象的な問題を議論したのではなかった。彼らは会計士であり、彼らの職業の自己定義と同時に、実践の現実的な意味づけに日々取り組んでいるひとびとであった。

会計の客観性

他の科学と同様、会計においても、何を測るべきか知っているときのみ客観性を主張できる、とオーストラリア人のR・J・チェンバーズは一九六四年に述べている。対象が定義されていなければ、「既知のバイアスを除去したり、真実や予測される尺度を発見したり、といったことについて語るのは不可能である[12]」。真の価値とは、現代的な価値でなくてはならない。歴史的に払った対価は、現在の条件を反映するよう書き換えられなければ無価値である。慣習的規則は、客観性を生み出すのに十分ではない。しかし、もし現世の会計士が一貫性のある結果を達成するために真の基準を適用できないとしたら何ができようか？　チェンバーズは、会計の画一性が政治的に求められていることに気づき、この可能性を除いて定義したのである。彼は論拠なしに、合意というものは真実への道のりを除いては得られないと主張した。客観的言明とは、情報を与えられたひとが誰でも同じ対象について語ることができるというものである。このように、彼は客観性について少なくとも二つの異なる意味を混同している。規則に従うことと、真実に至ること、の二つである。これは巧みな混淆であり、この職業のなかで広く受容された。『会計士ハンドブック』は、客観性を、「個人的バイアスによる歪みなしに事実を表現すること」[13]を含意すると特徴づけている。チェンバーズの支持者たちは、カント哲学の理解を援用した。つまり自然法の小前提を、会計の合理性を基礎づけるものとして使い、そして同時にそれがどのように「感情的な考え」に侵されないものとなりうるかの説明として用いたのである。[14]

この論には問題があるとした意見もあった。現実主義者のなかでもっとも勇気ある行動をとったのは、ハロルド・ビアマンである。彼の一九六三年の論文は、チェンバーズを怒らせた。彼は、取得原価にもとづく会計を断念すれば、会計士は余儀なく「選択の多様性」に直面すると述べた。たとえば、財政的数量を単に価格変動を考慮して適合させる、あるいは将来期待される現金の流入に価値をおいて適合させる、あるいは清算価格を使って適合させる、といった選択の多様性である。「会計士の仕事はもっと複雑である」と彼は警告した。「このような提案は報告書の操作を招くだろう」。そしてＳＥＣにさらなる規格化の負担をかけることになるだろう。[15]それでもやはりビアマンは、ものごとの真の状態をよりよく表現する、という関心をもって、会計士はこれらの挑戦を受け入れるべきと考えた。彼は経費よりも、合理性を弱めないことを好んだ。そして、会計学が、天文学や心理学と類似した測定の分野となることをこころに描いた。

ビアマンの定式化は、会計の現実性がどのように強い職業上の責任や専門家の裁量に対する信用と結びつきうるかを示した。しかし、このような立場は少数派だった。特に会計の研究者たちのあいだではそうだった。より使いやすく評判がよいのは強い実証主義だったのである。それは行動主義的研究の定量的形式と結びついた避けがたいものであった。この方向でのパイオニアはユージ・イジリ（井尻雄士）とロバート・ジェディキであった。彼らは現実主義者たちに対し、観測者の独立性は、会計において何の操作的な意味ももたない、と宣言した。会計士が直面している問題は単純である。「会計とは、別の計測方法の存在によって悩まされている、ある一つの計測システムのことである」。救済策も同様に単純である。「もしシステム内の計測規則が詳細にまで規定されているのであれば、われわれは計測ごとの偏差がほとんどない結果を期待することができるだろう。一方で、もし計測規則が曖昧で不十分にしか指定されていないなら、計測システムの実施には、観測者の側の判断が必要となるだろう」。これら会計士にとっての客観性とは、判断を排除する機構のことだったのである。それは「与えられた観測者のグループあるいは尺度のなかの単なる合意を意味すると定義される」だろう。そしてそれゆえに統計的変数として（逆に）測定可能なのである。つまり、もし会計士が一つの計測枠組みにもとづいて簿記をつけ、それが一様な数字を示したのなら、そしてほかの計測枠組みではよりばらつきが見られたのなら、最初の計測枠組みの方が、それが妥当であるかどうかにかかわらず、定義上、より客観的なのである。この種類の客観性の重要性は、正確さを意味する「信頼性」を考慮しなくてよくなるほどに圧倒的なものではない。しかし、この種の信頼性は無視できない。なぜなら、グループ内の合意がとれなければ、そこには信頼性がないからである(16)。

実践にあたる会計士も研究者たちも同様に、この理由づけを妥当と考え、説得力あるものと考えた。実践家たちはすぐに、規則に従って合意に至ることが、政府の官僚やその他の干渉好きな外部者に対する、もっとも強力な防衛となることに気づいた。財政報告書における主観的自由裁量——管理上の気まぐれ——を最小にせよという最優先の要求は、会計の客観性を議論するほとんどすべての場面で強調された。研究者たちはまた、定量的な形をとる客観性を、実証研究（ここで実証研究とは統計的研究を意味する）に服従するものとして賞賛した。そしてそのようなわけで、定量的な形が、会計における客観性の概念として合意を獲得した(17)。しかし、研究者でもある会計士たちが、「完全な操作的客観性」の魅惑から免れたわけではない。それは、「完全な会計プロセスがプログラム可能な手続きの集合に還元されるときにのみ」実現される(18)。

しかしそれでも、制約のある方法と理論的理由づけとのあいだのギャップは、当惑するほど大きかった。一般に、画一化と標準化はおそらく、明示された理論的理由づけに由来する表向きの合理性によって促進されてきた。そのため、このギャップの存在は通常の手続きにとって、明らかに脅威であった。たとえよく標準化されていたとしても、もしそれに真の尺度としての信用性がなければ、脅威であった。直接経費による会計か現在価値による会計かという議論は、真実の理想と、画一性とを同時にもたらそうとしていた。ロバート・アシュトンは、競合する二つの会計方法の客観性を調べるために会計士の集団をサンプル調査にかけた人物である。彼は、理論的に好ましい尺度である現在価値のほうが、それと競合する原価の尺度よりも実際にずっと客観的（たとえば、異なる尺度間での標準偏差が少ない）であることを喜んで示した[19]。しかし、多くの会計士は、画一性は明確で比較的固定された規則があるときのみ可能であると考えてきた。たとえ標準化が専門の実践家の最良の判断を脅やかす場合でも、彼らが標準化を主張したがるのは、外部者からの批判に対して脆弱な部分においてのみ見られ、それ以外の分野ではほとんど見られないだろう。会計士が多くの場面で個人的な自由裁量の実践を認めたがらないことは、彼らが公に対して身をさらしていることの証拠であり、この意味で彼らは弱いのである。

　このような弱点は、信頼の欠如に由来している。そして会計の領域において、信頼は不可欠なのである。財政カテゴリーが再解釈されるなかで、資産はつくられたり失われたりしてきた。たかだか規制当局が過去二、三年間に明らかにした些細な点からだけでも、英雄的な企業家精神と犯罪的な横領とは区別されるだろう。もし投資所得、減価償却、必要経費、株式譲渡益といったものの定義が法廷で守られなければ、所得税は無意味となろう。どんなに強力な専門職でさえ、このような挑戦と試練に直面すれば、エキスパート・ジャッジメントの公的信用性を維持するために、厳しく圧力をかけられるだろう。

このような事態に対処するとき好まれる官僚的かつ法的方法は、規則を広めることである。科学の法則の例のように、技巧や判断は、実験や観察や経済の世界で現象の規則性や法則性と関係づけられることが求められている。しかし、自然科学者たちは、この共有された文化が可能にする秩序〔現象の規則性や法則性と関連づけられること〕によって利益を得ているのに対し、経済学者たちは、絶え間なく、そのような文化が可能にする秩序を掘り崩そうとして闘っているのである。それゆえに、会計規則の前提は、それ自身によって成文化され発表されなくてはならない。マルサス主義的連鎖が論文の供給や忍耐に対抗して後押ししてくれるまで[20]。

　このように比較的厳密な定量的手順にそって生み出される知識の形態は明らかに公的な特徴をもつ、という点に注目することは重要だろう。それは、できるだけ多くのことがオープンにされなくてはならないという政治文化を体現しており、またそのような政治文化に応えようとしたものでもある。判断や自由裁量は、通常はエリートの特権だが、信用されないのである。アン・ロフトによる費用会計の歴史的研究は、定量的客観性の政治的な意義をよくとらえている。費用会計は十九世紀終わりにアメリカの会社によって開発されたが、第一次世界大戦のあいだにイギリスにおいて重要となった。経済の流通が個人取引を混乱させ、特に軍需物資に影響がでた。価格はどのようにして決められるべきか。政府と産業は、単純に価格を協議したであろう。しかし、権威によるのでもなく行政判断によるのでもない秘密協定は、信用を欠いていた。特に信用ならない一団は労働組合であり、そのメンバーは、賃金要求を国益のために低く抑えるよう要請されていた。彼らは賃金協定が会社間で結ばれていると考え、官庁街〔ロンドン中央部のトラファルガー広場から国会議事堂へ至る官庁街〕はその共謀者であると見なしていた。彼らは、不当に利益を得ているものたちのために賃金が犠牲にされていないことを示す客観的証拠を示せと主張した。そのために費用会計が、新しい未開発の技術として、戦時中に動員されたのである。企業主が実質的生産経費に対し、ほんの少しの利益しか得られないよう、量的に制度を設けるために。[21] どんな経済学者も、なぜ費用と利益に従った価格づけだけでは経済を動かすのに不十分であるかを説明できるだろう。しかし、信頼の欠けた時代においては、これが政策の運用上もっとも信頼できる方法であったであろう。[22]

現代の学者たちは、ほとんど直感的に、このような種類の定量化を策略と見なし、貧しい労働者が権力の手先にされていると見なす。しかし、私たちの習慣になっているこの疑念は、あまりに現実から乖離しているのである。もし官僚機構や産業界が何でも望むとおりにできるほど権力をもっていたなら、彼らは定量的な規則のなかに避難場所を求める必要はなかっただろう。結局私たちは、公の知識について語っているのである。そのような計算が敵意ある目にさらされたときはいつでも、標準的行為からの逸脱は注目されるのである。計算に関連する専門性というものが、計算を実際におこなう一団によって独占されるのでないかぎり、規則というものは純粋に束縛的になる。たとえ常に創造的な操作の余地が残されているとしても。この物語の主役である公務員たちは、衝突を最小化し、行き詰まりを避けるために、自分たち自身を定量的手順にそって標準化しようとして、顔のない存在とならねばならなかった。公的な官僚権力と個人の契約者たちは疑うし、労働組合の反応は明らかに重要であった。彼らを権力で抑圧するのは困難で、そしておそらくは不可能なので、代わりに黙って従うように説得しなくてはならなかった。ここで起こっていたことは、筋の通った民主的な議論ではなく、また単純な威圧でもなく、また策略でもなかった。それはスターリンのような意味での権力なのではなく、フーコーのような意味での権力である。少なくとも、潜在的には、この権力は、労働者たちを抑制するのと同じくらい、行政官をも抑制するだろう。定量化は権威を与えるが、これはバリー・バーンズが定義した権威である。正統性を加えるような権力ではなく、自由裁量を減じた権力である(23)。

会計において客観性が推進されたのは、財政の論理に自然に従ったからではなかった。また、職業的専門家の側が野放しの権力を手にした結果でもなかった。それは自己拡大した自己消去の結果なのである。それは、官僚と同等の方法論をもちながら、その方法を採用しなければ自律性を獲得する機会がなかったひとたちによって採用されたものであった。会計は、外部にいるものが一般に推測するほどには規則に縛られていない。それでも、その没個人的規則に従うパラダイムの現状は、根拠のないものではない。会計は、現代科学にモデルとして与えられている没個人的規則という自己否定の倫理を体現している。たとえば、心理学者のための入門書は、研究者は自らの仮説をわきへよけておくよう促している。それは統計的有意差に取り組むためであって、有意差に至るためではない。「結果を、所得税の申告のように扱いなさい。何が自分にもたらされているのかだけを考えなさい。それに越したことはありません(24)」。

階層性と差異 —— イギリスの公務員

次にどんなことが起こるかは定量的な規則に従うと考えるべきだ、と誰もが考えてきたわけではない。機械的な客観性の前進に抵抗する根拠は二つあった。一つはプライバシーの権利、だいたいは私有財産を意味する。もう一つはエリートの特権を求める正当な主張である。それは主にむき出しの権力の問題なのではなく、専門家の裁量を認めようとする言説の動員である。十九世紀半ばのイギリスの保険数理士には、できたばかりでまだうまく統合されていない職業組織しかなかった。由緒ある家系を主張することも、一貫して高い教育程度を主張することもできなかった。しかし彼らの直面した潜在的な規制は、それほど強固なものではなかった。それは部分的には、彼らが企業の自由な活動領域に入り込むことを恐れたからである。また、自分たちは専門家や紳士のように信頼するに値するという保険数理士たちの議論は、今ではほとんど記憶から消えているが、当時は力をもっていた。イギリスで職業性と官僚性に関してなされたわずかな発言から、そのあと何が起こったかを知ることができる。

この事例は、議会の特別委員会のヒアリングのいくつかに集中している。そこでイギリスの保険数理士は立派に彼らの技能の複雑さを擁護したのである。それは一八五三年におこなわれた。そして五四年に報告書が出され、公務員を試験によって選ぶよう求めた。この報告書は、とりまとめの中心となったノースコート＝トレヴェリアンの名で知られている。これらの提案は、一八七〇年まで実行に移されなかった。だいたいそのころまで、イギリスの官僚制度はまだ原始的で、公務員は非系統的に、たいていは縁故によって採用されていた。この弱点は、会社に対して規制をかける上で大きかった。一八四四年の株式会社法は、主に保険詐欺の証拠から考えだされたものだったが、この法は多くの会社を把握するために、二種の職員すなわち公認の登記官とその補佐をつくるよう促した。それは厳しい規制とはいえなかった。保険数理士は常設の役所にではなく議会に直接返事をした。議会は、力ずくで保険数理士に介入するような位置にいなかったからである。大きな官僚制度がつくられるまで、規制は保険数理士の協同組合に依存しなくてはならなかった。

ノースコート＝トレヴェリアンの改革は、このような状況を暴いたのである。形式的知識を実践に応用する可能性にはほとんど譲歩しなかった。公務員の上級クラスは、通常はオックスフォードやケンブリッジで古典的教育を受けたなかから選ばれ、古語や幾何学などの試験の結果で判断されることになった。このエリートは、ジェネラリストからなっていた。ジェネラリストは、その知的な訓練と文化的背景から、配置された職場でどんな技術的知識が要求されようとも即時に習得できると考えられていた。彼らは移動性が高く、部門から部門へすぐ移ることができた(25)。専門化された知識は、低いレベルの行政にしか通用しなかった。そして、適切な専門技能を獲得する上で学校が適切な場所であるかどうかについて、深刻な疑いがもたれていた。難解な知識が求められたとき、イギリスの行政は、企業家や技術者の蓄積した情報や技能を重視する傾向にあった。電気工学のような分野においても、科学的知識の価値は、世紀末においてはとくに強く疑われた。ジョゼ・ハリスはこう書き留めている。両世界大戦にはさまれた時期あたりまでは、社会的な問題を調査する場合、所得税についてでさえ、アカデミックな経済学者を無視することが常であり、実践的経験や政治的地位から人選するのが常であった(26)。

このような行政のスタイルは、非常に長く続いた。一九七四年に、ヒュー・ヘクロとアーロン・ウィルダヴスキは、財務省の幹部公務員のうち、粉飾決算や専門技官からの助力なしに政府の財政について交渉できる人物はごく少数しかいないことを示唆した。トップクラスの公務員が形式的知識や明示化された手順なしでことを済ますためには、二つの要因が決定的である。一つは、政府が秘密を守ること、公務に関するプライバシーを守ることである。意思決定は、なされたあとにはじめて知らされるのである。これは部分的には英国法に拠るが、そこでは公務上の秘密の保護が規定されているのである。

しかし、二つめの要因の方が大きい。イギリス政府は、「外部から隔離された共通の親族関係や共通の文化をもつひとびと」から構成されていることを、ヘクロとウィルダヴスキは見いだした。そのような文化は、高い社会経済的地位やエリート教育を共有するという背景によって可能になるが、それ以上に、上層の公務員が部門間で頻繁に移動するというキャリア・パターンによって実現される。このキャリア・パターンは、上位の公務員たちのあいだに結束を生み出し、信頼を高める。「われわれのおこなったインタビューで実質上逃れられないテーマは、お互いの個人的信頼にきわめて重きがおかれている点である」とヘクロとウィルダヴスキは書いている。「財務省の官僚は、そこに信頼関係があるからこそ、仕事をすることができる」。それは判断力を奪われることではなく、特別な意味合いがこめられていた。「財務省自身の会計をすることで彼らが身につけるもっとも重要な技能は、『個人的信頼と、その信頼の置きどころ』である」。もちろん、個人的信頼は、人間がつくるどのような形態の組織においても重要な要因である。より公開性が高く、より傷つきやすいアメリカの官僚制度においても。したがって、これは程度の問題である。イギリスの官僚エリートは十分に閉鎖的で、結合力があり、没個人的な知識よりも個人に依存し、そして、形式的な知識にはほとんど依拠しなかったのである(27)。

経済学は財務省の役人にもほかの行政官にも重要性のないものであった。実際、彼らは経済学をアカデミックな専門家にまかせておくことを好まなかったのも重要な点である。経済学は、法律や医学のような専門分野ではなく、倫理や政治のように高度な教育を受けたジェネラリストに共有される資産であった[28]。ここ数十年で、イギリス政府は複雑で高度に事実的な調査に、数量化を用いはじめている。しかし、ロンドン新空港の候補地を選ぶ際、画期的なロスキルの費用便益分析のケースがそうだったのと同じように、調査の結論は単に考慮されないまま終わることがある[29]。一九六〇年あたりから、イギリス政府はときにアメリカの真似をして、高速道路や地下鉄の計画にあたって、公式の定量的分析に頼るようになった。マーガレット・サッチャーは、より自立性の高い国民保健サービスの浸透を目的とした情報を得るために、会計士と費用便益分析の経済学者を重要な役割に任命した[30]。イギリス政府が根本的に再編成されたのかどうか、いまだ明らかではない。一面では、定量家たちにとって、イギリスの行政的特権システムは都合がよかった。なぜなら空港や発電所に反対するひとびとは、公的な専門家に対抗して独自のかなり徹底した詳細な分析を自前で用意できるのでないかぎり、政府の研究に異議申し立てをする機会を行使しなかっただろうからである。それでも、経済学者アラン・ウィリアムズは、完全に的外れというわけではない意見を述べた。彼は費用便益分析を、「権威主義者」や「パターナリスティック」な仮定、すなわち国のリーダーたちはすでに何が社会にとってベストかを知っているという仮定に対する異議申し立てであると主張した。たとえ費用便益分析が、多くの批評家の好む市民参加の形式を促進しないものであっても[31]。

　イギリスの行政エリートはたいへん長く存続したため、振り返ってみると、その成功は、積年の文化パターンに不可避的に従っているように見える。実際には別の選択肢もあったのであり、特に十九世紀半ばにはそうであった。ノースコート＝トレヴェリアンは、ベンサムの実践的教育の理想に対する、ベンジャミン・ジャウエット〔一八一七—九三、古典学者、プラトンの翻訳で知られる〕のオックスフォードやコールリッジ〔一七七二—一八三四、ロマン派詩人・批評家〕派の知識人による素晴らしい勝利であった。ベンサム派は、十九世紀はじめにいくらか勝利をおさめ、ヘイリーベリー・カレッジなどの場で任用された。そこでは、将来東インド会社で働く公務員の卵が、インドの言葉や政治経済を学んだ。しかし、一八四〇年代と五〇年代でさえ、ただの専門家が家族の縁故や密接な利害なしに公共政策に貢献することは簡単ではなかった[32]。イギリスの政治秩序は十分に階層的であり、客観性や正確さよりも信頼や敬意に拠っていたのである。初期の職業専門家はこのことをよく知り、単なる技術専門家はけっして適正なエリートにはなれないということもよく理解していた。当時ゆきわたっていた倫理的秩序は、紳士的な専門職の考え方に適合しやすかった。たとえばもし、保険数理士が自らを信頼にたる紳士として示すことができれば、議会の特別委員会は、彼らに対して、計算機のようにふるまうなと要求しただろう。

紳士的な保険数理士

人間科学の領域で、保険数理士の業界ほど早く数学の規律を習得したものはほかにない。十九世紀初頭には優れた生命保険事務所は、保険料金を設定するために大量の計算に依存していた。しかし、保険数理士による数字の処理は、イデオロギーを探し求める場でもなければ、実践を期待する場でもなかった。数学的定式化を適用する能力は、駆けだしの保険数理士にとって最小限の必要条件であった。このような計算技能は、生命表を準備したり、保険の掛け金を決定したりするために使われた。保険数理士は誰もが、信頼にたる統計的記録の重要性を認識していた。しかし彼らは、自分たちの計算ルーティンの量を減らしてくれるような正確な計測がありうるとは信じていなかった。彼らの技巧を完全に数学的に磨き上げようとする保険数理士はほとんどいなかった。代わりに、客観性の奨励は、議会や規制当局といったところから、政治的で行政的な目的をもってやってきた。イギリスの保険数理士は、自分たちのことを紳士と考え、その尊厳と判断は、公共の信頼を得ていると考えていた。厳密な計算の運用体制は、民主的なオープンネスと公的監視の名において、紳士の信用を否定することを意味するのである。

十九世紀半ばごろ保険数理士は、形式に隷従することは、穏健な商行為と矛盾するものであると固く信じていた。いくつかの理由があったが、なかでも重要なものは、生命の選択というすでに本書の第2章で扱った問題を処理することである。この課題には技能を積んだ個人の注意が必要とされ、選択を間違えば、つまり、一般と比べて死亡率の高い集団を選んでしまっては、会社に損害を与える。ほとんどのひとが、アサイラム生命保険事務所のエドウィン・ジェイムズ・ファレンの提唱する、厳正な死亡表と固定利率にもとづく不慮の事故の計算システムこそ、生命保険の未発達時期にはもっとも適しているという説に同意していた。彼は以下のように書いている。経験の浅い保険数理士は、この「洗練された論理」によって訓練されれば、現実世界に直面したときに「死亡の法則といわれているもの」が不可避の多様性をもつことに注目して驚くであろう。この領域における「絶対性の仮定」は、もはや有用ではないのである。[33]

アーサー・ベイリーとアーチボルド・デイは、一八六一年に以下のように議論している。死亡率についての一般的な法則はまだ知られていないし、もし見つかったとしたら、「それは、アポロン像の彫刻が人間の身体的形状を表現していたのと同様、地球上に生き、活動し、考える人間のあいだに広くゆきわたる法則である。そのような法則はわれわれの探究においては、少なくとも注意深い判断や穏当な区別……に優先することはけっしてないだろう」。保険とは、結局、常に局所的であった。保険数理士は、「互いに独立でないリスク」にもとづいて計算をしなければならない。それらは、ある与えられた会社の中である与えられた時間においてのみ適用される。生命に適用される死亡表はさかんに選択され、その質は保険会社が存続できるかどうかを決定する。ロイズ〔ロンドンにある伝統ある個人保険業者の組合〕のウィリアム・ランスは、「保険数理士のあいだではよく知られていることだが、生命保険会社の成功は、死亡表から決定できる利率で保険を承認することからもたらされるのではなく、しかるべき生命を選びだす判断からもたらされる。保険料は金利によって回復するのである」と説明している。[34] ティム・アルボンは、保険数理士が確率を主観的に判断したがることは、保険数理士が単なる機械的な計算よりもエキスパート・ジャッジメントを好むことを反映しているのだと論じている。[35]

保険数理士は、自分たちの仕事が計算に還元されうることを断固として拒否したので、イギリスの保険産業において数学というものがどのような役割を果たしていたのかを問うことは重要であろう。エキスパート・ジャッジメントに大きな敬意を払っているにもかかわらず、生命保険は徹底的に数量的な作業である。『保険雑誌』が確率数学や統計表の提示に大量の紙面を割いていることが、これを明確に物語っている。生命表や保険料の仕組みを準備することが保険数理士の主要な仕事であった。数学的な理由づけは不可欠であった。しかし、そこからは客観的な計測はもたらされない。保険をかけようとする会社や個人は本質的に不均一であるため、単に多数例から得られる結果を集めたり集計したりするだけでは、特定のどの会社にとっても妥当な数値を生み出すということはできなかった。

　これは、実際に仕事をしている保険数理士が従来よく知る知恵であった。『保険雑誌』に掲載される保険の問題の純粋に数学的な解法は、いつでも懐疑と風刺の反応を呼び起こした。編集者たちはそれを躊躇せず掲載した。たとえば、ある年老いた兄弟が早めに死亡したときに受け取れる条件の終身年金において、遺伝をどう評価するかについての数学的な記事は、雑誌で二回も反論が掲載された。この問題は、表の妥当性を仮定すれば数学的に解決可能であると批判者たちは認めている。「その解法は、もしこのケースが通常のやり方で目の前に呈示されて意見を求められた場合、保険数理士が取る見解とはなりえないだろう」。適切な解法はまた、表では無視されている因子にもよるだろう。特に、さまざまな健康状態という因子である。ゆえに、「保険数理士は、評価を下すにあたって、どのような表、あるいは数学的価値よりも、自らの判断をもとにするだろう。表や数学的価値は、ただ大きな問題をひきおこすことなく近似するだけである[36]」。十九世紀半ばに、ほとんどの保険事務所はまだ小規模のままであり、せいぜい一万人の保険証書と、おそらく数十人の事務員をかかえていた。保険を申し込む客は、個人的配慮を期待していたかもしれないが、それは必ずしも得にはならなかった。なぜなら、彼らの健康状態や死亡率は、不吉な方に判断されたであろうから。保険での大規模なデータ処理は、一八五〇年代、六〇年代までは機能しなかった。この年代になると、プルデンシャル〔イギリスとアメリカの生命保険会社〕が労働者階級向けに低価格の商品を提供するマーケティング指針を出すようになった[37]。

保険数理士が数量的分析に頼ろうとするのは、こういった表が利用可能なときではなく、利用できないときの方が露骨であった。保険数理士たちは、現象の変わりやすさゆえ判断が不可欠であると本心から考えている一方で、また判断だけで保険が管理できるとも考えていなかった。大規模な計算をとおしてのみ、保険会社や共済組合は、加入者が年をとったときに生じかねない支払い不能にそなえることができるかもしれない、と保険数理士たちは指摘している。素人や特に数学の知識のない労働者たちは、けっして信用しないだろう[38]。保険数理士たちは新しい会社の仲間たちに向かって、比較可能な会社の表に依拠するよう（そして自然統計には依拠しないよう）熱心に説いた。彼らが十分な経験を積むまではそうしてくれと。新しいタイプの保険証書、たとえば子供のいない老夫婦の保険で「ある出来事が起こったとき」のみ（おそらく死あるいは再婚後）効果を生じるような保険証書によって、適切なリスクを定義するための表をつくる努力が必要となった[39]。十九世紀半ばには保守的な会社は、保険契約者が外国旅行をするとき保険を解約するよう求めるというのが通例であった。なぜなら、インド、アフリカ、カリブ諸島でどれほどリスクが増加するかを誰も知らなかったからである。任意の追加料金を課す保険会社もあった。同時に、保険数理士たちは熱心に、ヨーロッパ人の外国体験の情報を集めた。軍の司令官や植民地の長官の保険契約が、会社のリスクを増大させることなく維持できるようにするために。彼らの調査は、いまでは、熱帯の植民地でのヨーロッパ人の死亡率に関して私たちが知っている最良の証拠データの一部となっている。[40]

リスクに関する定量的なデータが系統的に集められないことに対する不安は、火災保険や海上保険について保険数理士が書いたもののなかにも、顕著に示されている。これらの保険は、生命保険の死亡表にあたるようなものがないので裏づけることができない。サミュエル・ブラウンは、数学的確率を保険の道具として精力的に使おうとした一人だが、建物の建設や船舶輸送に関するリスクのデータを収集することと経験を共有することにおいて、保険会社は失敗したと不平をいった。他にも、これらのカテゴリーの損害は、年ごとの規則性を示すので、人間の死亡率を支配する規則性と比較可能であるという意見もあった。[41] しかし、火災保険や海上保険をふくめて取り扱う保険業者は、そう簡単には信用しなかった。建物や技術はあまりに変化が速いため、過去の結果を将来に一般化するのは難しいと彼らは考えた。J・M・マキャンドリッシュは『ブリタニカ百科事典』第九版で、火災保険について以下のように書いている。「ほんの少し観察するだけで、リスクの多様性にはきりがないことがわかるだろう。絶対的な法則をあてにできたとしても、その法則が推定できるより前に、注意深く正確な階層化がリスクに対して必要だろう。しかし、実際、リスクは常に変化しているのである」。[42] 明らかに会社経営は経験に依存している。しかし一般の会社は保険会社よりも、その経験を、より秘密裏に非公式的のやり方で利用している。規制当局による介入がない場合、そのような経験を系統化したり合理化したりするほどの動機は働かない。もしあるタイプの損失、あるいはある都市での損失が顕著になった場合、会社は価格を上げるために共謀し、利益を復元するだろう。[43]

生命保険会社は、リスクをそれほど不用意に扱うことはできなかった。彼らは長期間にわたる終身契約を提供する。そこでは、それぞれの契約者が払う保険料は、数十年にわたる生命のリスクを大幅に上回るものであるが、しかし、ときに大幅に下回るのである。料金は、もしあまりに低すぎると経験的に示されたとしても、ただちに調整することはできないだろう。穏当な直感、あるいは熟練の判断などは、これほど複雑な契約に値段をつけるにはほとんど役立たない。計算は、決定的ではないとしても、少なくとも近似ではあった。責任ある会社は通常、低利率で保守的な生命表を基礎に注意深く計算をおこない、それから特別な信用のための手数料を足す。また、生命の質について期待されるところにもとづいて、あるいは例外的な投資のために、調整を加える。一八五〇年までに、ほとんどの会社は、少なくとも部分的には共通の原理に従って動いていた。つまり、収益のうちのいくらかは保証のために還元された。利益の尺度は、まったく自明のものであり、ある一人の保険数理士は、一八五三年に議会特別委員会が調査するよりも前に、収益の一〇分の九の還元と言われているものは、現実にはたかが二分の一にすぎないことを認めていた(44)。ここで大事なことは、計算に対する信頼は、エキスパート・ジャッジメントとけっして矛盾しないということである。誰も量的に完全に正確であるとは見せかけたりしていない。生命保険では、判断は計算とは別の基本的選択肢として登場したのではなく、計算を設定し、そしてその結果を調整する戦略として登場したのである。

数学的な正確さは、とりわけこの職に就いてまもない保険数理士に適していると考えられた。逆説的なことに、正確な計算は、成熟した判断を形づくるのを助けると言われた。一八五四年にピーター・グレイは、生存データから生命表をつくることは、少なくとも二つの方法にしたがって達成されうると説明した。「対数尺度法」はその結果として「たかが七つの図でしかないもの」を生み出す欠点があった。七つの図は生命表にとって十分正確であることもあれば、不正確なこともあった。「この点において、異なる計算機では異なる見方が示される」。これは彼のもう一つの方法の利点となった。「数の構築法」は任意の数の計算を可能にする。彼は、そのような計算ではデータの信頼性の範囲をすぐに越えてしまうことを認めた。しかし彼は、計算の行為はそれ自体価値をもつと考えた。「経験を積んだ計算機」では彼の議論は細かすぎると思えるかもしれないが、「より若い世代」には、このより精緻な方法に従って表を計算することによって、彼ら自身に対しても、そしてその職業に対しても、多大な利益が与えられる。「彼らは、表の構造や特性についてこれほど本質的な心得が見つかったのだと思うだろう。彼らは実践的な目的にこれらを適用することができる。便利で信用があり、かつ長い経験だけが与えることのできる準備というものなしに(45)」。

ヘンリー・ポーターは、保険数理士が数学を学習することの価値を、主に倫理的な言葉を用いて説明した。数学の学習は勤勉さと配慮を促す。この特性は、普遍的に認められているわけではない、と彼は一歩譲っている。

そして保険会社の重役たちは、会社の保険数理士たちの「警戒をつかさどる臓器」に見られる「骨相学的な突起」をからかうことでよく知られていた。確かにポーターは、保険をすぐれて技術的な分野としてみることはまだできなかった。「いまでは一般にそう考えられていることと思うが、私は、たいへん難解な数学的知識は、保険数理士の一般的な仕事にとって決定的な要件ではないと信じている」。かすかな称賛に転じて、彼は、「多くの例からわかっているように、高度な科学的知識と完全な商慣習は必ずしも相容れないわけではない、と考えるのは有害以外の何ものでもない」という考え方に反対意見を述べている。数学は、保険数理士にとって本質的なものであると彼はきっぱり述べている。たとえ「ある会社の繁栄が、高尚な理論家の深遠な熟慮の生け贄にされつづけてきたとしても」。このような相反する意味あいは、ギリシア語にもラテン語にもそなわっていなかった。それらはポーターが関連する技術用語に熟達するために、手段として必要と考えてきたものであったが。また生理学にもそのような両面性はなかった。生理学は危ぶまれる生命を判断したり、あるいは保険料に適切な上乗せ額を決めたりするとき、正確さの助けとなるものであったが(46)。

ポーターが講義のはじめにいつも、数学を「すべての保険数理士の知識の基礎」と呼んでいた事実をつけ加えておく必要があるだろう。統計は、数的データを意味するが、「生命保険の上部構造が築き上げられる基礎」を提供する。しかし、これらの基礎は、不安定である。「計算によって得られた数的結果をすぐに適用するのでは不十分である」。ただの計算は、不合理に至る。年配でも「経験なしでは、生命保険会社では役に立たない」。経験を積んだものは、保険数理士の実践における「判断」の重要性を認識している。ポーターの講義は、「判断と経験」への賛歌であった。それは「教わることのできない」ものであり、どんな専門職業でもそうであるのと同じように、実習や徒弟制度によってのみ獲得されるものである。彼は、この洗練された技能を実践してもよいとする免許は、「誰もが認める学識ある紳士により査定」されて初めて与えられるものでなくてはならないと考えた(47)。

偶然、ポーター自身は、新しい保険数理士協会の後援のもとで、そのような査定に合格した最初の候補者の一群のなかにいた。しかしながら、もし自己利益の観点からポーターの主張を説明しようとするなら、それは少なくとも集団的な自己利益であり、イギリスの保険数理士のあいだで広く共有されていた。エドウィン・ジェイムズ・ファレンは、これを「学びを深めるときによくある特徴であり、より多くの知識が普及するほど、意見はより否定的になる」と考えていた。保険数理士は、あらゆる実践的結論を引きだせるような「絶対的真理」や「基本的な原理」があると信じるには、あまりに経験を積みすぎていたのである。(48) この、知識は局所的なものであり、そして一般的規則はそれが適用される条件を理解しているひとにのみ有効であるという感覚は、官僚的な介入によって脅やかされているときに、もっとも強力に現実化するようだ。このことは、下院の特別委員会による「保険協会」に関する一八五三年の審理において、彼らが応答したなかにもっともよくあらわれている。

特別委員会は正確な規則を求める

チャールズ・ディケンズは小説『マーティン・チャズルウィット』で、生命保険を詐欺まがいの仕事の例に選んだ。アングロ＝ベンガル公正貸付生命保険会社は、うわべだけの堅固さと信頼性を装い、暴利を隠蔽した。これは一八四三年のこととされている。小説は、四一年と四三年に株式会社に関する特別委員会で、証拠として採用されたいかがわしい生命保険の実例にもとづいて書かれている。続く何年かのあいだに、生命保険に対する投機的な投資はこれまでになく増えた。四四年の株式会社法による保険規制の試みにもかかわらず、議会は、保険業界に対してほとんど制御能力を失っていた。保険協会に関する特別委員会は、五三年に審理をおこなった。公認の登記官であるフランシス・ウィトマーシュから、ある年からある年までにどのくらいの数の会社が、仮あるいは正式に株式会社として登録したかを聞くことができた。多くの、おそらくは一〇〇社以上がすでに株式登録に失敗しているようであったが、官僚機構は十分に確実な数を把握していなかった。

巷のうわさはあまり希望を与えるものではなかった。ジェイムス・ウィルソンはこの問題について『エコノミスト』誌に書いたことがあり、生命保険の仕事をよく知っていた。特別委員会の委員長として、彼は保険数理の正確さに注目した。その正確さゆえ、どの会社なら堅実かを一般のひとでも知ることができるような、簡単でわかりやすい情報を提供できると彼は考えた。(49) 特別委員会での証言のほぼすべては、職業的保険数理士から出された。証言の多くは、古くからあって名の通った会社のもので、新しくできた、ことによるといかがわしい会社からのものではなかった。これらの保険数理士は、礼儀正しかったが、動じなかった。正確さは、保険数理の方法からは得られない。健全な会社は、判断と専門家の裁量に依存している。保険数理士は人格と識別力をそなえた紳士である。われわれを信頼しなさい。

ウィルソンは、質問に先立って自分の考え方を明確に説明した。生命保険は長時間にわたる計画である。保険契約者は、死の際に、つまり生命保険料の支払いが満期になるときに、まだ会社が存続していることを確信できるための根拠を必要とする。保険の掛け金は、加入時の年齢によるが、契約者の一生のあいだ固定されるように保険料率が計算される。最近では契約者の死亡率は比較的低い。これは、契約者たちがまだ若いということと、精選された生命であることが理由である。したがって新しい保険会社は、初期にたくさんの資本を蓄積できるだろう。責任ある会社であれば、資本の多くをとっておき、二、三十年後に利息が増えるのを期待するだろう。しかし多くは無責任な会社であるように見える。彼らは役員や重役に高い給料を払った。新しい生命、新しい収益をよびこむために巨額の広告費を費やした。そしていくつかの会社は堅実でもなかった。アウグストゥス関連会社のいくつかは、たった数年で数社を設立してすぐ廃止した。調査官は、特別委員会に以下のように報告した。ヴィクトリア生命保険事務所は、「一部屋からなり、婦人用帽子店の上の階にあり、ニューオックスフォード通りに面し、たった二つのイスしかなく、壊れた机があり、たくさんの総合案内書があり、それは外国の便箋に印刷されていた」。ユニヴァーサル生命火災保険会社は、とても小さな家の一室にあり、「関係者はその場におらず、何人かが手紙でそこへ呼ばれてやって来るが、警察が取り調べをおこなった結果として、この六―七日間に手紙で呼ばれたひとはいない」[50]。警察が調べていたのは経営者についてである。

ジョン・フィンレイソンは、政府の保険数理士であったが、より愛想のよい証人の一人であった。保険の数学は、「きわめて単純です。ある事務所の任意の時間における会計状況を決定するのは、難しくありません」と彼は説明した。保険会社は、もしすべての未払いの保険契約の現在価値に対して支払える財源があるのならやっていけます。ウィルソンは質問した。すべての契約を、標準化され公刊される会計の形で表示することは可能だろうか。いいえ、できません、とフィンレイソンは答えた。なぜなら、資産の増大に合った利率の予測、および生命表の選択の両方において、保険数理士の判断が含まれるからです。彼自身が実践してきたのは、三・五パーセントの利率で計算をし、彼自身の個人的経験から妥当と判断している生命表を用いることであった。もちろん、もし会社が加入を認めた生命に相当な注意を払わなければ、生命表は実際の死亡率を予測することができないだろう。また、固定資産の価値は利率の変動とともに変化する。長い経験だけが、それらの価値を判断できるのである。

ウィルソンはすぐにフィンレイソンの議論の趣旨をとりあげた。「もし私があなたのいったことを正しく理解できていればですが、あなたの意見は、多くのことが専門家の判断や事務所の健全な経営に依存していて、紙の上に示されるものではない、ということですね。会計によって得られた勘定書に信頼をおきたくない、ということですね」。答えは、イエスであった。フィンレイソンはまた、会計報告の公刊が不当な比較を生み、新会社に不利に働くことを恐れていた。支払い不能の疑いがもたれるもっともな理由があるときでさえ、適切な改善方法は、会社に属する正規の保険数理士と一緒に働いている独立の保険数理士によってなされる、分別ある内密の審査なのであって、騒々しい公的な調査ではない。保険の詐欺はめずらしいことである、と彼は説明した。重役が開くまともな取締役会が、事務所の誠実さを保証する。さらに保険数理士は、保険料に安全と利益のための利幅を加えることによって、慎重に計算をする。[51]

特別委員会の証言記録は、会計は一様に正確化できるかもしれないと望んでいたひとにとっては、ほとんど慰めにならなかった。証人たちは、ほぼ同意見であった。保険会社を単一の生命表によって判断するのは不可能である。なぜなら、会社は異なる原理にもとづいて動いており、さまざまな質の生命を保証しているからである。収入や資産は、単一の利益率で固定することはできない。なぜなら、投資はそれぞれあまりに異なっているからである。楽観的な保険数理士もいれば悲観的な保険数理士もいて、これらの違いをなくする規定は存在しない。エドワード・リレイは、さっぱり愛想のない証人だが、もっとも素っ気なく断じた。保険数理士たちが不賛成でしょう。「もしあなたが政府の保険数理士を選任する場合、必然的に、実在する保険数理士から選ばねばならない。保険数理士の受注生産をしてくれるような工場はありません」。計算の一様な規則は、国家によって強要されても、「一様な間違い」をも生み出すでしょう。[52] チャールズ・アンセルは、十年前に別の特別委員会で証言しているが、同様の議論をして、政府の保険数理士の職場が「すぐれて数学的才能があり、大学から来たばかりで、立派な数学上の評判以外には何の経験もない紳士たち」ばかりになりかねないと懸念を表明した。このような新人では、「生命保険料のような実践の場に穏当な意見を出せるだけの資質をもちあわせている保証がない(53)」。

一八五三年の特別委員会のウィルソンとその同僚たちは、専門家から証言の集中砲火をあびても降伏しなかった。われわれは、「何らかの一般的な平均規則」を適用できないのだろうか、とアンセルに彼は聞いた。「ある与えられた一般原理にもとづいた結果になるように」。アンセルは「いいえ」と答えた。ジョン・フィンレイソンの生命表はどうかね。一率に三・五パーセントの利率を適用し、不測の事態のために一〇パーセントを追加する。会社が期待される信頼性にみあう十分な資産をもっているかどうかを、それで決めるというのはどうだろう。アンセルは、それにはたいへんな困難と妥当な異議があります、と答えた。それらの事柄は、それぞれの会社の特別な環境に依存します。そして最良の保険料の尺度は、会社にとって何の役にも立ちません。もし生命を選別するのに注意を払うことができないのならば(54)。

保険数理士たちは、一般的原理への反対姿勢をまったく譲らないというわけではなかった。しばしば、彼らの答えはウィルソンの最初の質問に好意的であった。しかし、必ず、そのような一般的原理の土台を崩す質的な事柄や規約をつけ加えた。多くは一般的原理はあると信じていたが、正確で標準化された規則の可能性を認めるものはいなかった。サミュエル・インガルもその一人で、会社の支払い能力の一般的検査について聞かれたときに、即座に答えた。会社は、手持ちの保険証書にもとづいて受領した保険料のうちの半分を資本としてもっていなくてはなりません。これは通例の答え、つまり会社は保険証書を買い取るための資金をもっていなくてはならない、というよりも多くの情報をふくんでいた。インガルはさらに詳細に述べた。最初の二十年のあいだは、会社は毎年、平均して、その潜在的債務の一パーセントを蓄えなくてはならない。しかし彼はすぐに、これらの原理は、会社経営がおおよそ安定しているときにのみ適用できる、と認めた。そしてさらに、保険数理士は、会社の利益がどのように計算されるかについては意見が一致しないだろうと認めた。この最後の留保は、ウィルソンにはとても重要に聞こえた。そしてウィルソンは、報酬の正確さはどのように検査できるのかと尋ねた。インガルは「最良の保障は、報酬を与える関係者の人柄でしょう(55)」と答えた。

この種の意見は、ヒアリングを通して決まり文句のように何度も繰り返された。保険数理士の原理は確立されているけれども、「既存の原理を異なる尺度あるいは保険料に適用する上で」そこにはまだ多くの不確実性が残っている、とアンセルは言った。社外の保険数理士が、会社の経済的な健全さを査定するのに、二年程度はかかる、とジェイムズ・ジョン・ダウンズは言った。保険会社の公表された報告書を理解するのにさえも、綿密な知識が必要である。だから当事務所の保険数理士が必然的に、ほかのどれほど賢いひとよりも、その事務所について知っているようになるのである。データを準備する保険数理士の技能と誠実さを信用しなくてはならないので、彼は最終計算についても同様に信用されることだろう。保険数理士は「人格者の紳士である」。そして政府は、彼らに会計の準備をまかせるべきである、とウィリアム・ファーは報告した。支払い能力に関する数量的尺度はどれも十分ではない、とフランシス・ネイソンは主張した。会社の設立時に宣伝のためかなりの額の支出をすることが、将来を保障するには最良の方法である。常に「会計を越える特別な知識があり、それは機関の帳簿のなかには表れない」。会社の成功は、詰まるところ、管理技能に依存しているのである。(56)

これらの主張は、新しくできたばかりの専門職から発せられるにしては大胆であった。保険数理士協会は一八四八年にようやく設立されたのである。保険数理士の事務所は、だいたい一八一八年あたりに公に認知されるようになったが、この職業のアイデンティティは著しく曖昧であった。その年の法令は、保険数理士協会を政府のなかに組み込むことを認めた。そして、彼らの生命表が、少なくとも「二人の職業的保険数理士あるいは算術的計算技能のあるひと」(57)をふくむ委員会によって評価されれば利益を得てもよいと許可した。エクィタブル社のウィリアム・モーガンは一八二四年に、なかには「ただの学校の先生か会計士にすぎないのに、自分たちのことを保険数理士と呼ぶ」ひとがいると不平をいった。サウスウェルの牧師と判事は、この法令はうまく運用できないと主張した。なぜなら「誰が保険数理士であるかをどのように定義するのかは私の力を越えている」(58)。一八四三年に保険数理士のジョン・ティッド・プラットは、別の特別委員会で以下のように証言した。ただの学校の先生が、しばしば、生命表を保証するようによく依頼される。なぜなら、「誰が保険数理士であるか誰も知らないからである」(59)。保険数理士の新しい協会の主要な目的は、この職業が社会的にふさわしい認知を得ることを保障することであった。これは技術的能力の誇示以上のものをともなう。そして、ただの計算というよくある軽蔑は、部分的には正当化を得るための一戦略と解釈しなくてはならなかった。ただの技術的専門家にほとんど敬意が払われない社会においては。

どのような場でも、イギリスの保険数理士は、厳密な手続きに従った定量化に信頼をおかなかった。ダウンズは以下のように述べている。「たいそう理論的な保険数理士がいるかもしれない。たいへん便利な数式を適用することができるけれども、会社で働いた経験がない。そしてそれゆえに、生命保険会社の仕事にこれらの数式や理論を適用できないひとが」。チャールズ・ジェリコーは、保険数理士協会に味方して証言した。将来のリスクを避けるための利幅といった事柄には、微妙な差異が決定的に重要である。「それではあなたの意見は、原理においては違わないが、その原理を適用するやり方においては異なるということですか？」と彼は問われた。彼は肯定した。実際、彼はすすんでこう述べた。保険数理士は会社の帳簿を、資産を過大評価しリスクを過小評価することによって良く見せかけることができるのです。しかしそれは詐欺というものではないのかね、とウィルソンは聞く。おそらく、とジェリコーは次のように答えた。しかし会社は常に「特別に優良な生命を選んであるから、死亡率は小さいだろう」などと議論している。このような理由から、最小の保証基金というものを効果的に決定することはできません。これはそれぞれの事務所の詳細にかかわることです。議会はただ、「判断と裁量を適正におこなうことができる人物の獲得に最善をつくすこと」だけをすべきなのです。そういった水準にかなう人物に、免許や証書を授ける権限を保険数理士協会に与えることによって。(60)

これは、特別委員会が聞きたかったこととは遠くかけ離れていた。ウィルソンは、政府が最小限に介入しながら、支払い不能の可能性がある生命会社が増加しているという問題を解決することをめざしていた。特別委員会は、何度も何度も聞かされる現実、すなわち、保険の仕事に干渉する政府は、問題を解決するどころか、もっと紛争を増やすことになりますよ、という意見に反論はしなかった。ウィルソンは、もっとも穏やかな干渉で十分であろうと考えた。彼の望みはただ、保険を簡単に説明できるようにする可能性であった。これから保険契約をしようとするひとびとが、自力で保険会社を判断できる程度に計算を標準化することであった。しかし保険数理士たちは、彼の提案に、判断の名のもとに抵抗した。意味の微妙な陰影や数量化できない詳細に対する判断である。政府は公的知識を模索したが、保険数理士はその可能性を否定した。政府は数値に対する信頼の基礎を探し求めたが、保険数理士たちは紳士として専門家としての自分たちの判断を信頼するよう要請した。

このような保険数理士の懐疑主義は、特別委員会で誰かが、会社に対して政府が帳簿のつけ方を指示した方がいいのではと提案するたびに、必ずその返答に表れた。そのような干渉に賛意を示す保険数理士は誰もいなかった。特別委員会の提案にもっとも共感を示したのは、スコットランド人のウィリアム・トマス・トムソンである。彼は、すべての会社に対して同じ一つの形式の貸借対照表を用いることが適切であるという提案に同意した。彼はまた、どんな場合でも会社は簡単に現行の会計のやり方を続けることができるし、また適度の努力を払えば、公共の目的のために標準化された形式に変換することができる、とつけ加えた。彼はまたニューヨークで最近執行されたアメリカ型の規則化も好ましいと述べた。彼の意見は、ほかの専門家証人にはまったく気に入られなかった。トマス・ロウ・エドモンズは、トムソン氏のいう形式は公共が必要とする情報を提供しますか、と聞かれたとき、怒りを込めて答えた。「まったく提供しません」(61)。

命じられた手順に従った数量化を拒否することは、数字によって伝えられる有益な情報を拒否することとまったく同じではない。標準化に対して、保険数理士は反対したのである。正確さは、どんな実用的な意味においても、中央集権的に管理される広範な尺度を課すが、これに対して彼らは断固反対した。そういうわけで、彼らは数量的情報を報告することを拒否したのではない。保険数理士たちは、例外なしに、よい経営実践として明確で正確な報告を顧慮すべきことを主張した。これは、新しい法律制定の要求に反対するのとは別の議論である。規制への強い反対は、政府の干渉に対しては不明朗な報告しかなされないという非難にまでつながった。会社は「鋭い目の」検査官に囲まれれば自然と秘密主義になる。そして検査官は、「これらの会計のうわべの不正行為を探し、それらのほとんどは、協会に対する偏見に応じてこしらえる」のである(62)。

ウィルソンと委員会は、経験豊かな役人の助けをかりて、会計の明確さと正確さが保証されるというアイディアに賛意を示した。このような考えを好んだ保険数理士は、例のスコットランド人のトムソンだけであった。しかしトムソンも、会計を保証するのは政府よりも独立の会計検査官の方がよいと言った。どちらをとるにしても、ほかの保険数理士にはあまりにおせっかいに見えた。公的な検査は、不正行為が疑われる妥当な理由があるときにのみ正当化されると彼らは主張した。保険会社の公的検査がルーティン化されれば、市民の自律が弱められるだろう。そして、まさに政府が解決しようとしているその問題を悪化させることになろう。

それでもやはり、何人かの証人たちは、政府が財政記録の公刊を求めるのは妥当なことだと認めた。これは、ストレートに事実の提示の形式をとるべきだと保険数理士たちは主張した。それは、資産や負債を表す概括数をふくんではならない。支払い能力は、数の大小を判断できる能力のある人間なら誰にでも決定できるということを暗に意味するからである。公的な記録に解釈の加わった会計を載せることを許可するのは、政府を「あらゆる意見と虚偽の査定や、……広告などを宣伝する媒体(63)」にしてしまうだろう。公的領域にふさわしい唯一のものとは、証明可能な事実である。単純に持ち株の量や種類を示したり、あるいは、その計算された数字を、計算の原理についての説明をそえて提示したりすることによって、会社は、保険証書の安全性を評価するのに必要なものすべてを、潜在的契約者に対して提供できる。すべてのひとがこの情報を自力で解釈することはできない。すべてがごく少数のカテゴリーに縮減され、同じ用語で表現される、このような高度に標準化された文書では、そんなことは不可能であると最初から仮定されている。むしろ、顧客は、個人的な保険数理士の助言をもとに会社の安全性を評価する。彼らが法に関する事柄では弁護士に相談するのと同じように。公衆は、貸借対照表を見てもそれほど多くのことはわからない、とトムソンは言った。しかし、貸借対照表は、職業的な保険数理士が「きわめて明確な意見」をまとめることを可能にする。それは正しい意見なのか、とウィルソンは聞いた。「もしその意見が明確であるならば、正しいと言わねばなりません。個人の判断に依存するかぎりにおいては(64)」。

ここに、潜在的な問題がたいへん明確な形であらわれる。専門性が妥当とされることは、標準化が不必要であることを意味する。もし、論争中の事柄の核心が正確な計測に抵抗するのであれば、信頼か、あるいは強制的な規制のどちらかが、そのあいだを埋めるために必要とされた。たしかに、攻撃的な反政府主義をとってはいない保険数理士たちは、正確な定量的な報告を好んで解決とした。しかし、それは基本的には帳簿の慎ましい開示ということであり、何かを正確に測るということではない。ヴィクトリア朝のイギリスと二十世紀のアメリカは同様に、客観性の促進が政府によっておこなわれ、数学的な保険数理士や会計士から反対された。客観的知識とは公的知識を意味する。保険数理士たちは、そんなものは可能でもないし、望まれもしない、と考えた。正確さのかわりに、イギリスの保険数理士たちは専門性を提供したのである。

第6章　フランスの国家技術者と技術官僚の曖昧さ

科学が定型手順に取ってかわったと断言しては間違いである。科学は古い手順に置き換わるが、しかし新しい手順を必要とするのである。そして、それらの新しい手順が生まれないかぎり、科学は無能に留まる。

（オーギュスト・デトゥフ、一九四六）

アメリカは、「テクノクラシー」（技術官僚国家）という言葉をもっている。しかし、フランスは、技術官僚《テクノクラート》自体について、ある主張をもっているように見える。エコール・ポリテクニークは、フランス革命の産物だが、フランスの技術官僚の文化の典型と考えられている。ポリテクニークは、数学と科学を強調し、アントワーヌ・ピコンが現代技術者の創出と呼んだものの中心地であった。それを模倣した機関とは異なり、ポリテクニークは、高層のエリートを教育した。この国ほど行政権力が、技術的知識と結びついている国がほかにあるだろうか。

この結びつきが、現在では応用経済学とよばれている、第3章で紹介したようなフランスの伝統を説明するのに役立つ。土木局の技術者は、経済的な事象に定量的な洗練をもたらした。それは、二十世紀以前にはほかの国が対抗できないほどレベルが高かった。本書の第一部では、公刊された研究文献を扱い、特に技術者が同業者に向けて書いたものをとりあげたが、研究文献は、たとえ行政職についているひとが書いたとしても、テクノクラシーをつくることはできない。この章では、実際に使われていた経済的計算を扱う。その社会的行政的な役割は、共有された数学文化に依っているが、また、行政組織にも依っている。これは、単なる抽象的な経済知識ではなく、常に、定量的方法と行政的定型作業とのあいだの相互作用である。

官僚が経済的定量化を用いることは、会計と避けがたく結びついている。また、特に管理を手助けするためにつくられた経済学においては、経済学そのものとも結びついている。会計とは何より、商品やサービスに金銭的価値を定めることである。ここでサービスとは、生産や売り上げに貢献するが、それ自体は簡単には市場で交換できないものをいう。十九世紀のフランスの技術者は、さらに一歩進んでいた。（しばしば値段のつかない）公共財の便益と、金銭的費用との均衡をとる分析を試みたという点で。この文脈において価値は、適切な市場のない対象やサービスや関係、あるいは価格では使用価値の適切な尺度にならない対象やサービスや関係におかれなくてはならない。これを「費用便益分析」と呼ぶのは時代錯誤の用法となってしまうが、彼らの分析は、会計の複雑な形式をとどめている。フランスの技術者は、市場から隔たりのある分析を拒んだので、商品の製造や販売の流通に関係のないものに価値をおいたり、そして最終的にはフランスの全生産量に何の貢献もないものに価値をおいたりすることを拒んだ。

数値による意思決定を推進することは、技術者にとって自然なことで、技術的知識と政治的権力の結束の結果だ、としばしばいわれる。しかし、私は前章までの議論で、そうとはいえないことをアメリカの会計士とイギリスの保険数理士の例を用いて示してきた。数値は、もちろん大事ではあったが、どちらのケースにおいても専門職がエキスパート・ジャッジメントの正統性と必要性を主張してきた。専門家自身ではなく、権力のある外部者が、エキスパート・ジャッジメントを計算に還元して規則を単純化するようにと働きかけてきた。フランスの土木局もそのような圧力に直面した。水路や橋や鉄道をどこにつくるか、いくらにするかを決めることは、いやおうなく激しい局所的な政治議論のぬかるみにはまった。そしてしばしば国家政治の場面でも精力的に議論された。フランス国家の一つの行政庁として、土木局には公的責任があり、国家権力から独立でないことは明白であった。次の章で示すとおり、二十世紀アメリカではこのような圧力は、費用便益分析を強固な規則に還元するという記念碑的な試みをひきおこすことになる。対照的にフランス土木局では、そのようなことはまったく起こらなかった。

その理由を、土木局が弱かったからではなく、逆に強かったからだ、と説明しよう。土木局は、並はずれて安定しており、名声があった。それは、比較的閉ざされた場で決断を下すことができた。また、土木局は、きわめて緊密に結びつき中央集権化した集団であり、その成員の公的生活だけでなく私生活さえ規制する権力をもっていた。十九世紀のフランスの技術者は経済計算の決まった手順を実施していた。二十世紀のアメリカと同様、これらの方法は公的な説明責任を果たすためのものであった。彼らは特定の文脈に応じた方法を開発し、かなり詳細に対応した。しかし、土木局の技術者は、計算とは単に明白な規則に従うことであると見せかけたりはしなかった。土木局のもつ制度的権威とエリート的立場からみると、これらの技術者にエキスパート・ジャッジメントの可能性を与えないというのは想像もできないことであった。公的な社会における数値の権威は、科学技術の発展によってきたが、科学技術の単なる副産物ではない。定量化の公的役割は、社会的かつ政治的な発展を反映しているのであり、単に科学技術に還元できはしないのである。

経済の定量化の文脈

フランソワ・エトナーが示したように、フランスの経済計算は、土木局に集中していた。エトナーは経済学者だが、会計史の研究ではエトナーは、技術者を定量化へとかりたてた官僚的で政治的な圧力に注目した研究者とは見なされていない。実際は、エトナーはこの圧力を敏感に意識していた。彼は、経済の定量化を、「自由裁量に対する闘い」の担い手と考えていた。土木局の技術者は、「予算を配分し、監督し、他のプロジェクトのなかから選択しなくてはならなかった。すべて一般的関心の名のもとで、公的で非差別的とされる規則にのっとって」[1]。エトナーはここで、自著が資料とした、経済関係の刊行物の集大成に生命を吹き込んだ理想について書いている。官僚の活動舞台のすぐ近くで書かれた文書は、定量的な合理性の限界を示している。そこには常に率直な政治的交渉があった。プロジェクトの価値を判断するためのさまざまな指標が広く認められていたが、単一の標準、あるいは標準的方法の序列が、土木局のなかで一般的に承認されていたわけではなかった。土木局の頂点で意思決定をする理事会は、しばしば競合するプログラム間のうちどちらがよいか判断しなくてはならなかった。それぞれの側が、地域の利害関係に支えられるだけでなく、責任ある技術者によって支えられていた。理事会は閉ざされた会議で決定をした。理事会を通った進言は、ほとんど自動的により高いレベルの政府決定で承認された。

このような事例のなかでエキスパート・ジャッジメントや行政的権威に対する明白な信頼をみると、定量化における形式的実践の重要さは疑わしく思われるかもしれない。定量化による合理性を誇示することは、いまでは目をくもらせるものとして却下されてしまうのが普通である。裏で結びついている利害関係者が、得をしようと奮闘するからである。もちろんこれらの政治闘争を無視するのはナイーヴすぎるだろう。しかし、意思決定の形式的なプロセスをただの幻想として却下してしまうのも、また少々ナイーヴであろう。公的仕事の決定においては、利害関係は常に強力だが、しばしばそれらはほぼ均衡を保っており、どのような決定でも政治的なコストがかかることになるだろう。フランスの国家技術者たちが一八三〇年代後半から四〇年代はじめにかけて国内鉄道システムの幹線を計画していたとき、彼らは考えうるいくつかの経路の中から幹線を決定しなくてはならなかった。どの経路も、それぞれ影響を受ける町や県から強く支持されていた。一八七〇年代と八〇年代に地方線が無数に提案されたときにも、同様の選択が必要だった。たとえ技術者たちが、やや可能性の低い仮定ではあるが、フランスの水路や鉄道システムが国家の繁栄に影響するかどうかに頓着しなかったと仮定しても、少なくとも彼らは、秩序ある計画には興味をもっていた。そうでなければ、土木局は、そして実際に国家自体も、私的利害によって演じられるゲームの駒となってしまうだろう。官僚機構は、自分の縄張りを管理すること以上の目的をもたないが、まさにその理由から堅固な規則の集合を開発したり監視したりするだろう。定量的な決定の基準は、しばしば政治によって抑えつけられるが、しかしときには、政治的に不可欠なものになることがある。

土木局は、厳密な規則にもとづいた定量化をおこなってはいなかった。土木局のおこなう決定は、たいていの場合あまりに複雑であり、そのような規則は一般の賛同を得られるようなものではなかった。さらに、技術者たちは、エリートの特権を享受していた。公的に重要な事柄も判断していたのである。彼らはフランス行政機構のなかでも際立った部署におり、国家との関係において、「市民」の技術者ではとうてい得られない高い名声を得ていた。彼らは自分のことを、ただの計算屋と見なしてはいなかった。

彼らはまた、実力主義のエリートでもあった。ポリテクニークに入るために主に数学の選抜試験でよい成績をとり、かつポリテクニークの学生として成功したことが証明しているように。数学を巧みに使える能力は、彼らの職業アイデンティティにとって重要な要素であった。この能力の重要性は、一七九五年からだいたい半世紀以上にわたって効力をもったが、一七九五年というのは、土木局の技術者が、数学に重点をおいたポリテクニークのカリキュラムを修了した学生の中だけから採用されはじめた年である。チャールズ・ギリスピーは、ポリテクニークで抽象的な分析が強調されて教えられたのは、技術というより科学や数学と関係する理由からである、と主張している。ギリスピーによると、数学の方法は道路や水路の建設にとってほとんど役に立たなかった。エダ・クラナキスは、それはただ単に役に立たないという以上にひどいものであったと言っている。その教育は、技能や現実にあるもの――建築の技芸――を軽蔑する精神に、形を与えたのである。(2) クラナキスが模範例として挙げているのは、卓越した技術者であり物理学者だったルイ・ナヴィエによる仕事の分析、特に橋の設計に関するものである。彼は一八二〇年代にさかんに、土木局はもっとも洗練された分析形式――つまり数理物理学の道具――を技術者が用いることができるよう準備すべきであると主張した。

クラナキスは土木局の総括監察官だったので、彼ののものの見方は、重要であったにもかかわらず、ほとんど問題とされなかった。論敵のバルナベ・ブリソンは、土木学校の監察官だったが、記述的な幾何学と政治経済をおおいに強調した。それがガスパール・モンジュの伝統であった。モンジュは、あらゆる社会階層出身の才能ある人間が到達することのできる、実践的エコール・ポリテクニークの革命的勝者である。(3) 抽象的分析が成功に結びついていたと考えるのは魅力的ではあるが、間違いである。土木学校では、数学のどのようなスタイルも、独占的に優勢を保つことはなかった。(4) ポリテクニークでさえ、一八五〇年代までにはより実践的な数学教育の方に動き始めていた。おそらく、より重要なことは、アントワーヌ・ピコンが観察したように、土木学校の学生が、見習い期間のようなものにほとんどの時間を割き、講義を受けるのは十一月から三月までであったことだろう。彼らはまさしく、数学が彼らのキャリアにとって最重要ではないことを察していたからである。(5) ナヴィエとブリソンとのあいだで対立が生じたのは現実のことであったが、彼らの関係は妥協できないほど正反対というわけではなかった。技術者の教師も学生も、現実に用いることができる定量化の形式を歓迎した。これは、経済の計測もふくんでいた。経済の計測が道路の計画に適しているかどうかは、局内で根本から問われることは一度もなかった。純粋数学の名声は、土木局の技術者たちのなかで十九世紀半ばまでに薄れていった、とピコンは示している。その一方で、より応用的な形式が、建築の技芸を教える上で、より中心となった。

数学は、土木技術者のアイデンティティを形成するうえで役に立った。しかし、それは行動する人間としての彼らの感覚と合致するものでなくてはならなかった。それは専門性とともに公平無私の根拠を提供した。土木局への反対は、誤ったシステムの支持者からやってくる、とある技術者は説明した。その支持者たちは、「科学にもとづく産業概念の代弁者になってしまっている……独断的な無視と個人的利益とが結びついて視野が狭くなっている(6)」。定量化は単に道具の一式ではない。政治的必要性に服従して数をこしらえることは、これらの技術者にとって受け入れがたいことであった。それは卓越したエリートとしての彼らの地位を危うくし、彼らが慎重に扱っていた数学的完全性の標準を侵犯するものであった。しかしながら、相互に受け入れ可能な数について交渉することは、別の重要問題であった。

作動する定量化精神

土木局の理事会(7)は、閉ざされた会議において、実行されるべきプロジェクトと、それにともなう道路、契約、予算、利率を決めた。それらの仕事の多くが、いやおうなく定型作業であった。しかし、書かれた記録が不明瞭で矛盾する場合、この委員会を構成する幹部が、誰を信じるべきか、そしてどのようにふるまうべきかを決める権限をもっていた。ほとんど絶対的な権力にみえるが、少しばかりはそれが真実であった。しかし、二重に誤解を招きやすいものでもある。理事会は土木局を代表することができたが、しかし土木局は自分自身ではほとんど何もできなかった。理事会は公共事業大臣に対して勧告ができただけで、大臣が国の立法府に提案をするのである。一方で、法律は審理の複雑なプロセスを、勧告がなされるより前に命ずるのである。

まずは、プロジェクトの概要あるいは雛型が用意される。一八四三年の法令は、関係するすべての県に対してヒアリングあるいは公益性調査がおこなわれなければならないと定めた。この目的のために、委員会が招集された。九人から十三人の主要な商人、工場長、土地、森林、鉱山の所有者からなる委員会である。彼らの調査結果は、ラテン語のフレーズ「コモドとインコモド」によって規定されていた。あるいはフランス語では、「利点と欠点」を認定しようとしていた。そのために、彼らは技術者に相談し、利益団体から証人を招集した。影響の及ぶ町の商工会議所もまた、意見を述べるために呼ばれた。しかし、彼らにとっては利益と費用よりも、野心と嫉妬のほうがより身近であった。[8] 彼らの議事録と結論は、管轄県の知事に伝えられ、それからより上の行政府に伝えられた。[9] 土木局は、知事や、町とさえも交渉しなくてはならなかった。一八〇七年の法律は、費用は「それぞれの利便性の度合」に比例して配分されなくてはならないと規定した。実際、国は、営業許可を取得した業者から要求される予算の四分の一、あるいは三分の一、あるいは二分の一を支給した。そして地方自治体はその残りの金額を支払わねばならなかった。[10] 費用の配分について同意が得られるまでは、どんなプロジェクトも着手されなかった。

このような調査結果はいつも予想されるものであった。それぞれの県は自分たちの県の住人にもっとも資する路線を好んだ。しばしば委員会と知事は、他の重要な町やその管轄下の経済の勃興に資するよう、迂回路や支線を要求した。技術者はたいてい担当する県の提案されたルートに責任をもっており、一般にそれを支持した。

したがって、公的な仕事は政治性を帯びていた。これは驚くべきことではない。しかしその含意は、いつでも適切に理解されてきたとはいえない。政治的で行政的な領域の論争は、経済的合理性を定式化する主要な動機づけとなった。便益と費用の測定をめぐって好まれるレトリックは、合理的な経済人によって自発的に使われる分析の形式に順応していく。エコール・ポリテクニークの理事会でさえ、社会算術の講義を新たに設けるとき、私企業の成長という点からの必要性を説明した（第3章をみよ）。それはまったくの間違いというわけではない。鉄道や水路の契約を公開の市場で売買しようともくろんでいた私企業は、事業内容説明書を印刷配布しただろう。そしてその説明書は、利益の見積もりをふくんでいただろう。少なくともこれはイギリスでは標準の実践であった。イギリスでは資本市場がフランスよりもよく発達していた。土木技術者は、イギリスの鉄道建設の技術的側面と同様、財政的な側面にも強い関心を払っていた。[11] それでも、より洗練された経済計算の形式がほとんどいつも公共事業につきまとっていた。そして評価されたり規制されたりするための政治状況もつきまとっていたのである。それらは経済的管理の形式であるのと同じくらい、政治的管理の形式であった。

土木局の技術者は自分たちが政治的な場にさらされるのを最小限に抑えようとして骨の折れる努力をしたが、そのほかの点ではほとんど、自分たちの技術の公的次元に対して二律背反的な感情を感じていなかった。彼らのアイデンティティは、利益への願望というより国家への奉仕の精神と結びついていたからである。彼らの用いる経済的な定量化の語彙は、このことを反映していた。予算計上には費用と収益の計算が必要であったが、彼らは公的効用〔public-utility. 公益という訳もあるが、のちにpublicとutilityを切り離して解説する場合があるため、ここでは公的効用という訳語をとった〕の論理の言葉を使って計画する方が好きだった。私企業は、敵対する政治的な力から防衛するときでないかぎり、けっしてそのようにはしない。土木局の技術者は、どのくらいの費用を必要とするかよりも、どのような条件下で鉄道や水路が公共に利益をもたらすかを問うた。彼らは利用者のあいだで公平に費用を配分するような、あるいは（代わりに）公的利益を最大化するような課金の構造を探した。国が、私的投資家なら建設しないような道路、水路、鉄道を建設するのは正当化される。この正当性を示すことを土木局の技術者は請け負った。なぜなら、利益は企業よりも利用者に生じるからである。これらの建設はたいてい独占をふくむので、運用費用は固定された費用よりもずっと安い。そのため、国は同様に、利用にどう課金するかを決める何らかの基礎を必要とした。

　このような公的仕事に関する見方は、けっして技術者に独自とはいえない。公的効用は、政治的言説において標準的用語であり、また法においてさえそうである。すでに見てきたように、フランスの県はプロジェクトを、「公的効用調査」と呼ばれるヒアリングをとおして評価した。プロジェクトの最終承認は、皇帝または国民議会が、鉄道を建設し運用する許可を請負企業に授けるとき、「公的効用認定」の形式をとった。経路を調査したり、ネットワークを計画したり、契約をとり結んだりするための交渉をすることは、政府の技術者たちの仕事の中心であった[12]。以下に示すように、これらの重要な用語に登場する「公的効用」という言葉は、別に特別の意味はもっていない。そしてたいていは完全に非定量的なものとして解釈される。しかし、これは公的な官庁にとっては便利な言葉である。土木局に特別に要求されたただ一つの経済的な計算は予算計上である。一八二一年から五一年にかけてフランスの水路網が急発展した時期、国家は資本の安全性と穏当な収益を保障することによって、予算増加の先例をつくった。この事業への予算計上は、土木局の費用と収益の見積もりに依存した。そしてその見積もりは、ひどく楽観的であったことが後に証明された[13]。シャルル・ジョゼフ・ミナールによれば[14]、イギリスの私企業による見積もりも同様にひどいものであった。それでも、公的効用の言葉はほとんどいつも、会計士の計算結果から解釈されるよりも、土木局に都合のよいように解釈された。公的効用の尺度は明らかに効力があり、収益の見積もりの誤りが証明されるのと同じやり方では、単純に誤りを証明することができなかった。より重要なのは、「公的効用」という法的で倫理的な言葉を定量的な言葉に変換することが、土木局にとっては毎日の政治の緩衝装置の役割を果たす、ある種の防衛になることである。

公共にとって、効用とは、特に量的な意味では、普遍的な概念であった。アンリ・シャルドンは、二十世紀はじめに公的仕事について書いているが、公的効用とは、「国全体に対する効用である」と宣言している。土木局の技術者と同様、彼もこの理想は裏切られると考えた。なぜなら専門家よりも政治家がそのような決定に責任をもっているからである。[15] アンドレ・モンド・ド・ラゴルスは一八四〇年に、すべての考慮すべき事柄が数に還元できるわけではないと認めている。「それでは、われわれは経済的な計算を断念すべきだろうか？」と彼は問うた。「いや、断念すべきではない。それは議会を、『不適当な懇願』のなすがままにまかせることになるからだ。その形式が数学的に完全でなくとも。統合的な形式を採用するほうがずっとよい。少なくとも、予算消化がある一貫性をもつものになるだろう」。[16]

このいささか大ざっぱな不正行為をほのめかすような指摘が、計算の出現の要となった。数は一貫性があり一般性がある。地方の偏狭性と局所的利益の力から防衛することができる。このような考え方は、土木局の主要な使命の一つを思い起こさせる。つまり、土木局は、道路を維持しようと、水路をつくろうと、鉄道を配置しようと、責任を負わされることはない。土木局はフランスの国土を統一し、管理することをめざした。そしてフランスの農民階級を市民化することさえめざした。[17] フランスの鉄道システムの基本的な設計は、一八三〇年代後半から四〇年代前半にかけてつくられたが、象徴的なものである。土木局は、首都からフランスの六角形のすべての頂点に延びるような、五つか六つの主要な幹線を思い描いた。このたいへん分別ある計画は、かなしいかな、無秩序に存在する町や川によって脅威にさらされた。人口と産業は、そのどちらにも集中していた。土木局は、幾何学的なパターンを描く幹線の原案を、多くの街の役人たちの気に入るように迂回させようとする、膨大な要求に直面したのである。「地方のひとびとが、一般的利益だけに関心を払わねばならないとする議論に熱く憤激する姿をみると、われわれは苦痛を覚えた」。[18]

一八三三年に、名前にぴったりの技術者シャルルマーニュ・クルトワ（シャルルマーニュがフランク王（七六八―八一四）、西ローマ皇帝（八〇〇―一四）として西方キリスト教世界を統一した人物であることから）によって、より極端に合理主義的な方向がとられた。しかしながら、彼は完全にその場しのぎの、けっして受け入れられないような定量化の形式を使った。問題が「厳密な解法を認める」ものである場合は、経路を「多かれ少なかれ無原則に」選択する理由はない。要は、「効果」あるいは「利益」を最大化することである。利益は、輸送量を費用で割った値、n/D に等しい。ある操作を用いて、それは数学的というより言葉を基礎としたものではあったが、この数値は単位費用あたりの利益に変換された。要するに費用の二乗に比例して減少する量である。この目覚ましい結果は、クルトワの考え方に非常によく合致していた。なぜなら、中間の都市を経由するために幹線を延ばすことは、「利益」を二乗の効果で軽減させるからである[19]。一八四三年までに、分母の費用因子がより大きくなり、よりいっそう信じがたいことに、費用の三乗となった。もし幹線がある都市を経由するために一〇パーセント延長されるのであれば、それは一キロあたりの平均年間経費を一・三三倍増加させる。この差額は、三二二キロの幹線が三五五キロに延長される場合には三、五〇三、三六〇フランとなるが、この幹線変更に責任を負う都市や県に課金される。しかし、彼らはけっしてそんな高額を払うことに同意しないだろう。数字を公開することは、不合理をあばくことである。「もしわれわれが決定した規則が厳密に適用されたら、地方の利益を守っているひとびとのうち何人が、行政を疲弊させるのをやめるだろうか」。行政は彼らの終わりなき懇願で疲弊しているのだ。「一般的利益」とは、「利用可能なものをおしなべてもっとも可能性のある効果を達成するものである。公的経済の最終の目的は、これの最大値を決めることである」[20]。ただの「財政的成功」のために妥協してはならない。

クルトワによる一般的定式化には、特別の目的があった。一八四三年まで彼は、パリからストラスブールをへてドイツまで伸びる幹線の主任技術者であった。この幹線の原案はナヴィエによって、一八三四年に亡くなる直前に素描されたものであった。ナヴィエはこの経路を、山を避け、町や川を無視することによって、直線からの偏差を最小にしたかった。クルトワは、四三年にはまだ水路のほうが鉄道よりもずっとすぐれていると考えており、ブリエンヌで分岐してストラスブールとリヨンにいく路線を支持した。ブリエンヌというのは、いくつかの建設費用と距離の組み合わせを最小化する数学的問題の答えであった。彼は独自の特別な数式を用いて計算した。

もし代わりに幹線がセーヌ沿いにトロアへと曲がりくねって進むと、それは二、七〇〇万フラン「に相当する損失」をふくんだ。しかし、彼が提案したブリエンヌゆきの線は、ナヴィエ案によるストラスブールへ直接向かうのと同様、大きな川に沿ってもいないし、主要な町も通過していない。最短の経路から町を経由するよう迂回させる方が有利となるのは、分岐線が加えられた迂回路の長さの少なくとも六倍の軌道をもっている場合だけである、とクルトワは計算した。

ジュフロワは、ストラスブール線建設の歴史をたどるなかで、クルトワの理由づけは幾何学的であって、経済的でない、と意見を述べている(21)。しかしこの言い方はあまり正しくない。まっすぐな経路は、長距離の商取引のために設計されたもので、国内目的だけでなく国際的な目的も入っていた。特にこれは、イギリスとドイツを結び、ベルギーの国土を通る他のどの経路よりも接続をよくすることを目的としていた。クルトワもまたナヴィエとともに、この線は、繁栄をもたらすだろうと考えていた。貧しく人口も少ない地域を通過して建設すれば、主要な町を通るよりも、より経済に貢献するだろう。結局、すでに川や水路によってより安い輸送手段がすでにある地域では、はたして、鉄道建設の何が重要だろうか。すべての技術者がこの理由づけに納得したわけではない。ミナールは、マルネ沿いの路線を支持した。それは最終的には土木局の理事によって選ばれたものであった。ミナールはグラフや統計を用いて、最大の交通量は地域内のもので、この幹線の端から端まで利用する乗客はほとんどいないということを示した。だとすると、ほんとうに便利な線とは、人口が密集した場所をできるだけ多く通っていなくてはならない(22)。成功をおさめた設計者マリネは、彼が選んだ経路の現在の道路通行料の詳細な図をつくり、鉄道使用料を見積もるためにその値を三倍した。彼の計算結果によると、最初の一区間、パリからヴィトリ・ル・フランソワまで正確に四、二三〇、五〇一人の旅客が、合計で一一七、八〇九、七九六キロメートルを移動し、一キロメートルあたり二サンチームを節約する。総節約量は二、三五六、〇七五フラン九二サンチームとなり、投資に対する年間の利益は四・四六パーセントとなる。

ストラスブールゆきとリヨンゆきの線は、どちらがより重要かという比率の問題で論議をよんだ。政治は目的もなしに、効果的な政治的発言をしたすべての町をぬって走る路線を支持する、とある技術者は嘆いた。計算は、一つには政治を中立化するたくらみである。もう一つには、公平な仕事の割り当ての試みである。コント・ダルがやってのけた目覚ましい仕事は、輸送政策の広範な調査である。「もっとも矛盾する主張は、公衆から出される。完全に矛盾する数字がつくられる。なぜなら、数字ほど融通の利くものはないから」。しかし、困惑から脱するためにもっとも重要な規則は、各プロジェクトの経費を可能な収益と比較することである。[23]ダルは、結局、ミナールに賛成した。幹線は人口密集地を通っていくべきである。別の委員会は、パリからディジョンまでの線を分析したうえで、その線がどこからリヨンやミュルーズにいくかについては、収益についてはたいしたことはいえないが、水路にほとんど近接させることで輸送量は増えるだろうと強調した。[24]

数を使ったこのような訴えは、ある種のレトリカルな効果をもった。しかしそれらが定型作業のなかに組み入れられないかぎり、相対的に力が弱くなった。すべてのひとが、政治の腐敗に反対し、多くのひとが問題を最適化するような経路の選択を望んだ。一八四三年にはしかし、何が最大化されるべきか合意するための手がかりがなかった。予算配分の見地からすれば、もし収益が、共同体の利害にみあうほど十分ならかまわないであろう。しかし、輸送量や、総収益などは、効用の十分な代わりになるだろうか。多くの技術者や批判者は、それでは代わりにならないといった。エドモンド・テセレンクは、のちに公共事業省の大臣となるポリテクニシャンだったが、ダルに反対して以下のように述べた。「もし、輸送路の建設における共同体の利益を測ることができるのなら、そして小委員会が主張したように、その開発から期待される収益や見込まれる輸送量からその利益が測れるのなら、最適の経路を選択するのは簡単でしょう」。しかし、ダルの数字は、鉄道によって運ばれる貨物の一単位は、同じ値段で川や水路で運ばれるものと同じであるかどうかを識別できなかった。もし同じ経路を航行できる水路があるのなら、鉄道は、旅客の時間を節約することの他には現実的な利便がない。水路輸送がないところであれば、鉄道は、より安い運賃を旅客に、そして特に貨物に提供できるだろう。テセレンクは、仮の例を用いてこれを示した。航行できる水路から遠くはなれていて一定量の旅客と貨物を運ぶ鉄道は、公益に三、四六三、〇〇〇フラン貢献するだろう。一方で、ほかの経路で水路に沿って走行する場合、単位長さあたりの収益を同じとしても、ただ二六三、〇〇〇フランだけの貢献にとどまるだろう。[25]

公的効用の評価

テセレンクが示したのは、公的効用の定量的な表示が、地域ごとに特異的な利益の政治を鎮めるのにどのように展開されうるかである。公共事業制定の政治介入を減らすために、プロジェクトは公的効用の認定を受ける必要がある。しかし、この認定の必要性は、すでに述べたような量的表示を必要とするだろう。さらに定量的な言葉へ移行することが、数学の基礎知識のある技術者にとって有利に働くであろうと考えれば、効用の尺度が公的な報告や勧告の定型作業として展開されなかったことは、驚きではないだろうか。数値はそれ自体使用されていたが、公的効用を、測定という試みや費用に対する収益の比較なしに評価することが当時は可能だったのである。

もし栈橋や橋が嵐で壊れてしまった場合、水路が一年のある時期に干上がってしまう場合、それらの公共物の価値に影響が出るのは明らかである。安全や信頼性は、公的効用評価の議論にうまくあてはまるものであった。軍に役立つことや侵略軍に対する脆弱性への対処もよくもち出されたし、ときには、論敵のない単純に経済的な優位性をひっくり返すこともあった。経済の領域でも、技術者や他の調査者は、一般には、共通の財政用語に関するあらゆる因子を削減しようとはしなかった。マルセイユの栈橋を建設する提案は、ロンドンやリヴァプールの栈橋をモデルとしていたが、一八五四年の特別委員会で利益が見込まれることが示された。理由は、市にとっての利便性が高かったことと、海へ出るのに信頼性が上がることである。フィニステールの主任技術者は、一八五四年に調査委員会がブルターニュ中央を通る幹線の敷設を、より南の経路をとるのと比べて岩が多く、急勾配があるにもかかわらず支持すると結論づけたことを報告している。その主要な利点は経済であった。そのような線は、支線とともに、半島全体に資するだろう。また北や南にいく幹線よりも安いであろうし、その両線をふくむ非常に費用のかかる案はけっして建設には至らないだろう。このせいでおそらく、その幹線の目的地が王朝の名前をとってナポレオン市と呼ばれる予定であったことを損なったりはしないだろう。[26] この最後の利点は、たしかに、あまりうまく定量化できなかったし、費用に対して比較するのも難しかった。

土木局内での計画の議論は、たいていは技術的、経済的、そして広く政治的な考慮のあいだをさまよった。主任技術者のジャン・ラコルデールは、ディジョンからミュルーズへの最良の経路について、同僚オーギュスト＝ナポレオン・パランディエの意見に反対であり、土木局の総括監察官にその論敵の意見を逐一批判する二段組みの報告書を書き送った。論争点は、公的効用の程度が相対的であることだった。パランディエの経路は、ドゥー川〔フランシュ＝コンテ地方を流れるソーヌ川の支流〕に沿ったもので、ラコルデールのソーヌ川〔フランス東部を流れる川。ロレーヌ地方の丘陵に源を発して南へ、ブルゴーニュ地方を通り、リヨンでローヌ川に合流する〕上流を通る案に比べて、勾配の面からも踏切の数の面からもまったく選ぶに値するものではなかった。ラコルデールのトンネルは、一部のひとが非難したほど難しくはなく、また価格も高くなかった。そしてラコルデールの経路の土壌の難点についてパランディエはふれているが、これはただ単に、彼の研究不足のせいである。ラコルデールの原案が明らかに優位だったにもかかわらず、ラコルデールは二週間もたたないうちに、両者を混合した線という「調停」を報告している。それは少し長くなり、そしてもう少し登りがあるが、しかし、ドゥー川の曲がりくねった谷に沿うよりは安いだろう。ラコルデールは、ブザンソンのような町がすでに川や水路で完全な輸送手段をもっているのにかかわらず、この難しく、費用がかかり、危険な渓谷に線路を敷きたがることを不可解に思った。ブザンソンは、もし利益を理解したならば、調停案に乗ってくるだろう。そのほかの利点は、この線がローヌ川とライン川を結ぶ運河から交通を奪うことはない、という点である。最後に、この線は、グレイ町を、貨物の集散地として繁栄させるであろう。逆にドゥー川は貨物の集積地としては壊滅状態になるだろう。[27]

これが、一般的に公的効用を評価するやり方である。それは費用に対する収益の定量的超過分を意味するわけではない。国内レベルの公的効用の認定は、一般的利益を局所的利益と区別するために、そしてそれゆえに国の助成金を小さな支線への投資から排除するために用いられた。軍事的要求は、領土的な結束のためにはしばしば決定的であった。一八七八年に、シャルル・ド・フレシネが地方の広域の鉄道システムを提案したとき、彼は、重要な利点のなかでも特に行政的な集中について述べた。[28]公的効用は、実行可能性とも関係する。国民議会の委員会は、一八七五年に提案された海峡トンネルの調査をするよう指示した。この案はミシェル・シュヴァリエの任期中に出されたもので、シュヴァリエは明らかに便利であると考えたが、実現可能性が疑われたため公式の認定を出すのをためらっていた。土木局の理事会は、プロジェクトを地理学的かつ外交的な課題がほぼ解決されるまで「潜在的特約」と認めることを勧告した。[29]

とりわけ、公的効用は、計画の合理性や、不要な競争を回避することとも関係があった。つまり鉄道建設の黎明期において、鉄道がいままでにはなかった経路を通るべきであること、すでに運河によって提供されているサービスと重複してはならないことをしばしば意味した。運河に味方するひとびとは、世紀の変わりめまで活発であった。アンリ・シャルドンが一九〇四年に追い詰められた口調で、統計は鉄道が運河に比べて二倍安いことを明白に示していると証言したように。もし、ある惑星がたくさんの運河システムをもっていたら、地球上よりも多くのお世辞が言われることでしょう(30)、とシャルドンは、当時、火星について天文学で闘わされていた議論をほのめかしながらつけ加えた。しかし、一八五〇年ごろには提案は、ほかの鉄道路線がすでに十分なサービスを提供していると考えられた場合には、公的効用の検査に多くは落第するようになっていた。フランス政府は、すでに契約を保証した経路の競争にはほとんど助成金を支給しなかった。一八五二年以後は、政府は、六つの大きな地方鉄道会社に特別な地位をあたえた。それによって、徐々に提携がつくられはじめた。この提携は、企業家が新しい路線を敷設することや公的補助金をもらうことを排除はしなかった。しかし、公的効用を評価する形式的手続きは、既存の会社から交通量を奪うような線を阻止するのに使われた(31)。

適度に複雑なケースの決着を一目みれば、費用と収益の単純な比較によって解決されたのではないことがはっきりするだろう。一八六九年の十二月に、土木局の理事会は、技術者コルブによる北フランスのローカル線、アランソンからユイヌ川〔パリ南西方を流れるサルト川の支流〕沿いにコンデまで六六キロの報告書を検討した。コルブは、全収益を資本に対して六・八パーセントと予測した。とてもよい数字である。不運にも、ほかに、オルレアンからリジューまで走る別の線が検討されていた。ノジャン・ル・ロトルー〔パリ南西方、シャルトル西方の郡庁所在地〕市議会は、この新しい提案書がオルレアン＝リジュー線の遅れをもたらすことを恐れた。そして、ベレームのコミューン（自治体）は、競争が起こりそうだということに文句をいった。コルブはこれに反対し、特にもし営業許可を取得した業者が、ベレームを通る経路をとるためにユイヌ川の渓谷を説得してあきらめさせれば、二つの線は互いに利益をあげると主張した。

悲しいかな、彼はこの案を実現できなかった。一方、オルレアンからリジューに向かう線の計画にも紛糾があった。事実、いくつかの提案が動いており、オルレアンからの線は、リジューでなくベルネーあるいはレーグルゆきになるかもしれなかった。それぞれの行き先に向かう線を分析するよう任命された技術者たちは、それぞれ担当の線を支持する結論を出した。予想どおり、さまざまな調査はてんでばらばらの勧告を生みだした。ロアールでは、オルム、パテイ、シャトーダン経由リジューゆきの公的効用の認定を支持した。それは実際、主任技術者の提案であった。ユール・エ・ロアールでは、ほかの経由都市、ブルー、ノジャン・ル・ロトルーを追加した。オルヌとカルバドスの県はこれに満足した。しかし、ユールでは、ヴィー川沿いよりもシャレントーヌおよびカローヌ渓谷沿いに線路を走らせることを提案した。主任技術者は、この案ならより少ない予算でできることと、シャレントーヌは産業が発達していることを認めた。しかし、ヴィーもまた繁栄しており、またどちらにしても、シャレントーヌ沿いの経路は、もう一本のオルレアンからエルブフへとまっすぐ北に向かう線にあまりに近接していた。主任技術者は、彼の提案で利益を得る見込みのある県やコミューンから助成金を得る交渉をすることができた。そして、土木局の理事会はこの案を承認した(32)。

　第三共和政下の国民議会のために準備されたプロジェクトの報告書は、同じように公的効用を解釈した。しばしば、この種の報告書は、土木局の技術者でもあり国民議会の議員でもある人物の名で提出された。エルネスト・セザンヌは、委員会あてに栄誉あるサン＝シモニアン線〔カレーからマルセイユへ、英仏海峡から地中海に向かう線〕を提案し、これが必要かどうかを尋ねた。彼は新線を建設すると競争が生じるという理由を拒否した。なぜなら、会社は必ず協同し、協力しなくてはならないからである。カレーからアミアンまではすでに二本の線があった。一キロメートルあたりの収益は六二、〇〇〇フランと四三、〇〇〇フランであった。したがって、明らかに、他の線の必要性はなかった。アミアンからクレイユまでは、一本しか線がなく、一キロメートルあたりの収益は一二二、〇〇〇フランであった。もう一つの線はすでに建設が許可されていた。クレイユからサンドニまではすでに十分な経路があった。

　パリを越えると、ニームからリヨンまでは緩い勾配とカーブのある複線をつくるか、あるいは、一キロあたり一〇〇万フランの費用をかけて、一時間あたり一〇〇キロのスピートを出す優れた線をつくる必要があった。提案された計画ではこのような線を用意することができなかった。この案は公的効用に貢献できず、しかし、六〇億フランもの投資を無駄にするだろう。そして既存の路線に年二、〇〇〇万フランのさらなる損失をもたらすだろう(33)。

　土木局の理事会の決定と、国民議会に提案されたプロジェクトとのあいだには明らかに関係があったが、その詳細を知ることは難しい。土木局によって多くの情報がコントロールされていたわけではない。立法上の提案は、プロジェクトの関係資料、証言や調査の記録、県ごとにつくられた委員会の意見、知事の報告書、土木局の報告書、国務院（フランスの行政の頂点）〔政府の行政、立法の諮問機関と、最上級行政裁判所の役割を兼ねる〕の報告書に依拠していた。国務院の報告書は、たいてい特別委員会に依拠していた。公共事業大臣と関係する企業は、おおいに関心を示したにちがいない(34)。それでもやはり、提案書は、大部分の重要な意思決定が条件つきでなされたあとにしか彼らの手元に届かなかった。それは計画された経路、助成金の交渉、権利を統制する契約の作成などをふくんでいた。土木局で論争中の計画で、調査が土木局の案を支持する方向で一致した少なくとも一つの事例では、より高位の行政機関が土木局理事会に賛意を示し、より詳細な調査へと送られた。しかし、この事例では、土木局が公的効用を保証できる計画を最終的に交渉したときに、国務院がその計画を拒否した(35)。

　アルフレッド・ピカールによる詳細な年代史には、一八四〇年からの下院議会で経路の長さを議論した事例が引用されている。この公開討論の場では、国会議員による介入はおおむね失敗したように見える。おりにふれて政治的な圧力が公共事業大臣や土木局にかかり、より詳細な調査に同意するように強いた(36)。彼らはこれらの問題をそっと解決したがり、実際そうしたのである。土木局から評価を得られなかった提案はたいていは撤退した。企業家たちは、この独裁的な権力にときに文句をいった(37)。もちろん、土木局は、弱い外部者に対してのみ独裁的にふるまった。それでもやはり、土木局の定型的な計画決定に関する権力は絶大であった。そして、重要なことは、そのような権力が、公的報告書というより、私的な交渉の道をつうじて行使されたことである。

収益の予測と利便性の見積もり

シャルル・ボームによるプロジェクト説明書は、プロジェクト計画のなかに描かれた経済的な定量化の形式を知るのに役立つ。ボームは一八八五年に、ブルターニュ地方の南海岸にあるモルビアン県の主任技術者であった。プロジェクト説明書には、彼が『土木年報』に書いていたいろいろな経済的文書の特徴がふくまれていた。プロジェクト説明書を印刷して公表することは当時の慣習ではなかったので、ボームが彼の説明書をこの分野におけるモデルになるべきものと考えていたのだろうと推測できる。彼はこの説明書を鉄道建設の議論とともに紹介し、費用と利息を補填するほど十分な収益が得られるものではなかったが、特にモルビアン県の事例を扱った。モルビアンには二六七キロの長さの鉄道があるが、一ヘクタールあたり〇・三九二メートルであり（フランス全土の平均は〇・五八六であるのに対し）、また住民一、〇〇〇人あたり五一一メートルしかない（同平均は八一五であるのに対し）と彼は主張した。彼は五本の新しい線を提案した。五本すべてが、それぞれ異なる度合で、「よく定義された公的効用」をもっていることが見いだされた。この公的効用は一キロメートルあたりの収益で測ることができない。しかし、すべての利用者にとっての利便性の和で測ることができる。鉄道と道路との輸送コストの違いを調べると、費用に対する利益は、実際の貨物料金と比較すると、一トン一キロメートルあたり二四サンチームである。したがって収益は、一二サンチームとなる。

以上はボームが公的効用の言葉で議論しようとしたことの核心である。彼が提案した路線の詳細な分析によると、これらの線に割り当てられる優先度は比較的高い。しかし彼は、費用と収益に関する会計用語を厳格に使って書いた。まず経路を書き、一キロメートルごとにキロ数を書き、駅を示し、橋、カーブ、勾配、そして他の特別な特徴を描いた。彼は、そのころでは普及しつつあった四捨五入や切り捨てをせずに、一キロあたりの建設費を見積もり、五九、八四五フラン四四サンチームであるとした。稼働のための費用を見積もるには、スイスの概念から翻案した「仮想の長さ」という特別な量的概念を適用した。これは、実際には勾配やカーブがある鉄道の経路に対して、そこを通るのと同じ仕事量を必要とする、平らでまっすぐな経路の長さを検討対象とすることであった。この仮想の長さの算出という目的のために、彼は伸長係数あるいは乗数を用いた。ある勾配と曲率半径が与えられたときの経路単位に適用するためである。[38] ヴァンヌとラ・ロシュ・ベルナールのあいだの難しい地形では、平均の伸長係数は三・三二三になる。したがって彼の四五キロメートルの経路と同等の仕事量をもつ経路の仮想の長さは、約一五〇キロメートルとなる。

費用についての議論を終えたあと、彼は収益の問題に移った。この線は少し費用がかかるので、彼は地方鉄道の平均より少し高めの料金を、往復する乗客には大幅な割引をするという条件で提案している。それでもまだ交通量の見積もりという困難な問題が残っていた。「比較可能な」一〇本の線の一キロメートルあたりの年間の収益（一キロ収益）は、一一、五〇〇フランから五、七〇〇フランまでの幅があった。期待される収益は、この幅のなかのどこかに収まるはずである。しかし、準備段階の計画書（雛型）は、西部鉄道会社の記録を用いて、フランス西部の住民による平均鉄道利用から収益を計算していた。そして、一キロ収益を七、〇八八フラン七七サンチームと提案していた。これはとても高いように見える。しかし、どれが正しい値なのだろうか。幸運なことに、ボームは、この問いを頻繁に公刊物のなかで発していた。そのなかには、地方の利益のための鉄道についての論文もふくまれていた(39)。もっとも参考になるのは、ヴァンヌに最近敷かれた二本の線の比較であると彼は判断した。それらは一キロメートルあたりの収益が二、三二一フランと五、六二四フランであった。あるいは平均で三、九六二（実際は三、九七二）フランであった。これは幸いにも、比較可能な路線の収益の幅のほぼ中間であった。サービスの提供される人数を集計し、路線ごとの分布を考慮し、一人あたりの平均から適当に割り引き（なぜならそれは主に農業用の路線であったから）、それから海上交通について上乗せをすることによって得られる四、四〇〇フランという数とよく一致する。

　これらの計算のうち、その場しのぎの数などはひとつもなかった。土木局の技術者たちは、いくつかの路線案から一つを選ぶ問題に関して、かなり詳細まで公表していたが、それらは影響する人口を数えたり、個別の路線の貨物と乗客を予測したりすることによっていた。これらの推計は、乗客の行動が一様であると仮定していた。しかし技術者たちは標準の数値を、農業用か都市用か、ワイン用か小麦用か、北東か南西か、あるいは大工業か鉱山か、といったことにあわせてどう調節すればよいのかについて考えをもっていた。これらのことは、数式、近似、例外的ケースをどのように識別するかについての教示とともに、ルイ＝ジュール・ミシェルによる一八六八年の論文のなかで説明されている(40)。

　ボームのプロジェクト説明書は、最後に、費用と収益の重要な比較に進む。地方線は安めに建設されなくてはならないということを考慮して、彼は、標準規格より小さいものを提案している。操業費用の式は、D（費用）$= 1{,}500 + R/3$ である。ここで、Rとは、収益である。Rを四、四〇〇フランと見積もった場合、この式からだいたい三、〇〇〇フランの費用がかかることが示され、したがって、総収益は一、四〇〇フランとなる［4,400−3,000］。資本の五パーセントを支払うためには一キロメートルあたり総収益三、〇〇〇フランが必要である。したがって、この線は一年につき約一、六〇〇フランの助成金が必要となる。収益が「自然増加の法則」にしたがって年二パーセントの割合で上昇すると仮定すると、この助成金は減少し、十六年後には消滅する。それだけの値打ちがあるだろうか？　ボームは収益を上回る効用が、そのような出費を正当化することを疑わなかった。しかし国にはかぎられた予算しかない。そこで財政的な出費がもっとも少ない路線を建設することからはじめようと彼は提案した。彼はほかの四つの線について同じやり方で分析を進め、厳格な会計的基礎にもとづいて、この線が優先度において二番目に高いと結論づけている。優先度一番はロリヤンからケルナスクレドンに向かう線であった[41]。

　ボームは、この報告書のなかで自らの技術を披露している。しかし、本質的にはこの技術は、すでに確立された分野のものである。同様の技術が、スエズ運河を真似てレセップス〔一八〇五―九四、外交官。一八六九年スエズ運河を開通させ、のちにパナマ運河も手掛けたが失敗する〕が建設したいと思っていた新しいパナマ運河の大きさと利潤を予測するのに使われた[42]。このような予測は、ときには完全な正確さには及ばないということが知られていた。しかし、明示されている規則とはいわないまでも、このような予測は習慣的に要求されていた。ファルゲイラからヴィルヌーヴまでの路線を提案した報告書を三ページに要約したものが、公共事業大臣のために準備されたが、説明なしに重要な数字だけで表現されていた。最大勾配、カーブの最小曲率、一キロメートルあたりの建設費、一キロメートルあたりの年間収益などが、標準の数量であった。この最後の数量は、一〇、〇〇〇フラン単位で「丸めた数」により示され、ファルゲイラから他の方向にいく線が八、〇〇〇フランであることと比較された。まさにこれを理由に、劣った計画として却下されたのだが[43]。同じ年の別の報告書は、サルトでの二本の線を提案しているが、これは土木局理事会の鉄道部門に送り返された。なぜなら、一八六五年七月十七日の法律で規定されていた、国家の助成金を決めるために必要とされる情報が欠けていたからである。理事会は「県がいくら払うべきか正確な指標となるような費用の見積もりと、二本の線それぞれが輸送できる交通量の見積もり」を要求した[44]。

　このような経済計算における徹底した行政的な形式は、費用と収益 revenue という用語を用いて実施された。費用と便益 benefits という用語ではない。それでも、その背後には効用があった。効用とは、局所的な損失が社会の利益となるかぎりでは収益を上回るものであることが、徐々に受け入れられつつあった。このような仮定に信頼がおかれるということは、国家の輸送に関する取り組みが、激しい異議申し立てにほとんどさらされなかったことを意味している。したがって、定量的な形式に対する外からの介入から自らを守る必要性は、ゼロとはいわないまでも少なかったのである。一八七〇年代の終わり近く、効用の計測は、特に喫緊となった。新しい内務大臣シャルル・ド・フレシネ〔一八二八―一九二三、技師、政治家。公共事業相、外相、首相を歴任し、港湾、鉄道の整備をおこなった〕がフランス全土に新しい地方線を敷くために、国家助成金の大きなプログラムを提案した時期である。地方線の政治は、あまりに論争が多かったので、サンフォード・エルウィットはこれを一八七七年に第三共和政の危機がおきたことの主要な理由にあげている。しかし、地方線の政治は何千という小さな町や村に鉄道サービスを提供しうるものであったにもかかわらず、力のある投資家や大会社は、政治的に抜け目なく財源の大部分を主要な線に投資したがった。ルイ・ナポレオンの時代〔一八五二―七〇、第二帝政〕にそうであったように。(45)

いやおうなくフレシネの計画は、小さな路線を評価する定量的な論争をよびおこした。予想される収益の観点からすれば（それが具体化されたとしても）、それは惨憺たる結果となる投資であった。それにもかかわらず、それらの地方線は、より収益の高い主要幹線の交通量を増やすという意味で割にあうものなのだろうか。この意味で、それらの地方線は、単なる地方の利益でなく、「一般の利益」に貢献するのだろうか。あるいはそれらの地方線は、少なくとも費用を十分節約することになるのだろうか。乗せる乗客や貨物に負担を負わせることで、納税者の損失を補うことになるのだろうか。運河の急発展期以降、さまざまな戦略が、間接的な利便性を識別するために使用されてきた。改良された輸送路の周辺の不動産価値の上昇などである。これらはそれ単独では割にあわないプロジェクトを判断するために使われてきた。(46)

閣僚のなかで、議会でのスピーチに効用の数学的計算を使う大臣は多くはなかった。しかし、フレシネにとってはそのような尺度は、彼の計画へのもっとも有力な正当化、あるいは少なくとも、合理化となった。鉄道の「真の収益、国家収益」は、「国家が輸送に認める経済活動」となった。道路で一トンの貨物を一キロメートル動かすには三〇サンチーム必要であったが、鉄道は六サンチームですんだ。「地域社会はしたがって、三〇サンチーム中二四サンチームも利便性があがると理解する。言いかえれば、利益が料金の四倍、全収益の四倍であることを理解する」。このように典型的な事例では、もし収益が単に費用を上まわる場合は、投資に対する利益には何の貢献もしないが、その線は最低限の楽観的仮定にもとづいても一四パーセントの実質利益を生みだすということになった。(47)

これは希望のもてる展望である。しかし、本当だろうか？　二人の技術者、ウジェーヌ・ヴァロワとJ・K・クランツは上院のフレシネを批判した（彼のプログラムは支持したが）。鉄道を使う輸送の多くは新しいものである。なぜならそれらの輸送では、道路を使う高い費用を払えないからである。したがって、フレシネが使った一トン・一キロあたり二四サンチームの収益の推定は、彼の前にナヴィエの推定でもあったが、効用の妥当な尺度とはいえない。最低に見積もると、路線は運用費を補わなくてはならない、とクランツは主張した。ヴァロワはデュピュイと矛盾しないもっとも簡単な仮定を用いた。利用者にとっての効用は、六サンチームから三〇サンチームのあいだを均等に分布するとする。そしてどのような路線も公的効用として一トンあたり一八サンチームの貢献をすると計算した。このように計算した結果は全利益の三倍で、フレシネの計算とは異なる。ヴァロワは、これを「地方の効用」と呼ぶのか「一般効用」と呼ぶのかで困った。使用のレベルを見積もることでさえ機知と経験を要求するというのは、たいへん巧妙な計算であるとつけ加えた。一方、フレシネが提案したいくつかの線についての報告書では、少なくとも一人の技術者が、効用を、財政赤字を補う時間と費用の節約で表現している。(48)

エトナーは、デュピュイの経済学がこのころ、つまり一八七〇年代後半までには土木局の技術者のあいだでよく知られるようになっていたと指摘している。デュピュイの限界効用逓減の考え方は、技術者に引用されるだけでなく、内閣の大臣からもフレシネに反対するために引用された。アルベール・クリストフルは、フレシネの前の公共事業大臣であったが、一八七六年から七七年にかけてのフレシネの演説集に辛口の序文を寄せている。クリストフルは説明する。フレシネは、合理的な経済学から着想を得たのではなく、臆病な政治学から着想を得たのだ。地方鉄道の効用は、唯一、地方政府が収益と富に比例して、その建設に貢献しようとする意欲によって保証される。フレシネの考え方、線路の効用がその収益の四倍あるいは五倍であるという考えは、前もってデュピュイによって論破される。デュピュイの計算では「疑いなく」、六、八〇〇フランの収益は、三、〇〇〇フランから四、〇〇〇フランを上限とする間接的収益に相当する。クリストフルはまた、その後の経験が示したように、フレシネは費用と収益の計算に深刻な間違いを犯していたとつけ加えた。『両世界評論』誌の著者は、公的効用認定で必要とされている合理的計画の理想は、すべてのひとの欲求を満足させようとする見境のない原動力に取ってかわられていなかったのだろうか、と思案した(49)。

土木局の技術者は鉄道の収益の計算でもっとも寛大な計算を進んで支持していたのではないかと思われるかもしれない。実際には、そのような技術者はまれであり、多くの技術者は多数の建設計画をまったく支持していなかった。一八七五年のフェリクス・ド・ラブリの議論は、おこりうる複雑な状況について示唆している。彼は読者の直感に訴えかけ、そしてもう少し、自分の主張を支持するよう訴えかけた。その主張とは、フランスの国内生産量二六億フランのうち、少なくとも五億は、鉄道のおかげであるというものである。しかし彼はまた、国家は見返りが得られるときのみ鉄道に投資すべきであるとも主張している。見返りとは、一般利用から生じる通貨というかたちでばかりではなく、税収というかたちでの国家財政への見返りのことである。国家財政は経済の一〇パーセントを占めるのであるから、鉄道に投資された公的資金は少なくとも、企業の生産や輸送の一〇倍の経済活動を生み出さねばならない。ラブリが公的効用の促進に国家をふくめるのを拒否したこと、および鉄道の経済効果を途方もなく大きく見積もっていること、この二つの結びついた効果がどれほどあったかはわからない。たしかにラブリの論文は、フレシネの主張の宣伝ではない。フレシネに味方する技術者たちは、主に原理の点において不賛同を示した。すなわち、国家に対する利益は社会における利益と同質であり、それゆえ公的効用とは国家の仕事である、という原理に関してである。しかし、アントワーヌ・ドゥソが指摘したように、これは、すべての鉄道建設が公的効用を促進するであろうことを意味するわけではない。それは利用可能な資金を、もっとも効果的に資金を生み出すプロジェクトに使え、という意味である(50)。

十九世紀末ごろ土木局をもっともよく代弁した経済学者は、著名な経済自由主義者クレメン＝レオン・コルソンであった。彼はフレシネによる鉄道の提案全体に反対することはなかった。しかし、その案は度を越えていて無差別なものだと考えた。コルソンは生涯にわたって、無差別と闘ってきた。彼は特別な事実を注意深く精査した上で微妙な判断をすることを好んだ。少なくともそのような判断が、鉄道を運営する唯一の方法であるように思えた。

鉄道の公的効用への貢献に関して、コルソンは、もう一人の技術者、アルマン・コンシデールと対立した。コンシデールは、ブルターニュ地方でもっとも西に位置するフィニステールの主任技術者であった。彼は一八九二年と九四年に、国が援助する地方線がもたらす大きな利便性を強調した長い論文を二本出版した。彼は、それらの線が財政的な見返りを個々の事業として生み出すことはほとんどないと認めた。しかしそれらは、直接的および間接的に重要な利便性を生み出す。注意を払えばその利便性は、量として近似的に表すことができる。まず、それらの線は、幹線の交通量を増やす。コンシデールは交通量の経年変化の表から、これらの地方線の貨物のうち五〇パーセントが新たな輸送であると見積もった。貨物は平均して、出発地では、支線での輸送の四倍もの量が幹線を利用して輸送される。この効果は旅客に関してはそれほど明白でない。しかしそれでも、地方線の一フランの収入増加は、幹線の一四〇サンチームの収入増加を意味する。次にコンシデールは、この追加収入を、効用の増加におきかえた。彼はナヴィエやフレシネのたくさんの数式を使わなかったが、デュピュイの原理は組み込んだ。そして、需要（これは効用でもある）は、価格と負の線形関係にあるとした。一方の座標軸に価格を、もう一方の軸に需要をとったグラフ上では、この線は、以下の二点を結ぶ線として描かれる。一点は、現在輸送の現在価格（道路による）、もう一点は、鉄道価格による将来の交通量の見積もりである。収入を上回る効用の超過分は、三角形によって表すことができ、その領域はすぐに見てとることができる〔横軸に交通量、縦軸に価格をとり、上記二点を通る単調減少のグラフを書いたとき、ある点（交通量、価格）を通り、横軸に平行にひいた直線とグラフと縦軸とでつくる三角形のこと〕。

直接の利便性はこれくらいである。安価な輸送はまた、経済発展を加速する。鉄道が敷かれるまでは輸出のために開発する値打ちがなかった鉱山も、すぐに人口集積や産業の中心地となるだろう。広く散らばった鉄道駅は、価値ある広告機能を果たし、農民や職人に、広い世界との交換の可能性を伝える。駅は、地方のいままでどおりの惰性を乗り越えるのに役立つのである。これらの効果はもちろん、簡単には定量化できない。コンシデールは効果を十分に信じていた。そしてそれらの利便を直接的効果のモデルから見積もるのではなく、フランス全体の経済統計から見積もった。過去の三十年間でフランスの生産量は一五億フランも伸びたが、そのうち、三・六億は資本の利息によっていて、一億は人口増加によっている。しかし、残りの一〇億以上は説明されていない。彼は「控えめに」、その三分の一を鉄道によって伸びた輸送の間接的効果によると考えた。これを直接的効果に加えて、彼は地方線によってもたらされる利益はその収入の少なくとも六倍であることを見いだした。するとたとえば、一キロあたり二五〇フランの名目損失をもつ線でも、現実には「全体効用」では資本の二〇パーセントの収益を得ていることになる。もちろん、もっとも優良な路線を一番最初に建設するのであって、提案するすべての線が建設されるわけではないが、フレシネの提案の全体は、コンシデールの視点からみるとたいへん生産的に見えた(51)。

コルソンはこれに納得しなかった。コンシデールの式を使うと、あまりに多くの鉄道建設に至ってしまう。間接的な利便の計算は、特に批判に耐えられるものではない。しかしコルソンはまた、直接的な利便の計算にも疑いの目を向けた。コンシデールは代表的でない事例、典型的でない路線から一般化をおこなっていると彼は考えた。それに、支線から生まれる新しい輸送を、なぜ平均的な輸送距離と仮定することができたのか。長距離輸送は、道路での輸送距離よりも多少長いからといって妨げられるものではない。したがって地方線によってもたらされる新しい輸送量は、おそらく比較的短距離の輸送であろう。コンシデールは二年後に別の長い論文で、いくつかの別の線の統計にいっそう詳細な注意を払い、また議論となった量を新しいやり方で測る試みにも細かな注意を払って返答した。コルソンはこれに対して、これらの統計的研究は、彼の指摘の要点を認めていると返答した。「その問題は、統計研究の方法によっては一般的な解答を得ることができない」。これは、コンシデールが統計なしですませようとしているという意味ではない。しかし、コンシデールは一般的解答というむなしい希望をあきらめるべきだという意味である。鉄道計画の分野においては、事例ごとの特別で詳細な考察に応用できるような判断の換算式は存在しない(52)。理論家は、どの量が計測に値し、見積もりに値するかを決める手助けはできる。しかし、厳密な数式があるわけではない。あるのはただの一般的なガイドラインだけである。コルソンは長い経験によって蓄積される臨機応変の感覚を強調した(53)。

この考え方は、価格に関して当時さかんに論じられていたことに対するコルソンの視点でもあった。フランス国家は、他国と同様、この価格設定に相当の興味をもっていた。国は投資に対する固定された収益を保証し、これは、第二帝政下では体系的な保証になっていた。そして価格設定に対する国の影響力は、それに対応して強まっていた(54)。一八八三年に鉄道会社は合併整理され、競争は国の調整に取って代わった。これは、競争が重要ではなくなったことを意味するわけではまったくない。会社は繰り返し主張した。荷やひとを運ぶ大小の船の中継点となる場所では、料金を安くする権利が彼らには必要である。[55] 他国と同様、フランスでも、船積み料金を高く設定することはおおいに非難された。特に鉄道線の終着駅のある港の都市が、同じ線の中継地よりも高い料金を取るようなときは激しく非難された。[56]

デュピュイはこの料金の問題を、効用と需要の用語を使って解決しようとした。彼は、「経費」と「通行税」を区別した。あるいは可変経費と通行料といってもいい。経費は、ひとや商品の輸送と直接関係し、輸送量によって額が増えるが、間違いなく利用者に課金される。通行料（通行税）の目的はそれに対し、資本投資を埋め合わせ、収益を得ることである。これら通行料は経費とは別に扱われなくてはならないし、可能なかぎり、利用者が得る効用に比例して設定されなくてはならない。[57] 一八八〇年代までに、すべての土木局の技術者が、デュピュイの論理は非のうちどころがないものと認めた。「しかしながら」、アルフレッド・ピカールは一九一八年に警告している。コルソンとコンシデールの意見をそのまま繰り返しながら、「料金設定はまた、応用が不可能であるような、ある理論的推論をふくんでいる」と。[58]

実際は、料金の合理的な基礎づけを定式化するほとんどの試みは、第3章で議論したように、デュピュイよりもジュリアンやベルペールの仕事に負っていた。あるいはむしろ、旅客一人一人に課金するという考え方や、経費を帰属させうる貨物の単位という考え方がもっともらしくかつ倫理的であったので、この考え方はおおむね技術者にというより一般公衆に認められるようになった。社会哲学者のプルードンは、社会正義にのっとれば、輸送料金と企業にかかる経費とのあいだの厳密なつり合いが必要だと熱っぽく議論している。[59] ボームも同様に考えた。彼は一人の旅客を一キロ運ぶのに必要な経費、あるいは一トンの商品を一キロ運ぶのに必要な経費を、原価 *prix de revient* と呼んだ。これは、鉄道がその出資を埋め合わせるために課金しなくてはならない最低料金である。この価格より低い料金設定は社会に損失をもたらすので、企業は過酷な競争があってもそのような料金設定を避けなくてはならない。もちろんこの価格は、異なる場所では環境によって変わるだろう。しかしこれは鉄道の統計を使って計算できる。ボームはどのように計算できるかを示すために、いくつかの論文を公刊した。[60]

ボームの解答は、ベルペールと同じように、基本的には経費をすべての利用者に公平に分配するというものであった。この考え方ではジャンル別に適用することができない。ほかの技術者たちはこの点を指摘した。もっとも厳しい批判者、ルネ・タヴェルニエは次のように述べた。アメリカの専門家委員会は、ボストン、ニューヨーク、フィラデルフィア、ボルティモアでの料金闘争を同じやり方で解決しようとしたが、原価というものは決めることができないという結論に達した。それは定数ではなく、路線や季節や輸送のレベルによって異なる。この原価より安く課金しても、その線にとって、少なくともある商品にとってはしばしば有利となる。なぜなら、どんな貨物にもともなう経費は、その「原価」よりずっと安いものだからである。もっともよい解法は、可変の価格を用いることであり、大きな路線が権力を行使しないよう官僚的に決めることである。したがって、その大路線を小さい会社に分割するのはよいことだろう。[61] ボームは弱々しく反論した。タヴェルニエは平均値というものを理解していないことを露呈している。つまり可変性があっても、「平均寿命」は損なわれないのと同じように「原価」は損なわれない。タヴェルニエはこれに対して、ボームの役立たずの定量化は、官僚の単純化精神がもたらす有害な効果の証明であると応酬した。[62]

次にあらわれた非常に影響力のある、そしてなかでも優れたやり方は、コルソンが主張したものである。コルソンは土木局の技術者だったが、パリ土木学校で一八九二年から一九二六年まで、ポリテクニークで一九一四年から二九年まで政治経済を教えていた。彼の教育の中身にはほとんど不明な点がない。というのも、彼は全六巻、合計で二〇〇〇ページをゆうに超える教科書を出版しているからである。土木技術者はずっと、自由市場主義の経済学を教えられてきた。その学説によって彼らはどうにか、自らの信条と妥協することなしに、中央集権化と国家による有益な介入との正しさを信じてきた。[63] イデオロギーの用語でいえば、コルソンの考え方は型どおりの自由主義を政治経済に導入したものであった。彼は数学の使い方に注意を喚起した。なぜなら、彼のコースが商人や法律家よりも技術者向けに設計されたものだったからである。しかし、数学的戦略には、一貫性を追求したり、詳細に探究したりするには、まだあまりにわからないことがありすぎると彼は主張した。数学は有用な類推や比較を提案することができる。そして問題が明確に定義された解法をもつのはどういうときかということを、経済学者が理解するために役立つ。これらの「ごくまれな著者たち」、演繹的、数学的な理由づけに満足するひとたちは、「しばしば、もっとも独創的な理論に埋没して、現実から完全に逸脱する」。[64] コルソンは、彼の経済学が現実に役立つように、統計的な事実に密接にかかわることに誇りをもっていた。[65]

意外なことではないが、彼の「公共事業と公共交通」に関する議論は、彼のコースのもっとも重要で独創的な部分であった。ここで彼は影響の多様性を認めたが、もっとも近かったのはデュピュイの原理である。彼が基本としたのは、価格の上昇とともに需要曲線が下がるという、効用の逓減と同等の考え方である。コルソンは新しい限界効用理論を知っていた。彼は数学者ではないオーストリア人たちのことやウィリアム・スタンリー・ジェヴォンズのことには好意的に言及したが、ワルラスのことは無視した。ワルラスの仕事は、より抽象的で数学的であった。[66] しかしコルソンは、ジェヴォンズらの方法を抽象的に展開したりはしなかった。コルソンは輸送の料金を決めるという現実的な問題にそれらを応用したのである。つまり、デュピュイ以上に先まで理論を展開する必要性をコルソンは感じていなかった。

コルソンの使命はむしろ、常に理論を実践と調整することにあった。価格に関しては、輸送の効用のすべてを、あるいはたとえ一部分でも、利用者全員から回収する方法は存在しない。料金が低く設定される事例では、鉄道や橋を使うことで少しでも利便を得るひとの利用を妨げないようにするには、金額の異なる通行料金を設定しても意味がない場合がある。ここでコルソンはフランスの国家活動の慣習を支持し、あらゆる真に有用なものは、建設する企業家の割にあうものであるという、アングロ＝アメリカンの考え方と見なされるものに断固として反対した。国の役割こそが唯一、コルソンが自らの計算を理論的利益よりも関心よりもよいものをふくんでいると見なす理由である。[67] つまり、自由主義のコルソンでさえ、経済の定量化を市場メカニズムの代替品として、しばしば市場原理に反対するものとして使っているのである。[68] それでもやはりコルソンは、輸送の経費は資本コストもふくめて、利用者から最大限回収されるべきと考えていた。彼は新しい鉄道や運河の間接的な利便性についての壮大な主張をすることには懐疑的であり、デュピュイのいう、運河や鉄道の効用は高比率で、(経費とともに) 通行料金によって回収されなくてはならないと考えていた。

コルソンは、「経費を公平に分配する」というボームの言葉を用いた。しかし、コンシデールに従って、彼は形容詞「部分的」*partiel* をボームの句に加えた。変動する経費が計算にふくまれるようになった。[69]「部分原価」*prix de recent partiel* でさえ、曖昧さをふくんでいた。それは巧妙さを必要とし、可変の経費と資本コストとを分離するために、単なる慣習にすぎないものに対して寛容である必要がある。しかし、この量は、少なくともデュピユイの理論と一貫性をもっていた。なぜならそれは、得られる効用に比例して料金を設定することをとおして、資本コストを分配するものであったからである。しかしながら、そもそも現実主義者であるコルソンは、デュピュイは不可能な理想であると指摘した。その理論は、すべての貨物の価値を調査する役人を必要とするのである。そして常にいくらか独断的に、輸送の価値を固定する必要がある。このレベルの介入にあまりに多くの自由裁量のあることは、法的にも倫理的にも受け入れがたい。「定額で、任意ではなく……合理的で、説明可能な」[70]規則に従って、商品のカテゴリーごとに課金することが必要だろう。

　鉄道労働者による自由裁量権を否定することは、もちろん判断を排除することではなく、より高い管理者レベルに裁量を集中させることである。行政エリートにとって、単純な式に還元できるものなど何もない。関税の規則でさえ、その固定はあまりに難問だが、「商業的な必要に順応できるくらい十分に柔軟な」ものである必要がある。このような考慮をすることはあまりに複雑な仕事なので、「正しい知識をもち、公平なひとびとによって」ならば、多様な形でうまく判断されるだろう。

　料金の複雑性に対するコルソンの鋭い感覚は、貨物の料金の具体的な規制に正確に反映された。それは商品の分類についての難解な論争を生み、またその分類は、どのような経済理論によっても決められないものであった。フランソワ・カロンは、フランスにおける官僚による料金設定には、科学的主張がないと指摘している。そして、支配的な理論は、単に「従価」*ad valorem*〔商品の価格に比例して〕で課金するということだと指摘した。[71] コルソンは、より野心的に、この目的やその他の目的のための計算を好んだ。しかし、自分の世代以外の土木局の技術者に対しても、その計算はけっして厳密であってはならないと教えている。「計画された経路での輸送量を、サービスを享受する人口の関数として計算する巧妙な式がたくさんある。しかし、それらを裁量しながら用いるには、住民の社会的、経済的、倫理的状況を考慮することが必要である。そしてそれはたいへんに難しいことだ[72]」。これは、技術者が自分たちの方法を広く公衆に示すときによく使うやり方である。また、技術者が彼ら自身のことをどのように考えているかも表している。融通の利かない法のレトリックに対して、純粋に技術を専門としている専門家は控えめにつき従うが、それは技術者のレトリックではない。技術者は自意識の強いエリートなのである。彼らの定量化の用い方は、このようにしか理解できない。

エリートとしての技術者

エコール・ポリテクニークにはほとんど無敵の名声が与えられており、その卒業生は産業界でも行政でも成功をおさめていたので、厳密な定量化が必要なのではという疑いなど、予想されていなかっただろう。このような疑いは、絶えず不安定であった第三共和政の時代には、特に高く評価されつづける必要があった。そこでは科学を、社会的な合意の基礎として、そして教会の保守主義に代わるものとしてたてまつっていた[73]。運河や特に鉄道の立地と価格の決定は、十九世紀を通じてずっと大きな論争の種であった。たとえば七月王政の時代、鉄道が引かれる予定のない県は、その路線に賛成するあらゆる県に反対する運動を積極的におこした[74]。国家計画の立案者は、もちろんそのような強力な反対者と妥協することもあっただろう。しかし最終的にはいくつかの県は、他の県より有利にならざるをえなかった。そのような決定の公平さや客観性を数によって保証できれば、まちがいなく都合がよかった。私たちは、数学教育を受けたエリート技術者なら、科学への敬意をうまく利用して、古典的な意思決定を単純化や定量化によって下すであろうと期待してはならないのだろうか。

答えはノーである。彼らは非公式のやり方で効果的に行動できた。さらに、技術的な決定をする上で、今までのところ古典的な定量的方法というものはなかった。土木局の技術者たちは、定量的な技術者の代表例であった。彼らの領域は、構造や機械の領域を越えた広がりがあり、そしてすでに見てきたように、経済や計画や行政に、数や計算を大量に使用した。しかし、彼らの定量化の傾向を、現代の技術者に固有の、すべての課題は数学的に解けると反射的に信じ込むのと同じだと見なすことはできない。当時の技術者たちは、経済的な数字は専門家が解釈するときにのみ利用可能になると、少なくとも信じていたのである。

土木局の技術者たちはしばしば、習慣から数値に頼っていると、あるいは社会問題を他の方法で理解する能力に欠けていると非難された。一八九五年のダムの失敗以降は、次のように冷笑された。「神聖なるエコール出の学者技術者たちは、数字でいっぱいの学術論文のなかで確かめられた危険を知っていたし、村全体が破壊されれば損害がいかほどであるかを知っていたし、人命の失われることが国にとってどれほどの負担かを知っていたし、恐ろしいほどの知識の蓄積であふれそうだった。やがてとうとう決定的な亀裂が入り、彼らの予知の数学的厳密さを確信させてくれた[75]」。しかし、この表現は、単に倫理的な関心が欠如していることを匂わせるという理由からだけでなく、誤解を招く。フランスの技術者たちは橋や道路を計画するのに数学を使っていたが、決定を数に任せることはめったにしなかった。彼らの信望は主にその経歴、教育、そして国との関係によっていた。計算や客観性の権威は二の次であった。数値は技術者たちのなかでそれほど力をもたなかった。外部者に対して示されるときもほとんど考慮されなかった。数値は、制度的な権力を控えめに補完するものにすぎなかったのである。

この観点からすると、技術者たちに意思決定を機械的にしようとする努力があまりなかったことも、不可解ではなくなる。彼らは計算する力をコントロールしていたし、彼らが数字を使おうと選択したときも事実上、計算の力を試されることはなかった。逆に、ポリテクニシャンの技術者はエリートの一部としてあまりに保証されていたので、彼らは自分たちの裁量を否定したり隠したりする必要はほとんどなかった。数学の優れた能力は、権威を主張する上で主要なものではなく、彼らは長い経験や全体的な文化によって判断を下したがった。徹底した定量化には、特に要因の重要性を明らかにするときの厳密さや要件に関してコストがかかった。土木局の技術者たちは、それらを異なるやり方で管理する方を選んだのである。

エコール・ポリテクニークに入学するには猛烈な数学の学習が要求されたため、純粋に技術的な学校としての評判は高まった。そのため土木局に義理の兄弟がいたバルザックは、『村の司祭』で政府の技術者を、果実を実らせる前に霜で枯れてしまう美しいオレンジの花にたとえて描いたのである。ここで寒気とは、数学的な寒気であっただろう。ノンフィクションではジョゼフ・ベルトランの回想がある。エコール・ポリテクニークに入ったとき、彼は「並はずれて無教養」であった。数学以外はまったくなにも知らなかった[76]。意味深いことに、彼は成熟して、幅広い学習と文化の手本となった。これこそ技術者が熱望した理想であった。実際、ポリテクニークの入学はとても狭き門で、ベルトランがいっているように（もし彼が真実をいっているのだとしたら）ほとんど準備不可能であるかのようだった。異様なほど数学の天賦の才がある場合を除いては。

結局、フランス革命によって創られた民主的エリート主義のエコール・ポリテクニークが、技術的な能力だけに関心をもっていた期間は、十年ももたなかった。その初期の十年間は、アラゴのような若者が、ポリテクニークの教育は軍隊の急速な進歩の鍵になると発見し、そして数学にすべてを捧げるために、いとしい「コルネイユ、ラシーヌ、ラ・フォンテーヌ、モリエール」をあきらめた時代である。(77) ナポレオンはエリート学生の人数の増加を認めることにより、政治的急進主義を最小限に抑えた。彼は旧体制からのあからさまな要求に応えることができなかった。土木局の技術者は、少なくともある程度のブルジョワ階級の出だったのだが。だから、彼は法外に高い授業料を設定し、入学試験でラテン語を課すように変革した。一八一六年に復古王制は、カリキュラムに教養科目を加えた。そして数年後に、ラプラスに支持された抽象数学が重要と見なされるようになる。テリー・シンが示したように、これらの変革の結果、古典的な高校教育がほとんど必須となった。そしてそれゆえに、中産階級以下の多くの学生を排除することになったのである。しかし、体制転覆をはかる勢力を一掃することはできなかった。一八二〇年代から十九世紀終わりに至るまで、ポリテクニークは、サン＝シモン主義の傾向で注目されるのである。興味深いことに、サン＝シモン主義は、もっとも裕福でもっともエリートの経歴をもつ学生に対して、より影響力を及ぼす傾向があった。そういう学生は、(しばしば) 政治に関心のないことを誇る土木局の技術者になるよりも、(78) 鉱山局に入りたがる傾向があった。

一八一九年にすでに、エコール・ポリテクニークの理事会は、ポリテクニークを新しい種類のエリートを集める場としてみるより、古いエリート層を教育し保証する機関として考えるようになった。特権に疑いを抱くようになった社会では、能力主義が、民主主義のもとでの安全なエリート主義の形となったのである。

われわれは、上流階級の指示をとおしてのみ、国家の平穏が保証される時代に生きている。特権階級は、個人の卓越した徳と啓蒙によって、万人の安全のために他者に対して行使する影響力が与えられている。もし気高い精神で考えるなら、実力によって判定される地位、才能や徳による富を求めるのは、幸福な必要性である。(79)

ポリテクニークでは、まだ社会的な移動がある程度は可能であった。しかし、アンドレ＝ジャン・トゥデスクが観察しているように、卒業生の家系は、けっして忘れ去られることがない。七月王政下では、特権階級の出身者は、非常に早く高位につくと見なされることが多かったし、高位の官職は、名士の子孫たちが占めた。(80)
第二帝政下では、入学許可は、高校からの古典的な

「バカロレア証書」をもった志願者に有利に働くようになり、入学試験の得点に加算された。結果として、一八六〇年から八〇年のあいだの入学者の四分の三は、数学の猛烈な学習とならんで、もはや使われていない古典言語の教育を受けていた。このような傾向から、両親が高額な中等教育の資金、あるいは入試にそなえた二、三年の特別な勉強のための資金を提供できない場合、入学するのが難しくなった。論争の種は、第一次世界大戦までのあいだ、形を変えて残りつづけた。ジョン・ワイスは主張している。十九世紀初めにおいて、多くの職業の準備のために古典的バカロレアがことさら要求されたことは、フランス社会に階層性をとり戻そうとする手の込んだ政治を反映しているのだと。(81)

この説には説得力がある。そしてその影響は、単に入学者を集めるパターンだけにとどまらず、家系と実力によるエリートを確固たるものにする傾向があった。それと同じくらい、いやおそらくいっそう重要なことは、ポリテクニークの卒業生が、自分たちのことを教養のある人物であると見なした意識の方であろう。彼らは単なるスペシャリストではない。社会における地位は、計算の能力に依存するようなものではない。パリでは、ケンブリッジと同様、数学というものは、技術的技能以外の何物でもなかった。一八一二年、カリキュラムのなかで数学の果たす役割は、知性の訓練として擁護された。数学はある面では不可欠なものであった。なぜなら、工学実践を十分に教えるには時間が足りなかったからである。(82)一八四八年の革命のあいだ、数学は単なる実践的訓練とは正反対のものとして称賛された。単なる技術者や専門家というより、広い能力をもった人間を創りだす方法であるとして称賛されたのである。(83)

一般的能力があることを当然のことと見なす傾向は、単なる「操作者」*conducteurs* を排除する根拠を与えた。「操作者」とは、土木局で（狭く定義された）工学的仕事の多くをおこなっていたひとびとのことである。彼らは一八四八年の民主主義的な心情を利用し、自分たちの地位を高めるよう強く求めた。これらの主張を検討するために発足した委員会はこう結論づけた。彼らは「知識――理論的、実践的、そして行政的な――の一般性、すなわち技術者が無知であってはならないもの」に欠けている。しかしながら、技術者教育の一部分は、無駄である、あるいはもっと悪い、と委員会報告はつけ加えている。なぜなら、それらの教育は、事実よりも理論に過度の信頼をおくようすすめるからである。まさにこの文脈においてデュピュイは、ポリテクニークの教育に好意的に言及し、教育は土木局を「野心的無能者」から守る越えられない垣根であると述べた。これは、特化した技術的知識をいうのではなく、まる暗記以上の知性、なじみのない状況にも対処できる知性のことである[84]。コルソンは、エコール・ポリテクニークの卓越した代弁者であったが、一九一一年に、テクニシャンがいるだけでは社会にとって十分でない、と述べている。リーダーが必要であり、このリーダーシップは、数学的な科学的知識だけでなく、ある「才能」が必要である。この才能は定義するのが難しいが、文化とその古くからの起源と密接に結びついている[85]。一九〇〇年までにポリテクニークは、ある意味でより広い社会的基盤からの学生を受け入れるようになるが、このようなエリート精神を失うことはなかった[86]。

エズラ・スレイマンは、質問紙調査やインタビューを用いて戦後フランスのエリートを研究したが、ポリテクニークや他のグランゼコールの卒業生のなかに、第三共和政下で成功したひとたちの態度とつながるものを見つけた。フランスのエリートの成功の核心には、「一般化された技能に対する深い信頼がある。それは一つの部署から別の部署に移るときに、技術的訓練なしにその特定の役職に適応できるある種の『技能』である」と書いている。フランスのエリートシステムは、「リーダーシップを取る地位のための一般的準備をするのがもっとも望ましい、と信じている。それはイギリスの公務員がつくられた当初からそう信じていたのと同じくらい固く信じている[87]」。技術者たちは、土木局に対して比較的忠誠心が高かった。しかしそれでもやはり、単なる技術よりも多面性を誇りに思っていた。J・マントは一九六七年に穏やかに述べている。「土木局の技術者としてのわれわれの役割は、計算をすること（これは予測をする技術者やその協力者の仕事である）にあるのではなく、その正当性を保証し、現実から離れることによってもたらされる結果の重大さを見きわめ、どのくらいを幸運に任せるかを決めることである[88]」。イギリスと同様、この行政的エリートは実際の仕事から学んだのである。彼らの公式の教育は、ブルデューならそう指摘したであろうように、主に資格認定であった[89]。スレイマンは結論づけている。エコール・ポリテクニークや国立行政学校や職業学校として表面にあらわれた教育機関がほかに存在したにもかかわらず（というか、むしろそれゆえに）、フランスは技術的専門家によって統治されていたのではけっしてない。フランスの技術官僚についての従来の図式に反して、彼は主張する。「合理的で、科学的で、厳密に計算された決定」[90]よりも、ごく少数のエリートによる固定化された権力のほうに注意をよせるべきだと。

十九世紀はじめのポリテクニシャンに可能なキャリアは、受けた教育や越えてきたハードルとつり合いがとれているようには見えなかった。『村の司祭』に出てくる土木技術者ジェラールは、月並みの給料、限られた行く末、そして（特に）地方における知的愚かさに不平をいった。デュピュイ、コモワ、ジュリアンといった若い技術者はこのバルザックの小説を、少なくとも、特に最後の点において支持した。しかしながら、彼らは土木局の連帯を楽しんだのである。「親愛なる友よ」*mon cher camarade* が標準のあいさつ言葉になっていたことから露わになるとおり。[91]十九世紀後半、そして二十世紀に入るといっそう、技術者のキャリアは「パントゥフラージュ」――公務員、特にグランゼコール出身者がときに共済金を支払って私企業に就職すること――によって改善された。国家公務員はますます、すぐに私企業でのより給料の高い地位に至る出世コースの一停留所と見なされるようになった。土木局の技術者やほかのポリテクニシャンは、フランスにおける初代の産業経営者であり、フランスの産業は、そのリーダーを企業内や他の企業からというより公務員のなかから調達する習慣をつくった。徹底的な階層社会の性質を残したなかで、彼らは他のグランゼコール出身者とともに、ビジネスをおこなう威光を駆使した。また、レナード・バーランスタインが観察したように、これらのエリート技術者学校は、「個人的な親密性がすべての経路で効力を発揮するような、[92]誠実さと専門性の保証を生み出した」。もっとも成功した企業の管理者は、次に最高レベルの行政の仕事に復帰することがあった。しかし、若干報酬の高い国家の地位でさえ、それは十九世紀に名声をはせた技術者たちの多くが積んだキャリアを定義するものであったが、それだけで土木局の精神を維持するのに十分であった。[93]

ポリテクニークの教育は、技術者の個人的および集団的アイデンティティの形成に重要な貢献をした。しかしおそらく、特別な技術的内容というより、共有された厳密さの結果としてである。エルウィットは述べている。共和主義者もいれば帝政主義者や王政主義者もいようと、「彼らの知性の形成と外観が彼らを結びつけているのである。彼らの政治的忠誠によって不明瞭になってはいるが[94]」。土木局の技術者の地位は、彼らの技術的知識の結果ではなく、社会における安定した地位の結果である。彼らは意思決定をする自分たちの能力を信じている。土木局のような組織では、共有された経験のなかでの非公式の議論や、個人的な信頼があれば、だいたい合意に達することができる。技術者たちは、公式で定量的な決定手続きを精錬させて正当化の儀式とする必要をまったく感じていなかった。外部者から論争や政治的圧力によって脅やかされることのないかぎり、それらの正当化は必要ないのである。

フランスにおける行政文化

そのような外部からの脅威はあまり多くなかった。国家技術者が帰属していたフランスの官僚制度は、すでに十九世紀には、誰にも責任を取らないという点でほとんど伝説と化していた。フランスの行政の理想は、それぞれの役人に、たとえ小さいものであっても、所属する局に対する絶対的な統御権を与えるというものであった。行政の絶対的な地盤は、レイモン・ポワンカレによって風刺された。彼は、典型的な閣議について記念すべき描写を残している。「重要な仕事は、明日対処されるだろう。しかし今朝は、解決しなくてはならない些細な問題があまりにたくさんある！……さらに、外相は、どんな決定をしなくてはならないかについて誰よりもわかっていない。財政相は財政に関することすべてにおいて、もっとも能力のある人間のはずではないだろうか？」[95] アンリ・シャルドンはより前向きに表現している。彼自身が関係閣僚協議会のメンバーであり、この原理の重みを十分に伝えるために、強調のイタリックを用いてこう述べたのである。「役人はめいめいが自分の機能を果たすかぎりにおいて、どの権威者よりも優れている」。一つ一つの機能の重要性はどれも自明である。なぜなら、そうでなければ、それが国によってなされるはずがないからである。確かに単なる政治家に干渉を許すなどということは、あまりに慎重すぎる。彼は書く。フランスは、「政治と行政の一体化を棄て去るべきである。それによって多大な損害をこうむっているのだから。そして、民主主義において行政的権力は、民主的権力のかたわらに合理的に存在するということを認識すべきである。フランスは、国家に責任をもち、公共事業の技術的な方向性を保証するために、恒常的な技術行政を必要としている」[96]。

フランスの行政はヒエラルキーを理想としていた。それぞれ役人は、自分の上司にのみ責任ある態度をとった。アンリ・ファイオルは、断固とした行政改革者ではあったが、権威の明確な序列を奪い取るような変革は望まなかった。「中央集権化は、自然界の秩序である。これは次のような事実によっている。すなわち、すべての有機体、動物、あるいは社会において、感覚は脳、あるいは指令箇所に集中し、そして脳または指令箇所から、命令が送られ、すべての有機体のすべての箇所が動作するという事実である」[97]。この理想は、もちろん、現実にはいつでも機能するとはかぎらない。しかし少なくとも、役人が直属の上司以外の当局から分離することを正当化する。ときに違反がおこったときのみ称えられる能力主義は、この理想の一部に組み込まれている。第三共和政の初期〔一八七〇年代〕、役職は慣習にしたがって「選抜試験」あるいは競争によって、一般にポリテクニークにおける入学者選抜のやり方に従って埋められた。選抜試験システムがかなり公式のものとなったのは、当時広がりつつあったえこひいきに対する恐れへの解答である[98]。

懐疑と出世主義というこの官僚制度の精神は、官僚主義の歴史研究のなかに生き生きととらえられている。官僚制度が具体的に何をしたかについての研究はほとんどないが、公務員が出世の階段を上ろうとしたときの憤懣についての研究は山ほどある。一八七二年にクルセル＝スヌイユは能力主義について論じている。選抜試験を使う機会がふえ、グランゼコールの名声が高まったことは、行政を孤立化し、公共の利益に対して官僚的無関心をもって対処するという土木局の精神を促進した[99]。イポリット・テーヌは、一八六三年にまことしやかに述べた。この堅固なシステムの理由は、最適の候補者を昇進させることではなく、むしろ不公平ではないかという疑念を払拭することにあると[100]。ファイオルは、ポリテクニークの入学試験で数学が強調されるのは、それが評価を簡単にするからであるというのが主な理由だと考えた。たしかに、証書〔バカロレアなどの〕を書いた別々の試験官がそれぞれ異なる基準で成績をつけていると判明したとき、ポリテクニークの理事会は頭を悩ませた[101]。しかし、ポリテクニシャンたちは、いったん卒業してしまえば、そのような堅固な形式なしでやっていけるのである。コルソンは、次のように信じていたと考えてよいだろう。最適のシステムは、階層のもっとも上位にいるひとたちに、その部下と同様、能力主義を選択させることだろう。「選抜試験は、自分の仕事で自分の能力を証明してみせるひとを判定するときには、何の根拠ももたないが、むしろ、経験や実践より理論的研究を高める傾向にある」[102]。そして、このように十分に高められ十分に一様な能力主義こそが、豊かな知識にもとづく判断を疑わないようにさせていた。土木局のメンバーは、広い公衆からの監視に支配される心配はなかった。

より低いレベルでは、フランスの官僚制度は、奇怪な一連の規則を固守するものとして有名であった。規則の多くは公刊されていない。外部者はけっしてその規則を使いこなせないゆえに、役人はほとんど完全なる自由裁量のもとで行動できた。より高いレベルでは、没個人的な規則に従っているふりをする必要さえほとんどなかった。バルザックは『平役人』のなかで、フランスについて、革命が国家を理想化してしまったので、官僚の軍隊によって統治されるようになってしまったと述べている。特に第三共和政において、行政は政治的な指導者よりも耐久性のある権力をもっていた。[103] スタンリー・ホフマンは、次のように述べている。「だいたいにおいて、共和政というのは表面にすぎず、その裏側では官僚制度が意思決定をしているのだ」。エズラ・スレイマンは、より現代の官僚制について同様の点を指摘している。フランスほど官僚が政策形成に深く関与してきた国はほかにない。[104] さらに、そのプロセスでは、行政的自由裁量が広範に存在していた。ハーバート・ルーシーの言葉によると、第二次世界大戦後にフランスは計画なき計画経済を採用した。分離された省庁が、大きな自律性を保持していた。フランスの行政高官は、金で買える局を革命が廃止してから一世紀以上も、局を自分たちの所有物と見なし続けていた。家系はとても大事であり、フランスの行政には実質上の世襲制がある。ピエール・ルジャンドルが指摘したように、これらは第三共和政下の選抜システムの形成を切り抜けて生きのびた。理由の一つは、多くの局がその選抜システムの外にあったからであり、また受験者が試される知識は、主にはエリートの高校によって後押しされていたからである。さらに、選抜制度は、中央行政の地方部門によって局所的に管理されていた。試験は書面とともに口頭試問もあったので、知識だけでなく、型、文化、ふるまいといったものも試された。[105]

フランスの行政機構は、このようにかなり自律性をもって機能しており、公共の監視にさらされることはほとんどなかった。ロジェ・グレゴワールは一九五四年に委員会を開くにあたって、公式には権力のない委員会ではあったが、行政機構はその委員会の決定を誰に説明すべきなのであろうか、ということを問うた。この問いかけは強い抵抗にあった。権力系統を複雑化し、遅れを招くという理由からである。[106] 役人は、公的行政におけるプライバシーの権利を防衛していた。スレイマンによると、一九七〇年代でさえ、土木局は情報を公開しないことで自らを守り続けた。これはアメリカ陸軍技術団とは対照的である。アメリカでは情報をたくさん流すことが目的にかなっており、技術団は自ら望んでいなくてもそうするよう強いられている。[107] フランスでは長いあいだ、これまで述べてきたような外部からの監視に対する自由ゆえ、信頼できる統計を取るあるいは公開するのを嫌がる傾向があり、多くの研究者を憤慨させている。ウォルター・シャープは、一九三一年に次のことを見いだした。「政府の多くの局において、ファイルにふくまれた情報の出し渋りの傾向がある。この秘密主義の態度は、明らかに、君主政あるいは王政の時代からの貴族政治の名残である。局内の地位がその役職についたひとの私的な世襲財産として扱われてしまう」。彼は加えて述べている。「官僚主義はまだ、個人の活動に関する正確で比較可能な統計を取ることの意味、そしてただちにそれらを公刊することの価値に気づいていない[108]」。

利用可能な統計を集めようとしないことと、定量的な基準をつくろうという意欲に欠けることとは、同じ傾向の態度を示している。統計は抑えられたのである。なぜなら、局の仕事はそれ自身の仕事と見なされ、選挙によって選ばれた役人や公衆が詮索しなくてはならないものとは見なされなかったためである。もしこの非公開の領域が維持されるのであれば、決定のプロセスを定量化したり機械化したりする意義はほとんどない。土木局の技術者たちは、この点において、他の行政機構と何ら変わりはなかった。フランスの他のエリートと同様、彼らは信じていたのである。「社会的問題の複雑性が増すにつれて、なによりも、幅広い視野をもち、社会全体にかかわる相互に依存しあう厖大な問題を理解する人間が、テクニシャンの限界を超えることができるのである[109]」と。

ポリテクニシャンの教育が彼らの理想とは調和していなかったと見ることもできるだろう。ロジェ・マルタンは巨大企業の社長だったが、ポリテクニシャンの聴衆に向かって、彼がエコール・ポリテクニークで受けた教育、特に数学における訓練が、まったく役に立たなかったと言った[110]。ファイオルは、技術者および産業界の管理者になるには、数学教育よりも習慣的に身に着けるものの方がずっと必要であると主張している。彼は財政や会計の訓練の方を好んだが、しかしまた文学、歴史、哲学の教育を望んだ。「産業界のトップや技術者は、どのように話し、書くかについて学ぶ必要がある。しかし高度な数学は必要としない。三つの単純な規則があれば、軍隊の指揮官と同様にビジネスマンにとっても十分であるということは、あまり十分には知られていない」。ポリテクニシャンの成功を数学のおかげとすることは、因果関係を間違えていると彼はつけ加えた。「エコール・ポリテクニークに付随する名声にとって、数字には何も、あるいはほとんど値打ちがない[111]」。

テクノクラシー

フランスの技術者がなぜ、没個人的な規則を探し求めて定量化を主張するということをしなかったのか、以上のことから理解できるだろう。ましてや両大戦間のテクノクラシーの先駆者たちは、経済的で社会的な決定を機械化しようなどとは考えなかった。フランスの技術官僚は、管理におおいに興味を抱き、F・W・テイラーや、サン＝シモンや、ヴァルター・ラーテナウなどに熱中した。このことは、彼らが政治よりも行政を好む特徴があったことを示している[112]。しかし、彼らの理想としていたことは、エキスパート・ジャッジメントそして一般的な管理技能の理想であって、特化された手順あるいは技術的手順の理想ではなかった。

「テクノクラシー」という言葉は、悪評高い無節操とともに使われるが、そのもっとも代表的な意味は、ある重要な側面において、定量的厳密さの精神とはまったく正反対の方向へ働く力を反映しているのである。リシャール・クイゼルは示唆的な定義を与えている。彼はテクノクラシーを次のように仮定した。

人間にかかわる問題は、技術的問題と同様、解法をもっている。専門家が、もし十分なデータや権威が与えられれば、発見して実行できるような解法である。これを政治に応用すれば、既得権益、イデオロギー、過度の党派政治からの干渉が見いだされる。そのアンチテーゼは、力と妥協を重視する意思決定である。技術官僚はこのように、議会民主主義に疑いをもち、「最適合の規則」を好み、管理された政策を好む[113]。

妥協の政治の対極にあるのは、技術官僚と実践的定量化の二つであった。しかし、「解法」を参照することは、闘志あふれる定量主義者による没個人性を強調することである。フランス的伝統をひく技術官僚は、社会の問題を解決するために、教養ある判断を主張した。が、なぜ専門家がときに異なる判断に至るのかということは、説明できなかったのである[114]。

議会民主主義への疑念とは、技術官僚を定量主義者と見なすことと同義ではない。技術官僚は、議会政府にともなう定常的な精査・監視に従うことなしに、管理する権威を必要とした。定量主義者たちも、立法上のプロセスは理想的な結果をもたらさないかもしれないと疑うことがあっただろう。しかし、技術官僚は少なくとも、文化や識別力のある人間としての自分たちの権威を隠すことによって、あるいは否定することによって適応していた。技術官僚とは、権威主義の傾向のあるエリート主義を意味する。それは生産性と効率主義に関心をおいたエリート主義である。それは生産性と効率主義に関心をおいたエリート主義である。定量的な厳密性を追求することは、主に民主主義との結びつきを強める。しかし、活力にあふれた参加型民主主義を繁栄させることはないだろう。技術官僚とは、権威の与えられている専門家を含意する。技術官僚であったユベール・ラガルデルは、「社会生活に貴族政治的な要素を再導入し……エリートによる政府の再建」を求めさえした[115]。定量化の体制は、民主主義による制御をひっくり返すにはたかだかかぎられた力しかない専門家を力づける企てでもあった。技術官僚は相対的にエリートを保証することを前提としていた。定量的な決定規則は、外部者による力のある異議申し立てをかわそうとする内部者の企てを支持する傾向があった。

定量的客観性の追求は、第二次世界大戦後に広くアメリカの影響が及ぶまでは、フランスでは普及することはなかった。ベルトラン・ド・ジュヴネルがフュテュリブル派について説明した経済予測の議論から明らかなように、この考え方は大幅にアメリカに由来している[116]。フランソワ・フルケの戦後フランスにおける国家財政や費用便益分析の研究は、この依存の傾向を明らかにしている[117]。

知識だけの観点からいえば、アメリカ流のものを優先しようとするこの傾向は、驚くべきことであろう。一九三〇年代までは、アメリカの科学は、洗練された数学が求められるようなところではどこでも、とても弱いことで有名だったのである[118]。実践的数学は、だから、エリート教育の単なる結果ではなかったのであり、社会構造や政治文化から理解されなくてはならない。フランスは、ポリテクニークのような制度をとおして、誰にも負けない数学的伝統を維持してきた。そして、管理の道具として計算をいつも用いてきた。しかし、生徒を類別するためのＩＱテストや、公衆の意向を定量化するための世論調査や、薬を認可するための洗練された統計手法や、公共事業を評価するための費用便益分析やリスク分析でさえ――これらはすべて没個人的客観性の名のもとで開発されたが――アメリカの科学およびアメリカ文化独特の産物なのである。

第7章　アメリカ陸軍技術者と費用便益分析の興隆

現代のピタゴラスとは何か、われわれの時代のアインシュタインとは何か、といった問いが、疑問の余地のないほどの精度をもって、遠い島に建設された貯水池の便益のふさわしい分け前を定義するのではないか？

（セオドア・ビルボ、ミシシッピ州選出の上院議員、一九三六）

アメリカ陸軍技術団〔通常、陸軍工兵隊と訳されているが、ここでは公共技術に携わる側面を強調するために、以下、軍技術団の訳をとる〕は、フランスの土木局をモデルとして、一八〇二年に常設機関として設立された。その幹部は、ウェストポイント〔ニューヨークの北八〇キロ〕にある陸軍士官学校つまりアメリカ版エコール・ポリテクニークの主席卒業生のなかから選ばれた。フランスからの亡命者であるランファンは、すぐれて幾何学的な首都ワシントンを設計したが、彼もこの軍技術団の設立計画に参与している。創設時点では、多くの技術書はフランス語で書かれていた。前身たるフランス土木局にならって、アメリカ陸軍技術団は、行政的統一を是とした。このことと幹部の誇り高いエリート主義とによって、彼らは、十九世紀アメリカで政治的疑念をかけられることとなった[1]。敵対者たちはこの種の批判を、二十世紀に至るまで続けた。フランクリン・ローズヴェルト〔第三二代大統領（一九三三―四五）〕時代の内務省長官ハロルド・イックスは、軍技術団が彼の行動を邪魔しなかったという理由で彼らの中央集権化の野望を許してやってもよかったはずだが、しかし、一般大衆の受けをねらって敵対的な態度をとった。彼は軍技術団のことを、次のように語った。「ワシントンの圧力団体のうち、もっとも力があり、野望のある集団である。それを構成する特権階級は、もっとも高い支配階層にいる。彼らは、軍における政治的エリートであるだけでなく、官僚制度の花として完璧だ[2]」。

これは魅力的な誇張表現だが、誰も本当には信じなかった。おそらく、技術団はエリート集団であっただろうが、その支配階級としての主張は、行政の領域の範囲を越えて拡張されることはなかった。同じことは、フランス土木局については言えない。フランスの方は、二世紀にわたって、現実の、かなり統一されたエリートと絡み合っていたからだ。ポリテクニークの歴史はフランスにとって、革命後の社会に階層性を永続させた教育システムの手本としてもっとも興味深いものである。ついでにいうと、土木局の歴史は、官僚的自律性の歴史であり、政治に対する行政の勝利である。アメリカの歴史家からみると、アメリカ陸軍技術団は、自然界への制御力ほどには社会への制御力をもってはいない。政治の用語でいえば、軍技術団は、利害関係者、圧力団体、「議員のなれあい」そしてなにより「ポーク・バレル」〔特定の利害関係者にだけ利益がある助成金〕と同義語である。結局、もっとも明らかなことは、官僚制度の歴史研究では、アメリカ陸軍技術団は行政の支配階級の中央にいたとは描かれず、徹底的な不統一、激しい内紛の場面として描かれていることである。これらの不統一や内紛こそ、一様な費用便益の方法が追求されたことを理解するための適切な文脈なのである、と私は主張したい。この経済的定量化の形式は、技術的エリートの自然言語として成長したのではなく、疑いと不同意のなかで、適応のための共通基盤を創る試みとして成長したのである。定量化の体制は、全権を掌握する専門家によってではなく、比較的弱く分裂した専門家によって無理やり課されたのである。

　本章は、一九二〇年代からだいたい一九六〇年くらいまでのアメリカ合衆国官僚制度における、費用便益分析の歴史を扱う。これはアカデミックな研究の話ではなく、政治的圧力と行政的対立の話である。費用便益分析は、手続き的な規則を促進するために、そして治水事業の選択に公正さの公的証拠を与えるために導入された。二十世紀のはじめ、軍技術団の生み出した数値はだいたいその権威だけで受理されたので、それに相応して、方法を標準化する必要性はほとんどなかった。しかし、一九四〇年ごろに、経済的な数字は厳しい論争の対象となった。軍技術団は公共事業会社や鉄道会社といった強力な利害関係者から異議申し立てを受けた。そこからの真に重要な展開は、軍技術団と他の省庁、特に農務省と土地改良局とのあいだの激しい官僚的衝突の勃発である。省庁はその抗争を、経済的分析を調和させることによって解決しようと試みた。一様性を達成する戦略として交渉が失敗すると、彼らは、経済的合理性の間に合わせの技術に基礎をおこうと試みざるをえなくなった。この点において、費用便益分析は、地方官僚的な実践の集積から、一連の筋の通った経済原理に変換されなくてはならなかったのである。アメリカの政治における系統的不信の文脈においては、その弱みは強みとなった。一九六〇年代以降は、勝者となった費用便益分析の推進者は、この分析にほとんど普遍的な妥当性があると主張するようになったのである。

アメリカの工学における経済的定量化のはじまり

フランスと同様アメリカでも、技術者の学術的な訓練は、産業界——すべての機会を競争的優位性にもとづいてとらえる企業家の集まり——が自発的に創ったものではなかった。ペーター・ルントグレーンは、技術における「学校文化」は、産業化よりも官僚制度とより深い関係があることを示している。公的な工学研究は、国家技術者が職業モデルとなった国々で最初におこったのである。スウェーデンやドイツのいくつかの州で、鉱業アカデミーは、教育を受けた技術者の役割は理性的官僚になることであると定義した。フランスの鉱山局は、主にフライブルクにあるサクソン鉱山アカデミーをモデルとした。フランス土木局自体も科学的土木工学の最前線だったが、アメリカ陸軍技術団は、フランスで土木局が国家的職業をつくったのとは対照的に、そこまで強力ではなかった。それでもやはり、軍技術団はアメリカでも、最初から重要な存在であった。[3]

エリー湖運河の建設にかかわった技術者たちは、プロジェクトがはじまる以前に、公式な訓練は何も受けていなかった。軍技術団がチェサピークとオハイオ間の運河の経路を一八二〇年代に調査し、費用を二、二〇〇万ドルと見積もったとき——これはエリー湖運河の建設費用の三倍である——議会は反発し、実務経験のある人物を送り込み、正式に費用を半分にした。そしてプロジェクトは完全に失敗した。技術団の任務は、一八三八年からは川と港の仕事だけに限定された。[4] 技術団は、太平洋に出るいくつかの経路を調査したが、十九世紀の北アメリカ大陸に散在した多数の道路網に対する行政的権威をもっていなかった。軍の技術者はそれでもやはり、会計と管理の形式に対する主な責任を担い、そしてそれをとおして、鉄道会社は、現代アメリカの管理のゆきとどいた会社の典型となることができたのである。[5]

軍の技術はまた、橋の設計といった問題に数学を応用することにいくらか関係があった。しかし、知識の源はアメリカというより、フランスであった。チャールズ・エリット・ジュニアは、エリー湖運河およびチェサピークとオハイオを結ぶ運河の仕事で経験を積み、一八三〇年にパリへいき、パリ土木学校の学外生として勉強した。吊り橋にかかる圧力の計算は、あいにく彼が想像したよりも少し複雑であることがわかり、彼は悲惨な失敗に苦しめられた。エリットは、独占的な運河は、費用の分配よりむしろ効用にもとづいて料金を決めるべきだと唱えながら、公共事業についての新しい種類の経済的思考をアメリカに導入した。ここで彼を挫折させた圧力は、より政治的な性質のものであった[6]。鉄道料金の専門家は、都市間の紛争や農民・会社間の紛争を解決しようとしていたが、フランスのようによく組織化された伝統に依存したりはしなかった。専門性というものは、政治的また司法的な圧力への応答として、技術者や法律家が望むような形で創られた[7]。

それでもやはり、アメリカにおける法的規制は徐々に育ちつつあり、継続性をもちつつあった。対照的に、軍技術団がこの公共事業の領域に入る前のアメリカにおける公共投資の経済的評価は、ほとんど完璧にその場しのぎのものであった[8]。実際に効力をもつためには、費用便益分析が制度化され、定型作業化されなくてはならなかった。費用便益分析の制度化は、二十世紀の陸軍技術者の代表的な功績である。

サミュエル・ヘイズによれば、アメリカで政府の専門性や合理性が成長したのは、中央集権化が進むにつれて小さな共同体が破壊されたことによっている。国家主義的なものが地方にも一貫したことは、アメリカの進歩主義の時代の政治史および文化史において、現在、主要なテーマを構成している[9]。軍技術団は、周知のとおり、この国家と地方の分断に両面から作用した。地方の利害を結集させて国家レベルのプロジェクトのサポートを得るために、技術団の能力を発揮したのである。しかし、費用便益分析の用語は、明らかに議会にはよく適応していたが、たとえば、オクラホマ州オオロガ地区ではそうではなかった。ハーブ・マクスパデンが、ヴェルディグリス川に計画されている貯水池の予定地には、彼の亡くなった親戚ウィル・ロジャーズの生まれた土地もふくまれていると町に文句を言いにきたとき、彼は思い切って、その観光価値を金額に換算しようとした。プロジェクトは全体で、七、〇〇〇万ドルの損害になるだろう。彼は主張した。「だから、君の言葉を使えば、これは、『経済的に実行可能』なものじゃない。これは俺たちにとっちゃ、えらく大きな言葉だけど、ここに使わせてもらったよ」。これにミシシッピ州の治水委員会の委員長ウィル・ウィッティントンは答えた。「もし君のような若造がワシントンにいくときには、あとで取り消すような大きな言葉は使えない。それは時間の無駄だ」[10]。

ヨーロッパでは、土木局のような技術庁は、しばしば官僚的合理性の最前線にいた。アメリカでは、公共事業の決定は十九世紀の終わりごろ、議会が個別主義的な規制から離れて、一般的政策を制定する役割へと移行するにしたがって、ようやく系統化されはじめた。それには、今度は安定した官僚制度が必要となり、また専門家の影響を増大させる余地が生まれた。公共事業の職業専門化は、一八八三年の猟官制度〔政権を握った党が公職の任免を支配すること〕の終わりまで進行した。アメリカの制度は、部分的にはイギリスをモデルとして始まっている。しかし、イギリスは、オックスブリッジで教育されたジェネラリストを公務員システムの頂点に配置する空間を創り出した。一方でアメリカでは、専門家より優れているものは政治と金だけであった。そして公正な政策はときに、専門家の意見に従うことを要求した。セオドア・ローズヴェルトは、科学的方法委員会を設置することとさえした。

専門性は、無防備で成り立っているわけではなかった。科学の専門分野は、事実にもとづく専門分野だが、倫理と品性を磨く場となるべきものであった。たいへん影響力のあったマサチューセッツ統計局の局長キャロル・ライトは、一九〇四年に政府の統計学者に向かって言った。

> どのような理由で任命されようとも、どのくらい調査や統計の編集と公表に経験不足であろうとも、どの政党出身であろうとも、資本家寄りであろうとも労働者寄りであろうとも、たとえきわめて急進的な社会主義者であろうとも、一度与えられた仕事の神聖さを理解すれば、そして誠実に正直に公共のため奉仕すれば、ほとんど例外なく、個人的偏見や個人の政治的心情を顧みることなく事実を収集し、公表することに満足するだろう[11]。

有能な民主的政府は、同様に実践的で倫理的な理由から、会計、統計、そして他の定量化の方法を要求しているようにみえた[12]。

定量化は公共政策の重要な問題を解決するのだろうか。経験からいうとしばしば失望させられたものの、希望の泉は涸れなかった。アメリカのもっとも優れた技術者たちは、フランスの同等な技術者たちと同様、鉄道料金は、経済的計算で完全に合理化することはできないことを一八八〇年までには理解していた。しかし一九一三年に議会は、州際商務委員会に、すべての鉄道、電報、電話の所有権の価値を、営業許可や営業権をふくめて固定するよう求めた。州際商務委員会は、系統的規制のために会計の標準化をすすめる技能をおおいに備えていたにもかかわらず、標準化は不可能であると主張した。循環という乗り越えられない問題を委員会は指摘して、所有権、特に営業権はサービスの価値が知られるまでは固定された価値にさえならないと述べた。[13] 最高裁は、州際商務委員会の反論を拒否した。このような評価はサービスの費用を基礎として、料金を計算するために必要である、と裁判所は考えた。結果は、五万ページにも及ぶヒアリングであった。それでも結論に至るには十分ではなかった。モートン・ケラーはこれを、「根本的に流動性のある活動を規制するために、固定された根拠を探そうとする、象徴的な進歩的試み」と呼んだ。そして公的効用の探究について、「鉄道が突っ込むのと同じブラックホール」と言及している。裁判所と議会は、経験から何も学ばなかった。一九二〇年に彼らは同じ問題に直面した。[14]

定量化をめぐる狂乱の背景には、必ず官僚的エリートに対する信頼の欠如があった。鉄道や公的効用を規制しようとするほかの戦略は、何度か試みられた。州際商務委員会は、一八八〇年に認められたように、論争の解決のため判断を駆使することを許可された専門家からなっていた。この考えは法律にさえ取りこまれた。すぐに、州際商務委員会の「五人の賢人」は、鉄道料金の構造を変えようと積極的に動き始めた。最高裁は即座に、彼らの構想を無効とした。ただし、よりよい統計を集めるという彼らの動機は例外として。多くの年月のあいだ議会も同様に対処した。法的理由からも政治的理由からも同様に、行政の自由裁量はおおいに疑われた。したがって規制当局は執拗に事実を探究した。可能なかぎり、いくつかの決定的な数値に還元する以外には、ほとんど他の選択肢をもたなかったのである。[15]

そのような拘束は、二十世紀の初めまで、陸軍技術団全体の使命を実質上構成する水運プロジェクトに大きな力を及ぼすことはなかった。議会は、鉄道の規制を系統化せよという提案には説得されたかもしれないが、国家の治水プロジェクトの選択権を放棄しようとはまったく考えていなかった。効率追求の声はあまり強くなかった。政府の有効な投資よりも、保護関税の方がより大きな収益をもたらしたのである。その収益が代わりに、南北戦争の退役軍人の年金や、川や港の工事に使われた。このような出費に反対する勢力は、純粋に政治的選択による出費の機会を減らすことに、ある程度成功した。一九〇二年以後、軍技術団内にある河川港湾技術者理事会は、議会に提案する前にプロジェクトの有益性を証明しなくてはならなかった。争いに巻きこまれた事務官の一人ヘンリー・L・スティムソンは、一九一〇年のはじめに、理事会に対して、便益の順にプロジェクトをランクづけするよう求めようとした。技術団は、議会の決める選択が議会の支持を得るための鍵になりそうだと認識した上でこれに抵抗した(16)。

それでもやはり、技術団は、届くすべての提案にただ承認印を押すだけの作業に甘んじることはなかった。あらゆるプロジェクトは、少なくとも建設資金を共同体にもたらすので、そして水運は払い戻し不可能な国家サービスなので、治水改良の可能性を調査してほしいと要請する地方は絶えなかった。提案の半分以上は却下された。経済性は判断をする上でいつも基礎となった。あるいは少なくとも説明のための基礎となった。たとえば、一九一〇年に技術者理事会は、テキサス州コーパス・クリスティの近くで提案された運河について、より幅の狭いものを提案した。原案の幅では、「結果として得られる商業や輸送の便益は、現時点では費用を正当化するのに十分ではない」という理由からである(17)。

一九二〇年代になると、賛同する報告書のなかにさえ、ほとんど経済学的定型作業に近いものが出現しはじめた。そこには、プロジェクト費用の見積もりがふくまれ、費用を上回るまで便益を箇条書きにし、あるいは潜在的便益を出費の上限として固定する。一九二五年に技術者理事会は、ワシントン州のポート・アンジェルス・ハーバーについて不賛同の報告書を採択した。「可能な便益に比して費用が多すぎるという理由から(18)」である。ワシントン州スカギト川の水利についての予備報告では、年平均の洪水損害を一二五、〇〇〇ドルあるいは一五〇、〇〇〇ドルと見積もり、「これらの数値は、実現可能な水利計画を検討するための近似的な基礎となるだろう(19)」とつけ加えている。ほかならぬユリシーズ・S・グラント三世は、当時サクラメントの地区技術者だったが、サクラメント川に二、六七〇、九九八ドルのダムと水門をつくることで、現在のプロジェクトのメンテナンス費用である二五、〇〇〇ドル／年を節約でき、ダムを建設しなければ必要となる川の一部の流量を一定にするための工事費用四五、〇〇〇ドル、また同じく必要となる川の深さ六フィートを保証する工事のための資本支出二六〇、〇〇〇ドルおよびメンテナンス費用年八〇、〇〇〇ドルを節約できる、などと説明した。利率を四パーセントと仮定すれば、これらは資本価値六二五、〇〇〇ドル、一、一二五、〇〇〇ドル、そして二、二六〇、〇〇〇ドルにそれぞれ相当する〔それぞれ、25,000×100/4, 45,000×100/4, 260,000+80,000×100/4〕。フェザー川がもたらす一、八二八、〇〇〇ドルの便益は、プロジェクトの経済的な正当性を非常に明快に説明した。あるいは前大統領の孫グラントには、そのように見えた。あいにく、強力な水運の権益を握っている人物が、川の下流に水門を設けると運行が遅らされるのではないかと恐れて、不賛成を唱えた。そしてグラントの直接の上司だったサンフランシスコの部局技術者も同じ判断をした。技術者理事会は反対者に出くわし、いくつか代わりの運河の計画を提案した。(20)

ウェスト・ヴァージニア州の注目すべき技術者は、カナファからの水運改良を提案する一九三三年の報告書で、幸運に恵まれた。年一七三、〇〇〇ドルの費用は、彼が見積もる年一五〇、〇〇〇ドルの便益を上回ってしまう。その地方の水運の利害関係者が見積もった便益は、はるかに高い年一〇〇万ドルだったが。それでも、石炭の輸送が年三〇〇、〇〇〇トンだけ増えることは、改良を正当化するだろう。事実、そのような見通しは、少なくとも技術団内の関係する権威に対して正当性を証明したのである。(21)最後の例は、地方技術者M・C・タイラーによる、ルイジアナ州のラフルシュ・バイユーの三つの運河の提案である。タイラーは、それぞれのケースで、費用が潜在的便益を超えない範囲で可能なかぎり大きな運河を提案した。技術者理事会は、より小さいものを認証した。それゆえ、便益見積もりのコスト超過分は増えた。しかし、便益全体を最大化する政策という観点から、この判断を説明することはできなかった。より小さい運河で期待される運送量を処理するのに十分である、ということだけが書面に記載されている。(22)

これらの報告書に見せかけの厳密さはそれほどみられない。それでもやはり、一九二〇年代のいつごろかまでは、技術者理事会は、提案されたプロジェクトにおいて便益が費用を上回ると約束することを期待していたのである。二〇年代の初期には、経済的計算が法律制定において奨励された。(23)これは、費用分配の新しい基準をふくんでいた。しかし、厳密な費用便益のハードルは、一九三六年まで法律に成文化されることはなかった。技術団が費用便益分析を用いたのは、三六年の法令に対応しようとしたからではないかと考えられたこともあったが、この仮定は明らかに間違っている。実際、議会が軍技術団に対して、それまで存在していなかった分析の形式、あるいは技術団にとって完全に異質な形式にもとづいて、プロジェクト計画を立てるよう要求した、と考えることは非常に困難であり不可能である。

技術団で費用便益の定量化が進行したことは、単に法によって命じられたことへの反応ではない。フーヴァー大統領の時代、そしてフーヴァー以前でさえ、経済学者にとってはことのほか好ましい時代であった。経済学者たちは公共事業の出費に党派的な影響がないよう中立化することに賛成であった(24)。一九一七年と二八年の治水法にともなう予算の増大は、説明責任を求めるより大きな圧力をつくり出した。二八年の立法は二七年のミシシッピ川の異例の洪水に対応したものである。二七年に議会は技術団に対して、川の運行、水力発電、治水、灌漑を改良するという視点から、アメリカの主要な河川の流域を調査するよう指示を出した。この指示への応答として、十年にわたって技術団は、大量の資料と提案書をつくりだした。これは、下院の資料中「第三〇八報告書」と呼ばれている。技術団は調査のために多くの市民を雇用しはじめていたので、規律を課すために定量化に頼る傾向はますます強くなりつつあった。したがって、費用便益分析は三六年の治水法まで出現しなかったわけではない。この法律は、便益がなければどのような治水プロジェクトも国の予算を得ることができないと定めた有名なもので、その便益とは、「プロジェクトが誰にとっても生み出す」便益であり、プロジェクトの費用を上回るよう計画されなければならないと定められた。

当局の権威によって正当化される数値

一九三六年の治水法における費用便益の規定は、連邦議会が悪しき慣習を統制しようと大胆な努力をしたものの一つである。この法は、常のごとく、洪水の発生によってつくられたのであるが、しかしまた、継続する不況によっても生み出された。公共事業は不況に対する適切な救済策のようにみえた。主任技術者エドワード・マーカムは、議会治水委員会が一九三五年に法案を一本化したと説明した。第三〇八報告書もふくむ一六〇〇以上のプロジェクトをかかえ、そのなかから費用に対して便益の比率がもっとも高いものを選ぶという点で一本化したのである。地域的均衡もまた考慮されたことはたしかである(25)。法案は、下院も上院も通過しつつあったが、土壇場で、議場修正案が詰め込まれた。その修正案は、技術団が不可としたものや調査もしていないものさえふくまれたプロジェクトの多大なる寄せ集めであった。その見せかけがあまりに不健全だったので、法案そのものが流れてしまった。一九三五年に治水に関する主要な法案は通過していない。一九三六年の法で費用を上まわる便益を要求する言い回しは、そのような不快な光景を避けるための努力の一つであったのである(26)。

個別のハードルは、おそらくその法案が含意する制度的な規制に比べれば、それほど重要ではなかった。ここから先は、議会は単に、技術団によって調査され認可された仕事を承認できるだけであった。予備調査とそののちの全調査は、軍技術団の官僚制度の各層でおこなわれたが、数カ月あるいは数年の年月を必要としたので、国会議員の突然の思いつきを満足させることはできなかった。今ではまれなことだが、不名誉なプロジェクトが通ってしまった場合、穏当な作法の基準が守られた。公式の経済分析が、議会での議論や駆け引きを減らすのに役立った。[27] 下院と上院の治水委員長は、国会の論議で定期的に費用便益分析の規則に言及し、新しいプロジェクトの修正案を阻止しようとした。費用便益分析の規則は、法案提出の氾濫を抑えるためのダムと見なすことができた。上院では、一九四四年にジョン・H・オヴァトンが説明したように、例外は設けられなかった。「もしわれわれが例外を設ければ、われわれはすぐに海に流されてしまう」。下院でのウィッティントンのたとえは、このうえでさらに別の災害を警告している。「議長殿、もしわれわれが一つのケースで例外を認めたならば、あなたはダムの水門の高さを下げさせて、海峡を責め苦しめることになります。それは治水における基本原理ですよ[28]」。

技術団はその結果、万能になったわけではなかった。承認のあとには、予算計上の議論がはじまる。そこには議会が政治的選択をすることのできる十分な余地があったのである。それでもやはり、この計画プロセスの規則化は、技術団の立場を向上させた。力のある敵対者から異議申し立てされるとき以外は、技術団が出した数値は、技術団の名声によって、一般に受け入れられた。その権威だけで十分なのである。ルイジアナ州選出のオヴァトンが一九三八年に上院で言ったように、「プロジェクトが治水の方法として価値があるかどうか決めるためには、まず専門家の判断のもとに提出されなくてはならない。そしてこの問いのために選ばれ認可された専門家とは、軍の技術者である[29]」。

この専門家の判断は定量的な形式で表現されたので、議会はその合理性と客観性を宣伝しはじめた。費用便益分析は、即時の決まり文句だったのである。「これらのプロジェクトは全部、私の部署で調査されました。そしてすべてについて好意的な報告書がつくられ、建設が承認されました」と、主任技術者ジュリアン・シュリーは、一九四〇年の下院治水委員会のヒアリングの冒頭で報告している。「われわれは議会にはプロジェクトの報告をいっさいしなかった」と一九四三年にウィッティントンは宣言した。「技術者理事会や主任技術者が……そのプロジェクトでは便益が費用を超えるといってそれを推薦するまでは」。彼は加えた。「戦争に至るまで、そしてヒトラーのポーランド侵攻まで、この委員会が毎年、治水承認権を保証してきた能力の高さは、この基準が着実に実行されているという事実に大きく負っているのだ、とわれわれは信じている[30]」。

特に量的なことに関しては、責任ある議会の委員会は、みごとなまでに詮索嫌いになることがあった。彼らは多くの実践的な質問をしたが、その答えを問題にすることはほとんどなかった。議事録はしばらくのあいだ空白とされることがしばしばで、統計的な質問に対する回答は後で挿入された。もし、便益費用比が一・〇三であると証明された場合は、偶然、その川で最近洪水があったのでもないかぎり、意見も警告も出なかった。洪水が発生した場合は、委員会メンバーは、どのような計算ミスがそのように低い数字を生み出したのかといった疑問を口にするのである。一九四八年に、テキサス州地方の利害関係者は、ネチェズ川＝アンジェリーナ川のプロジェクトを、地方の水供給を安定化させる方向で修正するよう提案した。技術団は、陸軍大佐ワイン・S・ムーアが説明したように、「実質的な比率は変えることなく、費用に対する一般的便益の理論的比率を少しだけ下げる」という対応をした。あるひとがどのくらい下げたのかと聞いた。「報告書では費用便益比は一・〇八と見積もられている。そして提案された法案による修正では、一・〇三五となる。あるいはもう少し大きいかもしれない。違いは、見積もりにおける誤差の範囲内です」。これらのヒアリングで誤差の範囲について言及されたのはここだけである。〇・〇五の誤差があっては、提案されたプロジェクトの信用は高まらないかもしれないことに誰も気づかなかったし、また気にかけもしなかった。この数字はほとんど疑問視されなかった。一九五四年に、上院の治水小委員会のプレスコット・ブッシュは、カリフォルニアのあるプロジェクトに対する地元の貢献が、「二二、五〇〇ドルと見積もられている」ことを知った。ブッシュが「これはいささか複雑な数式にもとづいて計算されている。この数式の詳細についてあなたを煩わせたくない」というと、「わかった」と上院議員は答えたのである[31]。

いったい何を根拠に、議会はこれらの経済的な数字に暗黙の信頼をおいたのだろうか？　おそらく、数字は、複雑な数式ゆえ恐れられていたのであろう。しかし、恐れ自体は余分である。なれあいの委員会で深く追及されないのは、ひどい悪習であった。議員たちは、技術団に暗黙の信頼をおいてはいなかった。私的な場以外では、この権力ある部局に異議申し立てをしないでおくのは、逃げるが勝ちのやり方であった。私的な場面では、事実関係の主張があまりなかったのである。そうして議員たちは、いつも公然と技術団を称賛した。ニューヨーク州の上院議員ロイヤル・コープランドは、一九三六年に治水法のなかに費用便益的な規定を入れ込んだ人物だが、上院に対して、技術団の技術者たちは清廉潔白であると述べ、彼らを「高潔で、率直で、愛国心の強い男たち」と呼んでいる。ウィッティントンは下院に対して、「主任技術者は公平で、議会と国を代表している」と宣言している。ミシガン州のヴァンデンバーグは、一九三六年に、新しいシステムには「優先順位の決定に関して独立で、非政治的で、偏見のない判断」が必要と説明している。彼はこう陰険につけ加えた。「技術者理事会の品位と有能性については、疑いや異議申し立てを聞いたことがありません[32]」。

もし誰かがそのような異議申し立てをしたとしても、彼らの利害がそれを抑制した。オクラホマの上院議員ロバート・S・カーは、上院の河川港湾委員会の議長として、出資したプロジェクトから見返りに、習慣化していた政治的便益を得ただけでなく、個人的にも経済的便益を通例以上に受け取ったが、彼は、何人かの技術団メンバーが一九六二年に批判されたときに、義憤をもって対処した。彼らは陸軍士官学校の優秀な卒業生である、と彼は一喝した。そして、彼らの計算に異議申し立てをするのは「厚かましい」ことだとした[33]。技術団は慎重に、公的にはどのような政争にも巻き込まれないようにしていた。記録から明らかなのは、政治が何であるかを知ることなくして主任技術者でありえたことである。きわだって親しみやすい人物だったオレゴン州のホーマー・エンジェルは、一九五二年におこなわれたいつになく敵意のある議会の調査の最中に、ルイス・ピック陸軍司令官に聞いた。敵の予算局にいる官僚どもは、ときに「政治に突進する」ことがあるかと。ピックはよくわからず、「はあ?」と答えた。エンジェルは説明した。「ときに彼らは政治に突進しようとしますが、どのプロジェクトを進行させるべきか決めるときには、政治に突進することはないのですか?」ピックは臆面もなく不正直に、「わかりません。もし彼らが政治に突進したとしても、私はそれをみません」。このように目をつぶることは、政治的に先見の明があった。同じヒアリングでミシガン州のジョージ・A・ドンデロは言った。「私は二十年間で一、二回しか思い出すことができません。軍技術団がわれわれに送ってきたプロジェクトを委員会が疑うところは」[34]。

魅惑的な陰謀理論も出された。つまり、議会ヒアリングの企ては、相互利益供与を隠蔽するための見せかけだったというのである。しかし、そのような説明では不十分である。利益供与だけで技術団が成り立っているわけではない。頻繁に戦争が起こったこの世紀において、技術団は軍との結びつきから信望を得ているのである。技術団は軍の規律のなかで優位にあった。技術団は政府のもっとも効果的な非常時救済機関であった。技術団は堤防と土手について相当な専門性を築き上げたので、ダムについての経済的正当化がどうあろうとも、少なくとも技術団は信望を失うことはなかった。技術団の技術者たちは、技術的に有能だと評判を得ていた。それでもやはり、議会が技術団に対して、経済分析の厳密な規則に従うよう要求しようとして失敗したのは、政治のせいであると考えるのが最良の説明ではないだろうか。「あなたは、この政府内に、軍の技術者たちよりももっと科学的なやり方で結論を導いている省庁がどこかにあると思いますか?」ミシシッピ州のオーヴィル・ツィンマーマンは聞いて、批判を封じた。ウィリアム・M・コリーは、同様の点を指摘しようとして、オハイオ州ゼインズヴィルの商工会議所を宣伝する専門家を動員した。

最初に、私自身は技術者でないことをお伝えしておきたい。もし私が腹痛になったら、私は医者にいく。もし私の車に問題があれば、自動車修理工のところへいくだろう。同様に、治水をしたいのなら、できるかぎりよい情報源のところへいくだろう。訓練されたひとびとのところへ、世界でもっとも有能で適切な治水の主導者として何年も名声を得てきたひとびとのところへ。それは、アメリカ陸軍の技術団である[35]。

技術団への依存は、ミシシッピ川流域ではもっとも徹底していた。そこでは、化学工場、大型エビの出荷業者、遊覧船会社、氾濫原にあるニューオーリンズやモーガンシティの住民といった利害の相容れないひとびとを満足させるために奮闘したのである。多くのひとはすでに、技術団はこの大きな川が管理可能だと楽観的に考えすぎているのではないかと予想していた。しかし、利害関心は常により多くを望むものである。抗議の最中でさえ、彼らは根気強く技術団に従順であろうとした。その裁量権が強力であることをあまりにもはっきりと知っていたからである[36]。

一九三〇年代および四〇年代に下院の治水委員会が関

与して現実化した数少ない事案の一つが、ミシシッピ川の放水路に関する案件であり、これは堤防を越えてしまう流量の、ときにほとんど不可能に近い調節であった。技術団は、川の水をユードラ放水路と後によばれるようになる場所へ送る権利を買おうと提案した。この放水路は、アーカンソー州の端をよこぎり、ルイジアナ州にもわたる。レオナルド・アレンなどルイジアナ州の代表は、猛烈に文句をいったが、この計画を練ってくれた技術団に対してはいつも変わらず丁重であった。「ワシントン内に、技術団ほど私が信頼をおいているグループは他にありません」と彼は一九三八年に宣言した。委員会の議長だったウィッティントンは、技術団の技術的で経済的な判断を認めた。「われわれが主任技術者に対して、毎秒三、〇〇〇、〇〇〇立方フィートの水を提供するためのもっとも経済的方法は何で、しかももっとも優位性のある場所はどこかと問うたとき、われわれは彼らにヤード尺を与えたのではなかったろうか[37]」。

たまたまウィッティントンの選出区はミシシッピであった。彼の州から出た証言のいくつかは、技術団に対してより慇懃でさえあった。もちろん彼らはそうしても差し支えなかったのである。W・T・ウィンは、ミシシッピの治水地区を代表していたが、以下のように説明した。「私が考えるに、問題は、われわれ地方の技術者の掌中を超えている。これは国の問題である。そしてわれわれは患者である。この問題は軍の技術者に引き継がれるべきだ。今、軍の技術者たちに操作の仕方、あるいはどのような薬をわれわれに与えるべきかをどのように伝えることができるだろうか。私はよくわからない」。しかし、もし状況が好転するのなら、あなたはあなたの州の水の管理を軍の技術者に任せますか？　とアレンは他の証人に聞いた。「もちろん」レア・ブレイク氏は答えた。「今言ったとおり。われわれはすべてのことを技術者に任せなくてはならないと言っていたのです[38]」。

三年後、何も解決されず、レトリックは全開となった。レオナルド・アレンはふたたび聞いた。なぜ「提案されたすべての計画、そしてミシシッピ州が承認したすべての計画は、ルイジアナ州に水を流すもの」なのかと。ミシシッピ堤防検査官の主任技術者J・S・アレンは答えた。「全能の神がそう決めたのです。われわれではありません」。彼は続けた。「われわれはこの場所の地形を評価し、そして軍技術者の意見に配慮したのです」。そして最後に、神が地上に降りたった。「アメリカ合衆国の一流の技術者がこれを決めたのです[39]」。同じヒアリングのひき続くやりとりのなかで、証人は技術団に対する政治的な圧力について言及した。するとアーカンソー州代表のノレルがぞっとした様子で答えた。「あなたはこの委員会に対して、軍技術団の技術者が政治的圧力や影響を受けやすいと述べるおつもりか」。証人はそのようなことを言おうとしているわけではないと否定した。ノレルは続けた。「私は、あなたが軍技術団に公的あるいは政治的影響が及んでいると言おうとしたわけでないこと、そして彼らがいつも、ただ彼らの分野である技術的考慮によってのみ導かれていることを記録上明らかにしておきたい(40)」。

もちろん、下院議員は、技術的考慮が選択を無効にするわけではないことを知っていた。よりのんびりした時代は、下院議員たちはよろこんで公的議論に入ることを許した。一九四八年のハーフムーン・ベイの港改良の提案は、費用に対する便益比を一・八三と示し、目がくらむほどの便益を詰めこんでいた。「漁獲量の上昇、生産・輸送コストの節約、漁期を逃さなくすること、漁船の損傷や道具の損失の減少、海上保険料の削減、地域の海上修繕施設の利用増大、レクリエーション活動の増加と関連ビジネスの増加、そして港の改良からもたらされる土地利用の変化」。このリストは地区技術者によってつくられたが、これに触発された技術団の技術者は、地方採石場に関する便益をつけ加えた。下院議員ジャック・アンダーソンは、熱い想いを抑えることができなかった。「議長どの、軍技術団はおおいに称賛されるべきです。可能な公的便益を種切れになるほど列挙したこと、そしてこの建設の結果生じるすべての事柄を調査した点で(41)」。

より印象的な例は、西メリーランド州のポトマック川の支流、サヴェジ川である。ダムは一九三〇年代後半に、雇用促進局によって建設がはじまった。技術団が三五年に、このプロジェクトは「経済的には正当化されない」と宣言したのちのことである。なぜなら便益は、「もっとも寛大な評価」をしても費用に対して〇・三七しかなかったからである。この事業は、戦争で中断された。そして四五年に、この厄介な、できかけのダムは、技術団の管理下に戻ってきた。プロジェクトに水力発電所を加えることによって、技術団はかろうじて、これを完成させるための経済合理性を確保できた。残念なことに、発電所は公聴会において激しい議論の対象となり、技術者理事会は断念した。そのときになって、技術団のクロフォード将官が無駄な経路をふんだことを暴露しながら、こう説明した。「プロジェクトの包括的な経済正当化は、プロジェクトを正当化するには不十分だった」。メリーランド州の下院議員J・グレン・ビールは、彼の地元がまだ洪水に対して脆弱であると警告を発した。またウェスト・ヴァージニア州の上院議員ジェニングズ・ランドルフからも圧力がかかった。そして実際、技術団は、そのような記念碑が不用で無益なまま建っていることを嫌った。

数日後、クロフォードはヒアリングに戻ってきて、「より詳細な調査」の結果を雄弁に語った。「われわれは地区の技術者に、サヴェジ川ダムについて再考してくれるよう頼んだ。主要な報告書から個々のプロジェクトを切り離して考えてみてくれと。再考の過程で技術者は、以前に報告書を書いたときには展開する必要がないと考えていた他の便益を発展させた。詳細な検討の結果、彼はかつて報告書に書いたより大きな便益を見いだしている」。今までは年間の治水の便益がたった二、七〇〇ドルであったのに対し、流量をよりよく調節することによって電力便益が五、〇〇〇ドル増加、汚染の減少で四五、〇〇〇ドルの増加、そして水供給の改善で一三〇、〇〇〇ドルの増加ということになった。ダムを完成させることによる費用便益比は、今度は一・五である。したがって報告書には「このサヴェジ川ダムプロジェクトを加えることは、完璧に妥当である」と記された(42)。

この便益の増大は、プロジェクトが費用便益のハードルを越える上で有益な戦略をもたらした。便益のなかには、技術団に長いこと重要と認められてきたが、定量化できないと考えられてきた種類のものがあった。技術団は一九四〇年代にはときおり、このような無形のものを、有形の便益が費用を超えることができないときにプロジェクトを正当化するために用いた。ミシガンの河道は費用便益比を計算した結果、〇・八二となったものの、地域住民を覆う不安を勘案すると、「影響を受ける共同体の福祉にとって評価に値し、必要であると考えられた」。アラスカのスカグウェイの港の改良は、費用便益比が〇・五三であっても「この地域の将来の発展を促す上で港が重要であるという観点から」正当化された。ペンシルヴァニア州ラカワクセン川の治水は、費用便益比はたったの〇・八であった。しかし、一九四二年の洪水が二四人の命を奪ったので、将来のそのような被害を避けるためという無形の便益は、技術団がプロジェクトを推薦するのに十分であった(43)。

しかし技術団は、定量化の体制の例外にはけっして頼りすぎていなかった。例外を系統化することの方が望ましかった。最良の港が開発され、堤防が築かれ、ダムの用地が使われるにつれて、いわゆる無形の便益が有形になり、定量化された。結果としては多くのプロジェクトが却下され、またそのなかのいくつかは断固として却下されたが、また一九四〇年代、五〇年代になるといくつかは承認され、建築された。建設推進者たちは、この一般的な変化を認め、それを促進しようとしたが、技術団はしばしば及び腰であった。アーカンソー、オクラホマ、テキサス、そしてルイジアナの便益のためにレッド川の開発を誘致する私的な報告書は、個々のダムや水路の費用便益に関しては試験を通らないが、プロジェクト全体では簡単にそれを通過できるだろうと記している。技術団は、楽観的にとらえていたが、「国の関心事を安価な雑貨店の経済学の言葉で測ろうとするのは有害な努力である」と認めた。各プロジェクトのそのような損失を集計すると、どのような量になるのだろうか？　「今日の手続きは、便益に対する費用の比率を計算するために使われている」。「今日の手続き」は、娯楽施設と水供給の便益に地域の全人口を掛ける、灌漑と排水の便益に潜在的農地面積を掛ける、などの掛け算を許すようになった。ほかにも行き過ぎはたくさんあった。(44) これらは、もっとも開放的な時代においても、技術団にとってはやり過ぎであった。そして技術団はこの報告書を承認することを拒んだ。

技術団の敵と標準化への圧力

これまであげた例は、技術団の経済的な方法が、それだけでは調査の結果を決定できないということを明らかにしている。このことはほとんどの読者にとって驚きではないだろう。しかし、大事なのは、これらが費用便益の定量化の典型例ではないということである。技術団は、政治的圧力が圧倒的となり、彼らが一方的に批判される側に立たされたときに、慣習であった基準をはなはだしく踏み越えたのである。定型的な事柄において、技術団に対する信望は、政治をふくむのに十分であった。概して議会の調査はあまりに形式的なものであったので、技術団は定量化で特別な規則を守らなくてもよかった。自由裁量があるかぎり、規則は主に集団内にとどまるものであった。後にみるように、技術団の幹部は、各地区や各部局に至るまで、経済的分析にある種の一様性を課す努力をした。しかし、この努力はけっして、個人的判断を中立化する行動にまで達することはなかった。

標準化された方法へのもっとも強力な推進力は、そしてこの意味での客観性の推進力は、技術団の敵対者からもたらされたのである。もちろん、待ち望まれた水運や治水のプロジェクトが却下されたときにはいつでも不運を嘆く声が上がった。技術者理事会は、ワシントンから地方におもむき、特別なヒアリングを実施する義務があっただろう。[45] 失望した地方の利害関係者は、議会の委員会に文句をいったであろう。[46] しかし、地方の利害関係者はふつう弱いものであり、公的な数字と論争する立場にたつことはまれであった。力のある利害関係者、技術団のプロジェクトのあらゆる種類の案に系統的に敵対する利害関係者ならば、圧力をかけて、費用便益手法の厳密な標準化に向かわせることができたのである。このうちもっとも影響力のあったものは、公共事業、鉄道、そして連邦政府内の二つの敵対する庁、すなわち農務省の土壌保全部および内務省の土地改良局である。

電力公共事業　発電は技術団の公的任務の一部ではないが、ごく普通に二次収益になりうるものと考えられていた。そしてときおり、通常の一次利益をはるかに上回ることがあった。技術団は、河川開発の多角的利用に対して、歴史資料からわかるよりもずっと自由に関与していた。[47] 土地改良局のダムは、特にコロンビア川では、電力の供給源としての役割の方が重要でさえあった。民間公益会社は、この政府出資の競争に反対した。広報担当は、技術団は卑劣な社会主義の手先であり、大きなダムはいつでも思慮が足りない、とほのめかした。[48] 広報担当者はまた、経済分析を精査するありふれた戦略を、しばしば説得的に使ってきた。しかし勝利することはほとんどないように見えた。

一九四六年に、下院の治水委員会と上院の商務委員会は、ラパハノック川についての証言を求めた。この川はヴァージニア州フレデリックスバーグを流れ、ときどき洪水をおこした。ヴァージニア州電力会社が治水案に反対していた。この会社の代表はフレデリック・W・シャイデンヘルムであり、ニューヨーク市出身の水力工学の技術者である。彼は委員会に対し、サレム・チャーチで問題となっている主要なダムからの電力便益は、技術団が負荷因子という本質的な専門的事項を考慮していないために、誇張されすぎてきたと述べた。技術団の費用見積もりは時代遅れてある。なぜなら見積もりは戦前につくられたのだから、と彼は主張した。また、発電は技術団の公認された任務ではない。だから尻尾をふってくれる犬をこしらえているのだと指摘した。主張されている便益のうち、たったの九パーセントが治水対策であった。しかしこの九パーセントでさえ誇張である。なぜならそのうち三分の一は、水面下、つまり貯水池の水底にあるという理由で洪水から守られるであろう土地によるからである。「このケースの場合、便益の最低ラインはなんとか確保できたとしても、とても厳しいと私は思います」。

シャイデンヘルムの指摘した点は、注目に値する。一方でプロジェクトは、技術団の経済的基準が無限に融通の利くものではないことの穏当な証拠を提供した。技術者たちは、国のすみずみまでプロジェクトを展開させたかった。フレデリックスバーグの住民は堤防を望まなかった。それが不動産価値を下げるからである。技術団のP・A・フェリンガ陸軍大佐は、技術団の技術者たちは単一目的の純粋な治水ダムでは費用便益標準を満たすようにできなかったと説明している。そのため技術者たちは、少なくとも経済性が守られる案が見つかるまで、いくつもの選択肢を試した。電力公益企業をひどく怒らせるという代償さえ払って試行した。このことは、間違いなく敵が敗退するのに役立ち、事実そうなった。治水委員会はシャイデンヘルムに賛同せず、D・C・ムーマウの証言を好んだ。ムーマウは、技術団は経済的に実行可能性のない、いくつものプロジェクトを見つけたと指摘した。したがって、「技術団が公に意見を表明するとき、技術団の言明をわれわれが受け入れることは完全に正当化されている、と私は思います」(49)。

鉄道　鉄道会社は、治水に反対しなかった。しかし、多額の費用がかかる運河や航路浚渫のための政府助成金をめぐって競争することには激しく反対した。道義にもとづく反対をしても、鉄道会社が得るものはなかった。なぜなら、特に議員の多くは、鉄道会社を欲深い独占者と見なしていたからである。したがって、鉄道会社は代わりに、運河のプロジェクトは、経済的に正当化できないと主張した。ここでもまた、障壁は非常に大きかった。鉄道会社は数十年にわたって、技術団の無駄としてもっとも有名なアーカンソー川の工事に反対していた。それはオクラホマ州を海運の州にした公共事業である。技術団は、大きな圧力を受けて、「真に複合目的のプロジェクト」を計画した。なぜなら、多くの異なる種類の便益を考える以外には、費用に見合う便益の見込みは与えられなかったからである。陸軍大佐フェリンガは、一九四六年下院の河川港湾委員会に、無形の便益に頼らなくても費用便益比率が一・〇八であると誇らしげに報告した。「技術団の技術者たちがこの委員会に一度提案したプロジェクトは、自分たちがとてもよいと考えた案でしたが、しかし、その案ではドルやセントでにわかに評価できないような便益をも評価しようと努めました」。アメリカ鉄道協会のR・P・ハートは反対した。四億三、五〇〇万ドルの費用があれば、政府は二倍の鉄道を建設することができ、ただで輸送ができるようになると主張した。おそらく彼の主張は説得力のあるものと見なされたのだろう。プロジェクトは一九四六年には承認されなかった。そして実際、そのあと十五年間承認されなかった。しかし、一九四六年にただのオクラホマ州知事にすぎなかったロバート・S・カーは六二年までに上院議員になり、上院河川港湾委員会の議長となった。カー＝マギー製油会社は、水路に大きな財政的利害関係をかかえていた。四六年にカーは証言した。「この公聴会を、水路と鉄道の輸送費用の比較という些細なことに限定するのはやめましょう。むしろ、偉大な国を建設するのだ、と考えることにしましょう」。この一行は、セオドア・ソレンソンが起草したケネディのスピーチを彷彿させる。少なくとも、それはケネディの統治と呼応していた。それはアメリカをふたたび盛り上げるようとするものであった。そのあいだに議会は、未開発の地で雇用が増えたのは、水利のもたらす社会便益と見なすべきであると宣言した。カーは団結のための法律制定をあと押しし、保養の便益の価値を高めた。そのような手続きは、この事例のように強力な政治的支持を得たプロジェクトが、公式の経済的ハードルを越えるのを可能にした。タルサゆきの輸送貨物は現在では、ロバート・S・カーの水門とダムを通り、ロバート・S・カーの貯水池を越えていくのである。[50]

ごくたまに、鉄道は、公共事業に関する議会ヒアリングの平穏を乱し、水利の経済的メリットについて詳細に検討するよう国会議員に強いることがあった。一九四六年にルイジアナとアーカンソーの運河について上院の河川港湾ヒアリングがおこなわれたとき、興味深い議論が生まれた。この案は、地方の支持者が、アーカンソー州ホワイト川＝レッド川の水運システムを開発しようとする、やむことのない努力の一環として、テネシー峡谷開発公社の流儀にしたがって、しかし技術団の重い責任のもとで提案された。アメリカ鉄道協会の代表は、ヘンリー・M・ロバーツであったが、この計画が不利であることを見ぬいた。プロジェクトの説明は、下院から送られてきたが、凶運をほのめかしていた。「アーカンソー州フルトンより下流のレッド川についての一九四六年四月十九日付の主任技術者の報告書によると、シュレヴポートと河口局の双方から承認された改良事業は、完成のあかつきには、オヴァトン＝レッド川水路と呼ばれる予定である。ルイジアナ州上院議員ジョン・H・オヴァトンに敬意を表して」。オヴァトンは、ヒアリングを実施していた小委員会の委員長であった。

　オヴァトン委員長は、ロバーツ鉄道協会代表の信用証明に異議を唱えることで議論の方向を変えた。オヴァトンは鉄道とは非公式に和解したと考えていたし、鉄道会社を敵にまわすのは適切ではないと思った。しかし、オヴァトンがようやく最後にわかったように、非公式の和解は成立していなかった。ロバーツは公的資金を一輸送方法のみ優遇して投入することに反対した。大量の補助金がなければ、内陸の水運はそれほど安価にはならないと彼は説明した。われわれはよく知っている、そしてこれらの問題について「われわれは素人ではない」。提案された運河の便益は、ひどく誇張されていると彼は続けた。サンプリングによって貨物量を見積もるのに際し、技術団は、鉄道の事務所が日曜と祭日には閉まっているということを忘れているようだ。彼らのトン数の見積もりは、比較すべきプロジェクトに比して高い。そしてまた、トン・マイルごとの節約量の数字にも同じことがいえる。その上、技術団は、貨物をもとあったところから川や運河にまでもってくる費用を無視している。これらのすべての欠陥に直面して、鉄道会社は、再計算をするために独自の専門家をやとった。ロバーツはずっと低い便益を提出した。

　オヴァトンは、公的数字への、そしてそれらを正しいと信じられるようにしている専門家への、このような攻撃の信用度を落とそうとした。

オヴァトン　ちょっと聞かせてください。技術者理事会は、メンバーのなかに価格の専門家を雇用しているというのは本当ですか、それとも誤りですか。

ロバーツ　ええと、その「専門家」という言葉は、広い範囲をカバーしています。私は非常にすぐれた価格の専門家と考えられる二、三人にあったことがあります。彼らがこれに関係するかどうか、私にはわかりません。

オヴァトン　技術者理事会には、価格の専門家がいるのですね。州際商務委員会にはすぐれた価格の専門家がいますか。

ロバーツ　いると思われますが。

「政府の専門家」という言葉が、矛盾した語法のようにみえる。鉄道価格の専門家と技術団の違いは、「われわれ〔鉄道価格の専門家〕は、事実にもとづく現実主義者です。われわれにとって、二足す二は四です」というものである。「そして技術者理事会ではそうではないと?」オヴァトンが口を挟んだ。「ええと、われわれはまだ検討中で、技術団が現実の事実を表現しているとまでは言いきれません」。つまり、ロバーツ代表はサンプリングに不賛成なのである。「企業は、そのようなシステム下では生き残ることができません。まるで、あなたの住所の番地をとってきて、電話番号で割ると、答えが、あなたの年齢になるようなものです」[51]。

フェリンガは、できるかぎり一般的な言葉でロバーツに反論した。技術団は経済分析においてただ平均のみを追求しており、それは今後も続くだろう、なぜなら、それは双方の反感をかうものであるから。「われわれ技術団は中道をいっている。われわれは支持者にも反対者にもならない。単なる議会のコンサルタントだ。ふりまわす斧はもっていない。われわれが知っている最良の数字を提供しようとしているだけだ」。ルイジアナ州は、熱狂的な支持の精神で、便益費用比を一・九二と算出した。ロバーツの数字は〇・八〇、技術団は一・二八と報告した。オヴァトンは、技術団は保守的すぎる、と口を差し挟んだ。現実の便益はほとんどいつでも見積もりより高いのである。「それでもやはり、評価すべき保守主義です。なぜならそれは公衆と議会からの、技術者理事会に対する信用をつくりだすからです」。これが、技術団の好んだ態度であった。双方の熱狂者に挟まれて、彼らは支持者と敵対者の主張を、一粒の塩と同じように扱うことを学んだのである。フェリンガは、価格決定の仕事は、特別な種類の専門性を必要とすると説明した。「価格決定はそれ自体、科学であり、ひとはそのために訓練されなくてはならない」。彼は、専門性の特別な性質を、それが上院の委員会と矛盾するのを示すことで確認した[52]。

このあとのやりとりでさまざまなことが明らかになった。ロバーツは、いわゆる価格の専門家といわれるうちの一人が、委員会の証人喚問によばれるべきだと要求した。オヴァトンは異議を唱えた。「ああ、われわれは、いま、やらねばならぬことが多すぎる」。ロバーツは答えて「私もそう思いました」。オヴァトンは、主任技術者からの報告書を拾い読みし、それが綿密で公正であると明言した。ロバーツは、州際商務委員会が議案に正しい価格を書かなかったことを知っているといった。なぜなら彼の仲間の七人の本当の専門家が、それを点検したからである。オヴァトンは嫌悪感をあらわにして反論した。「それは州際商務委員会にとって、そして技術団にとってきわめて不名誉なことですな」。もし彼の委員会が証人をよび、価格を詳細に比較しなくてはならなくなれば、それは各プロジェクトにつき二、三週間を要するだろう。彼らは技術者理事会の報告書を信じるほか選択肢がなかったのである。しかしそのとき、ついに、ロバーツを支持するものが現れた。オレゴン州のガイ・コルドンが「今回、私は初めて、反対者がやってきて、事実について論争し、明確な申し立てをおこなったということを体験しました」と意見を差し挟んだ。もし委員会が専門家をよぶことを拒否し、記録をそのまま確定すれば、なぜ彼らがヒアリングをおこなったのか、理解できないだろう。記録にとどめるというただそれだけのためにヒアリングをしたのなら、それは時間の無駄である。

結局オヴァトンは折れた。技術者理事会の経済部局のエリック・E・ボトムズがやってきた。ロバーツは、ボトムズに対して項目ごとに異議申し立てをすることが許されなかったので、技術団は、疑念に関して有利だった。しかしボトムズは、経済分析は真剣な仕事だということを明確にした。それは、彼ら独自の方法を使っていると考えているひとたちによる、膨大な量の書類整理と会計をふくんでいる。技術団の研究者たちは、鉄道での貨物移動の全数調査をし、それから問題となっている積み荷は水路ではもっとうまく運ばれるかどうかについての彼らの判断にもとづいて、各月の一日あたりのすべての明細書を仕分けした。内的な理由からも、そして外からの異議申し立てへの防衛としても、技術団は観察の形式に注意深かった。彼らの特別な能力の範疇に入る判断については、州際商務委員会といった他の庁の助言も求めた。もしその数字があまりに寛大であるとしても、それは詳細さのレベルをあげることによって成し遂げられたのであって、もちろんそう簡単に反論できるものではない(53)。

鉄道が厳しく異議申し立てした別の水路は、やはり成功はしなかったが、テネシー州トンビグビ川であった。これは巨大なプロジェクトであり、費用便益分析にとって政治的な力があまりに強力で、無害のままにはとどまらなかった。そこでもやはり、数字は簡単にでっちあげられたのではない。一九三九年に、技術者理事会は、今までずっと無形と見なされていたある便益に数字を添えることによって、便益費用比を一・〇以上に高めようと対処した。国防に六〇万ドル、そして保養に一〇万ドルがふくまれることになった。主任技術者であったジュリアン・シュリーは、これらの数字や他のいくつかの値の妥当性を疑い、公式に推薦するのを拒否した。彼は結論づけている。経済分析は率直にいって妥当ではなく、「議会が適切な価値をわりあてる上での政治的手腕の領域の内側」にある。鉄道会社の広報担当J・カーター・フォートは、水路は特別なわずかの利益のための大きな補助金にすぎないと主張し、これはもっとも極端な経済的創作であると苦情をいった。特に「国家防衛のための数字は、その本質からいって、雰囲気から導きだされたに違いない。誰もその価値を金額に換算することはできまい」[54]。

戦後、当然のことながら、このプロジェクトはふたたびよみがえった。おそらく、今度は無形物なしに経済的に正当化されようとしたことも、また当然であったろう。しかし、その利益はあまりに小さかった。便益費用比が一・〇五だったのである。定量化できない項目がプロジェクトをよりよいものにしている、と主任技術者のR・A・ウィーラーは説明した。それらを評価するために「いつかわれわれは、ある種の形式をもつことになるだろう」。今度は、技術団は、出荷業者二、五〇〇人に質問紙を送り、一、三三八人から回答を得、その結果にもとづいて潜在的輸送量と節約を見積もった。鉄道会社はふたたび分析を疑った。しかし彼らはほとんど何もできなかった。特権ある事業の情報は、企業向けには公開されなかったのである[55]。

しかし六年後に、このプロジェクトは、力のある下院歳出委員会と衝突した。この委員会は一九四六年に設立され、技術団は即座に詳細な「明確なプロジェクト報告」の準備をはじめた。しかしこの報告書ができるまえに、委員会はプロジェクトの最初の工程を建設するための予算配当額を比較的低く要求した。これは、敵対する勢力によるものだったが、議会がすべてのことに関与するための企てであった。委員会スタッフのジョン・J・ドネリーは主任技術者のルイス・ピックに、辛辣な質問を浴びせた。いつものように、最大の問題は細部に宿っていた。船の操縦者は八隻の荷船を一度に牽引して、ミシシッピ海峡をわたってモビールからニューオーリンズまで運ぶことができるだろうか。技術団はできると考えたが、委員会スタッフはできないと伝えてしまったので、主張された水路の優位性が消えてしまうかもしれなかった。より船体の長い荷船のために、モビール川に水門を再建する追加費用をふくむべきだろうか。技術団はいずれにせよ再建の必要があると主張した。また、ミシシッピ川の水運と比較した水路の時間節約の値の信憑性にも疑いが向けられた。委員会は、最近算出した便益費用比一・一三というのは費用および便益の双方に深刻なミスがあると結論づけ、委員会算出比を〇・二七とした。ピックは明らかに激しい不快感をいだいたが、最後はくじけなかった。彼は委員会スタッフに細かく反論しようとはせず、ひたすらより高い専門性を主張した。

プロジェクトの実行可能性に関して調査スタッフが情報筋から収集した意見は、技術団の分析者が決定的と判断した同様の情報筋からの観察や証言と、疑いなく鋭く対立しています。このような状況では、水運の特定の問題に関与するスタッフの相対的能力や熟知の程度、この分野を詳しく調査し、利害関係者から提供される情報を比較検討する個別の経験が、もっとも信頼できる検査と信頼性を提供するように思われます。ときに熱狂的すぎる水路の提唱者の意見を、穏当に評価する能力がきわめて重要です。しかし、厄介な競争を未然に防ごうとし、既存の規制当局に依存する従来の運送業者からの敵意を割り引いて考えることも同様に本質的です。成功した水路の開発における技術団の経験は、このテネシー＝トンビグビ改良のようなプロジェクトの将来の実績を見積もる上で、もっとも信頼できる案内役を提供できるものと思われます[56]。

技術団の経験は、勝利をおさめた。特定のプロジェクトに敵対する私的利益が、公的に認可された数の信用を落とすことは、明らかに不可能であった。

上流と下流——農務省

産業界や利害関係者たちは、技術団による費用便益分析の準備段階で、なんらかの留意基準を強く主張することもできた。しかし、費用便益の実践に対する、ときには修正させるほどの圧力は、主に連邦政府のほかの局からやってきた。水資源開発とよばれるものには、多数の省庁が関わっている。多くは明確に定義された役割をもっており、技術団を脅やかすことはなかった。しかしそうではない省庁があった。この分野のもっとも厳しい競争は、疑いなく、技術団と土地改良局とのあいだの競争であった。それに続く競争相手は農務省であった。特に、土壌保全部である。

技術団と農務省の使命は、明白には対立していない。一九三六年の治水法は、彼らの仕事を下流と上流とに分けた。下流というのはより大きなダムを指す。技術団が治水のためにダムを建設しはじめるとほとんどただちに、ポピュリズムの色を帯びた反対運動に直面した。これは単にイデオロギーの問題ではなかった。どこにダムが配置されようと、その上流では、二重の冷遇にあうことになる。上流の住民自身が治水を奪われることと、洪水で家を離れなければならなくなったり、貯水池からの水で農地を追われたりすることの二つである。多くのひとびとは、治水にとって大きなダムは不必要であると信じるようになった。洪水は質の悪い土地管理による人為的なものであり、森林再生、等高線式耕作、そして源流の小さなダムによって避けられると信じるようになった。そのような理由から、技術団の敵対勢力は、土壌保全部の政策にしばしば強く賛同した[57]。技術団は文句をいったが、議会は中立であろうとした。しかしあまり成功しなかった[58]。

議会は、上流の住民も他のひとびとと同様、彼らの提案した治水の方法に対する費用便益分析をおこなう憲法上の権利をもっていると考えた[59]。農務省には、独自に認可した費用便益分析の方法があった。これらの分析は、下流の大規模構造物を技術団より厳しく扱った。しかし彼らはしばしば、小さくて安価なダムのネットワークを、土壌保全の系統的プログラムや小規模の灌漑の一環として正当化した。技術団はこれらの多くを非経済的と見なした。このような経済分析の結果は一致せず、論争を大きくした。もっと悪いことに、技術団の見地からすると、小さなダムのネットワークは、下流の町や都市を、小さな洪水のときしか守れない。このことは、主要な河川の大きなダムと違って、壊滅的な大洪水の影響をまったく減少させることができないという点で、便益費用比を圧倒するのに十分であった[60]。技術団が関与する範囲では、農務省が認可した経済分析は、現実の洪水防止のために説得力が弱まった。これらの議論は、連邦政府をとおして単一で標準化された費用便益分析の方法を求めようとする主要な動機の一つとなった。

土地改良局とキングズ川論争　「ヒトラーはアメリカの利益に対する破壊工作のために、サンホアキン渓谷に集めたほど優れた人材を他で選び出すことはできなかっただろう」と一九四四年にカリフォルニア州出身のアルフレッド・エリオット国会議員は文句をいった[61]。裏切り者たちは何をやったのだろうか。彼らは費用便益分析をしてみせたのである。キングズ川沿いの貯水池の提案について、治水便益を上まわる灌漑便益を示した。この例では、明らかに、定量化の政治が手に負えなくなっていった。しかしおそらく、戦時下であればそのような事態も予想外ではなかっただろう。キングズ川関係の土地改良局のファイルに、以下の文章を見いだすことができる。

一九三九年から繰り返し、私は検査官に、そして後にはあなたにも、「技術団の制度的野望」に関する私の高まる不安を書き送ってきましたし、話してもきました。ミズーリ川とキングズ川をめぐる戦闘は、政治運動の目玉となっています。技術団によって長いこと完璧に計画されてきました。それは西部全体を覆うよう意図されたものです。ミズーリでは、技術団は水運部門の師団を使っていますし、キングズ川では治水部門の大隊を使っています。たいへんな挟撃作戦です。……われわれは不利な地勢で戦っています。灌漑の可能性という見地に立って。土地改良局ではなく、技術団が戦場を選んでいます。もし技術団がこの戦闘で決定的に勝利したとしたら、この戦争全体がわれわれにとって敗北となります。ほかの西部の川で、土地改良局の活動にとって安全で重要な土地はもう残っていません。技術団を同じように打ち負かすことはとても難しいでしょう。すべての渓谷に治水のポーク・バレルをばらまくのでなければ(62)。

この戦争が避けがたいことは、一九三九年はじめにはしばしば否定された。土地改良局の長官は、技術団と交渉できるのではと考えた。最初は妥協策がうまくいくように見えた。なぜなら、彼は三月二十八日に勝ち誇った覚書を公表しているからである。「カリフォルニア地区は、軍の代表と土地改良局との協力の見られる特筆すべき例である(63)」。しかし、イックスが委員長との会話のなかで認めたように、弱い側から交渉するのは危険である。「技術団と土地改良局とのあいだで、どちらが西部に大きなダムを建設すべきかをはっきりさせるための競争が発展している、と主張されてきました。……もしそのような競争が展開しているのであれば、明らかに土地改良局が負けるでしょう。なぜなら、改良局は、土地改良法のもとで機能し、この法は、費やされたすべてのあるいは大部分の金を、連邦政府に返金することを求めているからです(64)」。

技術団と土地改良局を支配する法のこのような違いは有害であった。土地改良局は経度九七度線より西の十七州に灌漑水を供給するために、一九〇二年に創設された。改良局は給水の費用を農民に課したが、利益は上げなかった。これは寛大に見えるかもしれないが、技術団は、水運のプロジェクトすべてにおいて地域の負担をまったく求めず、そして治水についてもほとんど要求しなかった。しかし、カリフォルニア州で技術団にとって真に重要で優位に働いたことは、土地改良局が農家の倫理で運営されていたことであり、一六〇エーカー〔一エーカーは約一二二四坪〕を超える土地に水を供給するのは許されていなかったことである。一九四〇年までに改良局はこの基準を譲歩する方法を見いだしたが、それはカリフォルニア中央渓谷の富農を満足させるほどではなかった。キングズ川渓谷では、大規模農家はすでに、大量の水を川や灌漑用の土地からポンプでくみ上げていた。実際、あまりに大量にくみ上げすぎて、彼ら自身の節約のために政府の規制が必要なほどであった。しかし、彼らは連邦政府当局を招いて高価な給水装置を建てようなどとはしなかった。もし上限一六〇エーカーとして土地処分が求められるのであれば。[65]

一九三九年までに、土地改良局は、カリフォルニアの大がかりな水利プログラムに組み込まれていた。それは中央渓谷プロジェクトであり、約十年間にわたるものであった。したがって、キングズ川にダムを計画しようとしたときに、まず最初に土地改良局に連絡がきたのは当然であった。一九三九年の二月に、地方の国会議員がパイン平原にダムを建設するための法案を土地改良局に提出した。キングズ渓谷国立公園をつくる法案のかわりに、彼の選挙区の有権者に補償として提示したのである。[66]明らかに、彼は実態を把握していなかった。三月に、圧力を受けて、彼は両方の法案から手をひいた。地域の住民が公園に反対しただけでなく、技術団にこのダムを建設してほしいと望むひとが多かったのである。地方の水利は、すでに技術団とのあいだで数カ月にわたって交渉中で、一年以内に議会の承認が得られるという希望のもと、プロジェクト調査に私財を提供する提案さえ出されていたのである。地区技術者は、手続きの複雑さがこのような思いもよらないことを生んだと答えた。[67]技術団は一九三九年のはじめに計画を描き始めた。

上司から促されて、技術団の地元幹部と土地改良局は、ほぼ最初からプロジェクトを調和させようと努力した。このことによって政治をコントロールしようとしたのである。S・P・マカスランドは、土地改良局のためにダムを設計したが、「利害関係者」は秘密裏に交渉をおこなっていると本部に報告した。初期の計画は、パイン平原に、容量およそ八〇万エーカーフィート〔一エーカーフィートは一エーカーの面積に一フィートの深さまで満たす水の体積〕の貯水池を求めていた。そしてこれはマカスランドの一九三九年六月付の報告書で勧告されている。[68]七八万エーカーフィートという容量が、サクラメントの地区技術者L・B・チェンバーズから技術団へ提案された。正当化の根拠として、彼はワシントンに、費用便益のグラフと、その比を、貯水池の容量の関数として送った。これは少なくともサクラメントでは、十分に基準を満たしていた。そしてこのような情報は簡単に電話で伝達することができた。[69]しかし、主任技術者事務所は、この容量は「起こりうる最大の洪水」を管理できないのではと心配した。そして、一〇〇万エーカーフィートの貯水池でも不十分ではと懸念し、特に渓谷の下流に治水のために別の開発が必要ではないかと考えた。プロジェクトの主任技術者であったB・W・スティールは、小さな貯水池は一九〇六年の洪水を元につくられており、大きな方は一八八四年の洪水が計画の基礎となっていると考えれば正当化されると説明した。地区技術者は対照的に、単に二〇万エーカーフィートのものでも「経済的でなく」、下流の渓谷もすでに開発され尽くしていると主張した。そこでチェンバーズの上司であるサンフランシスコの部局事務所にいたウォレン・T・ハナムは、計画を描き直した。増加する容量は経済的には正当化されない（限界収益点となる）が、小さなダムの費用を上回る十分な便益の超過がある。それは最終的に二二万エーカーフィートの赤字額を埋め合わせ、それでも便益費用比を一・四にする。[70] これが技術団の計画となった。土地改良局はすぐにより大きな貯水池に賛成した。洪水対策の要求について技術団の判断と争うのを望まなかったのである。[71]

　しかし、ペイジは仕返しをした。技術団はダムの費用を低く見積もっていた。ペイジは、彼らが詳細なデータを欠いているために、基本の条件についてあまりに楽観的であると考えた。土地改良局の技術者たちはまた、不測の事態のために改良局が一六パーセント追加しているのに対し、技術団は一〇・一パーセントしか追加していないことを指摘した。ペイジは技術者理事会に対して、一、九〇〇万ドルに対して一〇〇万ドル見積もりを上乗せして、計二、〇〇〇万ドルにしようと説得した。[72] 最後に両者は、一、九五〇万ドルにすることによって妥協した。彼らはまた、きわめて重要な便益の割り当てについても妥協した。技術団は貯水池の七五パーセントは治水のために必要と考えた。したがって、費用の二五パーセントだけが灌漑の負担となる。[73] この割合は、誰にでもわかるように、実際ほとんど恣意的なものであった。なぜなら洪水のレベルは冬の積雪量からの方がむしろよく予測でき、灌漑用の水をとっておくための容量と折り合いをつけなくても、貯水池のほとんどを治水に利用することが可能だったからである。普通の場合、土地改良局は、最大の費用を治水に割り当てることを望んだ。それによって灌漑用水の利用料を軽減できるからである。しかしこの例では、ペイジは貯水池の貯水量を技術団の仕事の方にあまりに多く割り当てたくなかった。ソロモンの妥協が達成された〔困難な状況で下される見事な判決のこと。イスラエルのソロモン王が下した裁決から〕。[74] 半分の費用が洪水対策になり、もう半分が灌漑用になった。

以上のようにして、政治的色合いを帯びた経済分析の議論が戦わされた。両当局は、より上層の権威からの圧力を受けて、解決法を交渉した。プロジェクト報告は、どちらも下院の書類として一九四〇年二月に公表されているが、同じ機能に対して等しい割合で同額の費用を割り当て、同じ構造を提案していた。彼らはまた治水の年間便益（一、一八五、〇〇〇ドル）および「貯水」の年間便益（九九五、〇〇〇ドル）という点でも一致していた。報告書はしかし、完璧に調和しているわけではなかった。なぜなら技術団が土地改良局を混乱させるために、交渉が完了する前に議会に公開してしまったからである。技術団は、五四パーセントの便益は洪水対策であると主張し、ダムを主には治水プロジェクトにしようとした。土地改良局は、水力発電の施設を組み込み、費用は二六〇万ドルで年間便益が二六万ドルとした。この電力は水のくみ上げに使われるから、「貯水」の方に換算されていた。したがって土地改良局は、総便益一、二五五、〇〇〇ドルは灌漑のためであり、費用と便益の双方において灌漑の方が有利であるとした。改良局の報告書は、いくつかの定量的なたくらみがふくまれていた。これは巧妙ではあるが、みごとなものであった。トゥーレア湖からの蒸発を少なめに算出することによって、キングズ川の流量が変わり、改良局は灌漑に利用可能な水量を年間二七七、〇〇〇エーカーフィートまで増やしていた。技術団の計算ではたったの一九五、〇〇〇エーカーフィートである。改良局は治水のための年間費用を、四十年間にわたる返済に三・五パーセントの利息を足して、四八六、〇〇〇ドルと計算した。灌漑には、同額の費用が割り当てられたが、法によって利息負担が免除されているので、年間費用は二六三、七五〇ドルとなった。したがって、プロジェクトの洪水対策の部分の便益費用比はたったの二・四だが、土地改良局の果たす機能は四・八というすばらしい比率にまでなった。[75]

そのほかにもいくつか差異があった。土地改良局の報告には添付資料があるが、五カ月後に書かれたものであった。それはフランクリン・D・ローズヴェルト大統領の署名入りの手紙であり、大統領はつかのま、技術団が水運以外の仕事をしていることを忘れていた。イックスはこの些細な過ちにつけ込んだ。「ふたたびわれわれはアメリカの軍隊が、カリフォルニアの内陸の手に負えない川の洪水から農民共同体を守るために結集しているのを見つけた」。土地改良局の数値を基礎として、大統領は次のように結論づけていた。「プロジェクトは明白に灌漑事業であり、土地改良法のもとで実行され、維持されるのに適している。したがって、これは土地改良局によって建設されるべきだろう[76]」。彼はこの点を一般的原則に格上げしている。これらの管轄争いは今後は数値によって解決されるべきだと。

技術団も土地改良局もともに、行政の機関であったので、大統領の手紙はほとんど無視できなかった。しかし、結局のところ手紙は、両報告書のもう一つの違いに比べればさほど重要ではないことが証明された。技術団は、将来発生するあらゆる領域にわたる水の利用料の現在価値を一括払い額で算出して、最初に集めることにし、そして地方の利害関係者に水の分配の責任をもたせてはどうかと提案した。土地改良局は水の分配をその使命の一つと考えていたので、地方の利益とすることに抵抗した。改良局は水の既得権益を尊重すると約束したが、また水利用の契約の再交渉にもとりかかった。内務省長官のイックスは、のちに帰還兵のためにカリフォルニアに小農地をつくる目的で、貯水池の水を使うと公約する声明をした。一九四三年に、新しく土地改良局の長官になったハリー・バショアは、土地改良局のプロジェクトによって大農民に水を提供するのではなく、土地改良法を強化するという意志を公表した[77]。キングズ川がその対象から外されていたかどうかは明確でない。

一九三九年にはすでに、キングズ川沿いの水の利害関係者は、技術団を歓迎する傾向にあった。一九四〇年に地元の利害関係者は、技術団が提示してくれるほとんど完全な自律性を求め、土地改良局と水契約を交渉することを拒んだ。一九四一年に開かれたキングズ川についてのある議会ヒアリングのなかで、主要な水道会社——つまり大土地所有者——を代表する技術者が、技術団による建設を支持する証言をした。一九四三年にはこれはまだ大胆な決断であった。そして四四年までにはほとんど狂乱となった。ヒトラーでさえも、経済分析の専門家ほど効果的にアメリカの農業に打撃を与えることはできなかったろう。経済分析では、このプロジェクトの便益の大部分が灌漑に割り当てられたのである。農民と技術者の行列がワシントンに向けて旅立った。彼らが灌漑にはあまり関心がなく、是が非でも洪水対策を必要としていることを厳粛に証言するために。水道会社の技術者と法律家たちは便益を再計算し、少なくとも四分の三が洪水対策に関連するものであると決定した。彼らの証言は、議会の治水委員会にとって説得力があった[78]。

結局、パイン平原のダムは技術団によって建設されたが、水の権利の処理については、使用者と土地改良局とのあいだで交渉が必要だった。予想どおり、交渉は厳しいものとなり、一九五三年から六三年まで続いた。キングズ川水利同盟はこんどは、灌漑は他のどのような使用よりも優先順位が高いと主張した。彼らは灌漑には「洪水対策の必要に次いでもっとも」優先度があるとする契約の原案さえ拒否した[79]。バショアは繰り返し、カリフォルニアの中央渓谷ではすべての農業は灌漑に依存していると指摘した。したがって、有力な水の利権者や技術団が、四〇年代はじめの議会に対する証言で、洪水対策が恒久的に必要だと述べていたことは、単に嘘だったように思えるかもしれない。だがこの見方はあまり正しくない。灌漑なしには、土地は実際のところ農業にまったく役立たないが、四〇年にすでにあった灌漑開発のことを考えれば、パイン平原のダムで計測された便益のほとんどは、洪水対策に正当に帰属できたのである。トゥーレア湖にはキングズ川からの水が流入するが、この湖から流れ出る川がない。湖は季節によって拡大したり縮小したりした。これはとてつもなく大規模な農耕である。大きな農家は春の遅い時期、湖水が減少しているときに植えつけをし、より標高の高い土地を灌漑するために水をくみ出すことによって湖水を減らすのを急いだ。これは通常の年には十分に機能したが、しかし洪水のあった年は、あまりに長い期間水に覆われ、作物を育てることができなかった。他のすべての分析と同様、提案された仕事の主な便益は、この大湿地帯の拡大が渡り鳥にとって高い価値があるのを無視して、実際に湖を封じ込め、いつも同じ状態に保つことであった。これは大投資家たちにとって独占的利益が生じる。彼らは、水位の変動を管理するために天然資源をうまく操り、断続的に湖床からの利益を得た。

　遠くはなれたワシントンでのヒアリングで、利益をもっとも効率的に表現したのは小規模な農家だった。特にポモーナ農場のメンバーは、文法を無視した雄弁な手紙を送り、嘆願書さえ集め、土地改良局を支持した。彼らは大土地所有者の分割を求めたりはしなかったが、四四年のサクラメントでのいくつかのヒアリングでは、中央渓谷で土地改良法により面積制限を強めることを支持する証言を数人がおこなっている。キングズ川での土地改良局の計画が彼らにとって魅力的であったのは、主に穀物にやる水を運ぶのに必要な電力が安いことである。大きな水利権の代表者、特にキングズ川水利同盟のチャールズ・カウプケが、下院の委員会に対して、自分たち同盟のメンバーは土地改良局が管轄する規則に従うようなプロジェクトは好まないと話したとき、『ザ・フレスノ・ビー』〔カリフォルニア州の新聞〕は反対する社説を書いた。この新聞は、のちに間違いだったとわかるのだが、ローズヴェルト大統領がこの件で技術団に反対であることによって結果は決定的であろうと期待していた。新聞は、自己中心的な利害が、連邦政府の支持するダム、地方に大きな利益の見込まれるダムを妨害することに警鐘を鳴らしている。(80)

これらの問題が、ワシントンでとりあげられたことを示すものは何もない。地方の代議員団や、関連する委員会は、大土地所有者と堅く同盟を組んで、技術団による建設を支持していた。ホワイトハウスはそれでもなお、土地改良局の背後に歴然と存在していた。定量的分析は、そのどちらの側からも解決を求められたが、どちらか一方のみに資するにはあまりにも自由度が高すぎた。どちらかといえば、それは交渉を妨害し、どちらの側も、便益の優位によって最終的に正当化されることを主張した。計算の形式に不一致のあることが、どうしようもない行き詰まりや政治的窮地に拍車をかけた。このキングズ川をめぐる一件のような官僚の闘争をみると、連邦政府のいたるところで、費用便益分析の標準化が切実に必要とされていたことが明らかであると思われるのである。

連邦政府省庁の経済的実践の不一致

さまざまに異なる費用便益分析を一致させようとする努力は、どれも厄介な障害に直面した。費用便益分析は、単にプロジェクトを選択する戦略ではない。それは官僚機構との関係をつくりあげており、依頼人や競争者との相互関係の形式を規定していた。土地改良局は、多くの省庁間でたたかわされる費用便益分析の議論からはのけ者にされていたが、便益を測るための改良局特有の手続きをあきらめてはいられなかった。単に過去の話だけでなく、その時点においてさえ、土地改良局の便益分析は制御不能で、およそばかげていると見なされていた。いずれにせよ、それは明確に体系化されていた。改良局は、技術団や連邦電力委員会などもふくめて、ほかの省庁の方法も受け入れた。治水や発電といった便益を評価することは、土地改良局の主要な使命に付随するものであった。しかし、改良局は灌漑が専門であり、一九三九年の土地改良法に明文化された経済テストに従って、便益の階層を定量化するために特有な大恐慌時代の方法をつくり上げた。

土地改良局の直接的な灌漑の便益の分析は、新たな水の供給によって可能となった農業生産とともにはじまった。これらの農産物は、一部の農民たちにとって代替のきかない生計の途となっていると見なされた。彼らの受け取る収入に加え、「外界に発せられる拡張された便益」を足さねばならない。まず、新しい農産物は、加工用の原材料を提供し、他者による売買を可能にする。これには五つに分類される活動がある。販売、直接加工、その他の段階の加工、卸売り、そして小売りである。土地改良局の経済分析は、これらの各活動の割合を、十の農作物グループそれぞれに対して決めた。穀物では、それぞれ八、一二、二三、一〇、三〇パーセントとなり、全体で八三パーセントとなった。灌漑のもたらす生産量の増加は、この分類での間接的な便益を測るために〇・八三倍された。他の農作物については異なる因子が適用された。これは単なる乗数ではない。灌漑水によって利益を得た農民はその地方共同体のなかで収入の大部分を消費する。改良局は農民が顧客基盤をひろげた企業を十九に分け、ふたたび、それぞれについてのパーセンテージの因子を割り当てた。これらの因子は、該当する企業の収入の増加に乗じられた。たとえば、一二パーセントの小売りの増加は、新しい灌漑仕事がもたらしたものと認められる。したがってまた、増加した支出の二九パーセントは自動車修理によるものであり、もっとも有名なところでは、新しい収入の三九パーセントは映画館によるものだ。最後に、少なくとも原理上は、全体の総計は「連邦費用調整因子」、すなわち総収益に対する総農業収益の比を適用することによって削減されることとなっていた。[81]

　これらは局の会計上、創案できる範囲内にある。農民には、灌漑に必要な費用を課す必要があるとされた。この点自体は、治水や水運など返済を必要としないもの〔技術団によるもの〕と比べて不利であると考えられた。一九四九年の最初のフーヴァー委員会の作業部会の際には、以下のことが観察された。「省間の競争状態は、連邦財政政策に関してグレシャムの法則のようなものを助長した。国家、地方、私的受益者による払い戻しにおいて、より高い基準はより低い基準に置き換わるという傾向である[82]」。土地改良局は、この不利な点を最小化するよう企て、すばらしい効果をあげた。法律によって、農家は利子の支払いを免除されていた。償却期間は徐々に十年から四十年へ、そして五十年へとのびた。一九五二年までに、一〇〇年かあるいは「プロジェクトの耐用期間」のうちどちらか短い方にまで達した。利子なしで一〇〇年間というのは、優れた助成金である。しかし、灌漑の実施者に対してはこの課金さえもなかった。局は洪水対策、水力発電、汚染軽減、保養、そして魚や野生動物などの便益を計算した。局が公表した政策は、費用をまず、返済不可能な機能に割り当てることであり、それがプロジェクトの全費用に達するまでおこなわれたのである。

キングズ川についての議論のあいだ、ハリー・バショアは喜んで説明した。「治水の便益が大きければ大きいほど、ある意味でわれわれには良いのです。なぜなら、そうであるほど、灌漑の便益のために灌漑の実施者が支払うべき負担が軽くなるからです」。すべての費用が返済不可能な機能に割り当てられなければ、残っているのは、発電に優先的に割り当てることである。もしこの電気が灌漑水を汲み上げるのに使われるとしたら、それは（灌漑水そのものと同様）費用の側では利子が免除される。しかし、支払いの側には利子が課金される。したがってより少ない初期投資でも、灌漑の実施者にとっては元が取れるのである。だが、それでもやはり農家は債務を履行しないことがしばしばあった。理由の一つは局に威力がないことを知っていたせいだが、またこれらの「保全」プロジェクトが本当にささやかな収入の増加しかもたらさなかったからでもある。土地改良局は、使命が途絶えないように、灌漑の便益を測る非常に高価な尺度が必要だった。[83] この点はよく批判され、一九五二年にマイケル・W・ストラウス長官は、ほかの連邦省庁との不一致について「客観的評価」をするために、学識者相談役の討論会を開いた。討論では二次的な便益という概念に共感的であった。しかしそれでもやはり以下のように結論づけた。「土地改良局によって実際になされる適用は、定量的に測定可能な二次的便益として穏当に認められるものをはるかに超えている……それは公共の水利用プロジェクトに属すべきものである」[84]。

プロジェクトの選択からはずれて落胆した利害関係者は別として、技術団の経済分析が厳密すぎると考えるひとはほとんどいなかった。しかし技術団は常に、直近の未来に建設の望みがあるもの以上のプロジェクト要求をかかえていた。一九四〇年半ばに技術団は未処理分の大量の事業を提案し、承認を得た。それらは五〇年代はじめには、遅延と避けがたい費用超過のために当惑をもたらした。この未処理分は、もし技術団が受理した仕事の半分以上を断っていなければ、もっと悪化していただろう。[85] 批判はおおむね、いくつかの事例を引き合いに出しているが、それらの事例では、技術団が直面した政治的圧力を反映して、技術団は自らの経済的な基準をはなはだしく外れているのである。それを理由にひとびとは、技術団の経済分析はただの見せ物にすぎず、違反だけが称賛されるのだと考えていた。しかし、人目をひく創造性は、規範ではなかった。技術者たちは「無形のもの」の価値に資金を投入しなくてはならないときはいつでも当惑した。それら無形のものは、実際にはどのような定量化をも見せかけられることを意味し（命を節約するというような議論できないような価値さえふくんでいた）、規則の形では定式化されていないものである。通常の事業の遂行においては、技術団は小さな媒介的プロジェクトの主催者を決めなくてはならず、それらはすべて何らかの政治的支持を得ていた。あるものを承認し他のものを拒否するのに必要とされた信頼性は、規則に従うことによって生じる高い信用に依存する。大きな例外的事例は、ときに、それらをひっくり返した。通常の決定においては、策を弄するためではなく、定型作業を確立し維持するために、技術団は政治的にご都合主義であった。

このようなことは簡単なことではなかった。第二次世界大戦以来、技術団は約四十六の地区事務所をもち、それは十一部局に分けられていた。一九三六年から民間技術者の数は急増した。四九年に技術団は二〇〇人の軍人技術者と、九、〇〇〇人の民間技術者、そして四一、〇〇〇人の民間雇用者からなっていた。ワシントンの幹部は、費用便益分析を使って、この大きすぎて扱いにくい官僚機構のなかに計画立案の一貫性をもたらそうと試みた。地区技術者たちは、経済分析の結果を、落胆した嘆願者たちから自らの決断を防衛するために使った。嘆願者たちは技術団のより高位の権威筋から支持されていることさえあった。推進派はプロジェクトの経済議論をするとなると止めどなく想像力に富んでいた。たとえば、彼らは新しい貯水池に住むカモメの数を数え、そして、カモメのイナゴ消費率を掛けて、イナゴの食害にあう穀物の価値を掛け合わせる。[86]もしそのような行き過ぎが許されるのであれば、プロジェクト計画は無防備な政治に還元されてしまうだろうし、治水は信頼性を失ってしまうだろう。

主任技術者事務所は、三〇年代の終わりから四〇年代の初めにかけて、便益の適切なカテゴリーを特定し、それらがどのように定量化されるかを示す回覧状を送った。この規則は、軍の「規則体系」の第二八三・一八項であらためて明示されている。五〇年代終わりまでに、技術団は、さまざまな分類の便益定量化に関する全巻を出版し、修正を加え、再版した。その論調は、軍の官僚制度にふさわしく、常に厳密で真面目であった。最初の回覧状は、三六年六月九日付のもので、経済分析は産業界の誇張を疑うのと同様、「技術者の自然な楽観主義」をも疑うよう要請した。[87]「規則体系」は、治水によって守られた土地の「より高度な利用」を便益として考慮するのは適切であると宣言している。しかし、もし氾濫原が何らかの形で開発された場合の便益の正確な測定は、予測される洪水被害の減少ということになる。技術者はけっして両方の測定尺度を用いてはならない。両方用いれば、二重集計になり、大罪である。「非直接的損害」の見積もりは、事例ごと独自の利点を確認することになるにちがいない。これを単純に直接的被害に加えることは許されない。「例外は、ある選択された領域でそのような関係が確立されており、かつその関係が比較可能な条件の存在する場に適用できるような事例のみである」[88]。

たしかに、規則は圧倒的に厳しいというものではなかった。たとえば汚染の減少など、同様な効果をもたらす別の選択肢の費用として、「付帯の」便益を計測することは許されていた。たとえ誰もそのようなことを意図しないとしてもである。水運プロジェクトのいくつかでは、漁師や船員はとりわけ金を出したがらなかったが、時間の節約が主要な便益として示された。マコーチ氏は、一九三七年の治水ヒアリングで主任技術者に対して経済的質問をおこなったが、以下のようなやりとりをしている。

〔チャールズ・R・〕**クラソン氏**〔マサチューセッツ〕　不動産価値の増加は重要な因子ではないのですか。他の価値が何千のあたりを変動しているときに一〇〇万くらい増加してしまうというようなことは。

マコーチ氏　それは正しい考えです。しかしもちろん、それはもっとも論争の多い便益項目のなかの一つです。

クラソン氏　土地の価値の増加がなければ、堤防や課金は便益とは考慮されないのではありませんか。

マコーチ氏　それは正しい考えです。

マコーチは続けて、技術団の尺度は実際に保守的であることを説明した。なぜなら「間接的で無形のものがたくさんあるからです。私が送り状方式と呼ぶやり方で、あなたが評価できないものがあります」。彼はまた「この部屋にいるどの二人をとっても」資産をどのように評価するかについては意見が一致しないということを認めた。そして評価された価値が考慮されても、それは決定的ではないと認めた。クラソンは当惑した。「もし有権者が私に手紙を書いてきて、どのような根拠で堤防を建設しているのかと聞いてきたら、私は資産価値の増加から推測されるものというよりも、もっと明確な答えを彼らに伝えることができたらいいと望むのですが」。マコーチは答えた。「私は推測といっているのではありません。それは見積もりです」[89]。

しかし、四〇年代以降、技術団は治水事業を正当化する目的で資産価値の変化にそれほど重きをおくことから手をひいた。地域によっては、それらは無形物とよばれることが多くなった。資産価値の増加は結局、潜在的あるいは歴史的な洪水被害を反映する必要がある。このことはあらゆる便益のカテゴリー中でもっとも定式化されていた。それはまだいささか巧妙なやり方であった。よい洪水記録が残っていたとしても、そして何十年も遡れたとしても、記録された損害の平均というのは不十分な尺度であった。ほとんど常に人口は増加しており、同じ大きさの洪水は過去より未来においての方が大きな損害をひきおこすと予測された。さらに、洪水被害の年平均レベルというものは、起こりうるもっとも大きな洪水の大きさによって変わりやすかった。そしてその大きさは仮説にとどまる。これを見積もるために、技術者たちは天気の記録と確率の技術を用いて洪水頻度曲線を描き、予測される水の量、等深線、そして洪水の頻度を示す地図を描いた。歴史的記録から計算される平均損害は、仮説上最大の洪水を考慮に入れても、見積もられた損害のたった三分の一程度だったろう。ただ公正のためにつけ加えておくと、仮説上の洪水を現実の洪水が上回るというような当惑する状況もいくつかあった[90]。

経済的見積もりには明らかに判断の余地がたくさんあった。その見積もりが有効な期間を制限し、許容の限界を決めるための果てしない努力が必要であった。実際に被害にあったひとたちの報告に、あまり信頼をおいてはならないと技術者は警告された。なぜなら彼らは誇張する傾向があるからである。「無形物」の定量化は強く阻止された。地区技術者による一九四〇年の報告書は、費用便益比一・〇一と一・〇六を得るために無形物にあまりに頼りすぎたものだったが、部局レベルで却下された。地区技術者はこれらの便益が現実のものであるということを疑わなかったが、しかしそれらは「精密に評価しにくい」ために、少なくとも適切な有形の費用にもとづく見積もりの欄外に表れたときのみ、プロジェクトを正当化する根拠にすべきだとされた[91]。

技術団が政治的圧力に直面しても、費用便益計算を真面目におこなっていたという証拠はありあまるほどある。コロラド州とネブラスカ州のリパブリカン川の源流で起こった大きな洪水は、小さな町や農地に相当な被害をもたらし、一〇五人が犠牲になった。調査がすぐに要請された。技術団は大規模ダム建設が正当化されることを見いだした。しかし、その理由はただミズーリ川とミシシッピ川の主流について洪水対策の貢献ができるからである。つまり、ダムは下流になくてはならない。これは一九三五年の洪水の被害者を救うことにならないということを意味する。考えられる上流の貯水池はすべて、平均して〇・四六というたいへん低い便益費用比を示した。下流の貯水池はしかし、費用を上回る十分な便益の超過があった。比にして二・三五である。このことが知られるようになると、コロラド、カンザス、ネブラスカの各州の技術者たちは協力して請願書を書き、この超過がいくつかの上流ダムの費用便益の不足を補うために使われるよう求めた。「われわれは以下の両方ともが議会の意図であると信じる。計画がこの水系における治水のための全面的計画であること、そしてそれが流域内のできるだけ多くの地域を守り、プロジェクトの見積もり費用を超えてすべての関係者に便益をもたらすこと」。彼らはリパブリカン川の治水の統合的な一括提案を用意した。それは集合的便益費用比として一・六を示していた。地区技術者はこれに抵抗した。そのような政策は、「ことによると、地方の利害によって、経済的に正当化されない最大数の貯水池の建設要求を生むことになる……それは複合的貯水池プロジェクトにふくまれる」。地区技術者はしかし、この種の一括提案には前例があることを認めねばならなかった(92)。

カンザスシティの部局技術者から主任技術者にあてた興味をそそる覚書には以下のことが書かれている。ネブラスカ州のノリス上院議員は、リパブリカン川の計画について質問するために、そして「農家の嘆き」を説明するために部局技術者の事務所に出向かなくてはならなかった。農民たちは洪水被害を、大きな灌漑プロジェクトを実施する口実として使いたがっていたことがわかった。そして実際、農民たちは灌漑プロジェクトなしの洪水対策は拒否する傾向にあった。部局技術者は上院議員に、最良の貯水池は、洪水対策だけだと便益費用比がだいたい〇・一六であり、それゆえ彼らが二重目的の貯水池に取り組んでいることを伝えた。

ノリス上院議員に説明しました。貯水池の費用は四、〇〇〇万ドルから六、〇〇〇万ドルであるということ、費用便益比は二対一よりも大きくはないこと、そして便益をきわめて自由主義的に見積もると三対一近くになることを。われわれ技術団はプロジェクトの見かけを改良するためにあらゆる努力をしていることも伝えました。そして、われわれが彼にとって正当化されたと思えるプロジェクトをいまだ見いだせていないことも伝えました。今後見いだすわずかな望みを抱いていながら、しかし、すべての関係者を確信させる報告書を書くための創意工夫もすでに尽きていることも伝えました。[93]

この手紙における政治と客観性とのバランスは、およそ正しいように見える。ノリスはどうやら、部局技術者の理由づけを受け入れたようである。おそらく計画拒否はしばらくのあいだ、土地改良局と技術団が一九四四年にミズーリ川流域全体を分割すると決定するまでは、これ以外の血みどろの戦争を避け、独立したミズーリ渓谷局の計画を阻止するために有効であった。続く二、三年の調査報告は、リパブリカン川のいくつかのプロジェクトを正当化するためにやりくりをした。それらの多くは便益費用比が一・〇から一・二の範囲内にあった。一九五一年の下流域での大洪水がことを解決した。そして現在の地図は、貯水池がいたるところにあることを示している。[94]

しかし、この事例はおそらく、費用便益の基準をほとんど何でも許可する一当局の競争が不幸な効果を及ぼしたことの範例となっただけだった。ありうるすべての事例において、技術団は、あらゆる政府機関にとって一様な、費用便益分析の堅固な基準を確立することを好んだ。それは気持ちのくじけるほど厳しい基準を意味しているわけではない。調査委員会は主任技術者のルイス・ピックに、プロジェクトの数は、便益費用比を少なくとも一・五以上と要求することによって、あるいは大きな地方貢献を要求することによって削減できるのではないかと聞いた。彼は独特な愛想のよさと雄弁さをもって答えた。「それは正しい考えです。プロジェクトをやめるのは簡単だと思います。もしあなたがアメリカにおける環境保全プログラムを止めたいのなら、止めるのはとても簡単です[95]」。

むしろ、技術団は、費用便益分析の最前線を押し戻すことで、経済的に承認されるプロジェクトをいつも管理下において供給できるように、果てしない努力を払っていた。ときおり技術団幹部は、認可された便益のあまりの幅の狭さに文句を言った。そして「費用に対する便益比を改良することによってプロジェクトの建設を正当化する新しい経済分析の必要性は、今や実現不可能であると判断された[96]」と言った。この言い方は、費用便益分析はある程度、少なくともある時期においては制約されていたということを示唆している。しかし新しい方法は実際、現れようとしていた。一九六〇年代の治水施設の建設ブームは、たとえば、保養の便益を評価するための新しい自由主義的な方法を促進したのである。

明らかに、議会はときどき、技術団それ自体よりも固定された基準の方に傾倒した。五〇年代には保養は、貯水池や水路での、あるいは近くの旅行者向け施設の利益の源として扱うときのみ、「有形」となった。しかし、旅行者自身の便益は重要である、とピックの後継者R・A・ウィーラーは一九五四年に発表して、旅行者自身の便益を評価するために「いつかわれわれは、ある種の形式をもつことになるだろう」と述べた。国立公園局は貯水池の広大な保養施設を正当化するために、建設の判断がすでに下されたあとに、努力して豊富な尺度を提供していた。キングズ川のイザベラ貯水池は四八年に保養便益が与えられた。期待される旅行者の旅行費用と、宿泊滞在者の一日あたりの生活費用と、滞在者一人一日あたり一二・五パーセントの「保養価値」と、地方ビジネスにもたらされる便益と、避暑地別荘地帯の価値を足し合わせることによって保養便益が計算された。これでは中華料理の百科事典である。技術団は二重集計を容易に認識できたであろう。国立公園局はよりよいものをつくろうと、四〇年代終わりに正しい数式で合意してくれることを望んで、十人の専門の経済学者の助言を求めた。しかし彼らは合意には至らなかった。(97)

最後に議会そのものが難問に立ち向かった。議会は技術団に自由裁量権を与えず、厳密で、しかし極度の倹約主義はとらない尺度を創ろうと試みた。ある法令が一九五七年に考えられた。すべてのプロジェクトに一滞在者一日あたり一ドルを保養便益として認めるというものである。技術団はこの考えをいささかばかげていると考えた。一日あたりの価値は、ひとびとが貯水池で何を利用するか次第で変わり、すぐ近くに同等の魅力的な施設があるかどうかによっても異なるにちがいない。上院のヒアリングで主任技術者補佐のジョン・パーソンが証言したように、この融通のきかない尺度に代わって「合理的価値」で置き換える方がよかっただろう。

すぐにネブラスカ州出身の上院議員ローマン・フルスカが警告した。「合理的という言葉は、ひとによって、ときによって異なるものを意味するでしょう」。サウス・ダコタ州のフランシス・ケースは答えた。「もちろんです。土地改良局の技術者がほかの基準を評価するときの判断の自由の大きさに比べたら、それほど大きいものではありません。われわれは洪水被害の尺度をはっきりさせようとしてはいませんし、灌漑価値の尺度をはっきりさせようともしていません」。「いやいや、われわれはそうしようとしていると私は思います」。議長のロバート・カーが口を差し挟んだ。すでにおなじみの人物である。「正確な金額としては測っていません」とケースは言った。「われわれははっきりさせようとしていると思う」とカーは繰り返した。「われわれは仕様明細を伝えてはいない。しかし、われわれは、治水や洪水防止から得られる便益に関して、金額の単位で価値を決定し、助言してくれるよう頼んだ。そしてその結果はわれわれのところに届いている」。さらにいくらか議論したあと、誰かが専門家の技術者に聞くことを考えた。

カー　あなたはこれをどうやって決定するのですか、司令官。

パーソン　そうですね、予防された洪水被害をわれわれは、洪水頻度曲線、毎回の洪水記録、実際に経験された被害、そのほか関係する事柄から決定します。

カー　それでは、あなたを導くものは合理的予測というよりむしろ、固定された仕様でしょうか。

パーソン　それは固定されています。それを基礎づける何か具体的なものをもっていなくてはならないというかぎりでは、そうです。(98)

鉄道会社と予算局は、求められる要件を緩和するために保養に価値をおこうとする全体構造に反対した。議会はもちろん、そのような緩和を嫌がったりはしなかった。しかし議会は「客観性」を強く主張したのである。(99)

一様性を求める圧力

一九四三年にワシントンで、連邦水資源関係省庁の幹部からなる省際夕食会が催された。主催者は土地改良局のR・C・プライスであり、プライスはグラフを完備した短い学術報告をおこない、どのように「増分分析」が最適規模のダムの設計に使われるかを示した。(100)夕食会は、すぐに連邦省際河川流域委員会という正式な会になった。初期の集まりの記録からは、個人的な敵意の兆候はまったく見られない。最初の公式の会合では、「全員が、報告書が異なったり見解に相違が見られたりすることのもっとも根本的理由は、分野に由来すると強調した」。そして「協同の精神」がワシントンの幹部のあいだに広がった。そのあと、「かなりの量の」議論がおこなわれた。「土地改良局の地位と、カリフォルニア州キングズ川のパイン平原貯水池の建設をめぐる陸軍省の提案」についてである。これはすでに救済の範囲を超えている、ということで彼らは合意した。しかし他の紛争を未然に防ぎたいと彼らは望んだ[101]。

次の会合は経済分析についてであった。「議論は……費用便益因子を決める原理を設ける可能性と、異なる省庁間での方法の標準化では解決できない項目を自由に認める必要性を中心におこなわれた」。誰かが費用分配に関する小委員会を提案した。六月にそれが定められ、連邦電力委員会のフランク・L・ウィーヴァーが長となった。そのメンバーは事例研究を通して作業することにした。とりあげたのはオレゴン州のローグ川のプロジェクトである。十月に彼らは、次の会合で報告書を出す意向を表明した。しかし十一月に、ウィーヴァーは、技術団のG・L・ビアドが草案を書いていたにもかかわらず、小委員会が「彼らの基本合意報告の最終版をまだ準備できていない」のを認めざるをえなかった。報告書ができたときには、その提案内容には相当な不一致があった。これは簡単には解決できなかった。さらに会合を重ねて一年後、小委員会に委ねられる職務は、完全な一般性をもって、便益の尺度をもふくむよう拡張されるべきだという合意にたどりついた。それは単に、現におこなわれている実践をレビューするだけではなく、「純粋に合理的なやり方にもとづき、現在の実践や行政的限界から解放された、完全に新しい原理や尺度を定式化する可能性を考えること」でもあった。この実行のために、小委員会にはスタッフが必要となった。一九四六年四月に、新しい「費用と便益に関する小委員会」が設置された[102]。

この小委員会のメンバーは、四つの中央省庁の高官からなっていた。技術団、土地改良局、農務省、そして連邦動力委員会である。何人かのスタッフ「もまた出席していた」。上司よりもよく会議に出席し、彼らがほとんどの仕事をこなしていた。すぐに彼らの任務は再分担された。農務省の作業グループには、次のような準備をする穏当な作業が命じられた。「問題の客観的分析、何が便益を構成し、何が費用を構成するか……分析は真に合理的でなければならず、現在の実践や行政的限界によって影響されてはならない」。その一方で、主要な省庁のメンバーは、それぞれの現在の実践について報告し、小委員会は、もっとも重要な類似性と差異とを識別しようとした[103]。これらの仕事は両方とも、想像したよりも難しかったが、客観的分析はもっとも長い時間がかかった。

一九四七年の四月と四八年の十二月に、小委員会は、各省庁の現在の実践を描くことを目的としたより大きな委員会用に中間報告書をまとめた。これらの報告書の抄録は最終的に、小委員会の一九五〇年の印刷物の付録として刊行された[104]。それらは主要な報告書にあまり貢献しなかった。既存の方法の差異を明確にしたものの、それらを解決する方法がなかった。省際委員会も小委員会も、慣習的な手続きをやめさせる権限はなかった。小委員会はそれを試みさえしなかった。分類が完了したあと、小委員会はほとんど会合をやめてしまった。合意のために残された望みは、客観的分析であった。報告書の著者たちは、官僚的アイデンティティとともに、関連する学術的なアイデンティティももっていた。彼らは農業経済局の経済学者であった。しかし、彼らに要求された仕事はまったく先例がなく、かつ誰も小委員会に専念できる立場ではなかったため、草案をつくるのに三年かかった。最後にガリ版印刷物の形で一九四九年六月十三日に、「客観的分析」という題をつけて配布された[105]。

これが、最終報告書の中心となった。小委員会による修正はけっして些細なものではなかったが、しかしもとの言明の基本形から大きく外れることはなかった。この報告書は、費用に対する便益の超過が最大になるよう要求した。それは、プロジェクトの分割可能なそれぞれの部分で、便益の黒字を示さなくてはならないことを意味する。報告書は、「社会的時間を優先させること」にもとづいて、政府の定める利率よりも引き下げる可能性を示唆した。これは最終版では、不用な混乱を招くとして切り捨てられた。ガリ版のものも、最終報告書でも、治水、水運、灌漑、保養、魚や野生動物の生息環境の便益を定量化する問題を、マニュアルとして利用できるほど十分詳細に分析してはいなかった。しかし、両方とも、困難な点について助言を提供し、さまざまな種類の副作用を無視しないよう警告した。彼らは、自然のままの川が氾濫することは、利益が失われるのと同様、景観の喪失や保養の損失もふくむことを認めた。これらは、技術団がたいてい無視してきた可能性である。土地改良局と他の省庁とのあいだの論争については、報告書は、穏やかな表現ではあるが紛れもなく、土地改良局に反対する立場に立っていた。プロジェクトの寿命を五十年とする仮定は、経済分析としてはおよそ長すぎると見なされた。「二次便益」――新しい灌漑によって得られた土地でできた小麦を粉にしたりパンを焼いたりすること――は、平常時でない環境でのみ考慮されるべきだとされた[106]。

報告書は特に、無形物の定量化を要求している点で、官僚の慣習的実践よりも野心的だった。プロジェクトの効果を評価する共通言語として、市場価値以外には利用できる枠組みがなかったため、これら市場価値は可能なかぎりいつでも割り当てなければならないとしている。

また報告書は、保養の便益は営業許可を得た者の収入ではなく、利用者にとっての価値を反映しなくてはならない、と強く主張し、その利用者にとっての価値に対しては、価格が割り当てられるべきだとしたが、ただしどのように割り当てられるかは説明していない。健康の向上もまた、価格が与えられるべきだとされた。草案には書かれていないが、最終報告書では、人間の命に含まれる経済的要因を考慮して、「広く承認された判断価値」を割り当てると便利であろうとしている。また、救済された命あるいは失われた命も計算のなかに別途列挙されるべきだろうと加えている[107]。もっとも野心的な試みの一つ、そしてもっとも説明の難しいものは、草案でも最終報告書でも、将来の相対価格の予測を要求するという動きであった。これをどのように実現するのか、誰にもアイディアがないように見えた。

完成された報告書は、水資源分析家や費用便益分析の経済学者のあいだで、表紙の緑色から親しみをこめてグリーン・ブックとして知られるようになった。その影響力はかなりのものであった。しかし報告書は、関与する省庁の費用便益実践を調整することについては徹底的に失敗していた。いくつかの省際水資源開発委員会、特にコロンビア川とアーカンソー州のホワイト川＝レッド川水系にかかわっているひとびとからは、その失敗は重大視された。しかしコロンビア川関係者からの要求はあまりに早すぎて、小委員会はそれを利用できず、またアーカンソー州関係者にとっては、報告書の助言があまりに抽象的に見えた。価格の見積もりという解決できない問題に手こずり、小委員会はあまり助けにならなかったのである[108]。

五〇年代はじめは、技術団にとって厳しい時代であった。土地改良局との戦いによって、行政機関と疎遠になってしまった。特に改良局の支持者たちから、技術団はポーク・バレル機関であり、系統的な水管理よりも一時的な政治的利益に興味をもっていると非難された。一九四〇年に計画され、四六年に承認され、五〇年に建設されたプロジェクトの大幅な費用超過が、それまで慣習的に技術団を支持してきた議会からの厳しい精査を招いたのである。主任技術者のルイス・ピックは、被害妄想の兆候を示していたが、彼の敵は十分に現実の存在であった。ピックは一つの委員会で、これらすべての質問は、「議会の知恵と可能性に悪い評価を及ぼす」と述べた[109]。どのような理由であろうとも、四〇年代終わりと五〇年代はじめには、より厳しい定量化基準を強制することによって水利プロジェクトに予算をつけることを阻止しようとする多くの努力がみられたのである。

政府の支出を監視するのにもっとも適した行政機関は、予算局であった。一九四三年のはじめ、すべてのプロジェクトの承認は、議会に行く前に予算局に送られた。議会は、ほとんど例外なく予算局の助言を無視した。五二年に予算局は、予算回覧A－47号で費用便益の指示を出すことで、その力を強化しようとした。それらは多くの側面で、グリーン・ブックの勧告に類似していたが、局所的な費用の共有を大きく強調していた。それでもやはり、予算局はそれらの基準を執行する人材に欠けており、表面的なことしかできなかった。つまり、便益の新しい分類を認めるのを拒否するだけであり、定量化できない無形物に頼って判断されたプロジェクトに反対するだけだったのである。[110]

予算局の失敗と、連邦省際河川流域委員会の歴然とした弱さから、水資源計画における合理性を推進するひとびとは、プロジェクトは独立の専門家会議の場に提出されるべきだと提案した。四九年に最初のフーヴァー委員会は、「公平な分析」委員会の設置を求めた。それは、すべての水資源計画を内務省に集約することによって、省間の競争と作業努力の重複を取り除く提案であった。ルイス・ピックは、常に丁重に、技術団の側に立って応答した。「政府内で中央集権化した権力を担い、責任を負いうるひとたちは、わが国の天然資源の際限ない搾取をとおして、今日この国を建設する運動の先頭に立っています。地域による政府の全体主義です」[111]。議会は、ひいきの行政機関の絶滅を承認する気はなかった。そして技術団は、公平な分析のための新委員会の設置は余計なことである、と主張して成功した。第二次フーヴァー委員会は省庁の機関廃絶をもう試みようとはしなかったが、プロジェクトの受益者が費用のほぼすべてを払うようにすべきだと要求した。技術団はまた、特別の会議メンバーによる「客観的見方」を要求したが、もはや成功せず、技術団独自の「水資源および水力発電のプロジェクトとプログラムにおいて経済的正当化を決定するために応用される原理」を公表した。費用便益分析が「簡単にだめになる」ことを認める一方で、技術団はこれを無能だったり偏りのあったりする分析者による失敗と見なし、方法の弱点とは見なさなかった。人間は数学においても間違いを犯す、と技術団は指摘している。[112]

経済学者による乗っ取り

五〇年代のはじめ技術団は、経済学者と社会科学者を雇いはじめ、その数は急速に増大した。すぐに、すべての地区事務所は、経済分析をおこなう部署をもつことになった。初期の経済の専門家は元技術者で、より危険の少ない領域に転じたひとたちであった。しかし、不満をためた利害関係者からの批判、他の省庁からの圧力、そして数値の固定によって公認される便益が多岐にわたるようになったこと、などが複合して、経済の専門家なしではすまされなくなったのである。六〇年代の環境法制定以後、司法による再検討にさらされる可能性が増え、この圧力はより高まった[113]。

しかしながら、費用便益分析に関連する経済の専門家は、五〇年代はじめには官僚組織の外にはほとんどいなかった。職業的経済学者が公共事業の便益について書くとき、それは学術的な研究というよりも、官僚的な言説により近かった[114]。五〇年代に、複数の流れが一つにまとまるようになった。官僚制度は、そもそも多種多様で扱いにくいたくさんの便益を定量化しようと試みた。新しい福祉経済学では、人生のすべての喜びと痛みは、単一で首尾一貫した定量可能な効用関数により共通に表せると仮定していた。保養、健康、生命の救済や生命の損失などといった難問を解くことに、費用便益分析を使おうとするのは知的に重要で、かつ実践的に有用なことと思われるようになった。

リチャード・J・ハモンドが初期におこなった費用便益分析はいまだ超えられていないが、彼は空想経済学の導入は滅亡を招くと考えた。簡単に定量可能な便益と投資費用を比較することは、手軽な官僚的慣習だが、おそらく冷笑されることではないだろう。しかし今では、この形式の分析は空想上でっちあげられたデータを許容するものとなってしまった、と彼は信じた。しかしハモンドは、アダムとイヴが、経済学というヘビからこのリンゴを渡されるよりも前に、誘惑を感じていたということに気づいていた。特にアメリカでは、すでに官僚的な費用便益分析の使用のなかに潜在的に、定量分析の言葉を具体化し、人間による判断の妥当性を否定し、純粋に機械的な客観性の没個人性を切望する圧力があったのである。何人かの経済学者たちにとっては、これは科学の定義のように聞こえた。費用便益分析は五〇年代終わりには、立派な経済学の一分野となった[115]。

水資源プロジェクトはこれらの動きをただ鼓舞しただけではない。私はもっとも重要な役割を果たしたものだったと考える。輸送の研究、特に高速道路は、広く互いに独立な情報源をもたらした。が、その情報は簡単に共通の言葉でいいあらわせるものであった[116]。オペレーションズ・リサーチの軍事的利用との遠いつながりもあった。

オペレーションズ・リサーチでは、費用便益分析が最適化の戦略として、ランド・コーポレーションで開発された。オペレーションズ・リサーチそれ自体は、テイラー主義とつながっている(117)。しかし、最適化やテイラー主義といった言葉は、私たちが二十世紀アメリカの官僚制度史と科学史の主流を追いかけていることに気づかせてくれるにちがいない。ランド・コーポレーションの費用便益分析は、軍事定量化の文脈に向かっている。ロバート・マクナマラとチャールズ・ヒッチがジョンソン大統領〔一九六三―六九〕のもとで財政改革をおこない、さまざまな政府のプログラムの費用と便益を比較可能にしたことは、決定的に重要である。しかし防衛の経済分析は非公式におこなわれ、公的知識としてはおこなわれなかった。軍事経済学は専門の研究分野にはけっしてならなかったし、一九六〇年ごろ政府の活動のほとんどすべての形式の便益と費用を計測しはじめた経済学者にとって、主要な参考にはならなかった(118)。が、水資源プロジェクトは常に参照の対象だったのである(119)。

この見地に立つと、グリーン・ブックが用語を拡大し、福祉経済学の言葉を輸入したことは、特に重要なことのように見える。これは主には経済学者のしたことだが、しかし学術的というより官僚的な仕事である。農業経済局の経済学者たちの果たした役割は、綿密な調査に値する。しかし一九五〇年前後よりも前の時代には、彼らは、一時期に一つの評価しかできないプロジェクト評価よりも、合理的で系統的な計画の言葉を好んでいたようである。彼らがついに費用便益分析を取り上げたとき、水資源プロジェクトに特に言及してそうしたのである(120)。この事実からでは、彼らが福祉経済学を公共投資分析に適用することをどこで学んだのか説明されない。マーク・M・リーガンは、グリーン・ブックの鋳型となった『客観的分析』のもっとも主要な著者であるが、高邁な理論からの直接的翻訳は示唆しなかった(121)。

経済学の標準に従って費用便益研究を再定義する努力は、五〇年代半ばに熱心にはじめられた。その第一世代の著者たちのほとんどは、しばしば事例分析のふりをして(122)、水資源プロジェクトについて書いている。一般に、経済学者たちは財政官僚やフーヴァー委員会を占めていた私企業の推進者たちとのあいだで、水資源プロジェクトのための費用便益検査は十分厳密ではなかったという点で合意していた。周辺的プロジェクトを排除するためにもっとも好まれた手段は、統一された割引率の強制である。これは政府の保証金の金利よりも高かった。同時に、経済学者たちは無形物に金銭的価値をおくという前世代の考えにひるんだりしなかったので、このようにして彼ら経済学者は六〇年代の建設ブームに貢献さえしただろう。八〇年代にようやく無形物の定量化は、見晴らしのよい土地に金銭的価値をおくという市民の嗜好の調査を研究者が利用しはじめたので、自然のままの土地を開発するのを抑制する戦略として、動員されるようになった[123]。

　このかぎりない定量化の追求によるさらに重要な帰結は、費用便益分析が、政府のすべての種類の支出へと、さらにのちには、政府による規制にさえ広がったことである。初期のころの一見見込みのなかったトピックは、公衆衛生の経済学である。それは病気にかかった日々に価値をおき、救われた命や失われた命の価値を計算する。経済学者バートン・ワイズブロッドはひるむことなく、救われた命や失われた命を測るのに、失われた生産性を用いた。そして、ポリオワクチンでさえ純便益〔便益から費用をさし引いたもの〕があるといえるか疑わしいと結論づけた。教育はまた別問題である。労働市場からの純収益は、高校や大学、そして必然的にMBAプログラムへの支持を容認した。しかし、科学や技術の大学院教育は支持しなかった。経済学者たちは論文で、教育機関を、最大の給与が支払われている場所へと移動させるよう正当に勧告した[124]。一九六五年までに経済学者たちは、費用便益分析を研究評価、保養、高速道路、航空機製造、都市再開発に利用したのだった。おそらく、利用可能なデータは、尺度によっては理想的ではなかったろう。しかしフリッツ・マクラップがいったように、「制度、計画、活動についての便益費用の経済学的評価は、すべての種類の価値を考慮に入れ、ふだんは理屈抜きの感情によってのみ取り組まれている問題に対して、道理にもとづいた議論や合理的な重視を適用するために試みられなくてはならない[125]」。

　費用便益分析はしばしば、複雑で均衡を保っている調査に対し、測定可能なものにもとづいて簡単な答えを出そうとする、という点で批判される[126]。経済学者たちはけっして、この批判に影響を受けてこなかったわけではない。計算は政治的判断におきかわることはけっしてできないと、彼らはいつも前おきしたが、費用便益分析およびリスク分析をする経済学者は、明らかに政治的判断をできるだけ制御しようとしている。したがって、概して彼らは、判断というものを複雑で詳細な深慮にけっして任せてはならず、理にかなって偏りのない判断規則にいつも還元されなくてはならないと主張する。効果的な方法は、単なる言葉、主要な事柄に焦点をあてた議論なのではなく、抑制のかかったものでなければならない。リスク研究の第一人者たちは、もっとも危険なものは次のとおりであると公言した。「議論を戦わせる者たちは、費用便益分析の用語体系で論じあうやり方をとるようになるだろう。技術をレトリカルな道具に変換し、その効果を無効とすることによって[127]」。

費用便益分析は最初から、公共投資の判断において政治的策略を制限するための戦略として意図されていた。一九三六年にはしかし、軍技術団はこの方法が経済的原理に基礎づけられなくてはならないなどとは想像もしなかった。あるいは、費用便益分析の利用を確立するには多量の規則を必要とするだろうとか、そのような規制が政府のなかで標準化され、公共事業のほとんどすべての種類に適用されなくてはならないだろう、などと思い描くこともなかった。費用便益分析を合理性の普遍的標準へと変換することは、何千ページにもわたる規則に支えられて実現されたことであり、専門家の権力欲の結果と解釈することはできない。むしろそれは、圧倒的なまでの公衆からの不信にさらされながら、官僚間に不一致があったことの結果であろう。このような道具からは、ほとんどの場合、分析の手引きや議論のための用語以上のものを得ることはできないが、道具をそれ以上のものにしようとする強い圧力が存在したのである。機械的客観性の理想は、これまでこの方法を実践してきた多くのひとによって内化されてきた。彼らは、判断というものが「定型的手続き、つまり、政治的に責任があり説明責任がある側の、適切な価値判断にのっとってひとたび動き始めれば、理神論の宇宙のように、上からのさらなる介入に影響されることなく、自然な既定の軌道をたどるような手続き[128]」に従っておこなわれることを望む。これは、経済学者たちの理想とするところだが、政治的文化および官僚的文化の形から生まれてきたのである。この文化は、他の科学分野を形づくることにもまた役立ってきたのである。

第三部　政治的な科学者共同体

したがって私は、良識が、礼儀正しさの主な基盤であることを主張したい。しかし、良識は天賦のものであり、ほとんどの人間はもつことができない。それゆえ、文明化されたあらゆる国々では、理性の欠陥を埋めるために、一般的慣習にもっとも適合する、つくられた良識として、一般的行動に対する規則を定めることにした。それなしでは、できの悪い生徒のなかの紳士らしい部分が、絶え間なく痛めつけられてしまう。

（ジョナサン・スウィフト「礼儀正しさと作法の説明」、一七五四）

第8章　客観性と専門分野の政治

統計学は実験者に利用可能な精密機械の一つだ。実験者は、もし実験の処理においてこの機械を適切に使おうとするのであれば、自分が使い方を学ぶか、あるいは代わりに誰か学んでくれるひとを見つけなくてはならない。

（ドナルド・J・フィニー、一九五二）

会計、保険、応用経済学、および定量的社会科学の研究者たちは、すでに確立された分野をしきりに手本にしたがる。それに対し、確立された分野の方は、科学における定量化の典型として扱われることに当惑するだろう。他にも、物理学史や生物学史を教科書や標準的な歴史文献から学んだひとたちは、本書で扱った官僚制の文脈における定量化は、より学問的にきちんとした科学にも関連があるのではないかと合理的に考えるだろう。残りの章では、この点を直接扱う。本章では、ある種の圧力をとりあげるが、それらのいくつかは政治や行政規制から発生し、特定の分野を標準化や機械的客観性の方向に強いるものである。第9章では対照的に、判断や個人的権威に信用を添えたり、信用を失わせたりする文化的で政治的な環境をとりあげる。

私はここで科学の大統一理論を志向しているわけではない。不統一であるという認識をより研ぎ澄ませようとしているのである。科学者集団が知識生成において官僚のようにふるまう、と主張したいわけではない。官僚制との同型性は、単にある側面にのみ適用できる。また、おそらくもっと重要なことは、「まるで官僚制のように」という一節にあまり意味がないということだ。最近の研究で確かめられているように、たとえばバルザック、ディケンズ、ゴゴルなどの読者は、すでに官僚制が異質な要素の混合した概念であることに気づいていた。本書はこの混合体のなかの一次元にだけ関心をよせているが、核心をつくにはそれで十分である。フランスの行政当局もイギリスの公務員も、マックス・ウェーバーの格言とは一致しないものだった。

官僚的行政は、基本的に知識の支配を意味する。これが官僚制の特徴であり、官僚制を特に合理的にするものである。……支配的な規範は、個人的熟慮を問わない、率直な職務の概念である。……すべてのところで官僚化は、大衆民主主義の前兆となる。……合理的な形式主義の「精神」は、官僚制が〔いだくもの〕……であるが、すべての利益を促進する。……そうでなければ、恣意性に陥ってしまうだろう(1)。

ウェーバーの定式化は、プロシアとアメリカでの硬直と疑念を組み合わせている。理想型を強調するのは仕方ないとしても、この言明は、あまりに限定的である。それでもやはり、彼の定式化には価値がある。なぜなら、これが科学に受け入れられる官僚制の形であり、それゆえ、科学を科学自身のイメージ通りにつくり変えるためによく機能するからである。

官僚制――アメリカのスタイル

まず、アメリカの官僚制は政治家による任命で成り立っている。ヒュー・ヘクロは、イギリスの官僚エリートに関するアーロン・ウィルダヴスキとの共同研究に「イギリス政治内部の共同体と組織体」という副題をつけた。そして、アメリカの行政機構についての類似の本を書き、それを「異邦人たちの政府」と呼んだ。アメリカ人は、イギリスに劣らず、「信任と信頼の関係」を効果的な組織化と行政処理に必要とする。しかしそのような関係は、「時間と経験を必要とする。信任も信頼も、政治の場には不足している(2)」。それゆえアメリカ政府では、秘密を守ること、また秘密に交渉することでさえ、たいへん難しいのである。政治的な要求に絶え間なくさらされるので、技術団や土地改良局は、激しい論争を解決しようと交渉することさえ不可能であった。閣僚や局長たちは、政治に没頭していて、そのような圧力に対してほとんど無防備である。圧力は官僚制の中間レベルにまで到達し、ときにはもっと下位のレベルにもかかってくる(3)。各局は互いに矛盾した政治的要求にしばしば直面する。なぜならアメリカ政府は権威の明確な系列に欠けるからである。

官僚制は、一般に思われているほど攻撃的に縄張りを拡げようとしているわけではないが、いつも自律性に関心をもっている、とジェイムズ・Q・ウィルソンは述べている。これは、外部の者に先取りされたり発言を封じられたりするという意味ではない。執行部や無数の国会委員会や裁判所に対する矛盾した期待に直面すれば、規則による統治に執着することによって責任を最小化しようとするのも当然だろう。このような規則、計算、実情調査へのこだわりは、一部はそうであるにしても、官僚的＝法的な様式の本質ではない。規則、計算、実情調査は、干渉好きな外部者に対する防衛であり、だいたいにおいて信用できない部下を統御する戦略なのである。ウィルソンは、「アメリカは、ほかのどんな産業化された民主主義国家におけるよりもずっと、公務員の判断を統御する規則を信頼する」と書いている(4)。同様の信頼の欠如ゆえ、議会はすべての局に規則を押しつけようとする。主要な使命をどう施行するかだけでなく、契約の発注の仕方、雇用や解雇の仕方などを文字で表現することを通して規則を押しつける。ときに、議会自身にも標準化を強要する。たとえば費用便益分析は、議会は及び腰で望んだことではあったが、議会を官僚的形式主義に結びつけた不朽の業績である。現在も実施されているように、これはアメリカの政治風土の生んだ独特の成果である。

そのようなシステムのもとでは、イギリスやフランスよりも客観性が必要とされる。「政府に対する不信が広まっている国では、個人による責任ある決定の代わりに、おそらくは没個人的な計算を用いようとする衝動、個人で状況を判断しようとするよりも専門家を信頼しようとする衝動が、ことのほか強くならざるをえない」とリチャード・ハモンドは観察している(5)。アメリカでは、単なる経験やノウハウは、公共の専門性を基礎づけるのに十分ではない。こう述べると驚かれるだろうし、矛盾しているとさえ思われるだろう。この国は民主主義国家であることに誇りをもっており、反知性主義（知識人不信）という際立った伝統をはぐくんできた。アメリカ人は専門性を恐れている、とシーラ・ジャサノフは書いている。そしてまたアメリカ人は、行政的決定は政治と無縁になるべきことを主張している。彼らは「専門家への服従と懐疑とのあいだを」揺れ動いているのだと(6)。そこには何の矛盾もない。ただ単にパラドックスがあるだけだ。現在の専門性の形は、反知性主義からの猛烈な要求にあわせようとしている。専門家がエリートである国では、専門家は賢明かつ公平に判断を下すと信じられている。アメリカでは、規則に従うことが期待される。この規格化に信頼をおく傾向は、局のポストを埋めるために人格者を探したりしない。こうした傾向はすでに一八三〇年までには力をもっていた。二十世紀になってたくさんの専門家が必要となっても、この傾向はなくならなかった。

「真実をいえば」とリチャード・ホーフスタッターは、不賛意を示しながらも書いている。「アメリカの教育の多くが、単純にも厚かましくも、まるで知識人でもなければ文化人でもない専門家を排出しているということである」[7]。

しかし「何も知らないこと」が、信頼を得るわけではない。最近、アメリカの裁判所は、公共生活の領域まで支配力を広げてきているが、すべてのひとの判断を制限しようと働きかけてもきた。ただし裁判官の判断は例外である。裁判官は一般に、複雑で異質なことを内側から査定する仕事をしているのではないため、代わりに明確な規則に従う行動を評価したがる[8]。したがって、彼らはまた、職業的専門家を熟練者よりも好み、実践的知識よりも理論的知識を好む[9]。アングロ＝アメリカンの裁判所は、意見を出す専門家に権威を与えているが、それは単に事実を証明するためだけではない。裁判所はこれまでずっと、科学というものは一般的な法則を特別な状況に直接適用することを意味しなくてはならないと頑固に信じてきた。この点において、法廷に呼ばれた生身の科学者の証言は、裁判所の敵対的な状況では、やや不当に見られてきたのである。ブライアン・ウィンが指摘したように、法的な尋問は、ピアレビューよりも綿密で重大である。法律家は、科学者共同体の特徴である「かなりの信頼、信じやすさ、共通の背景、共通の仮定、理解、価値、興味をもつ社会的に濾過された風土」の外から尋問する。裁判所それ自体は、どのような社会的および経済的文脈からも切り離された真実をつきとめ、法を適用するふりをしつづける。彼らは科学を、そのような切り離しを強調するものとして、そしてそれゆえに彼らの主張の中立性としての客観性を裏づけてくれるものとして、頼みにしているのである[10]。

現時点で裁判所は、絶え間なく圧力をかける干渉好きな外部者のなかでも、特に目立っている。その圧力は、私的な知識を公的な知識に変換させようとする圧力であり、その意味で客観性の領域を拡張しようとする圧力である。理想は、人間の関与をやめさせることであり、それは積極的介入によってつくられる責任を避けるためである。主観性が責任を創るのである。没個人的な規則は、ほとんど自然と同じくらい罪がない。ジョン・マクフィーは雄弁な例を挙げている。

流れからそれた溶岩は、別の場所にある家々を壊し尽くすかもしれない。そしてここはアイスランドではない。公正さの本拠地、アメリカ合衆国である。法律家の本拠地だ。マウナ・ロア〔ハワイの活火山〕が一九八四年に噴火したとき、緊急事態のなかで、ヒロの町を救う試みをするかどうかをアメリカは問われた。答えはノーであった。国土資源省は、最初そのような試みは不毛であると考えた。そして、溶岩流が脇へそれたときの法的結果にどう対処するかなど何ひとつ想像できなかった(11)。

もし個人あるいは会社が、人間の自由裁量の結果として損害を被ったのであれば、それは少なくとも被疑の対象である。裁判所はしばしば、これを逆転させる。彼らはものごとの本質をひっくり返そうとはほとんどしない。たとえそれが規則や慣習によって維持されている人工的な本質であったとしても。

科学者の基準に従っておこなわれた研究は、しばしば没個人的でないこともある。そして、政治的な司法の精査に耐えられるほど十分に法に似たものとはならないことが多い。数学的な証明の基準でさえ、イギリスの司法裁判所で批判的に検討された(12)。アメリカでは、ジャサノフが議論しているように、行政的決定は、司法の決定を模範とし、オープンで敵対的な議論の形に依拠してきたので、ほとんど訴訟と区別できないくらいである。このように、規制の文脈〔規制科学の文脈。たとえば収穫された野菜に付着する農薬は何ｐｐｍまでは許されると規制するか、あるいは発がん物質はどのくらい以上の場合は危険と規制するか、などを規制科学とよぶ〕は、特に厳格で客観的な知識の形を要求したのである。裁判所や規制当局が承諾する形で知識を提供できるように、新しい研究専門家が創られたほどである。そのような新方法のうち、もっとも影響力のあるものがリスク分析である。費用便益分析と密接な関係があり、技術的な判断の場面で、恣意性に対抗する証左としてよく用いられる。最高裁は、ＯＳＨＡ（職業安全衛生管理局）がエキスパート・ジャッジメントに依拠したことに対して一九八〇年に敗訴の判決を下した。数学的モデルを使ってリスクのレベルを計算すべきだったと主張したのである。そのような計算は、エキスパート・ジャッジメントの乱用に対して、何らかの保証を提供すると見られていた。一方でエキスパート・ジャッジメントは、「実質的証拠」による裏づけの欠如を意味すると定義されていた。手続きが結果と同じくらい重要なものとなった。そして規則は、関連する新しい科学的情報にあわなくなってからも、維持されていくだろう(13)。

ヨーロッパの規制当局がアメリカとは異なる基準をもつことは、今では規制に関する研究文献でよく知られている。ヨーロッパの基準では、もちろん国によっても異なっているが、すべて政策を定式化した上で、密室で利害関係者と交渉するにあたり、それらをどう適用するかを決めるある種の有効なさじ加減がある。アメリカの基準は全体として、このようなさじ加減をもたない。「私的な交渉に進むことができないので、アメリカの規制当局は、『客観性』のなかに避難するよう強いられている。当局のあらゆる行動を合理化するための形式的方法を採用することによって、客観性に逃げ込むのである」[14]。この点は、誇張されてはならない。価値をともなう判断が規制のプロセスから完全に排除されうるまでは主張できないだろう。しかし、それらを系統化しようとする強い衝動はあるので、価値判断にも一様性が適用される。またそれらを分離させようとする衝動もあるので、価値判断は科学的事実を確立するプロセスをおとしめることはない。

価値判断を系統化させたり、事実と分離させせようとすることは、もちろん、事実からは価値を推論できないとする古い哲学的原則によって認定されている。科学者、特に規制当局の行政的責任に関与していない科学者たちは、ふつうこの原則に親しんでいる。これに代わる考え方は、実験室を政治化し、科学的な結論に対して公共の議論を促すことのように思われる。だから、科学者たちは客観的で定量的なリスクの決定における科学的段階と、主観的な管理と判断における政治的段階とを、明確に区別しようとする。彼らは「社会的政治的判断」と「技術的発見」とを不正に混同することを痛烈に批判し、技術的発見は社会的政治的判断に対して、堅い事実的根拠を提供することに期待している[15]。しかしながら、科学者もよく気づいているように、そのような根拠は、疑わしい発がん物質を規制するような重要な問題に関しては、多くの不確実性に左右される。環境関係の官庁は、科学的なコンセンサスが生まれるよりも前に選択をしなくてはならない。科学者たちは、事実として世界に提示されるものの意味とともに内容を常に議論している。規制当局は、何をすべきかとともに、誰を信じるべきかを決めなくてはならない[16]。それゆえ、特に規制という目標のためになされる科学の文脈においては、各事例の難しい事実に一般的法則を適用するというモデルは受け入れにくい。スウェーデンのような国では、交渉はアメリカにおける公式の一般公開のヒアリングと同じ位置を占めるので、事実と政治とを厳密に分離するふりをする必要がない。

アメリカにおいてさえ、官僚の脆弱性と、その脆弱性が公共の目にさらされる状況のなかで、公的な決定手法が求められたのは比較的最近の現象である。たしかにアンドリュー・ジャクソンが大統領だった時期（一八二九―一八三七）以降、半世紀間ほど、官僚制度に疑いがかけられた時代はなかった。そして政府は規則の権威を利用したが、それはあまりに政治化されていて一時的なものだったので、精錬された計算という道具を導入することはできなかった。また進歩主義とは、職業専門家の地位をおおいに前進させることを意味した。医者のように、自分の患者あるいは顧客を個人的に扱っていたひとびとは、合理的理由を示すことなく、ますます自分に対してよせられる信頼に頼ることができた。(17) 同様な職業的専門性の概念が、経済学者や会計士や科学者を規制当局に配置し、そして彼らの判断を権威づけようとする進歩主義者の努力を活気づけていた。ニュー・ディール政策（一九三〇年代にローズヴェルト大統領が経済復興と社会保障を推進した）は、専門性を強く肯定し、この政策でつくられた規制官僚は、かなりの自律性を与えられていた。それらは、ヨーロッパの官僚モデルにより近く、六〇年代のアメリカに明確に現れてきたものとは異なっていた。(18)

しかし、官僚の自律性を弱めようとする圧力は常に存在する。一九三六年の治水法は、それらの力の存在を証明している。先の章で述べてきたように、費用便益分析への要求は、技術団がいくつかのアメリカの産業から攻撃され、特に他の連邦省庁と敵対した結果として、より厳密になった。専門性のある省庁に対するより広範な攻撃は、自由市場主義経済学者たちによって先導されていた。彼らは、省庁が規制しようとしていた産業のとりこになり下がってしまったと不平をいった。経済学者たちの解法は、規制を解除することであり、この規制解除は二、三の地域で試みられた。しかし規制当局と規制される側とのあいだの私的交渉に反対しようとする経済学者らの抵抗は、六〇年代に規制法の新ラウンドに組み込まれた。この法は、私的利益の追求や専門家になりますことによる不正への対抗手段として、公開性を要求したことで広く知れわたっている。

官僚制度におけるこのような傾向は、今ではすべての領域に広まっている。たとえば、『ロサンゼルス・タイムズ』の第一面の記事は、アメリカの大学認定省がいま取り組んでいる「学生がどのくらいよく教育されているかを測る計画」について報じている。「高等教育でたいへん重視されてきた見解として、公衆に対して『われわれを信用せよ。そして結果の証拠をわれわれに求めないでくれ』というものがある。われわれがいいたいことは、そのような時代はもう終わったということだ」。すべての制度と同様、大学は、裁判所や規制官僚によって調査可能なよう公開されるためには、円形刑務所（中央に監視塔があり、そのまわりに円形に独房のある刑務所。フーコーの用語〕に改造されなくてはならない。「学習が何によって構成されていて、何がそれを促進するか」を問いかけようとする「世に蔓延した期待」は、大学の活動が「証拠の文化」のなかに組み込まれるよう強いている(19)。

公的決定に量的基準を導入しようとした一九六〇年代、七〇年代の多大なる努力は、新しい政治風土への単なる自発的応答ではない。それはまた、戦後の社会科学、行動科学、医学において定量化がはなはだしく成功したことを反映している。本章の残りでは、これらの傾向がそれぞれ独立に文化的知的発展を遂げてたまたま合流したわけではなく、ある意味では単一の現象であることを示そう。社会科学や応用科学の分野におけるほとんど普遍的な定量化への動きが、アメリカで先導され、もっとも成功したのは、けっして偶然ではない。専門分野での厳密性の追求は、部分的には、論理立っていない専門家の知識に対する同様の不信から生じ、そしてまた、ある時代の政治文化を深く形づくっていた恣意性と自由裁量に対する、同様の疑念から生じているのである。これらの疑念のいくつかは、それに関係する研究分野の内側から生まれたものだが、しかし、あらゆる事例において、それらは外部者からの疑念に対する脆弱性に由来するところが大きい。疑念はしばしば、明示的に政治の領域から発せられる。特に公的利益といった事柄を扱う分野においては疑念が強いのである。そして多くの事例において量的方法は、最初は応用を扱うサブ領域において実施され、多くの「基本的」な分野には少し遅れて広まってくる。

推論の規則

定量的方法の応用としては、大学の専門分野のなかで次々と取り上げられ、定式化された数多くの例が挙げられるだろう。費用便益分析は、明白で重要なものである。会計もそうである。社会調査は、貧困に対処したいと願う公共心ある市民によって開発された分野だが、アカデミックな社会学の一部となった。投票行動の研究は、選挙の投票を手段として、市場分析の分野から政治学へと入ってきた。これまでに、ほとんどあらゆる形の定量化が、ビジネスや専門的職業のなかで使われ、大学で教えられ、研究されてきた。

こうした新しい場に定量的方法を応用しようという動きは、しばしば、方法論やレトリックの重要な変更を促す。アカデミズムが実践的定量化の分派を開こうとするときはたいてい、前任者は道徳家であって客観性に欠けていたと文句をいう。たとえば社会学者は、社会調査の萌芽期の歴史を、この分野の自律性には適切な客観性を得ることが求められているからだと解釈してきた。逆もまた然りであろう。ウェーバーの客観性について述べた言葉は、新規分野が政治的介入から自らを防衛するために採用されたのである。[20] 描写的で経験的な形式から離れ、より難解で定量的な技術を用いることは、同じような優位性をもたらすのである。

多くの専門分野にとって、定量的な洗練のもっとも重要な源は、数学的な統計であった。数学的統計の基本的アイディアは社会変革と行政から生まれたものではある。しかし二十世紀の科学の統計的方法は、費用便益分析のもっとも基本的な方法が博愛的制度や公的官僚制度から直接的に得られたのとは違って、それら制度から直接受け継がれたわけではない。定量的方法は、大学の研究者たちや、大学院出の専門家たちのあいだで洗練された。統計を使うひとびとは、もっともなことではあるが、統計の技術は数学から発していると見なしていた。実際、数学は、不本意ながら、統計というサブ領域を育てた。それでも、推計統計学が現代に異例の成功をおさめたのは、会計の歴史や費用便益分析の歴史で重要であったのと同じように、不信や外部者の視線にさらされることへの応答と理解できるにちがいない。全体として、統計的推定は、科学の階層性における統計学の位置づけに貢献したわけではない。科学の階層性とは、数学、物理学にはじまって、生物学に至り、最後に社会科学が配置されるものである。むしろ、統計学は、より弱い分野の方により敏速に取り入れられた。心理学や医学研究など、分野のなかでは比較的応用性の高いサブ領域である。

ここで重要なのは、科学や定量化が単に政治や行政にとっての道具であると主張することではない。重要なのは、定量化の戦略が、個人的あるいは公的な知識の信頼と疑念に関する価値づけに、どのように作用したかを知ることである。特にここ数十年、民主政治は決定的に、個人的判断に対する圧倒的な不信、あるいは少なくとも不信の文脈を形成してきた。しかし、信頼の欠如は、できたばかりの、あるいは弱い分野の特徴でもある。それはほとんど力の弱い分野の特徴の定義と見なすこともできる。標準の統計手法は、個人的知識には欠如している信頼を増進することができる。それらはまた学生や資格認定のない助手などの外部者を訓練したり統制したりするのに使われる。

非専門的な労働力を募集し、訓練し、監督する問題は、萌芽段階の誤差理論で中心的課題であった。誤差理論は、推計統計学で最初の合理的な手順であった。確かなことは、それがすべてではないということである。他の統計的分析と同様、この理論も、研究者たちがその尺度は一様であると信用できる根拠を得るまでは使えなかった。スティーヴン・スティグラーが指摘したように、まさにこの理由のために、天文学者たちは測定値に対して、私たちが統計学的換算とよんでいる多くの計算を使用し、そして質の高さで知られるようになったのである。(21) これはむしろ個人的判断に関することであり、社会的な隔たりや知的な隔たりという問題への応答ではなかった。また、厳密にその分野の学問的鍛錬が積まれてもいなかった。十八世紀の天文学者は、たとえば空が完全に晴れていないとか、望遠鏡が安定していないなどの理由で、誤差が混じっているように見える測定値を捨て去ることには、良心の呵責をほとんど感じなかった。そして、接眼レンズに何時間も目をあてて幾晩もすごすことで、磨かれた技術をもった天文学の教師以外に、最良の状況がいつであるかを判断できる人間などほかにいるだろうか?

十九世紀には、より厳密な精度が求められるようになった。それは新しい測定器によって後押しされた。新しい測定器は、さまざまな観測における技能の要求度を下げ、また観測者間のデータの標準化を促した。それでもやはり、観測の標準化は自動的に起きたわけではない。標準化は精力的に追求された。観測所が大きくなるにつれて、観測の実際の仕事も従属的なものになった。観測助手は、どれが最良の観測でどのデータを捨てるべきかの判断を下せるほど信頼されているとはいいがたかった。誤差分析は、中央集権化された組織を運営する上での標準規約であった。むしろ、アダム・スミスによれば大企業の自然状態と定義される、(22) 融通の利かない規則のようであった。これはその分野の定型作業の一部として普遍化された。その定型作業は、最良のデータを取り出すというより、測定値を平均化することをふくんでいる。何の明白な理由もなく観測値を破棄することは、穏当な倫理性に違反するものとなった。

まもなく職業的天文学者自身が、このような価値を内在化した。卓越した天文学者は、もっとも食い違ったデータを破棄するという罪を犯すと、正気を失ったと考えられるようになった。明らかに、外れた値の拒否を統治する定量的規則が、天文学者を救えることが示唆された。(23) 没個人的な規則の同じような体制は、望遠鏡によって示される写真画像の見せ方を規制するのに必要とされた。ウォレン・デ・ラ・ルーが皆既日食のときの太陽の紅炎の「銘記された表現」を印刷しようと提案したとき、

「私の描画と写真を混ぜ合わせて」」、ジョージ・エアリーは彼を失望させた。人間のどのような干渉も、写真の権威を損なう。なぜなら、オリジナルの写真こそが、「修正を加えた写真ではないものが、事例の証拠となるからである。解釈は、誤りをふくむかもしれない（私はそうでないと信じるが）。しかし、太陽の紅炎についての質問は激しく議論された。そしてあなたは司法裁判所の係争中の事例に対するのとまったく同じ注意をそそぎ続けるにちがいない[24]」。

誤差理論は、写真と同じように、実験主体による干渉を取り除く戦略である。これは、十九世紀における物理科学や生物学のある分野において、精確さを熱心に追求するために不可欠となった。もちろん精密な測定は、実験結果や観測結果が数学的な理論と比較されるところでは価値をもつ。また、能力の現れとして、そして正直で注意深い仕事を証明する倫理性の現れとして、精密な測定それ自体が評価される。その主要な役割は、間違った判断や偏見を防ぐことである。人体測定学者のポール・ブロカは、次のような考えを冷笑している。「各人種から数人を研究し測定すれば十分である。洞察力をもって人種の平均の代表と見なされるものを選べば[25]」。精密さは教室やセミナーでも特に訓練の形をとって強調された。そして物理学の実験のコースはなかでもとりわけ、正確さの実践の場となった[26]。

数学のもつ独特の倫理的価値は、特にイギリスの保険数理士によって強調された。死亡表作成についての一八六〇年の論文の著者は認めている。さまざまな単純化の近似は、「正しく推定された価値がほとんど真実であるのと同じくらいの価値をもつだろう」。しかしわれわれは、結論を前提と完全に矛盾しないようにすることを目指さなければならない。「論理的な一貫性を適正に考慮することは、数理科学の基礎であるが、年金保険生命表の作成における少数点以下五桁あるいは六桁までの正しさは、この考慮に負っている。なぜなら、どのような仮定された利率も、金銭の価値を、その事例の抽象的な公正さにとって必要なほどに極端に正確に表していると見せかけることはできない[27]」。保険数理士協会は、数学的検討を、保険利率の計算上重要だから守ろうとしたのではない。数学的検討が、「より基底をなす事柄との混交」である職業的自由を保つ上で役立つから守ろうとしたのである。代弁者たちは、数学についてこう説明した。「数学は、われわれの判断の力を促進したり向上させたり、あるいはわれわれのなかに顧慮や注意を創りだす効果をもつ。そして間接的に良質さを生み出す。その質のために、保険数理士たちは注目されるのだと私は信じている(28)」。

生命科学の検定と治療の試行

すでに引用した保険数理士のH・W・ポーターが、講義のなかで顧客にラテン語とギリシア語の価値を強調したことは注目に値する。これらの科目が資格試験の一部だったとすれば、より基本的な事柄について取引の自由を維持する上で、より効果的であっただろう。保険数理士は、自由な職業としての地位を切望していた。単なる技術的知識だけではけっして十分ではない。このことはまた、古典的な医療実践家にも認識されていた。科学が医学教育の中心ではあったが、医師たちは、科学的医学が機械的手順で置き換えられるという考えに強く抵抗した。医療の手技、もっとも重要な症状を認めて個人にあわせた適切な処置をおこなう能力は、技能と経験にかかわることであって、ただの形式的な知識ではないとされた。ヴィクトリア時代の医師をクリストファー・ローレンスが観察したように、特にエリートにとって、ただの形式的知識ではないと信じることは、「治療予約をするとき、科学的利点のあるひとたちと同等の基盤に立って、より優れた身分と育ちを訴える」ことであっただろう。これらの紳士的実践家たちは、専門分化に反対した。そしてまた計器を使うことにも抵抗した。聴診器は医師だけが聞くことができたため、受け入れられた。数値として読めるような計器や、あるいはもっとよくないのは書かれた記録として残るものだったが、それらは主治医の個人的知識を脅やかした(29)。そのような計器は、没個人的な事実を個人よりも信頼するものであり、そしてヨーロッパと同様アメリカでも、多くの医師たちから疑いの目で見られた。

個人的な知識の強調は、まずは「にせ医者」によって異議申し立てられ、続いて研究者によって疑われた。両者はともに、それは蒙昧主義だと批判した。医療研究は、十九世紀後半になってようやく、実践的な医師とは独立したアイデンティティの基礎を形成しはじめた。そのときでさえ、多くの研究者は、特に臨床研究者は、自分たちのことを医師であり医師の教師であると考えつづけた(30)。それでもやはり、医学者として臨床研究者たちは公的知識という考えを受け入れた。そしてしばしば、計器を客観化するということに対して、ほかのエリート医師たちとは異なる見方を取った。計器は、ロバート・フランクが心臓の動きを記録する道具についての歴史的研究で示したように、より広く調和するさまざまな理由から魅力的であった。最初の脈拍計は、エティエンヌ＝ジュール・マレーによって創られたものであるが、おそらくは専門家の指先よりも感度が悪かっただろう。マレーは、脈拍計の利点を、観測者の偏見に影響されずに、永続的な記録が取れることだと主張した。また、言葉の壁、時間や場所の境界を越えて記録を残せる能力であるとも主張した。ロンドンの医師ウィリアム・ブロードベントは、一八九〇年に教科書を書いて、脈拍計を教育の手段として評価している。単なる言葉による描写では、遠く離れた読者に、このような具体的な心拍の間隔を伝えることができないだろう。半世紀後のアメリカで、心電図は、医師ではない人間が、患者をみることなしに急性冠状動脈血栓症を診断することを可能にした。フランクはまとめている。この計器開発のいくつかの局面は、「目で見ることのできる、永続的な記録を、高い精度をもって残す」という願望によって支えられている。そのような記録はすべてのひとが見ることができ、「医師の洗練された感覚の鋭さに依存することがない[31]」。

医学における統計学の役割が、統計学者と医師とのあいだでどちらが強いか決めることだとしたら、それは失敗に終わるだろう。医療統計学史のほとんどは、この合理的な期待で満たされている。医療統計学の考え方は統計学自体と同じくらい古い歴史をもつが、公衆衛生の分野でのみ定量化は著しく成功した。その分野でさえ、管理的立場にいる何人かの医師たちによって異議が唱えられた。その医師たちは、流行病の経路を、患者から患者、船から港へ、そして町から町へという病気の伝播を詳細に検討することによって調べることを好んだ[32]。数的な方法が最良の治療法かどうかの検査となるという考えは、十九世紀に何度も繰り返し要請された。そしてときに、その推進派によって実際に用いられた。確率論的方法は、二つの患者集団間の治癒率の違いが実際に治療形態によるのかどうかを決めるときに用いられなくてはならないと、ジュール・ガヴァレをふくめて何人かが指摘した。ガヴァレの方法は、匿名の査読者によって、医師たちに「奴隷のように、教授たちによって強要されたすべての医学的考えを受け入れるよう[33]」要求するものだと主張された。医師たちは全会一致で定量化に反対したりはしなかったが、臨床上の判断から離れて医療上の数が意味をもつのかどうかを疑っていた[34]。教授たちでさえ、意見は割れていた。十九世紀末には、実験生理学そして細菌学が、効果的治療法を見つける上で医療統計よりもずっと見込みがあると考えられていた。

それではどのようにして、統制された臨床試験や統計的分析が、新しい治療法の評価のための標準あるいは義務にさえなったのだろうか。二十世紀における数理統計学の顕著な興隆はその答えの一つである。オースティン・ブラッドフォード・ヒルは、最初に大規模な統制臨床試験に統計学的専門性を付与した人物だが、彼は医療統計学者メジャー・グリーンウッドの学生であった。そしてグリーンウッド自身は、カール・ピアソンの弟子であった。しかし統計学は、重要なことであるが、公的知識の一部であった。グリーンウッドは主には、公衆衛生の統計に携わった。ヒルは一九五〇年代に喫煙と肺がんとの関係についての議論に深くかかわった。彼は、治療群と対照群の比較をおこなう上で、観察可能な統制を前もって定義しておくことによって、R・A・フィッシャーの実験計画法を活用できると主張した[35]。農学で実施されたフィッシャーの方法は、厳密な実験が可能であるところでは、臨床試験の事例と同様により厳密に適用しうる。そして比較可能性はランダム化（無作為抽出）によって保証された。それでもやはり、統計学者たちは、医学との連携を必要とした。個人的治療行為をおこなう医師たちは、彼らの経験を分析するのに統計的方法が必要であるとはほとんど認めようとしなかった。しかし、医学分野の研究者たちは、農学、心理学、生態学、経済学、社会学、商学、そして大部分の他の生命科学や社会科学の分野でそうであったように、統計学の用語を使って、それらの分野を再定義しはじめた。その理由は、すべてのケースにおいて複雑である。広くいえば、統計学は、オープンな研究の理想と、それを公共に向かって実演することを下から支えたのである。

研究者はしかし、しばしば医師でもあった。さらに、彼らも防衛すべき彼ら自身の手技があった。メジャー・グリーンウッドが、科学はデータを追求し明示的な説明方法を採択しなくてはならないと述べて、手技の擁護者を批判したとき、医療研究者たちは忠誠心を引き裂かれるように感じた[36]。統計学者たちは、多くのひとがあまりに厳密すぎると思い、また多くのひとが非倫理的と思う方法について、医療研究者たちを説得しなくてはならなかった。ヒルはしばしば、一九四〇年代から五〇年代にかけて医学校での招待講演で、医療関係者による統計学への反対について語っている。彼は、統計学者は臨床判断を軽蔑したりしないと約束し、また統計学者は、医師の経験がより慎重で客観的な別のものに置き換わるまでは、個人的な医学経験の利点を失うことを望まないと約束することによって、聴衆をなだめようとした[37]。しかし統計学者たちが想像したとおり、客観性の理想は臨床的判断と相容れなかった。ヒルが賛意を示して引用しているが、ある結核の研究者は、臨床医について次のように観察している。臨床医は「喜んで彼らの個人的技芸を、集団的調査に加わるに十分なほど溶け込ませようとする。独立のチームによって承認された患者だけを受け入れようとし、同意の得られた治療計画に同調しようとし、外部の検査者の分析のために、多くの犠牲者をふくむ結果を投稿する(38)」。

ヒルはまた、ヘルムホルツを引用することも好んだ。「すべての科学とは計測である」。この言葉は、彼が説明しているように、治療の成功や患者の健康についての参加型治療者の意見は、結果の指標としてのヘモグロビン総数や沈殿率の貧弱な代用品にしかなれない、という意味をふくんでいる。彼は観察した。臨床試験は、「可能なかぎりたくさんの客観的計測結果を求め、偏りがないと保証できる厳密かつ効率的な制御のもとでのみ、主観的評価を使う」。彼のほかにも統制臨床試験の代弁者は、次のように書いている。「計測は、臨床評価よりも受け入れられやすい可能性を秘めている。なぜなら、それらは主観的である可能性が低く、医師や患者の治療についての知識によって影響される度合いが少ないからである」。ヒルは潔く認めている。もし患者がすぐに亡くなってしまったら、よい数字というものはほとんど値打ちをもたないと(39)。

ヒルの書いた医療統計学の教科書はとてもよくできていていたが、それは『ランセット』誌に載せた一連の論文からはじまり、実験計画の概念を議論していた。医学実験や観察というものは、もし対照群が治療群に対して厳密に比較可能でなければ、簡単に道を踏み外してしまうと強調した。しかし、この本の大部分は、基礎的な数理統計からなっていた。平均、分散、標準偏差、そして単純な統計検定である。これらは医師が統計と呼ぶものであり、数学的な要素が、統計学の権威を形づくる主な知的基盤をなしていた。実際、ハリー・マークスが議論したように、統計数学は、臨床試験の歴史において重要な道具であった。治療研究における現実的問題は、労働力の組織化であった。医師たちは確固たる個人であったので、大規模な研究プログラムのなかに「個人を吸収させ」ようとすることはほとんどなかった。彼らは職業的エリートであり、一九四五年までは日々の仕事はほとんど標準化されていなかったのである。個々人の判断に対してよせられる特有の信頼は、長い経験によって磨きをかけられており、共有された規律に彼らを従わせようとすることをことのほか困難にした(40)。

ヒルは敏感にこの問題に気づいていて、ときに懐柔的な態度をとった。実験手順を自由にし、それぞれの症例の詳細については医師の裁量に任せることを示唆した。統計分析は、厳密な処方計画というより、治療検定プラス治療判断と考えることができるとした。医師の判断によって計画がだいなしになってしまう事態は、医師（あるいは患者）に誰が治療群にふくまれ、誰が対照群にふくまれているかを伝えないことによって、最小限に抑えることができるだろう。これが、医学における二重盲検法〔医師側も患者側も、目の前の患者が治療群、つまり新薬を与えられるグループに入っているのか、それとも対照群、つまり偽薬を与えられるグループに入っているのかを知らないという方法〕の主な目的である。専門家の自由裁量の効果を、自由裁量を剝奪することなしに中和させるのである。この慎ましい改良をしてさえ、研究結果は医師の判断といわれるようなものによって濁らされた。そして確かに、治療計画に対して計画されていないことを付加する価値については、何の結論も得られなかった。もし患者の状態の特性に対応して治療が変更されたとしたら、その状態を当初計画された治療によって説明することができない。それは循環論法に陥ってしまうだろう、とヒルは書いている(41)。

統計学的理想と臨床の理想のあいだのこうした緊張関係は、医学的処置の統計的研究が、主に医師たちから推進されたわけではないことを示している。イギリスでは、最初の大規模な臨床試験は、第二次世界大戦直後に公衆衛生局によって進められた。したがって、国家の権力によって後押しされていたわけである。ストレプトマイシンの量が不足していたため、無作為に選ばれたある結核患者には薬を与えないというような倫理的な問題を、簡単に乗り越えることができた。そして、薬を得ることのできる医師を制御するという問題もより乗り越えやすくなった(42)。

イギリスにおけるこれら臨床試験の政治的で官僚的な背景については、統計学と医師たちの衝突ほどには研究されていない。この背景は、アメリカの場合は実際、顕著な押しつけが見られるのだが、より明白である。アメリカでも、同様に統計学者の専門性が不可欠であった。医学の分野で個人の知的側面を否定するような形での文化的政治的な統計学の利用は、単に間違いであっただけでなく、信じられないことであった。医学校はこのような統計学の知識をたたえ、数多くの統計学者を雇い、実験データの分析を促し、そしてより多くの実験計画を促した。しかしアメリカの医師たちは、イギリスの医師たちと同じように、彼ら独自の判断をあきらめることに抵抗し、統計による客観性の主張を先送りにした。どのようにして統計的試験は、この圧倒的な公的権威を管理したのだろうか。

この種の実験における厳密さは、医師たちが望んだことではなかった。医学研究のどこかの共同体から自然に発生したわけでもなかった。医師たちはもちろん、それを受け入れることを学んだ。しかし、統一的で厳密な標準化の駆動力は、主に規制当局から生じたのである。規制当局の目からすると、治療の信頼性は、価値はあるが危険な商品であった。製薬会社の厚かましい主張を管理するためには、医師の専門性だけでは十分でないと規制官庁は考えた。医師の専門性以外の別の選択肢は、主に書面による情報にもとづいた、より中央集権化された決定プロセスであった。医学においては会計学と同様、すでに標準化された計測は、距離や不信に対処するよく知られた方法であった。十九世紀末のアメリカで、生命保険会社は医師に、契約者の健康の証拠として計測値を提出するように求め、そのことによって、医学の道具化と定量化の進展に貢献したのである。二十世紀初頭、産業医学は、ある面ではすっかり定量的になった。なぜなら、労働者たちは、会社の医師たちの判断が彼らにとって不利に働くと見なしていたからである。[43] 食品医薬品局は、すべての側面から異議を申し立てられ、新薬の認可の判断を、統一化された計測の問題に還元しようと試みた。

いつでも定量化の作業は、標準化という基盤に依存する。その基盤が定量化をさらに先におしすすめるのである。さまざまな有機物質からなる薬物類は、薬剤師によって異なるやり方で調合されるので、合成化学的処置で決定的に検査されることはない。第1章で議論した生物学的標準化への国際的な大きな流れはまた、規制の進展に貢献した。この標準化はすぐに統計の問題となった。生体を構成する物質から得られた薬のばらつきは、実験動物の反応のばらつきに匹敵するし、あるいはそれを上回ることを研究者は知った。この理由で、一回の試験から得られた「最低致死量」は、数多くの実験動物の犠牲のもとに、平均致死量あるいは五〇パーセント致死量（半数致死量）で置き換えられた。生物学的検定法は、推定に興味をもつ統計学者にとって重要な話題となった。[44] 専門性と労働力が必要とされたため、生物学的標準化は、特別な実験室にとってのフルタイムの仕事となった。それらの仕事は、大きな製薬業者にとってはあまりに高くついたからである。[45] 同じやり方で、しかしより大規模に、新薬の認可を得るために形式化され、要求水準の高い実験手順が増えていったため、大きな中央集権化された実験室なしではこれらが遂行できなくなった。

食品医薬品局は、薬品を規制する権利を、一九三八年と六二年の二つの法律から得た。特に三八年に議会は、主に危険と証明された新薬に懸念を示した。そして、このような初期の規制が、薬に効果がない場合ではなく、健康に害があるときのみ薬を拒否する権威を食品医薬品局に与えた。しかし、これはニュー・ディール政策の一環であり、食品医薬品局はこの判断を利用した。ハリー・マークスが示したように、食品医薬品局は、薬が害を与えるのではなく健康に影響を与えると期待されるのであれば、その薬は安全であるという定義を与えた。それゆえに不活性な薬は、害のあるものとして拒否された。なぜなら、それらは実際に便利なところで処方される可能性があったからである。最初、食品医薬品局は、研究データと同様、効果と危険とのバランスを決定するために、臨床専門家の意見も考慮した。

しかし、規制当局はふつうの医師たちにそれほど大きな信用をおかなかった。薬の規制とは部分的には、医療行為を監視するという不可能な作業の代替なのである。食品医薬品局は、製薬会社から医師たちに送られた文献を入念に監視しつづけた。それ以上に規制当局は、医師が新薬には効果があるかどうかを評価するために薬を誤処方する傾向がある、と考えることを義務と感じていた。一つの目的のために一度認可されれば、薬はどんなものにも処方されうる。それゆえ比較的よく知られていない病気に対して効果的とされた投薬は、もしそれが危険なものであった場合、誤って処方された他の患者にとっては、もっと害があることになる。製薬会社は、そのような事柄は規制当局の正統な規制の権威外にあると信じていた。そして効果に逆行する安全性を保証する全体の方針に対して異議申し立てをした。[46]

両者の力の均衡は、一九六二年のキーフォーヴァー法案によって決定的に食品医薬品局の勝利へと傾いた。多くのこのような法律制定と同様、それは惨事によって引き起こされた。今回はサリドマイド事件がその一つだった。しかしこの法は、薬は安全であると同様、効果があると示されなくてはならない、という明白な規定をふくんでいた。安全の定義は、これまで標準化されたことはなかった。製薬会社も規制当局もその定義があることを好んだ。費用便益分析のある側面には自由裁量の規則があったが、薬の安全性では自由裁量の規則は機能しない。なぜなら、潜在的な危険を認識できなかったという失敗は、もし服用者を死に至らしめた場合、規制当局の無能という明白な帰結になるからである。あらゆるひとの期待に反して、新薬の安全性評価は、政治的判断であると同時に医学的判断にとどまった。補助的な質問は、決まり切った手順に従ってときに解決されたが、効果の実証は、それほど問題ではなかった。なぜならこれについては、相対的に厳密で客観的基準が可能であったからである。それらの基準は、裁判所での異議申し立てに耐えられるように設計された[47]。統計学的に正しい実験デザインは、質の保証された実験者によって実行され、薬と偽薬とのあいだの統計的な有意差を生み出し、受け入れ可能な実証となった。この定義はときに、良識といわれるものに抵抗する公式文書に従っていた。一九七〇年代初頭に、食品医薬品局は、体重減少に対するアンフェタミン〔中枢神経興奮剤〕を認可した。非常に控えめな効果しかなく、中毒性のような深刻な不利益があるにもかかわらず、薬の有意性は単に統計的有意で表され、中毒は臨床的有意ではない、という理由にもとづいて認可したのである[48]。

　六〇年代から、薬効検査は、臨床試験における厳密さの基準を定義するようになった。それは科学的基準であるとともに、官僚的で政治的な基準である。職業専門家の支持は、どうみても一様ではなかった。医師たちは、客観性の体制の進展に、まだ懐疑的であった[49]。統計学者でさえ、とてもまことしやかに、実験計画における「統計学的技芸」と呼ばれていたものの重要性と実験の解釈の重要性を主張した。しかし統計学者はとても効果的に、特に大規模治験においては、臨床試験の基準を強いることに成功した。統計学者の学問分野の規律が、それら実験の規律を提供したのである。アメリカでもイギリスでも同様に、このことが常に規制当局の記録に明確に書きとめられているとはかぎらない。医学の複雑な分野状況では、特に研究と実践を統合する難しさが、独特の文化的な距離と不信を創りだし、客観性への推進力を後押しするのである。それでもやはり、医学において実験計画と統計分析とを他に先駆けて使用するようになったことは、いつも政府の省庁によって組織化されるものだったように思われる[50]。

　四〇年代以来、医学研究の多くの領域では統計的検定を使わなかったとしても、他の多くの分野においてはほとんど必須となっていた。それらの発展にそれ相応の理由がなかったと主張するつもりは毛頭ない。また、それらが官僚制や学問分野の政治の効果にすぎないと主張する気もまったくない。ただ、それらが主に社会的技術として作用したこと、そして個人的思考の指針として作用したわけではないことを主張したい。医学における統計学の進展は、信頼の問題への応答として理解されるだろう。規制における対立と、分野における対立の文脈のなかで、この信頼の問題は深刻であった[51]。このことは、臨床医学の統計学が本質的にもっている特徴ではないが、推計統計学がなぜ、治療を通して医学に入ってきたかを説明するのである。

心理テストと実験心理学

「電気の標準化と同じくらい不毛なこころの標準化」と、一九一六年にニューヨークの裁判官が、知能テストの結果は知的障害者であることの十分な証拠にはならないとして書いている[52]。多くの心理学者が、少なくともこころに関する部分でこれに反対したかどうかはわからない。一九一六年には、知能テストはまだ、心理学者の研究室の壁を越えて教室に入ってくるところまでには至っていなかった。その次の年に集団テストは、心理学者たちによって、アメリカで戦争への動員に役立てる試みのために、というよりむしろ、それを口実にしようという試みのために開発された。そして集団テストは、ほとんど二〇〇万人の徴兵に適用された。そのときまでは知能テストは、医者と、治療者のようにふるまう心理学者とによって使われる診断の道具であった。たしかに、テストは医療の手技という考え方に断固として反対を唱えたアルフレッド・ビネ〔一八五七―一九一一、心理学者、医師。T・シモンとともに子供用知能テストを考案した〕によって設計された。しかしテストは概して、専門家によって一度に一人の患者に使われたのである。そしてその信頼性は、臨床の直感的判断と合うかどうかで著しく強化された[53]。

標準化されたテストは、軍事から生まれたとともに産業からも生まれたが、結局のところもっとも安全な基地を公立学校に見いだした。このことは、いろいろな意味で、アメリカに特徴的である。二十世紀には、国家によるテストは多くの国で、大学に進む生徒と技能系に進む生徒とに分けるために使われてきた。しかし大部分は機械的客観性のようなものをめざしてはいなかった。○×式テストのようなアメリカの学校で主要だったテストは、ごく最近まで、ヨーロッパでは知られていなかった。ヨーロッパの学校では、心理的計測の必要性がほとんどなかった。なぜなら、リセもギムナジウムもそして「公立学校」も、合理的に定着した階級制度によって安定していたからである。エリート教育とは、ラテン語、数学、宗教学、そして哲学、歴史、文学、科学の教育を意味し、大学教育のための最良の準備を提供すると考えられていた。教養ある裕福な家庭に育った学生は、これらの科目を習得するよう期待されていた。そうでない少数の若者たちも、大学入学適性試験で卓越した成績をとることではなく、古典的カリキュラムで成功することによって、彼らの価値を証明することができた。(54)

アメリカの教育は、かつてそれほど差別化されていなかった。公立学校の生徒数は一八八〇年から一九一〇年までに急増した。そのとき高校の数は五〇〇〇から一〇、〇〇〇に増え、生徒数は八〇、〇〇〇から九〇〇、〇〇〇に増えた。ごく少数が大学へいった。生徒たちの進路の追跡は校内でおこなわれ、学校間で比較されることはなかった。標準化されたテストはとりわけ、生徒を分類するのに使われた。ある程度差のない能力レベルに達した集団から、職業訓練の方向に進むか、商業か、学究かに生徒たちを分類した。テストはまた、「知的障害者」を識別するためにも使われ、ときには、「才能のある」ひとを識別するために使われた。知能テストは、そのように進路をつくったわけではないが、そのような進路をめざす科学的根拠を、一つの意味でというより多くの意味で、提供し、理屈づけたのである。(55)

実際、クルト・ダンジガーが指摘したように、公立学校は集団テストを、心理学者がよりよい使い方を教示するよりも前にすでに使いはじめていた。新しい教育システムは、年齢によって等級分けし、標準のカリキュラムにのっとるものだったが、「実のところ、ゴールトン主義心理学（ゴールトン（一八二二―一九一一）はイギリスの遺伝学者。優生学を創始し、指紋分類法を考案した）の基礎となりうるような統計母集団のようなものを創っていた」。ダンジガーはまた、心理学者が設計したテストの信頼性は、論理的必然性以外のなにものでもないことを示した。他にも生徒たちを分類する方法はあった。もっと明白な方法は、教師による分類である。教師たちは標準化テストの侵略を熱狂的に歓迎するのとは対極にあった。テストは、彼らの判断におきかわる客観的代替物を提供するよう設計されているのである。しかし教師たちは、多くは未婚の婦人たちであったが、自信過剰のエリートや確固たる専門的職業人ではなかった。だいたいは客観性の猛攻に抵抗することができなかった。テストは新しい世代の教育行政者の後援を得ており、それらの行政官はほとんどが男性で、教室で教えているひとたちとの差異化をめざしていた。彼らは熱心に統計分析の長所を評価した。統計分析は「行政機構が望んだカテゴリーによって個人を取り扱うことについての、文化的に許容できる合理性」を提供するのである。(56)

この文化的な許容可能性は、教育心理学の科学的地位あるいは科学的外見にも一部負っていた。とりわけ、それは没個人的客観性を意味した。この客観性はもちろん絶対ではない。人種や民族によって能力差が出るのは、ここ数十年で、テストの構成の不公正や偏りの証拠であると広く見なされるようになった。しかし、テストの支持者は、少なくとも個人のレベルではテストは敵対的ではなく、テストの犠牲者になることは一切ないと主張することができた。テストの妥当性がどうであろうとも、得点のつけ方に判断の入る余地はなかった。それは完全に機械的なものであり、そして早くに機械化された。このようにしてテストの世界で客観性が定義されたのである。最後に、テストは完全に標準化された。たとえば、大学の入学許可課が、学校や地域について何も知らなくても、簡単にウィチタ〔カンザス州南東部、アルカンザス川に臨む都市〕出身者とボストン出身者の得点を比較することができるように。

統計学は、教育テスト、すなわち「応用」心理学[57]の領域から、「純粋」心理学の領域へ進入した。医学と同様、量的な厳密性を推し進める力は、何よりも公的な批判にさらされることへの対応であった。これは研究者共同体によって自発的に達成されたわけではない。一九三〇年代および四〇年代、最新の統計学は、自意識の強い科学的実験心理学の指標となった。当時にもまだ、科学的実験心理学は確固たる分野と見なされることはほとんどなかった。ミッチェル・アッシュが述べたように、心理学は、その制度的弱さと知的不統一ゆえ、自然科学よりも意識的に科学的であろうとしてきた。融通の利かない定量的方法は、安定した共同体が欠如していることを埋め合わせるものであった。意味深いことに、実験心理学のなかの統計テストは、超心理学によって他に先駆けて開発された。超心理学は、心理学のなかでももっとも弱く、もっとも信頼されていないサブ領域である。統計学は再現と没個人性を可能にする体制であり、心理学的現象の研究が適度な科学的信頼性を勝ち取るために必要であった[58]。

それでもやはり、統計学は、分野外との関係においてだけでなく、分野内の研究生活にとっても重要であった。推論の正しい方法を使うことは、プロ意識の印となり、研究アイデンティティを確立させた。実験計画やデータ処理のための堅固な統計学的規則は、曖昧な心理学的データに付随しうる意味の多様性を除外することによって、分野内の意見の一致を促した。広範な統計学的方向づけは、研究を、心理学独特の主観性、つまり実験対象の主観性から守ったのである。二十世紀アメリカの実験研究者たちは、特別な人間の珍しい現象ではなく、一般的法則を望んでいた。最終的に、実験は型にはまった方法で分析できるタイプのデータをつくりだし、操作主義を促進した。操作主義は、研究者の注意を理論から逸らせる。広範な理論的な研究は、意見が分かれすぎて危険だが、逆に共有された統計的方法は、分野を統合するのに貢献した。[59]

心理学のアイデンティティは統計とあまりに固く結びついていたために、心理学者は統計学的方法の統一性と一貫性を信じることをほとんど余儀なくされた。このことはそれほど問題ではない。なぜなら統計学的理由づけは数学の領域内にあり、数学は厳密で確かなパラダイムであるからだ。しかし実際には、数学的な統計学は統一されたものではない。二十世紀はじめから、統計学は個人の面でも思考の面でも、はっきりと分断されていた。カール・ピアソンとR・A・フィッシャーはほとんど意見が合わなかった。イェジ・ネイマンとエゴン・ピアソンはフィッシャーに代わる実験的手順を開発し、それらは両立不可能である、と主張した。後に、より主観性の入ったベイズ統計学の再来、というより創造によって、新しいレベルの複雑性が導入された。心理学者たちは、多くの実験科学者たちと同様、そのような競争相手の統計プログラムの存在を見ないようにすることを好んだ。彼らの教科書は、大部分はフィッシャー主義の統合された実験計画と分析であり、それらを単純に統計学と呼んでいた。統計的有意差の計算は、純粋に機械的なものとして理想化されていたので、研究者が論文を公刊できるだけの成果を得たかどうか決める役割を果たした。効果なしという「帰無仮説」は、五パーセント水準で単純に「却下され」なくてはならなかった。[60]

この特別な数字は、その結果が偶然生起する確率の目安であり、明らかに慣習以外のなにものでもなかった。この部分の議論は、特にある種類の検定がほとんどすべての著者によって使われるときには、統計学者がどんなに抵抗しようとも、方法にもまた慣習の要素があることを示している。これに対して統計学者は微妙な差異をますます訴えるようになったのだが。しかし、その統計学をより厳しく標準化した分野のなかでは、統計学は慣習などではないと見なされた。研究者たちは統計的規則に、科学的に誠実に従うよう要求された。そしてたとえば、データととり入れてから仮説を定式化し直すと罪を感じるように要求されたのである。[61] おそらく理由づけの仕方としての統計学信仰をもっとも強制的に求めるのは、心理学の新しい分野、不確実性下の判断の研究であろう。ガード・ギゲレンザーが議論したように、心理学者はあまりに統計的検定に慣れてしまったために、それを思考の理論に帰化させてしまった。一九五〇年代になると、こころは、因果関係に帰するために自発的に分散分析をおこない、関心ある対象をノイズから分けるために信号検出理論を使う、直観的統計学者によって表象されはじめた。[62]

七〇年代までに、「直観的統計学者」は計算結果を再現するのに失敗することが多くなった。そしてこの研究プログラムは、確率の主観的割り当てに影響する「ヒューリスティックスと偏差」に移行した。被験者は単に不正確に計算するだけでなく、ある種のデータを無視したり、単純な論理の誤りさえするように思われた。誤りは大学の学生に限られてはいなかった。大学生というのは、実験心理学では好まれた被験者だったが、また医者、技術者、ビジネススクールを卒業した学生でさえ、誤りを犯した。

これらの発見は、それはそれで、エキスパート・ジャッジメントの相対的長所やさまざまな種類の実践的決断上の定量的規則について、進行中の議論に貢献した。通常どおり、どちらの側にも、科学的議論とともに政治的で倫理的な議論があった。これに関する重要な資料は、イリノイの仮釈放審議会の行動に関する研究である。仮釈放の許可と却下についての判断は、広く欠陥があるものと見なされてきた。あるいは少なくとも家系や賢い弁護士に多くは依存すると考えられてきた。シカゴの社会学者アーネスト・バージェスは、一九二八年に仮釈放者が新たな罪を犯すかどうかを決める因子の研究を準備した。彼は、仮釈放審議会の判断に代わるよりよいものを提供したかった。審議会の判断は、簡単には汚職と区別できなかった。このようにして、仮釈放審議会の管理は、「推測という仕事に引きあげられ、科学的基礎の上に置かれるだろう」と彼は書いている。[63] 統計的な規則が、その推測の質においても、公正さと一貫性のうえでも、優れていることを彼は見いだしたのである。

より最近のエキスパート・システムの提唱者たちはまた、明示された方法が倫理的にも、論理立てられていない判断より優れていると強調している。彼らはまた、コンピューターに実装された規則は、人間の専門家よりも優れた結果を予測することができると主張している。これについては白熱した議論がおこなわれてきた。専門家の洗練された知性が人工的な規則によって置き換えられることに関心を向けたがらない専門家たちは、エキスパート・ジャッジメントをもっともひんぱんに擁護した。

驚くほどの量の証拠は、規則に有利に働いた。しかし綿密な調査によって、数値というものがもっとも効果的に働くことが示された。よく議論されたトピックは、医学的診断、特に精神医学の診断である。コンピューターは、明らかに、現実の患者に対峙することができない。多くの研究によれば、専門家もそうである。代わりに、双方とも検定の数的結果が与えられた。偽陽性（ある疾病の診断が下される症状があることが疑われること）の率と偽陰性の率と基本率についての統計的データである。ベンジャミン・クラインマンツは、たとえば、ＭＭＰＩ（ミネソタ式多面人格テスト）の結果が与えられたときの、心理学者とコンピューターの相対的な診断能力を調べた。機械を負かすことのできた心理学者は少数であった。彼は、エキスパート・ジャッジメントが判断規則よりもずっと優れている状況が現にありうる、と結論づけている。しかし（実験では）多くの時間を、医師や臨床家は、ただ単に「実験のテストやほかの試験からのハードなデータを取り扱う」のに使っている。そのような場合、人間は判断規則を適用する以外のことは何もできないので、機械と同じである。違いは、人間の方が誤りを犯しやすいということだけである[64]。

不確実性下の判断についての新研究が示しているように、医師や臨床家は確率計算が苦手である。大学院を修了し、統計学の訓練も受けた専門家が、なぜ基本的なベイズの問題を解くのにそれほど困難を感じるのか、明らかではない。しかし、なぜそのような問題が「直観的統計学者」の能力に負けないのかはミステリーではない。「直観的統計学者」の能力は、かつてわれわれすべてに備わっていると考えられてきた。運がものをいう競技はさておくとしても、実はそれらでさえ議論の余地があるのだが、十七世紀より前には、人間は安定して定量化された確率的価値、あるいはそれらを形づくるデータにさえ、対峙したことはなかったのである。確率はすべての事例において人工物である。道具によって、あるいはよく訓練された人力によって（しかし独断的にではなく）創られた人工物なのである。そのようなわけで、現時点では、経済学者も、医師も、心理学者も、分散と確率的価値をふくむ統計学的議論を理解できないと、効果的な仕事ができないだろう。これは、世界が本質的に統計学的であるからではない。それは、定量家たちが世界を統計学的なものにし、管理しやすくしたからである。

客観性は専門性に置き換わるか？

機械的客観性はエキスパート・ジャッジメントに置き換わることができるのだろうかという問いは、概して科学的な問いとして考えられてきた。それはまた政治的で文化的な問いも喚起する。機械的客観性は人間社会や政治における専門家の知識に置き換わることができるのだろうか。

単純な答えはない。機械的客観性の理想はただの理想である、というところからはじめなければならない。知識社会学者たちは、明示された規則にそって問題を解くあらゆる試みに対して、量的データのコンピューター解析を排除することなしに、埋め込まれ、論理立てられていない経験の要素があることを示してきた。[65] さらに、信頼の問題は、けっして無視することができない。そしてこの問題は、階層性や制度の問題と完全に切り離すことはできない。信用のある数値は、政府の省庁、大学の研究者、財団、研究機関から生み出されるのである。陳情活動をしている組織や企業が出す数値は受け入れられないだろうし、綿密に精査される傾向があるだろう。素人には、あるいは他の専門家にとってさえ、操作の全体を繰り返すことはほとんどできない。数値はせいぜい内的一貫性が調査され、他の情報源からの関連する数値と比べられるだけである。

要するに、没個人的な数値を生み出すのでさえ、制度的あるいは個人的信頼性が必要なのである。もし実験報告や計算に入力された数値が、任意に反復できないのであれば、報告者や計算者は、技能や誠実さを印象づけることができてはじめて読者に信用されるだろう。しかし、著者が数値を精査したり再計算したりする立場にある場合、そして特にそれらのひとびとが反対の利害をもっていた場合は、個人の信頼性は大幅に要請されなくなる。実際には、客観性と事実性は、自明の真実を意味することはほとんどないのだ。代わりに、客観性と事実性は、他の専門家による論駁を可能にするオープンネスを含意する。信頼は客観性と切り離すことができない。まるでドッペルゲンガー〔ドイツ語で「分身」の意味〕のように。しかし客観性を支える信頼の形は、個人的で対面的なものというよりは、匿名性があり制度的なものである。

多くの場合、信頼されている科学者は、その専門分野で研究結果を公表したときに、虚偽や無能を自動的に疑われたりはしない。もし、統計学的定型作業を保留することによって、学界の心理学者と医学研究者がお互いに説得しあうことができたなら、外部者は、それらの主張をだいなしにしたりはしないだろう。しかし不安定な専門分野であっても、その内部で、研究者たちはまるで永遠に異邦人の社会にいるかのようにふるまったりはしない。一緒に仕事をしたり話したりする経験をとおして、研究者たちは互いに信用を得る。何を、そして誰を信じるかについての微妙な感覚を獲得する。一様な標準を押しつければ、より安定した共同体の形成をおしすすめることさえ可能かもしれない。しかし、標準の押しつけが実行されたとき、受け入れ可能な分析の狭い定義は緩められる傾向がある。機械的客観性は、成功したとき、緊急を要さないものになる。共有された知識は、不信を軽減する効果をもち、そしてそれゆえに、没個人的規則の締めつけを緩めるのである。

より広い公共の領域では、異なるダイナミズムが働く。定量的な規則は、制度のもつ権力や信頼性によって支持されるとき、陸軍技術団の初期の歴史のなかで費用便益分析がそうであったように、円滑な運営のプロセスが維持され、小さな争いごとが解決されるのに十分となるだろう。制度的支持を求めようとすることは、定量化それ自体が効果をもたないことを意味するわけではない。技術団は、最初から権力発動の位置にあったわけではない。しかし、没個人性という名声や、技術団の経済的分析の厳密さによってその地位が上がったのである。しかしながら、これは力のある対抗者が不在だったことによっている。対抗者不在の状況は、広範な学術研究分野においてよりも、異論の多い政治文化においての方が長つづきしにくい。技術団のなかでは、費用便益分析は、合理的に明白なものを意味していたし、論争を解決するものであった。しかし特別な制度的枠組みの外では、経済的な定量化は、異なる意味をもちえたし、実際にもったのである。費用と便益を測るという考えは、それ自体、不明確で、あるいは少なくとも合意を得るには柔軟性がありすぎた。戦後の陸軍技術団もふくむ論争のなかで、単一の権威づけされた方法で協議することさえも、不可能であることが証明された。より異論の少ない状況では、妥協に至ったのであるが。

最近の歴史が示すところによれば、機械的客観性を追い求めることは、不信の広がっている状況下では公共の事柄を解決するのに十分ではなくなっている。ブライアン・バローによるアメリカの原子核の研究は、その理由を説明する助けとなる。第二次世界大戦後の数年にわたって、商業的な原子力は、ＡＥＣ（アメリカ原子力委員会）の管理下にしっかり留まっていた。なぜなら軍隊との結びつきが機密を必要としたからである。しかし、原子力発電所をたくさん建設することは、多様な利害関係者や専門家との協同を必要とする。すぐに、一政府機関内での原子核物理学者と技術者の知識による独占体制は崩壊した。原子力をめぐっての精力的な公的議論が爆発する数十年前に、さまざまな専門家、そして原子力関連の問題が自分自身の専門内にふくまれると考える専門家のあいだで、議論があった。彼らはみな、合理的に信頼できる知識の形式をコントロールしていた。問題は、それらが一致しなかったということである。彼らの衝突が、この高度に技術的な領域を広く公衆に開き、それゆえに静かな交渉をとおして合意に至るという可能性が抹殺されてしまったのである。どんなに方法が厳密になっても、強い対抗者がいる場合、専門分野はその方法に客観性があると確信させることができない。個別に分離されたアメリカの政治システムのなかで専門家が急増しているということは、少なくとも、いつでも対抗者がいることを意味している[66]。判断や交渉なしに合意に至るのは、だいたいにおいて不可能であろう。専門家の世界に合意というものは存在しない。彼ら独自の分野内のルールに厳密に従おうとするすべての試みは、すべてこの意味で、ローカルノレッジの形成となる。

現代の政治的行き詰まりにいくぶん応えて、客観性に関する最近の社会学的な批判は、エキスパート・ジャッジメントに著しく好意的である。実際、それを生みだすエリートにも好意的である。信頼を基礎として、そして共同体さえその基礎として、専門性は技能とともに認識されることがますます増えてきた。以下の二つの例は、何が危機にさらされているか核心を示してくれるだろう。ランドール・オルベリーによる著書は、客観性のもっとも一般的な意味から判断力が生み出されるのではないことを明らかにした。客観性のもっとも一般的な意味とは、利害や特異性に影響されない知識であり、「事実に対応した知識」あるいは「価値自由な知識」である。彼は結論づけた。客観性とは「科学者共同体の最新の判断によって決定された、広く普及した科学的実践の標準に従って生産された知識」という以上の深い意味をもたない。つまり、市民は専門知識による有用な批評に問題を任せておけばよいというアルキメデス的考えは通用しないということである。専門家は単に、公衆の利益をある程度は反映した、科学者の利益を主張することができるだけである。それを超えて、没個人的標準を切望することをやめ、専門家を信頼することを学ぼうというのである。

もう一つの例は、マーク・グリーンによる費用便益分析の批判である。量的な規則の追求は不毛である、と彼は主張した。知識の厳密な標準を主張することは、規制当局が機能しなくなるように、力のある実業家たちが使った敵対の戦略であった。したがって、エキスパート・ジャッジメントを拒否することは、建設的な公的行為を希望するのをすべてあきらめることだ。効果的な規制のためには、「専門家が支持した仮定や、大統領や議会が確証した仮定や、ヒアリングの適正な手続き中のあらゆる証拠の事後確認が、判断にまで到達すること」[67]が必要だ、とグリーンは結論づけている。

たしかにグリーンは、官僚的エリート主義それ自体に好意的ではない。費用便益分析のような客観性を主張する方法に対して、彼が反対するのは、それらの方法がしばしば間違ったものを測る、というところからもきている。抽象的な提案として、厳密な標準は、公的な責任を促進する。そしてアカウンタビリティ（説明責任）にもよく貢献し、民主主義にさえ貢献するだろう。しかしもし、当局が標準に反して的外れな判断をし、公衆の訴えがめざす本当の目的が退けられるのであれば、何か重要なことが失われてしまう。公的領域から信頼と判断を取り除こうとする動きは、けっして完全に成功することはないだろう。おそらくそれは不毛よりももっと悪いだろう。

第9章　科学は共同体によってつくられている？

科学者共同体が公言する知識を擁護するとき、私は科学者共同体が、他のどんな共同体よりもぬきんでた道徳的優位性をもつことをも、擁護している。（ロム・アレ、一九八六）

客観性とは、科学の古典的理想の一つである。それはいくつかの特性をもつ。一つめは自然についての真実であること。加えて、没個人性、公正性、普遍性があること。そして一般に、国籍、言語、個人的利害関心、偏見など、ものごとを歪めるあらゆる局所的因子から免れていることである。慣用句のなかでは、合理性と客観性の理想は、科学における徹底した個人主義を意味しているように見える。古典的象徴はデカルトである。彼は合理性の明確な光のもとで探りうることのみを用いて世界をつくりあげることを望んだ。その光は原理的に、すべてのひとが到達できるが、ただ独りで到達するものである。デイヴィッド・ホリンガーは、第二次世界大戦後しばらく、個人主義の倫理がアメリカにおける科学に関する書物のなかで支配的であったと述べている(1)。例として彼は、シンクレア・ルイスの小説に出てくるマーティン・アロースミスを挙げている。すべての社会生活、実験室内の社会生活でさえ、アロースミスにとっては、悪く言えば結果をでっちあげる誘惑であり、よく言えば科学の真面目な仕事から気を逸らすものである。小説は主人公をニューイングランドの森の中に置いた。主人公はすべての付き合いをやめ、たった一人の助手をつれて、壮烈な孤立のなかで実験室研究を追求する。このようにして彼は、権力や名声の誘惑から自らを防衛した。石のように冷たい真実を求める執拗な探究に生涯を捧げ、甘い声でひとをだます女たちに象徴されるような社会的恩恵を無視した。このような科学者生活のイメージは、今ではうっかり口にした冗談だったとしても、罰金ものである。けれども、個人の合理性を科学の客観性の基礎におく理想は、考えの足りない科学者のあいだだけでなく夢想的な小説家たちのあいだでも、なかなかなくならない。大部分の哲学者たちもまた、合理性についての社会の考え方をどのように扱ったらよいのか、よくわかっているとはいえない。

　一方で、科学者共同体の概念は、一般的なものになった。理由の一つは、共同体という概念の中身がからっぽであることによっている。私たちは毎日のように、新聞雑誌記者たちが「ビジネス共同体」とか「黒人共同体」といった言葉を使うのを見ている。もっと気になる発言が「諜報共同体」（スパイ団）や、曖昧で矛盾した「国際共同体」から発せられる[2]。

　しかし、共同体について語ることには、科学のレトリックとして実現すべき真の目的があった。戦後の科学の擁護者、特にヴァネヴァー・ブッシュは、科学を自己規制の働く共同体にするために、科学者共同体の存在を肯定的に仮定した。彼は科学者共同体の境界を強化し、政府の科学政策の強力な手中から遠ざけることを望んだ。科学的方法をもってしても科学者が間違いを犯す事件がおこると、科学者共同体はよい共同体から悪い共同体に変わるだろう。誤りは査読者によって取り除ける場合もあるだろうが、再現性のテストに失敗することもあるだろうし、科学的知識から追放されることもあるだろう。また、共同体は、見えざる手でないとしたらごく穏やかな方法で、どのような仕事が価値あるものであるかを判断しようとしただろう。もっともよいことを達成できる研究領域で利用可能な資源を指し示すだろう。科学者共同体は自由な共同体として、このようなことを中央集権的な官僚制度の下でよりもうまく遂行できるはずだ、とブッシュは主張した。

　戦後の社会学者や哲学者も、これらの理想を同様に抱いた。科学を私たちの時代の共同体生活のモデルとする理想である。科学とは、真の能力主義を導く民主主義を体現しているように見えた。科学は自由な議論をとおして仕事を遂行するが、むきだしのイデオロギーや言葉についての論争を避ける。なぜなら科学者たちは彼らの考えを精力的に検証するからである。この考え方は一見すると、偏見のない真実追求をほめたたえるいつもの考え方を、微妙に代替するもののように見えた。しかし、この考え方は、いつも行き過ぎた保留とともに語られるわけではない。よく知られた哲学者は、科学者共同体は「正直さ、信頼性の基準、そしてキリスト教文明がよって立つよう運命づけられている道徳的質に対抗するよい仕事である」と強調して、人間のつくる他のどの団体の形よりも優れていると主張する。もし科学が単なる問題解決であるのならば、そして「歴史的に状況づけられた合意」に導くだけであるのなら、「科学者共同体の道徳に関する修業が、出世主義の甘言や希望的観測の誘惑に対抗する実践をするための、純粋性の守護者となる」ということが疑われるだろう。科学は、「公平無私な制度であり、信頼に足る知識を集める」のである。反実在論は、「偽りというだけでなく、道徳的現象に対する極端な中傷であって、道徳的に不快である(3)」。

この言説の冷笑の対象となっているのは、逆説的なことに、トマス・クーンである。彼は近年の科学者共同体に関してもっとも影響のある書物を書き、科学者共同体を共感できるものとして扱った。研究分野の共同体は、その分野において妥当と見なされる標準、道具、概念、そして問題を定義する。真面目な科学は、専門家集団のなかでよく社会化された研究者によってのみなされる。クーンの著書は明確に、科学の社会的側面の重要性を指摘している。それらは今では広く認められている。しかしまだ、科学を営む集団を「共同体」とよぶことが本当に最適であるのかどうかについて、たくさんの疑問が残っている。フェルディナンド・テニエスの使い古された社会学的定式化は、共同体と社会とを区別している。社会は、大きく、没個人的で、機械的である。これに対して共同体は、小さく、親密で、有機的である。この区別は、科学に関する最近の議論にとって一つの鍵となる。

特に問題となるのは、一実験室やサブ領域の研究における科学の不正行為である。おそらく、科学社会学といわれる新しい領域における、もっとも影響力のある用語は「交渉」(ネゴシエーション)であろう。この言葉は、一般的原理や普遍的科学法則といわれるものが、豊かで詳細な経験的環境や実験環境に適用できるほど十分に明確で具体的なものではけっしてない、という考え方を指している。ゆえに、実験の意味を一般的原理によって解くことはできない。理論の意味でさえ一般的原理によって解くことはできない。実際は一般的原理ではなくて狭い専門家たちの集団によって遂行されるのである。このように、大きな問題や広範な科学的問いは詳細な事柄に分解され、同時に、抽象的な真実は密接な個人的接触を通して解決される。このことは文字どおり真実である必要はない。交渉というものは、文字、電話、新聞紙上、法廷訴訟、あるいは、極端な例では、論文公刊においてもおこなわれる。そして交渉は、非常に強い意味での共同体をふくむ。関連する討議は、小規模で閉じられていて、非公式のものである。「交渉」という言葉はこれを要求するのである。また、交渉と共同体という言葉は、科学とそれ以外のもののあいだの同型性を示唆し、好戦的で客観的な追及をほとんど示唆しない。スタンリー・フィッシュは言った。文芸批評は実証にはならない。しかし常に「終わりなく交渉される」意味をもつ。そして誰がこの交渉をおこなうのか？「解釈する共同体」である。解釈とは、多くの場合、非公式で、暗黙のものでさえあることをフィッシュは示している。それは暗黙の理解、共有されたイデオロギーや期待、そして共通の背景知識の蓄積を促す[4]。現在の科学論の流行にもとづけば、科学もこれと同じである。私たちは、科学は解釈する共同体によってつくられているということさえできる。

まだポストモダン以前の思考に慎み深く忠誠を誓っているひとにとっては、このような考え方は、科学を語るうえで奇妙なやり方に見えるだろう。科学とは、自然についての学問と考えられている。それは没個人的な知識、ある意味で客観的な知識を生み出すと考えられている。そして、このような言い方に固執しないとしても、科学は成功している。科学の知識は広く共有されており、世界中で同じ教科書が使われるほどである。このことはしばしば、自然科学が道徳的美徳をもつことの決定的証拠と考えられている。そしてときに誇張されているとしても、科学は現実である。科学者たちは意見に訴えるのではなく、自然に訴えているという点を自負しているし、事実についての中立的言葉、法則、数字、そして定量の論理を使っているという点を誇っている。科学的知識の普遍性は、けっして完全なものではないが、しかしもっとも疑い深い社会学も、科学が目覚ましいものであることは潔く認めている。科学の普遍性とは、没個人性、定量化や実験の客観的方法のおかげではないのだろうか？

私は本書で、科学の普遍性が没個人性や定量化の客観的方法に負っている、そのあり方について論じてきた。科学をより没個人的にするものによって、科学は国、言葉、経験、分野、あるいはある意味で共同体の境界を越え出ることができる。しかし、厳格さや客観性が、通常の科学実践に本来そなわった固有なものであるのかどうかは明白でない。もっとも最近の科学についての歴史学的、社会学的、文化的分析は、そうではないことを示している。

交渉と自律性

マーティン・ラドヴィックの『デヴォン系大論争』の副題が「紳士階級専門家間での科学的知識の形成」であることを考慮してほしい。これは、表題のとおり、論争についての話である。そしてその主人公の紳士は、冷静な品のよさが目立っていても、敬意を払われることはなかった。しかし、彼らは礼儀作法には注意深かった。礼儀作法を維持する一つの方法は、地質学会の会合で、厳密で熱心な議論をすることであった。そして少なくとも原則としては、公にはすべての論争を隠すことであった。ラドヴィックは、彼らの議論に分け入るために私的な資料にかなり頼らねばならなかった。野帳、手紙、そして会合の議事録。なぜなら、彼が書いているように、「論争の最中に、非公式の議論のなかで公的に出版された論文がもつ役割は、密室でおこなわれる真にきつい外交交渉の最中に、ときおり開かれる（そして一般に秘密主義の）記者会見が果たす役割と対比するのが適切である」[5]。この比喩は、ひとの行動にも同様に適用できる。科学のエリート紳士は、外交官のようにふるまった。閉ざされた、貴族的文化の典型的なメンバーである。紳士は、私的なクラブの世界や、また非公式の接触のなかで、公的な仕事をしばしば処理することができる。少なくとも一八七〇年以降一世紀ほどのあいだ、イギリスの公務員上層は、このようなやり方で動いていた[6]。ラドヴィックの地質学者のような専門家の共同体も同じことをしており、これが彼らにとって自然なやり方であった。そして、これは単に科学的知識がどこで編み出されるかということだけではなく、どのように編み出されるかということでもあった。専門家の共同体で交わされる議論は、最低限の公式性のなかでおこなわれ、厳密性にはほんの控えめに関心が払われただけであり、ひんぱんに共有が頼みとされ、しばしば暗黙知によっていった。これらはもちろん、ラドヴィックの例もそうであったように、関係者のほとんど全員が、唯一の都市であるロンドンに住んでいるときに実現しやすかった。

しかし、このような地方色あるいは大都市主義は、議論の重要な限界を示唆する。科学における公的議論と私的議論を対比してみせるラドヴィックの評価は、ロンドンの地質学者にはたいへんよく受け入れられたことだろう。しかし、より一般的な例としては疑念を呈されるだろう。今では、「近代」が共同体の崩壊を意味すること、そして中央集権化された制度が地方の私的生活のほとんどあらゆる側面に侵入してきたことは、社会分析では当たり前のことである。一般的にいって私はこれらの主張が妥当であると思う。本書でとりあげた医療統計や費用便益分析は二十世紀のアメリカの知識人が直面した中心的問題についての、トマス・ベンダーの定式化と一致するものである。すなわち、「異邦人の社会において、ひとはどのように知的権威を獲得するのか。言説の目的、基準、そして規則を共有した知的共同体をどのように位置づけるのか」。異分子集合体からなる都市、国、そして世界において。彼は、大学における訓練は、より統一化された社会、経済、そして知的エリートを擁する都市の崩壊に対する反応であると議論している。比較的弱い集団に対して政治を公開する傾向があるからである。しかし彼は加える。共同体の崩壊は普遍的なものではない。アメリカのエリートにとって、権力や共同体は、しばしば重複して存続する。(7)

権力と共同体のアイデンティティは、もし権力というものを政治と政治的手腕の領域に関するものととらえるのならば、科学の研究分野によくあてはまるものではない。科学者がビジネスや政治の意思決定に効力ある形で参加するときは、彼らが別種の共同体として加わることが必要である。科学者自身の領域においてさえ、科学者の権力は、絶対というにはほど遠い。政府の侵入が、科学制度の自律性を弱めているのである。たとえば、キャリア・パターンへの影響は著しいものがある。これはアメリカだけのことではない。ドイツ学術振興協会の前会長は一九八九年に回顧録を書いている。

私が一九三一年にゲッティンゲンに来たとき、教授たちのなかで誰が偉大な科学者であるかを誰でも知っていた。また、誰がもっとも優れた、将来有望な若い科学者であるかも、ほとんど誰もが知っていた。……偉大な人間はお互いに知っていた……それぞれは自分の学部に影響力をもっていた。その力は、彼自身の分野における彼の地位を越えるものであった。この影響力は、アカデミックな職の任命にまで及んだ。そしてこのようにして、質の高い教授の任命が可能となった。……私はいまだにこのシステムに欠点を見いだしてはいない。しかし、今日では、このシステムはもはや、例外的な環境を除いては効果的には働かないことを知っている。例外的環境とは非公式なシステムであり、構成員の側に無私と自己批判が求められる。このことがシステムを、疑いに対して無防備にしたのだ。

省庁関係者は、ドイツにおいては大学の任命権をもっていたが、非公式のシステムをよく理解しており、それを支持した。しかし、いまや支持はしていない。彼はつけ加えている。科学に対する支配権を科学者からもぎ取ろうとしている官僚的な省庁に対する防衛として、科学における質を測る定式化された尺度が今では必要であろう。(8)

それでもやはり、政治的議論にあまりはっきりとは貢献しないような分野では、ある程度は知的権威を維持することができていた。学術の境界がはっきりしているところでは、ロンドンの地質学者の社交界が定義したような明白な地理的境界がなくても、親密な科学者共同体を形成する上で何の障害にもならなかった。専門家のメンバーを結ぶ私的なネットワークは、今日においてもたいへん緊密である。説得力のある例は、シャロン・トラヴィークが描写した高エネルギー物理学者の共同体である。[9] 素粒子物理学は、小さなエリート・グループに独占されており、彼らはたいへん流動性の高い科学者である。実験者は、数少ない最先端の粒子加速器の一つを定期的に訪れることによってのみ研究をおこなうことができる。その理由もあって、彼らはみな知り合いである。互いに面識があることだけが、共有された価値や仮定の基礎になっているわけではもちろんない。もう一つは、長い社会化のプロセスである。この社会化には、学部および大学院での公式の物理学研究がふくまれ、そして長いポスドクの期間まで続く見習い研究もふくまれている。その長い期間に、ほとんどの新進の素粒子物理学者は研究を去ってしまうのだが。生き残った科学者は著しく均質であり、科学者共同体のなかだけでなく、個人的習慣においても、癖においても、服装においても均質である。彼らの国籍や社会的背景の方がずっと多様性豊かである。

この極度の社会化は、個人的接触の堅いネットワークと結びついて、高エネルギー物理学が驚くほど高い非公式度をもって作動するのを可能にしている。トラヴィークの研究の情報提供者は、現代の、高技術の、高エネルギー物理学が、ほとんどヴィクトリア時代の紳士の地質学と同じくらい、書き言葉を重要視していないことを語っている。大学院生のみが発刊された論文に注意を払っているが、成熟した科学者たちは、書くことによってではなく、主に話すことによって交流する。ポスドクの学生たちは、発刊された報告よりもプレプリントを参考にする傾向がある。なぜなら、とにかくそれらは最新のものだからである。またプレプリントは、その分野の道標となるという意味で、そして誰が話し相手として価値があるのかを見つけるという意味で、主に価値がある。よい職を得た研究者は、何を学ぶ必要があるのかを非公式に学ぶ。論文公刊は、ゴーストライターの責任であり、それは主には記録の仕事で、そして公的に消費されるものだけをふくんでいる。そして時期尚早の結果の公表や、外部者の疑いなどは、強く避けられるのである。

高エネルギー実験物理学者は、論文では標準的な科学の文章形式を展開する。しかし、その多くは重視されていない。これは、どうでもいいという意味ではない。あるいは物理学者が数学をただの慣習として使っているということも意味しない。彼らは歴史家や行政官が理解している世界より基本的で、より恒久的な世界を得ることを目指している。その理由もあって、彼らは数学の没個人性を評価する。そして言葉に言い表せないようなことや個人的なものも、定量化しようと冗談をいう傾向がある。しかし実際には、彼らは方法論的な厳密性が、彼らの恒久的世界について学ぶ上で最良の方法であるとは信じていない。

トラヴィークの情報提供者は彼女に、エラー・バー〔誤差の範囲を示すもの〕は非公式には少なくとも三倍にされると言った。科学的知識ではなく、経験にもとづく法則として、誰かの結果が何か大事な成果を意味するかどうかを決めるときには、いつも三倍にされるというのである。より重要なことは、この解釈の様式は、きわめて微妙なニュアンスを帯び、私的な知識と深く関係しているということである。根気強く、骨の折れる注意を詳細にわたって注げるひととして知られていない研究者は、より決定的な結果を出さないと真面目に受け取ってもらえない。実際、性格と信頼性に関する非公式の判断は、彼らのした実験の解釈にとって重要である。ほかの科学では、設備がわりあい恒久的で標準化されているので、再現性はいつでも可能である。しかし、素粒子物理学は彼ら独自の検出器を構築し、それを恒常的に修理し、調節し、新しい実験のために再建さえする。したがって、実験結果を検査するのは並はずれて難しいことであり、ある特別な報告にどれだけの信頼をおくか決めるのに、人間の判断以外の選択肢がないのである。トレヴァー・ピンチはこの点について、巨大な太陽ニュートリノの検出実験を参照しながら、明示的に述べている。その実験は、地表に深く掘られた穴のなかの何百万ガロンもの化学物質を使う。誰もこの実験が二度もおこなわれるのを期待したりしない。したがって結果を解釈する上で、物理学者は実験者の技術と信頼性を評価しなくてはならないのである。「要するに、科学における信頼は、人間の技能もふくめて、生活のあらゆる分野のなかで機能しているのと同じように、機能しているのだ[10]」。

ピンチは、これは普遍的なことで、すべての科学は性格や技能に対する判断に依存しているのだとほのめかしている。彼が正しいのは間違いない。しかし、非公式の個人的知識が、紳士の地質学者や高エネルギー物理学においてほど優勢なことはめったにないのである。知識をより厳密で、標準化されたものにし、客観的にする方法はあるのである。そしてこれらは、個人的信頼の必要を減らす方向で、長い道のりをたどってきた。もちろん数学と定量化は、知識の統一性を増す唯一の方法であるわけではない。しかし、それらの貢献には目覚ましいものがある。数学的証明、計測システム、統計の数学的方法の厳密さ、そして人口統計学、経済学、社会の数字は、手を組み、知識をよりオープンで統一的なものにするための運動を展開してきた。

もちろん、すべてのひとがオープンで統一的な知識を望んだわけではない。ヴィトルド・クラが議論したように、計測の主観的な形式は、農民の共同体と物理学者の共同体とに、ただ単に適していたのだ。意見の不一致はあっても、面と向かって交渉することができる。非公式の計測は、これらの比較的自律的な共同体の組織と切り離せないのである。非公式の計測は、より中央集権的な形の権力——政治的および経済的な——が公共の生活の比較的私的な領域に侵入してくることによって、壊されてしまう。相対的な自律性や、そしてまた対面での頻繁なやりとりは、ロンドンの地質学者の特徴であり、そして実験素粒子物理学の特徴でもあった。彼ら素粒子物理学者たちは、地球全体に広がってはおらず、いくつかの集積地に占拠していた。彼らの仕事は、少なくとも最近までは、高名なものであり、彼ら以外のひとに責任を負うことはほとんどなかった。力のある外部者の利益の介入に苦しむ度合はきわめて低かった。物理学者が政府から望むものは、研究費以外にはなかった。政府は、戦争以来、ノーベル賞など物理学者の独自の評判に満足してきた。したがって、物理学者には独自のスタイル、言葉、慣習をはぐくむ自由があったのである。

たしかに、これらは標準化されたものや定型化されたものから免れているというわけではない。客観性はいまだに、特に従属させる関心についての事柄を要求している。たとえば、写真やデータの初期のスクリーニングは明らかに必要とされている。最近までは、それらはあまりにたくさんあったので、比較的地位の低い労働力が協力しなくてはならなかった。そして彼らは、比較的厳密な標準化を強制されることによって管理されていた。信号をノイズから検出するのにだんだんとコンピューターが使われるようになり、ほとんど完璧な信頼性をもつようになったと同時に、分別や判断力を働かせることは絶対的に少なくなっている。したがって、実験素粒子物理学で起こっていることのほとんどが、その場しのぎで交渉可能というときには、私たちは、研究者あるいはほんの少数の信頼されたテクニシャンの高い地位にある仕事のことを言っているのであり、客観化され単調でつらい仕事のピラミッドの頂点にある仕事のことを指しているのだ[11]。

さて私たちは今、科学が交渉されるもので、局所的で、私的な種類の知識として認識できるというところまで到達した。あるいは知識というより技能といってもいいだろう。「知識」という言葉は一般的に、より合理的な形式を前提とするからである。これは、直感に反した考え方である。しかし、だからといって間違いのように見えるすべてのものが真実であるわけではない。国家が、地域固有の重さと長さの尺度を解体したとき、科学者が考案した計測システムの押しつけによってその解体をなし遂げたことを思い出してみよう。科学はまた、道具や尺度を標準化するという、もう一方の努力にもより密接にかかわってきたのである。そのなかには電気、温度、あるいはエネルギーの形もある。科学者会議には、トップクラスの科学者の集合体もいくつかあったが、電気の基本的単位を十九世紀後半に定義した。多くの産業化された国家は、科学者や技術者をスタッフとする標準局をもっている。科学の名をもって、計測の厳密な規則が定義され、保険数理士や公共技術者の判断を統治してきた。科学を国家の側につけ、客観化をおしすすめる側、侵略者の側につける多くの理由があるのである。侵略者側は、より統一的で公開性の高い言葉を押しつけ、地域固有の慣習や暗黙の習慣を追い出した。ブルーノ・ラトゥールの「計算の中心」という言葉には、深遠で正しいものがある。帝国が管理されたということ、そして技術と科学を論じた著作のなかで彼が強調したものを描写するのに、この言葉はまさしくふさわしい[12]。

政治的、経済的生活において標準化や客観性をおしすすめる科学の役割があるからこそ、人文社会科学者は科学に関心をもつべきだといえるのである。しかし、なぜ科学がこの役割を担ったのかについては、まだ不確かなところがあるだろう。そしてついでに言えば、なぜ科学的知識それ自体が、通常は高度に客観化され合理的な言語で表現されているのかについても、まだ不確かなところがある。本書において私は、この問いについて二つの方向からの応答を強調してきたが、根っこのところではほとんど同じである。一つは、科学の広範な社会的政治的な関係、つまり、外部からの圧力である。もう一つは、科学者独自の制度内の社会生活とかかわっている、信念と実践の共同体を形成する難しさである。

強い共同体と弱い共同体

高エネルギー物理学のなかで公開性と厳密な規則が著しく欠如していることは、きわめて特別な環境下であったからこそ可能であった。また、高エネルギー物理学は、科学の反客観主義のモデルにはほとんどならない、ということをつけ加える必要があるだろう。科学者によるあらゆる集団、あらゆる分野の集団は、ある強い圧力に従属している。その圧力とは、機械的で没個人的な標準を支持する方向に判断を制限しようとする傾向である。トマス・ホッブズは、スティーヴン・シェイピンとサイモン・シェーファーの共著『リヴァイアサンと空気ポンプ』の主人公であるが、この問題を明確に同定した。実験は公的知識を得る基礎を提供などしない、と彼は考えた。実験とは、本質的に私的なものである。特別な実験は、ただ単に少数の人間によって適切に証明されるだけである。実験をつくり上げる、あるいは実施する、ということの意味を前面に出すことによって、実験を批判するのはいつでも可能である。実験の実演の論理自体に従えば、そんなものは背景の問題にすぎないのだが。ホッブズ自身は、このようにして、ロバート・ボイルの空気ポンプを脱構築したといえるだろう。実験は筒抜けになっていると彼は主張した。そして、次なる実験をするよう差し向けた。その実験は、ボイルが期待したようにはうまくいかなかった。実験は無意味であると彼は示した。公的知識のための、そして実際の政策を組織化するための堅固な基盤は、幾何学的な推論法だけである。幾何学的な推論法は、堅固な実証であり、それ自身が十分な証拠を備えており、紙に書くこと以外、何にも依拠しない。(13)

ホッブズによる実験への攻撃は派手に失敗したが、ホッブズが指摘した問題は現実的なものであった。特別な機器と鍛えられた技によって生産されたものは、簡単には公的知識の基礎にならない。実験者たちは、これを克服するために、さまざまな戦略を開発した。あるものは、より広範な世界で広く承認されている信望ある形式に頼った。十七世紀には、彼らは、公平無私の印として、品格と独立、または権力のあるパトロンとの関係を誇示することによって、紳士的で宮廷風の社会的様式を利用した。特定の地位に到達したひとや、物質的関心を超越したひとは、おそらく他人をだます意図をもたないであろうからである。信頼を得るための別の技術は、共同体的な側面をもつ形をとった。科学者たちは職業的境界線を引き、アマチュア、変人、偽者を排除した。学位や教授の職は、有能や高潔のしるしとなった。紳士や職業的科学者たちのようなひとは、真実を栄誉のように語った。

いつでもその証言を疑う可能性はあったが、軽率には疑えなかったのである。[14]

品格と有能さのこれら公的な証拠に、個人的な要素が加えられた。共同体の内部者は、規則的にそして集中的に交信した。フランスとイギリスの首都は特に、多くの重要な自然哲学者たちにとって頻繁に対面で交信するには十分魅力的な場所であった。そのようなことが不可能な場所では、そして特に国境をまたぐ場合には、学者や科学者たちは、「手紙の共和国」をつくりあげた。これは十八世紀から十九世紀まで続き、個人的なことと科学的なことをまぜこぜにした大量の往復書簡がやりとりされた。[15]公刊においては個人的な側面が表面上は弱まった。なぜなら公刊によってほとんどすべてのひとに利用可能な知識となるからだ。しかし、雑誌はしばしば、より親密な種類の共同体を定義するのに役立つ。十九世紀の雑誌は内輪の機関誌であった。主に教授、その学生、そして近しい知人の研究を公刊した。そうでない場合も、雑誌に論文が載ることはしばしば、クラブに入ることを承諾されたと見なされた。そこで公刊の決定には、著者の個人的特質に対する明白な関心がふくまれていたのである。二十世紀でさえ、読者の評判は、仕事内容とともに慣習や方法や研究者の背景などもいっしょに判断されていることを示唆している。[16]最近の匿名による査読が、この個人的次元の信頼を減少させているとはあまりいえそうにない。現在は、会議、セミナー、大学院生や学部生、サバティカル、そして特にポスドクをふくめた異分野交流会などの場もある。実験室間でサンプルや技術を交換するような文化も、再現性と同様、信頼を大きく促進する。一方で実験室内の関係はときに、信頼を構築するやり方として、私的なものと職業的なもののもっとも強い混交をふくむのであるが。[17]

共有される知識をつくる上で、個人的次元の信頼と同等に――あるいはもっと――重要な基礎となるものが、私が「客観性」と呼んでいるところのものである。知識をより手技から離れた公開性の高いものとするように、さまざまな戦略が洗練されてきた。現代科学の初期に共有された工夫は、証言である。実験における妥当性の判断を、裁判所の行為のように変えることである。このことは現実に共同体がまだ形成されていないときには、特別に重要である。コンセンサスが崩壊したときには、比較的確立された共同体においても証言が噴き出すことさえあった。たとえば、ラヴォワジエの酸素の実験は、ドイツの化学共同体が危機にあったときにおこなわれた。再現を試みたときに明らかに異なる結果が出た場合は、特に問題となった。実験的有能さと尊厳とは、化学者の共同体の成員であることの標準と見なされた。そして尊敬される研究者が非常に重要な実験で矛盾した結果を報告すると、とたんに当惑を引き起こした。そのあとには、証言の異常発生がおきた。そのピークは、親フランス派のヘルムシュテットが表にしたように、化学者、伯爵、医者をふくめた十三にものぼる証言である。この証言の行列という新しい流行は、「すでに化学者は他の誰をも信じていない」ということを示している、とヘルムシュテット（およびラヴォワジエ）の敵対者は書いている[18]。これは真実であろう。司法における客観性のようなものは、共同体の不和が癒えるために必須である。それはときに、現在でもあてはまる。客観性に基礎づけられる共同体は、弱い共同体か、あるいは絶滅の危機に瀕した共同体か、外部との明確な境界をもたない共同体か、努力しなくても共有されるような理解を得ていない共同体であることは明白である。これらの共同体は、要するに、現代的特徴をもつ共同体なのであるが。

遠く離れた研究者と結果を共有するための慣習的な戦略は、合理的でおなじみのものである。中心的なものは、原理的に、同じ分野、同じ共同体内の科学者が再現できるくらいに十分な詳細さをもって、実験を報告することである。このことは、今度は、科学者がある程度まで実験に精通するまでは一般には結果を公表しないよう求める。つまり、交信しなくてはならないという必要が、科学の対象を定義するのを促進し、また、再現できない観察では私たちはおおいに信用に頼ってきたが、その傾向の除外を促進する。それはまた、容認できる方法や施設として何が挙げられるかについて、制限を課す。十八世紀イギリスの化学者は、ラヴォワジエを同僚とは見なさず、精緻化された高価な実験器具を信用した。なぜなら、あまり裕福でないひとを自然哲学者たちの会話から締め出すことに効果があったからである[19]。

それでもやはり、再現性は、現代における方法の標準化や道具の大量生産の恩恵があったとしても、けっして簡単なものではない。「実験的事実」という言葉の魅力的な揺るぎなさと没個人性にもかかわらず、実験研究の共同体よりも理論共同体の形成の方がしばしば簡単だろう。理論は、特に数学的な理論は、少なくとも、ホッブズが言及したところの徳を持っている。推論とは明示的なものである。そして印刷されたページに表れるものは、広く自己完結的である。理論との一致は、実験共同体の安定性に大きく貢献する。数学的理論に主に委ねられているような科学者共同体も存在する。たとえば、十八世紀の力学、あるいは現代の新古典主義経済学である。それらはともに抽象的であり、厳密さを追求するがゆえに世間離れしている。そして、数学的な厳密性の利点は、それが、実験室内や観測所内で制御しにくいものを扱ったり、あるいは異論を唱えられている理解を扱うような科学者共同体を形づくり、維持させることである。

数学的理論の厳密性のようなものは、他の形でも達成できる。そのなかで、定量化の一貫した戦略や科学的方法を指示することは、もっとも重要なことと考えられるだろう。クーンが書いたように、通常科学は、パラダイムが安定しているかぎり、規則がほとんど必要ない(20)。しかし新しく、弱く、外部の攻撃にさらされる分野は、広く共有された仮定や意味なしで研究をしなくてはならない。明示された標準は、ひとびとを制御し、標準化しようと試みることによって、そして型にはまった形の提示をすることによって、不確実性や妥当性に対処してくれる。多くの分野において、研究者は、所定の順序でほぼ形式に従って、その方法、結果、結論を発表するよう指示されている。アメリカの心理学者は、この点において標準の担い手である。彼らのハンドブックは、受諾可能な研究論文を定義するためのスタイルやレトリックの要点を書いた何百ページもの冊子に成長した。統計検定についての厳密な主張は、今では科学、社会科学、医療分野の広い分野で共有されている。これは、ひとを標準化し、言説を組織化し、科学的統一を促進するという価値を押しつけるのに関係する方法である。それらがときに現象を理解するのを妨げるかもしれないとしても(21)。

標準化を熱望するのは科学者だけではない。十九世紀の職業歴史家たちは、少なくともアメリカにおいては、より認証された事実、できれば公文書のなかに見つけられるものを使って、自らの分野を再定義した。自分たちを紳士的にアマチュアから区別し、合意に至る基礎を提供するために。フランクリン・ジェイムソンは、社会史の研究上要求される文書の代表性の欠如を恐れた。そしてその理由ゆえに、その分野を政治的事柄に限定することを好んだ。政治的事柄の領域では、文書は標準化されており、方法も明白に見えたからである。このことが暗示し、ときには明示しているのは、対象を限定するという代償を払って客観性を保持する方が、より広範な手に負えない質問によって専門分野を打ち砕かれるリスクを取るよりはよいと考えられた、ということである(22)。

私がここで主張したいのは次のようなことである。論文を書いたり、データを分析したり、あるいは理論を定式化したりするときでさえ、規則の厳密さは、共有される言説を生み出したり、弱い研究共同体を統一したりするための手立ての一部として理解されるべきだ。客観的規則は、燃えさかる論争の最中にドイツの科学者によってもたらされた証言のようなものである。それらは、信頼の代替物として奉仕する。結果は、ほとんど可能なかぎり機械的な手順に従って評価される。そこには個人的な判断が入る余地はほとんどない。そしてそれゆえにまた、他者が分析に対して疑いを抱く余地も最小限に抑えられているのである。

不明瞭な境界と力をもつ外部者

これらの考察は、概してなぜ正しい推論の規則が明示的なものにかぎられ、かつ弱い分野に厳密に強制されているのかを説明するのにおおいに役立つ。方法論的な厳密さは、共有された信頼の代替物として働き、そして特定の個人の意見表明を検査する機構として働くのである。しかし、研究分野内部からの検査は、ほんの一部にすぎない。科学コミュニケーションで客観性と没個人性につていてしつこく語られるのは、外部からの圧力に対する応答なのである。あるいはむしろ、機械的客観性は特に、内部と外部がはっきりと区別されていないところで顕著なのである。応用分野では、少なくとも政策上の事柄に関係する分野では、影響を受ける利害関係者からの精査と批判に、ほとんどいつでもさらされることになる。科学が実践的目的のために国家に支えられるようになればなるほど、「応用」分野というカテゴリーは、ほとんどの研究を包含するまでに拡張された。公的責任は、もしそれが緩やかに強制されたとしても、研究者共同体のまわりの境界を壊し、より広範な聴衆を満足させることを強制するのである。[23]

そのような状況は、明示的で公的な知識の形式に取り憑かれて、極端な標準化と客観性を推し進める。この傾向は、第7章で議論した費用便益分析で見られたように、知識が政策目的のために形づくられているところでもっとも明白である。しかし、科学における公私の境界は、ますます脅威にさらされている。ジェラルド・ホルトンが許容される範囲について誇張をこめて述べたように、アメリカでは実験ノートは、自己防衛のための簿記の収納庫に変わりつつある。なぜなら、いつ機密調査部が、国会議員から疑いのかかった科学的結果を調査しに来るかどうかわからないからである。全米科学アカデミーは、科学者が政策への助言をするとき、あるいは政府に情報を提供するときでさえ、利害関係と受託研究費を明らかにしなくてはならないという原則を承諾した。[24]そして警察による実験ノートの精査は例外としても、科学者や技術者の個人的財政的関心は、特に法的規制の文脈では重大なものとして考慮される。

没個人性の戦略は、このような疑いに対する防衛として、そしてより広い文脈に拡張することに対する防衛として、ある部分は考えなくてはならない。それらは概して、客観性の主張という形をとる。客観性とは、特定の個人にひどく依存してはいない知識のことを指す。それは、分野全体の基礎を攻撃しようと考える批判者に対しては、防衛にならない。しかし、客観性は、自分の利益のために知識を曲げようとすること、あるいは独断的に不正に知識を扱うこと、といった特別な例では防衛になるのである。とりわけ利害関心を基礎とした民主的な政治文化のなかでは、個人の恣意性は、応用研究分野の信頼性への大きな脅威を形づくるのである。

以上が、なぜ客観性という言葉が、知能テストの実施者や、応用社会科学者や、費用便益分析者などにとって、抗しがたい魅力をもちつづけているかの理由である。われわれはここに、広く行きわたる「探究者の偏見」への恐れを見いだすことができる。この恐れはしばしば、定量化できるものを客観的に扱うために、もっとも重要なことに触れずにおくという傾向を生む。したがって、ハーバート・フーヴァーの社会動向研究委員会のメンバーは書いている。「結論を偏見から守るために、研究者たちの行動は客観的データの研究に制限されている。利用可能なデータは研究対象のすべての側面に及んでいるわけではないので、深い興味にもとづく問いに答えることができないことがしばしばある」[25]。軍の技術者たちは、重要な「無形物」が水資源プロジェクトの正当化プロセスから除外されたことを祝福した。なぜなら、それらは信頼ある形にすることができないからである。経済学者たちは、もし定量的で純粋な客観性が、単なる判断と妥協すれば、カオスが確実に発生するといって警告する。外部者は、簡単にはエキスパート・ジャッジメントと個人的偏見とを区別することができない。それゆえこの二つはしばしば混同される。解決策は、主観性を禁止することである。承認された真理が慣習によって補完されたとしても、規則が統治しなくてはならない。ディケンズの小説の登場人物であるトマス・グラッドグリンドがいったように、「事実だけは、生き続けようとする」。

もちろん、すべての研究者が責任を免れようとしているわけではないし、事実の羅列を好んで判断を捨てようとしているわけではない。最近、アメリカ政府内の社会科学に関するコメントで、包括性は定量的厳密さの犠牲になることはけっしてない、と力強く主張するものがあった。しかしこの専門家は、定量的厳密さが社会科学の影響を弱める傾向があると認めた。また最後には、「科学的考察は、これらの政治的議論より重い」と主張した。科学だけではなく、政治もまた、狭い厳密性を求めているのである。[26]

科学は共同体によってつくられているのか？　答えは確かにイエスである。今では、このことを否定する勇気が誰にあるだろうか。しかし、この答えは不十分なものである。いくつかのかぎられた研究分野のなかでのみ、研究活動の原動力は自己完結しており、そこでは知識の形式は、共同体内の相互作用に資すればそれでよいのである。そしてそのような分野は、比較的安定した共同体で占められており、私たちが通常、科学的精神と関連づけているもの——客観性の強い主張、書かれた文書を必要とする主張、厳密な定量化の強い主張——が驚くほど欠けているのである。科学的知識は、境界が不安定な分野、境界問題に絶え間なくさらされている分野では、目立って科学らしい装いを見せるようになる。つまり私たちは、科学的生産物として承認される形式、仕事が判断される標準を理解するときでさえ、科学を広い文脈から見なくてはならないのである。したがって、科学とは実際、共同体からつくられているのだが、その共同体はしばしば問題にされ、不安定で、外部の批判が内側まで入り込んでくる。科学的言説のもっとも独特で典型的な特徴は、この共同体の弱さを反映している。科学の客観性に対する莫大な保険料は、少なくとも部分的には、結果として起こる圧力への反応なのである。

おそらく、科学はどのみち、戦後の社会科学者が望んだように、民主的共同体のモデルを提供するであろう。しかし科学はまた、現実の政治・社会を映し出す鏡でもある。この二つの調和は、現代の公共の社会において科学的知識によせられている信望を説明するのにおおいに役立つ。ここにあるのは、安定した有機的ゲマインシャフト〔仲間同士の共同社会〕ではなく、没個人的で疑い深いゲゼルシャフト〔利害の対立する集団の共存としての社会〕である。後者は、ある重要なやり方での知識の形を求める。その形とは、正真正銘、公的なものである。

解題

藤垣裕子

1　現代社会における数量化の意味

数値にした瞬間に一人歩きしてしまうものは世に多くある。GNP然り、OECDの各種指標然り、研究評価の数値然り、である。たとえば、OECDのPISA（学習到達度調査）の結果が三年に一度公開されるたび、「日本は科学的応用力で先回〇位だったのに△位に落ちた」などの記事が掲載される。しかし、過去三回の調査において問題は同じだったのか、参加国数は同じだったのか、各参加国において生徒の選び方は同じだったのか、などなどを吟味せずして順位という数字だけ比べるのは無意味である。また、福島第一原発事故の直後は、放射線量が〇シーベルトという数字がやはり多く報道されたが、それが瞬間のものなのか、時間あたりなのか、年間の被曝線量なのか、といった単位に無頓着で数字だけが騒がれていた時期があった。

巷で流通している数値をそのまま信用するのではなく、一つの数値が定義されるその場面に立ち返って数値を再考することが必要である。何を無視し、何を重要なものとするか、何をノイズとして何をシグナルを見なすか、その判断によって数値の近似の仕方が異なり、一つの数値の算出の仮定が異なり、ひいては数値の値そのものも変わるのである(1)。そのような近似と仮定のプロセスを無視して、算出された数値そのものを客観的で、どこにでも通用するグローバルなものとしてとらえるのは大きな間違いである。

それではなぜ、そのような数値が客観的と見なされて流通してしまうのであろうか。本書は、科学論の専門家として、この問いを史実にもとづいて徹底的に探求した書物である。いわく、ローカルノレッジ（局所的な知識）

が通用しなくなるとき、厳密さや標準化が求められ、新しい信頼の技術として「数」が登場する。つまり、経済であれ、知識の流通であれ、グローバル化がすすみ、遠くはなれた地域のひとびととモノや知識の交易をすすめようとするときには、個人由来の知識や地域に依存した知識は使いにくくなる。そういうときに交易や交流の標準化に役立つのが数値なのである。だから、数値とは「没個人化」のための道具なのである。数値は、没個人化に役立ち、個人の技能は最小限にしか要請されなくなる。しかし同時に、数値だけではだめで、それを解釈するための個人の技能やローカルノレッジが逆に必要とされる場面がある。ポーターはこのように、グローバリゼーションによる標準化の動きと、局所共同体における専門的知識やローカルノレッジの必要性とのあいだの「信頼」をめぐる闘争を、丁寧に描き出している。数値に興味をもつ一般の方々、社会統計にかかわる方々、そしてそれを読解して政策に役立てようとしている方々など、多くの方に示唆を与えてくれる本である。

2　数値によせる信頼と専門家によせる信頼――「客観性」の文化研究

本書の展開のなかでもっとも興味深いものの一つは、数値によせる信頼とエキスパート・ジャッジメント（専門家判断つまり個人の技能）によせる信頼の対置である。特に第5章でこれが史実にもとづいて刺激的に展開される。

ふだん、定量化とは、不当な政治的圧力が加わらなければ、厳密性や客観性を追求するために推進されると言われている（第5章一三〇頁）。しかし、本書は逆の立場をとる。定量化とは、力をもつ部外者が専門性に対して疑いを向けたときに、その適応として生じる。政治的圧力さえなければ客観性が保てるのではなく、政治的圧力があるからこそ、客観性がつくられる。また、アカウンタビリティ（説明責任）によって客観性が弱体化されるのではなく、アカウンタビリティによって客観性がつくられるのである（同頁）。

著者は、このような主張を、二十世紀初頭のアメリカの保険数理士のおかれた文脈と十九世紀半ばのイギリスの保険数理士のおかれた文脈を詳細に分析することによって明らかにしていく。一九三〇年代のアメリカで、会計の客観性を支えるものが専門家（エリート）の公平無私から標準化へと移行しはじめる。ここで会計士にとっての客観性は、エキスパート・ジャッジメントと呼ばれるものを排除する機構となる。「もし会計士が一つの計測枠組みにもとづいて簿記をつけ、それが一様な数字を示したのなら、そしてほかの計測枠組みではよりばらつきが見られたのなら、最初の計測枠組みの方が、それが妥当であるかどうかにかかわらず、定義上、より客観的なのである」（第3章一三七頁）。これは、会計に用いられる計測の尺度や手続きを規格化することによって客観的なものにしようとする傾向である。これは手続きの標準化である。「規則に従って合意に至ることが、政府の官僚やその他の干渉好きな外部者に対する、もっとも強力な防衛となることに気づいた」（同頁）とあるように、一九三〇年代のアメリカの会計士たちは、政府の規制に対抗するために標準化という名の客観性を持ち出した。「会計において客観性が推進されたのは（中略）その方法を採用しなければ自律性を獲得する機会がなかったひとたちによって採用されたものであった」（同章一四〇頁）とあるように、「彼らはさまざまな度合で、公共の標準あるいは客観的な規則という名のもとにエキスパート・ジャッジメントへの開かれた信頼を断念したのである」（一三〇頁）。

それに対し、十九世紀半ばのイギリスの保険数理士たちは、政府の標準化の圧力に対して自らの専門性を守ることに成功した。一八四三年にいくつかの生命保険会社が詐欺まがいの仕事をしたとして、イギリス議会で生命保険に関連する特別委員会が組織された。特別委員会の委員長は、「保険数理の正確さに注目した。その正確さゆえ、どの会社なら堅固かを一般のひとでも知ることができるような、簡単でわかりやすい情報を提供できる」（一五〇頁）と考え、保険数理士に、標準化された数表を公刊することを提案し、その可能性を探るためにヒアリングを実施した。ヒアリングに呼ばれた保険数理士は、「礼儀正しかったが、動じなかった。正確さは、保険数理の方法からは得られない。健全な会社は、判断と専門家の裁量に依存している。保険数理士は人格と識別力をそなえた紳士である。われわれを信頼しなさい」（一五〇―一五一頁）と主張した。ここで見られるのは、エキスパート・ジャッジメントへの信頼があれば、標準化などいらない、という考え方である。

「イギリスの保険数理士は、自分たちのことを紳士と考え、その尊厳と判断は、公共の信頼を得ていると考えていた。厳密な計算の運用体制は、民主的なオープンネスと公的監視の名において、紳士の信用を否定することを意味するのである」（一四四頁）。ここで判断＝主観ではないことに注意しよう。当時の専門家たちは、専門家の判断の形式が「より効果的で、より制御可能で、望ましい客観性を達成できるもの」（一三二頁）になるよう、研鑽を積んでいたのである。

二十世紀前半のアメリカと十九世紀半ばのイギリスの保険数理士のおかれた状況を比較することによって、機械的客観性への否認が、プロの専門性の擁護をもたらすことが示唆される。専門性が妥当であることは、標準化が不必要であることを意味する。逆に専門家の判断が疑われるときに、標準化が進行する。そして客観性への移行は、職業の自律性を失うことを意味することになる。

興味深いのは、ここから「客観性の文化研究」とも言える視点がでてくることである。「イギリスの政治秩序は十分に階層的であり、客観性や正確さよりも信頼や敬意に拠っていたのである。初期の職業専門家はこのことを知り、単なる技術専門家はけっして適正なエリートにはなれないということもよく理解していた」（一四三―一四四頁）。「ただの計算というよくある軽蔑は、部分的には正当化を得るための一戦略と理解しなくてはならなかった。ただの技術的専門家にほとんど敬意が払われない社会においては」（一五四―一五五頁）。このようにイギリスの文化状況は、紳士であることに敬意と信頼が払われ、「単なる技術専門家」「ただの計算」よりも紳士の判断の方が重要だったのである。そして、エコール・ポリテクニークを持ち、技術専門家に敬意が払われるフランスでは、次のような経緯をたどる。「ポリテクニークは、高層のエリートを教育した。この国ほど行政権力が、技術的知識と結びついている国がほかにあるだろうか」。「彼らの信望は主にその経歴、教育、そして国との関係によっていた。計算や客観性の権威は二の次であった」（第6章一五九頁、一八九頁）。つまりフランスではエコール・ポリテクニーク出身者であることに敬意と信頼が払われ、「ただの計算」よりもエリートの判断および自由裁量のほうが重要だったのである。したがってフランスの技術者たちは、公衆や政治家たちといった外部からの脅威がそれほど強くなかったため、エキスパート・ジャッジメントに疑いを向けられることはなく、没個性的な規則を探し求めて定量化を主張する必要にせまられることはなかった。それに対してアメリカでは、判断の基準が常に公衆の目に晒され、オープンにされる必要があった。「このように比較的厳密な定量的手順にそって生み出される知識の形態〔中略〕は、できるだけ多くのことがオープンにされなくてはならないという政治文化を体現しており、またそのような政治文化に応えようとしたものでもある。判断や自由裁量は、通常はエリートの特権だが、信用されないのである」（第5章一三八―一三九頁）となる。アメリカの二十世紀前半の文化状況は、量的な計算手続きのほうが信頼されたのであり、エキスパート・ジャッジメントは信頼されなかった。これらの比較研究は、社会のなかで「信頼」がどのように形成され、それが社会で重要視される「客観性」の形成にどのように影響を与えるかを如実に表している。

さらに現代のわが国の状況へ敷衍してみよう。本書に、「会計のプロは、医学のような分野を成功した実践のモデルと見なしていた。医学は、特に二十世紀半ばの初期においては、強大な力をもつ専門集団を意味し、そのエキスパート・ジャッジメントは、ほとんど疑問視されなかった」（一三三頁）とある。この文を読みながら、日本で一九九〇年以降に医療過誤の問題から、医療の専門家への信頼がゆらぎ、訴訟とともに医療手続きの標準化がさまざまな形ですすめられてきたことに思いを馳せた読者も少なくないだろう。七〇年代および八〇年代の日本における医者に対する信頼は今よりもずっと高く、不可侵の様相を示していた。しかし、九〇年以後、いくつかの医療過誤が重なり、新聞をにぎわせるようになる。法はどこまで介入できるのか、ガイドラインはどこまで有効か。ここでガイドラインというものが、本書で扱っている「手続きの規格化」と似た働きをしていることに注意しよう。エキスパート・ジャッジメントに対し、ある種の手続きを課すことによって信頼性を上げる、という点で、本書の主張と同型性をもっているのである(2)。

本書の指摘にあるように、社会での専門家に対する信頼が弱いとき、あるいは弱くなったとき、エキスパート・ジャッジメントに代わるものとして「数値」あるいは「手続きの規格化」がすすむ(3)。定量化あるいは手続きの標準化とは、力をもつ部外者が専門性に対して疑いを向けたときに、その適応として生じるのである。日本で医療に疑いの目が向けられたときに動いたのは、ガイドライン作成（つまり手続きの規格化）であった。現在の日本社会が直面しているのは、大震災、津波、原子力発電所事故後の専門家に対する信頼の低下への対処である。

専門家に対する信頼が落ちたとき、それに代わるものとして日本社会にでてくるのは、果たして、「数値」であろうか、「手続きの規格化」であろうか。おそらく、世界中の人が、日本が民主主義国家としてどうやって今回の事故の教訓を社会の議論として収束させるかに注目している。「決め方」のプロセスもふくめて世界に発信できるものは何だろう。本書の「客観性の文化研究」が他人事ではなくなるのはこの場面においてである。

3 「科学的」とは何か——科学の地図論

ポーターの本の面白さは、「科学的」を構成する軸としてよく混同される「原理や法則があること」と「標準化された手続き」とを厳密に分けて論じるところである。「多くは一般的原理はあると信じていたが、正確で標準化された規則の可能性を認めるものはいなかった」(第5章一五三頁)。このことをより詳しく考えてみよう。

科学社会学者ウィートリーは、科学の知識生産と科学者の社会的状況の結びつきを、「職業専門化した科学における数理的観念の優越性」の分析を通して示した。科学の代表として物理学が支配的であること、物理学で数理的な分析・表現形式が高い地位を占めていることを挙げ、なぜ数理主義が他の領域でも科学的なるものの典型例として制度化されるようになったのかという問いを立てている(4)。そして、職業専門化した科学における認知と権威を獲得する競争は、その分野における正確な素養と最低限の資源の所有を前提としていること、教育過程や報奨制度、職業構造のなかで「閉じて首尾一貫した体系における関係の数式化」が求められて権威化されると、科学者の仕事に潜在的にふくまれているものの見方がそれに拘束されるようになる、と主張した。数理的観念と公理的方法は、理論物理学上の組織上の関心であり、両者が自律性と権威の根拠になっている。そのため、新規分野は社会的尊敬を得る手段としてこの数理的形式主義を模倣するようになるのである(5)。

ここでウィートリーが、数理的観念と公理的方法の二つを、「科学的」を構成する軸としてほぼ重ねて論じていることに注意しよう。ポーターは、ウィートリーが混同している「数理的観念」と「公理的方法」が実は別のベクトルであること、十九世紀フランスにおいて「科学的」を構成する軸であるこの二つが明らかに別々の方向を向いており、別々の評価を得ていたことを史実にもとづいて鮮やかに描き出している（第２・３章）。十九世紀の経済学は当時の物理学をまねしようとして、公理にもとづいた数学的経済学をつくり上げた。しかしそれは現場の実践に使えない。現場の要求に敏感であった十九世紀フランスの技術者は、それら公理にもとづく数学的経済学とは異なる独自の数量化をつくり上げた（八八―九四頁）、ここで古典力学をモデルとする科学の伝統（ウィートリーの言葉でいえば公理的方法）と、実践に役立つ数量化（ウィートリーの言葉でいえば数理的観念）とが別の方向を向いているものとして対置される。つまり、「科学的」＝「数量的」とは簡単には言えないことが示唆されるのである。

それでは、そもそも「科学的」とは何であろうか。ポーターは複数の軸を対置させている。「実証主義が科学主義とほぼ同義語になったのは偶然ではない」（四〇頁）「実証主義は自然を支配しようとする探求と適合していた」（三九頁）「実証主義は唯物論の影響を弱め」（四〇頁）。これらの記述から、「科学的」を構成する軸として、「実証主義」「自然への制御可能性」「物質主義」という三つが挙げられることが示されている。さらに、「科学的知識は正しい方法に依拠している（四二頁）という考え方が導入される。測定の尺度を標準化することによって測定の方法を画一化する。これは定量化主義あるいは手続き主義と呼んでいいだろう。第５章で紹介される「手続き主義」は、計測手続きを規格化することによる標準化の例である。計測者によって異なる計測値のばらつきが最小となるよう、(6)計測のための規則を統一化することが手続き主義である。このように、実証主義、制御可能性、物質主義、数値主義、手続き主義、公理主義、という六つの方向性が、「科学的」を形容する内容を具体的に説明するやり方として本書では区別されて論じられる。

第６章で展開されるのは、アメリカの手続き主義による実践的数学とフランスのエコール・ポリテクニーク出身者による橋梁工事に役立つ実践的数学との差異である。前者は公衆の目に晒され、常にオープンにされる必要があったのに対し、後者はポリテクニーク出身者のあいだでのみ共有されたので、手続きまで明確にする必要はなかった。しかし、第二次世界大戦後に様相は異なってくる。

知識だけの観点からいえば、アメリカ流のものを優先しようとするこの傾向は、驚くべきことであろう。一九三〇年代までは、アメリカの科学は、洗練された数学が求められるようなところではどこでも、とても弱いことで有名だったのである。実践的数学は、だから、エリート教育の単なる結果ではなかったのであり、社会構造や政治文化から理解されなくてはならない。フランスは、ポリテクニークのような制度をとおして、誰にも負けない数学的伝統を維持してきた。そして、管理の道具として計算をいつも用いてきた。しかし、生徒を類別するためのＩＱテストや、公衆の意向を定量化するための世論調査や、薬を認可するための洗練された統計手法や、公共事業を評価するための費用便益分析やリスク分析でさえ――これらはすべて没個人的客観性の名のもとで開発されたが――アメリカの科学およびアメリカ文化独特の産物なのである。（一九九頁）

ここから示唆されることとは、前節で扱った客観性の文化研究が、「科学的」の文化研究に発展する可能性である。「科学的」とは、どの国にも成立するグローバルなことだと考えられている。しかし、本書にあるように、エキスパート・ジャッジメントや自由裁量への疑いの視線の強さが文化によって異なり、オープンネスや明示的手続きへの要求の度合いが異なり、そのことによって、個人の恣意性や距離を越える技術としての定量的手続きの発達の仕方が異なる。このように、専門家の信頼の形成のされ方、自然科学への信頼の形成のされ方、社会科学への信頼の形成のされ方が文化によって異なる様相を見せる場合、知識の妥当性の根拠としての「科学的」で必要とされること（例、没個人的客観性）が文化によって異なる発達の仕方を見せ、それによって、各国の各分野形成が影響を受けることは十分考えられることである。これらは、科学と社会の関係の構築を研究対象とする科学技術社会論にとってたいへん示唆的である。

4　科学的とは何か――促進されるものと探究できなくなるもの

第９章では、第５章から第７章までの史実にもとづいた本書の分析と、ＳＴＳ（科学技術社会論）の最先端の研究とを比較考察することによって、科学者共同体とその知識についての考察がさらに先へ展開される。「客観性」の文化研究が、国ごとではなく、科学の分野ごとの差として描かれる。まず、トラヴィークやピンチによる現代の素粒子物理学の実験現場についての人類学的観察結果が紹介される。物理学者という自然科学の頂点とも形容される研究グループが、「個人的接触の堅いネットワーク」からできていて、「実験者は、数少ない最先端の粒子加速器の一つを定期的に訪れることによってのみ研究をおこなうことができる」。「その理由もあって、彼らはみな知り合いである。互いに面識があること」は「共有された価値や仮定の基礎」の一つとなる（二八八頁）。このような理由もあって高エネルギー物理学は「驚くほど高い非公式度をもって」動いている。「現代の、高技術の、高エネルギー物理学が、ほとんどヴィクトリア時代の紳士の地質学と同じくらい」閉鎖性をもつことが、科学の文化人類学的研究から示唆される（同頁）。またピンチによると、ニュートリノの検出実験では、「誰もこの実験が二度もおこなわれるのを期待したりしない」（別の場所で同じ穴を掘るという意味で）。「したがって結果を解釈する上で、物理学者は実験者の技術と信頼性を評価しなくてはならない」（二八九頁）。これらの物理学研究の観察から示唆されることは、科学が実験者という「個人の技能」や「特定の装置」を信頼して依存するという意味で「私的」で「局所的」要素をふくむ、ということである。したがってここでの「科学的」とは、個人の技能に依存するという意味の「私的」性を含んでいる。

一方で、「科学的」は、できるかぎり個人の技能に依存せず、特定の装置に依存せず、誰がやっても同じ結果に至る手続きの標準化を推し進める。第1章でみたように、「国家が、地域固有の重さと長さの尺度を解体したとき、科学者が考案した計測システムの押しつけによってその解体をなし遂げた」のであり、第5章以降でみてきたように、「科学の名をもって、計測の厳密な規則が定義され、保険数理士や公共技術者の判断を統治してきた」のである（二九一頁）。これらは知識を「公的」なものにするための動きである。

以上を考え合わせると、同じ「科学的」という言葉が、一方で個人の技能に過度に依存する「私的」なものを形容し、もう一方で没個人性をめざす「公的」な数や手続きに使われていることがわかる。ポーターはこの逆方向の知識のあり方を、強い共同体と弱い共同体という概念を使って説明しようとする。いわく、物理学を例とする「いくつかのかぎられた研究分野のなかでのみ、研究活動の原動力は自己完結しており、そこでは知識の形式は、共同体内の相互作用に資すればそれでよい」。「そしてそのような分野は、比較的安定した共同体で占められており、私たちが通常、科学的精神と関連づけているもの――客観性の強い主張、書かれた文書を必要とする主張、厳密な定量化の強い主張――が驚くほど欠けているのである」(二九八頁)。このように、強い共同体では、個人の技能に依存していても、外部からの圧力が低いため、[8]没個人性がそれほど求められない。それに対し、本書の他の部分でみてきた保険数理士、公共技術者、費用便益分析者、応用社会科学者、知能テスト開発などの実験心理学者、そして臨床試験を実施する治験の研究者などは、常に外部者から専門的判断に対する疑いの目に晒され、不安定な境界をもっていたので、個人の恣意性に依拠しない、没個人性をもち、距離を越える技術としての客観性――つまり、数や定量化のための厳密な手続き――が必要となった。

これらの考察は、実は現代社会で進行中のことにも応用可能である。公共的な責任が要求されるようになると、研究者共同体の境界に外からの監視の目が入り込むようになり、厳密な手続きが要求されるようになる。これは、ここ数十年ほどの国際社会および日本における研究評価の数量化と手続きの厳密化の動きを説明するのに役立つ論理であろう。また、実験データの不正・捏造問題が発覚すると、実験ノートを取っておくよう、研究手続きを明確にするよう指示されるようになる。あるいは、履歴詐称問題や博士論文に引用された論文の不正問題などが発覚すると、審査の手続きの厳密化がすすむ、などの例である。これらに見られる手続きの明確化は、外圧からの防衛機構の一つである。

さて、客観性という言葉が抗いがたい魅力をもち続けている理由は、「個人の恣意性」への恐れがあるからであり、客観性がその恐れを排除してくれるからである。しかし、「この恐れはしばしば、定量化できるものを客観的に扱うために、もっとも重要なことに触れずにおくという傾向を生む」。「結論を偏見から守るために、研究者たちの行動は客観的データの研究に制限されている。利用可能なデータは研究対象のすべての側面に及んでいるわけではないので、深い興味にもとづく問いに答えることができないことがしばしばある」(二九七頁)。つまり、厳密な手続きにこだわり、客観性を追求すればするほど、探究できなくなる対象がある、あるいは現象の理解を阻むことがあるということである。ポーターは経済学の例を挙げているが、心理学では、たとえばフーコーは、手続きにこだわる「科学的心理学」と心理の内的体験を描写する「心理学」とを分けている。[9] 同じことを、バタイユは、「体験の方へできるだけ発展しないようにしている研究」と「体験の方へ決然とすすもうとしている研究」とに分けている。そして、データにもとづく研究に対し、「彼ら学者の体験が作用しなくなればなるほど（彼らの体験が目立たなくなればなるほど）彼らの仕事の真正性が増す」と批判する。[10] これは、ポーターの指摘する「没個人化がすすむほど、機械的客観性は増す（本書第5章および序章）」と呼応していて興味深い。さらに、科学的厳密さの倫理は「自己犠牲の理想と結びついている」（第5章一二九頁）について考えてみよう。ここで自己犠牲（自制）とはエキスパート・ジャッジメント（自由裁量）を最低限におさえることである。ポーターはエキスパート・ジャッジメントと個人的偏見を区別する解決策として、「解決策は、主観性を禁止することである」（二九七頁）と述べている。この禁止についてバタイユは批判を展開している。「一番困るのは、禁止を客観的に扱うよう求める動きを内にもつ科学は、まさに禁止から生じているのに、その禁止を不合理だとして拒絶していることである」[11]。

ここで、筆者が序章であげた問いに戻ってみよう。「なぜ、星や分子や細胞の研究で成功した方法が、人間社会の研究でも魅力的なモデルと考えられるようになったのだろうか」（一一頁）。本書の答えは以下である。星や分子や細胞の研究での記述のうち、没個人性をもつもの、個人の恣意性の排除に役立つものが、特に人間社会の研究のうち、外部者からの圧力を受けた場合に、魅力的なモデルとなった。なぜなら、そのような記述は個人の恣意性を排除できるため、外部者から専門的判断に対する疑いの目に晒されたときに、妥当性を説明する能力が高かったためである。また著者は、序章で次のように述べる。「本書では、逆の方向から考えることの有効性を示したいと思う。なぜビジネスや政府の活動、社会科学研究において定量化が極度の魅力をもつのかを理解したとき、逆に物理化学や生態学で定量化が果たしている役割について新しい知見が得られるだろう」（同頁）。ビジネスや政府の活動、社会科学研究における定量化の圧倒的な魅力とは、没個人性、個人の恣意性の排除というものであった。逆にこの視点から物理学を見直してみると、自然科学の頂点といわれる物理学では意外なことに特定の実験者の判断や特定の装置への信頼が高く、恣意性の排除にはあまり頓着していないことが示唆された（第9章）。つまり、外部圧力が弱いところでは、恣意性の排除は気にならないのである。逆に、外部圧力の強いところでは、個人の恣意性の排除としての客観性が力をもつようになり、物理学以外の学問分野の方法論を規定するようになった。皮肉なことに、個人の恣意性に禁止をかければ探求できなくなるような分野（つまり右にあげたような人間の心理や体験に関する分野）にまで、この客観性は力を及ぼすようになったのである。

5　科学者の社会的責任論へ

本書は科学者の社会的責任論への示唆も与える。それを考察してみよう。第8章に「主観性が責任を創るのである」（二五六頁）という記述がある。逆にいえば、没個人的な規則にのっとった判断をするかぎり、責任は生じない。手続きに従ってさえいれば、責任は免れる。危機管理において規則が強調されるのはそのせいであろう。では、没個人的な規則の方が責任を担うようになった場合、「エリートの矜持」と呼ばれるものはどうなるのだろう。おそらくエリートとしての専門家の判断が重視された世界では、それだけ専門家独自の責任感あるいは倫理が共有されていたことだろう（ノブレス・オブリージュと呼ばれるように）。専門家個人の判断や自由裁量、エリートとして研鑽を積むことが、科学者の社会的責任の一つであったはずだ。その種の責任は、没個人的手続き主義のなかではどのように変貌を遂げるのであろうか。標準化がすすむにつれて個人の責任が減じるとすると、おそらく、個人の責任とは別のシステムの責任を展開する必要性が増すのであろう。(12) もちろん、複合システムの場合、個人を責めればそれで終わりになるわけではない。責任は response する ability、つまり問いへの呼応責任を語源として持つ。システムとしての責任は、手続きにのっとって response したことの責任を問うことになる。

もう一つ、責任論との関係で論じておかねばならないことは、科学者共同体への「理想」の話である。第二次世界大戦直後の科学の擁護者たちは、科学者共同体を自己規制する理想の共同体と見なした（第9章参照）。「科学を私たちの時代の共同体生活のモデルとする」「科学とは、真の能力主義を体現しているように見えた」（二八三頁）。これは戦後の科学への「理想」であり、民主主義の体現であり、科学者の道徳観に結びついていた。同様の道徳観は、現代の日本学術会議の「助言」についてのナイーヴな思い込みのなかにも観察される。日本学術会議の「東日本大震災後の科学と社会を考える」分科会で、同会議第一七―一八期会長であった吉川弘之氏は、「学会内では意見の対立があってもいい。しかし、学者集団が社会に発信するときは、答えは合意されたもの、統一されたものでなくてはならない」と述べた。(13) これはポーターの第9章の次の部分と呼応する。

少なくとも原則としては、公にはすべての論争を隠すことであった。〔中略〕なぜなら、彼が書いているように、「論争の最中に、非公式の議論のなかで公的に出版された論文がもつ役割は、密室でおこなわれる真にきつい外交交渉の最中に、ときおり開かれる（そして一般に秘密主義の）記者会見が果たす役割と対比するのが適切である」。この比喩は、ひとの行動にも同様に適用できる。科学のエリート紳士は、外交官のようにふるまった。閉ざされた、貴族的文化の典型的なメンバーである。（二八六頁）

密室（つまり学会内）では意見が対立していても、外へ出すときは「合意された意見」という「助言」の伝統は、エリート科学者の貴族的文化を連想させる。社会の側はこれをどのように受け止めるのであろうか。東日本大震災直後の情報の混乱について、福島県の高校に勤める理科の教諭は、「政府は混乱させたくないというが、事故がおこったこと自体がもう混乱である。また、一つの答えを出したいというが、いろいろな情報が出るのが当然であり、そんなことはわかっている。統一した一つの情報を出したいと専門家はいうが、統一された一つの情報がほしいわけではない。全部出してほしい。その上で意思決定は自分たちでやる」と述べた。ここで観察されるのは、専門家や政府が行動指針となるような「統一された一つの情報」を出すことが責任と考えているのに対し、市民の側が「混乱してもいいからたくさんの情報」「幅があってもいいから偏りのない情報」が必要で意思決定は自分でやる、次の行動は自分で決める、と述べていることである。

ここから示唆されることは何か。民主主義の体現として理想化された科学者集団としての学術会議が、あるいはそのような科学にサポートされた政府が、「統一した一つの情報」に固執するのは本当によいのか、という次なる問いである。元会長は、専門家の意見の対立が社会での対立になってしまうのはいけない、と述べた。アメリカでは、このようないけない状況が、二八〇頁の記述にあるように、「彼ら〔専門家〕の衝突が、この高度に技術的な領域を広く公衆に開」いたと紹介されている(14)。意見の対立を公に開くことは本当にいけないことなのだろうか。いけないといって統一見解 unique-voice を出そうとしてきたからこそ、公衆にいつまでも科学への幻想（＝理想）を抱かせることになる、ということはないのだろうか。学者間の意見は違ってあたりまえ、ということを言ってこなかったことのツケが東日本大震災直後に爆発したと考えることも可能なのではあるまいか。

本書を参考にしながら、これが日本の科学者共同体と社会との関係に特殊なことなのかどうかを検討する必要があるだろう。第二次世界大戦直後は、科学への「理想」や、科学者共同体を民主主義の体現とすることが、世界でも日本でも共有されていた。しかし、専門家同士も衝突することがしばしば見られたアメリカの政治文化は、科学的知識を幅のあるものととらえ、社会への助言も幅のある形で示し、あとは国民に選択してもらう形を整備してきた。イギリスでは、専門家同士でも意見が衝突することが、高校の理科の教科書(15)にも明記されている。それは、この解題の註2にも示したように、イギリスの科学者集団がＢＳＥ禍以後、外からの圧力に晒されてきたために、科学者集団と社会との関係が変容してきた結果である。もし日本の科学者集団が戦後すぐの科学者共同体の理想をそのままかかげ、民主主義の体現としての科学者集団が一つの合意された「助言」をするというモデルに固執するとすると、それは社会との齟齬を生むことになるだろう。行動指針となる一つの統一見解を出すのが責任なのか、それとも幅のある助言をして、あとは国民に選択してもらうのが責任か。それは社会との関係の成熟の度合いによって変容していくものだろう。本書はこのように、客観性の文化研究だけでなく、科学者集団と社会との関係の文化研究に広く道を拓くのである。

註

（1）藤垣裕子『専門知と公共性』第七章「変数結節論」（東京大学出版会、二〇〇三）。

（2）十九世紀に紳士である保険数理士が数量化および没個人的手続き主義から逃れたイギリスでも、二十世紀後半になると別の様相を見せる。一九九〇年代、「牛海綿性脳症」（ＢＳＥ）のヒトへの影響が疑われた。一九九〇年五月に、牛肉の安全性をアピールするために当時の農業漁業食料省の大臣が四歳の娘にハンバーガーを食べさせる映像を流した。それにもかかわらず、その六年後の一九九六年三月に政府は、ＢＳＥ感染牛を食したことで一〇名がクロイツフェルト＝ヤコブ病を発症した可能性のあることを認めた。イギリス政府や科学者は市民の信頼を失ってしまった。以後イギリスの科学コミュニケーションはこの信頼回復のための多くの方策を模索している。信頼回復の一つのやり方は、public-engagement（市民参加）というものであり、意思決定のプロセスに国民が参加することである。議論への参加の仕方として、コンセンサス会議、市民陪審（例、ナノジュリー）、シナリオワークショップなどのやり方が試されており、社会的合理性を担保するための「手続き」が整備された。

（3）社会で解決すべき問題に強い敵対者がいて、解法に複数が並立する場合は、数値だけでは信頼の根拠にはならないことが第8章二八〇頁で指摘されている。ポーターは各分野における信頼の形を reasonably credible forms of knowledge とよび、それらが一致しないことを指摘している（All of them [experts] controlled reasonably credible forms of knowledge; the problem was that they couldn't agree. [p. 215]）。おそらく、複数の解法が並立する場合は、妥当性境界が異なることを指摘し、異分野摩擦としてとらえたほうが適切だろう（『専門知と公共性』第二章）。

（4）R. Whitley, "Changes in the Social and Intellectual Organization of the Sciences: Professionalisation and the Arithmetic Ideal," *Social Studies of Sciences*, Vol. 1 (1977), 143–169.

（5）「科学知識と科学者の生態学——ジャーナル共同体を単位とした知識形態の静的分類および形態形成の動的把握」『年報科学・技術・社会』第四巻（一九九五）、一三九—一五六頁。

（6）第1章で示されたことは、数値にすることは単位をそろえること、つまり手続きをそろえること、である。したがって、数値＝手続き主義と書いたほうが妥当かもしれない。

（7）この形容については、第8章参照（二六一頁、下段三—四行め）。

（8）一九九〇年代のアメリカの粒子加速器建設計画の中止や、二〇〇九年秋におこなわれた日本の事業仕分けで物理学の最先端研究を支えるスーパーコンピューター予算削減が提案されたことなどは、これまで外圧に晒されてこなかった物理学が、外圧や社会への説明責任を求められるようになった傾向と考えられるだろう。このことが、ポーターのいう「客観性」を増すことになるかどうかはまた別の考察が必要である。

（9）M・フーコー「科学研究と心理学」、石田英敬編『ミシェル・フーコー思考集成I　狂気・精神分析・精神医学』（筑摩書房、一九九八）。

（10）J・バタイユ『エロティシズム』酒井健訳（ちくま学芸文庫、二〇〇四）、五五―五七頁。

（11）同、六〇頁。

（12）同様の指摘は『科学技術倫理事典』（丸善、二〇一二）の「責任」（H. Lenk による）の項の一三二六頁にもある。

（13）日本学術会議二二期「第一部福島原発災害後の科学と社会のあり方を問う分科会」第二回（二〇一二年五月三日）吉川弘之元会長による講演より。

（14）Their conflict opened this highly technical field up to the larger public (p. 215). ちなみにこれも原子力の事例である。

（15）*Twenty First Century Science*: GCSE Higher (Oxford University Press, 2006). ISBN 0-19-915024-9.

訳者あとがき

本書を購入したのは二〇〇三年くらいだったと思う。当時、国際科学技術社会論学会（Society for Social Studies of Science: 4S）の理事として、学会賞の審査のために年六〇冊以上の英語の著作に目を通す作業をしていた。本書は一九九七年の4SのFleck賞を受賞している。いつか訳したい、という思いを持ちながらも、二〇一〇年の4S東京大会開催の準備もあって、ずっとそのままになっていた。

ようやく訳出が動き始めたきっかけは、二〇一一年四月、東日本大震災の直後にハーヴァード大学で開催されたSTS 20＋20（STSの過去二〇年を振り返り、今後二〇年を展望する）会議のオープニングセッションで著者に会ったことである。その場で本書の日本語訳についての打診をした。幸い、まだ訳は出ていないとのことだった。帰国してすぐ、私は企画書を書き、出版社探しをはじめた。みすず書房が熟慮の末、出版を決めてくれたのは、この四月の国際会議から五カ月ほどたってからだった。

本書は、非常に知的刺激にあふれた示唆に富んだ本である。なぜ定量化が進行するのか、そもそも数値に対する信頼はどのようにつくられるのかという問いに明確に答えてくれる。客観性の文化研究としても面白い。訳者個人としては、大学院生時代に労働科学、産業医学、臨床心理学を観察していて抱いた問い、挑もうとして挫折した問いである「科学の裾野にいる分野ほどより科学的にこだわるのはなぜか」に直面し、それが氷解していく爽快感を味わった。と同時に、現在、日本学術会議連携会員として直面している社会への「助言」のあり方をめぐっての問いにもつながっており、exiting であった。

本書の内容は、最新の科学論、十九世紀の統計学、経済学、保険数理、土木、公共交通、費用便益分析、実験心理学、臨床治験研究、そしてフランス文学、英米文学にまでわたっている。いったいどこまで読者に教養を要求するのだろう、と思いながら訳したが、教養学部そして総合文化研究科に所属する人間が訳すには最適の本だろう。骨格となる議論については「解題」ですでに述べたが、それ以外にも、技術者教育において数学をどのように教えるべきか（第2・3章）、教養とは何か（第5・6章）、エリート教育における教養とはどうあるべきか（同）、官僚あるいは行政官の教育およびキャリアパスのありかた（同）など、示唆されることは多い。

著者の教養ゆえ、断言を避ける言い回しが多い英文であったが、訳出に際しては、なるべく著者が言いたいことがストレートに伝わるような訳をこころがけた。著者は第2・3・6章でフランス語の文献を直接読み、十九世紀フランスの土木および鉄道技術者の数量の扱い、および費用と収益の計算を詳細に記述している。特にフランス全土のどこに鉄道を敷くかについての詳細な議論では、地名の訳出に苦労した。私のフランス語は、二〇〇六年に四十四歳からラジオではじめた独学であり、訳出しはじめた頃には仏検準二級をもっていたが、それでも難儀した。二〇〇三年に訳出をはじめていたら、このフランス語のところで挫折していたかもしれない。何が幸いするかわからないものだ。

なお、十九世紀フランスの背景知識をもとにした訳し分けについては、東京大学大学院総合文化研究科教授の石井洋二郎先生にご教示いただいた。また、「日本語版への序」にでてくる人名については広島大学准教授の科学史家である隠岐さや香氏にチェックしていただいた。さらに、翻訳校正では東京大学大学院総合文化研究科特任研究員をつとめる草深美奈子氏にお世話になった。ここに記して感謝申し上げたい。また、地名は現代世界詳密地図（人文社刊）を参考とした。人名は小学館ロベール仏和大事典（一九八八）の電子辞書版を参考としている。

訳者は、二〇一一年および二〇一二年の夏、北海道の倶知安町樺山にある友人の別荘に滞在し、第1章の訳出と最後の修正をおこなった。そのような場を提供してくれた、別荘の持ち主である翻訳家の屋代通子氏とその夫君に感謝したい。東京の暑さからも大学の業務からも解放されて、涼しい環境でせせらぎの音を聞きながら好きな本を翻訳していられた時間はほんとうに至福の時であった。また、北海道滞在以外では、大学の役職に伴う委員会の多さゆえ、訳出に充てられたのは、だいたい冬休みや春休み、連休や土日であった。たまの休みでさえ、荒れ放題の部屋のなかで英文とにらめっこしていた私をこころから理解してくれた、私の夫と息子に感謝している。

みすず書房の石神純子さんには、ひとかたならずお世話になった。本にするのに丁寧な助言をいただいたことに厚くお礼申し上げたい。

二〇一三年四月

藤垣裕子

索引

あ

アウグストゥス関連会社 Augustus Collingridge 151
アーカンソー川プロジェクト Arkansas River project 218–219
アーカンソー州ホワイト川＝レッド川 Arkansas-White-Red rivers 219, 244
アサイラム生命保険事務所 Asylum Life Office 144
アシュトン Ashton, Robert 138
アッシュ Ash, Mitchell 274
アドルノ Adorno, Theodor 39, 69–70, 108, 123–124
アメリカ会計士協会 American Institute of Accountants 134 会計原理委員会 Accounting Principles Board 134 会計プロセス委員会 Committee on Accounting Procedure 134 財政会計標準委員会 Financial Accounting Standards Board 134
アメリカ鉄道協会 Association of American Railroads 218
アラゴ Arago, François 89, 189
アルボン Alborn, Timothy 145
アレ Harré, Rom 282
アレン Allen, J. S. 213
アレン Allen, Leonard 213
アンヴァリッドの橋 Invalides bridge 93
アンセル Ansell, Charles 66, 152–153
アンダーソン Anderson, Jack 214
アンペール Ampère, André-Marie 100

医学 医学教育 264–269 医学研究 54, 261, 264–265, 271 医療統計 5, 7, 120, 265, 267–269, 271, 286 薬の標準化 52–56 臨床試験 266–268
イギリス科学振興協会 British Association for the Advancement of Science 114
井尻雄士 Ijiri, Yuji 136
イックス Ickes, Harold 200, 226, 229
インガル Ingall, Samuel 153
インシュリン 54–55

ヴァージニア州電力会社 Virginia Electric and Power Company 217
ヴァロワ Varroy, Eugène 180
ヴァンデンバーグ Vandenberg, Arthur H. 211
ウィーヴァー Weaver, Frank L. 242
ヴィクトリア生命保険事務所 Victona Life Office 151
ウィッティントン Whittington, Will 203, 209, 211, 213
ウィトマーシュ Whitmarsh, James 150
ウィーラー Wheeler, R. A. 223, 240
ウィルコックス Wilcox, Walter 135
ウィルソン Wilson, James 150–156
ウィルソン Wilson, James Q. 254–255
ウィルダヴスキ Wildavsky, Aaron 142, 254
ウィン Wynn, W. T. 213
ウィン Wynne, Brian 256
ウォースター Worster, Donald 111
運賃 91–98, 102–103

エアリー Airy, George 263
エコール・ポリテクニーク（理工科学校） Ecole Polytechnique 87–89, 95, 99–105, 159, 162–163, 165, 188–194, 197, 200
エズライ Ezrahi, Yaron 126
エトナー Etner, François 99, 161, 180

エドモンズ Edmonds, Thomas Rowe　156
エネルギー（経済学における）　84–88, 96, 103
エリオット Elliott, Alfred　225
エリー湖運河 Erie Canal　202
エリット Ellet, Charles, Jr.　202
エリート　官僚制の　6, 139–144, 255　としての技術者　159, 162, 187–194, 200–201　の教育　111–112, 143, 272　実力主義の　89, 163, 190, 195, 283
エルウィット Elwitt, Sanford　96, 179, 193
エールリッヒ Ehrlich, Paul　54
エンジェル Angell, Homer　211

オヴァトン Overton, John H.　209, 219–222
王立為替保険会社　Royal Exchange Assurance　66
王立協会（ロイヤル・ソサエティ）　Royal Society of London　115
オークショット　Oakeshott, Michael　123, 126
汚染の測定　50–52
オーム Ohm, Georg Simon　38
オリアリー O'Leary, Ted　71
オルベリー Albury, Randall　280
温度の測定　37–38

か

カー Kerr, Robert S.　211, 219, 240–241
会計　管理会計　70–71, 133　客観性　132–140　厳密性推進　133, 136–138　真実に至る　136　正確さ　51, 135, 137　専門職業　131–132　専門性　131–132, 136–138, 140–142　費用会計　69–70, 139　標準化　133–135　簿記と　131　についての見方　131–132, 156–157　の理想　78, 130
ガヴァレ Gavarret, Jules　265
カウプケ Kaupke, Charles　231
科学アカデミー（パリ）Académie des Sciences　87, 103, 116
科学的方法　25, 30, 41–42, 56, 106, 110–111
科学的方法委員会（アメリカ）　Committee on Scientific Methods　204
仮想の長さ　176
カートライト Cartwright, Nancy　39
カードル（統計のカテゴリー）　68–69
カプラン Kaplan, Robert　133
ガリソン Galison, Peter　124–125
ガリレオ Galileo Galilei　9, 39
ガルニエ Garnier, Joseph　88
カルノー Carnot, Sadi　100
カロン Caron, François　187
官僚制　アメリカ　203–204, 254–260　イギリス　139–144　フランス　6, 194–197

気圧計　78
ギゲレンザー Gigerenzer, Gerd　275
技術官僚国家（テクノクラシー）　6, 159, 198–199
技術者　エリートとしての　187–194, 200–201　の教育　189–194　の経済学　84–107, 159
記述主義　39–41
規制　133–135, 140–141, 257–260, 269–272, 280–281
規則　6, 20–22, 139–140, 255–256, 275, 278–279, 295–297
技能　31–33, 72–73
キーフォーヴァー法（1962 年）Kefauver Bill　270
客観性　6, 19–26, 29–31, 124, 177, 280–281　イメージの　19–20, 124, 231, 263–265　会計の　134–136　の外面的信頼　115, 122–126　機械的　20–22, 130–134, 246–249, 272, 277–280, 296　と技術官僚国家　198–199　公平性としての　21, 256　国際性としての　113　という言葉　260–261, 297　とジェンダー　112–113, 273　自制としての　21–22, 41–42, 110–111, 124–125, 129, 139–140, 187

の社会的批判　279–281　政治的価値としての　110–111, 119, 122–123　と専門性　24–25, 131, 135–138, 140–141, 156–158, 160–161, 205, 255–256, 260, 265, 276–281　疎外としての　38, 108–109　定義　12, 19–22　没個人性としての　31, 109–111, 199, 273　の理想　110, 267　ローカルな文脈からの独立としての　32, 43, 48, 242–243, 247
キャロル Carroll, Lewis　19
教育と客観性　111, 272–274
共済組合　62–63
共同体（コミュニティ）　とエリートの権力　142, 255, 287　解釈する共同体　285　科学者　12, 282–298　と社会　283–284　政府の侵入　203–204, 286–287, 296–298　専門家　285–286, 288, 293–295　非公式の知識の場　45–47, 286, 288–289　非中央集権的な場　131, 155–156, 193, 283, 289–291
ギリスピー Gillispie, Charles　3, 39, 111, 163
キルヒホフ Kirchhoff, Gustav　40
キングズ川 Kings River　225–234, 241

クイゼル Kuisel, Richard　198
クウィルター Quilter, William　131
グッディ Goody, Jack　131
クナップ Knapp, Georg Friedrich　83–84
クラ Kula, Witold　45–47, 290
クラインマンツ Kleinmuntz, Benjamin　277
グラスゴー哲学学会 Glasgow Philosophical Society　86
クラソン Clason, Charles R.　236
クラナキス Kranakis, Eda　163
グラフ Graff, Harvey　131
グラント Grant, Ulysses S.　49
グラント３世 Grant, U.S., 3d　206–207
クリストフル Christophle, Albert　180
グリソン Grison, Emmanuel　89
グリーナヴァルト Greenawalt, Kent　21, 22
グリーン Green, Mark　280–281
グリーンウッド Greenwood, Major　266
クルセル＝スヌイユ Courcelle-Seneuil, J.-G.　195
クルトワ Courtois, Charlemagne　167–169
クールノー Cournot, A. A.　99–102
グレイ Gray, Peter　148
グレゴワール Grégoire, Roger　196
クロノン Cronon, William　74
クロフォード将官 Crawford　214–215
クーン Kuhn, Thomas　3, 5, 284, 295
軍事経済学　247

経済学　4–6, 79–107　エネルギー　84–88　演繹的　80–84　技術者の　84–107, 159　軍事経済学　246–247　と計測　78, 163　数理経済学　10, 80–82, 94, 98–105, 185　の定量化　84–98, 161, 163–170, 172–187　福祉経済学　245–247　理論的な　80, 106, 107
計測，測定，尺度　3–8, 32–33, 42–52　医学の　5, 7, 149　会計の　136–138　化学的　50–52　価値体系　106–107　経済学の　86–87, 92–95　交渉の対象　45–47　時間　43–44　測定システム　51　天文学の　78　長さ，重さ，体積　44–49　文化の　69–70　保険の　145–146
ケース Case, Francis　240–241
ケネディ Kennedy, John F.　219
ケプラー Kepler, Johannes　78
ケラー Keller, Evelyn Fox　111
ケラー Keller, Morton　205
原子力委員会（アメリカ） Atomic Energy Commission　279

コイレ Koyré, Alexander　9
工学　の数学化　87–88, 93–94, 100–101, 159, 163, 189–190, 202　の専門職業化　159, 202
鉱山学校 Mines, Ecole des　95, 102　鉱山局 Corps des　190, 202

交渉（ネゴシエーション）　227–232,　258, 280, 284–285
公的効用調査　164, 166
公的統計　57–61,　67–70　アメリカ　67–68,　203–205　イタリア　69　フランス　59–61, 68–69, 115–116
公務員（イギリス）Civil Service　139–144, 254
効用　公的効用　94,　166–167,　170–176, 180–181, 205　効用関数　246　の測定　92–96, 170, 178–180
国際連合 United Nations　55　WHO (World Health Organization)　55
国際連盟 League of Nations　54–55　生物学的標準化に関する常設委員会 Permanent Commission of Biological Standardisarion 54
国勢調査　57–59, 67–70
国民保険サービス（イギリス）National Health Service　143
国立公園局（アメリカ）National Park Service 240
ゴゴル Gogol, Nikolai　253
誤差の見積もり　210, 261–263, 289
コード化（統計の）　58–59, 67–68
ゴードン Gordon, Lewis　86
コープランド Copeland, Royal　211
小麦の等級　75–76
コモワ Comoy, Guillaume-Etienne　193
雇用促進局（アメリカ）　Works　Progress Administration　214
暦　43–44
コリー Corry, William M.　212
コリオリ Coriolis, G. G. de　87
コリンズ Collins, Harry M.　32, 33
コルソン　Colson,　Clément-Léon　181–187, 192, 195
ゴールドスタイン Goldstein, Jan　112
コルドン Cordon, Guy　221
コルブ（フランスの技術者）Kolb　173
コールリッジ派 Coleridgean　143
コンシデール Considère, Armand　181–184, 186
ゴンディネ Gondinet, Edmond　122
コンディヤック Condillac, Etienne Bonnot de 38
コント Comte, Auguste　40, 110
コンドルセ Condorcet, M.J.A.N.　115, 119

さ

財政会計標準委員会　Financial　Accounting Standards Board　134
ザイマン Ziman, John　109
サヴァリ Savary, Felix　89
サッチャー Thatcher, Margaret　142
サットン・サザン Sutton Sotheron, T. H.　63
ザハール Zahar, Elie　36
サン＝シモン Saint-Simon, Claude Henri de 117, 190, 198
サンダーズ Sanders, William　63–64

シェイソン Cheysson, Emile　96–98, 103, 119
シェイピン Shapin, Steven　292
シェイファー Schaffer, Simon　292
ジェイムソン Jameson, Franklin　295
ジェヴォンズ　Jevons,　William　Stanley　87, 106–107, 186
ジェディキ Jaedecke, Robert　136
ジェリコー Jellicoe, Charles　155
ジェンキン Jenkin, Fleeming　82–83
シカゴ商品取引所 Chicago Board of Trade 75
時間の計測　43–44
ジギタリス　52–54
仕事（物理学概念）　85–86, 88
指数　119–121
自然の定数　48
実験　5, 29–37, 292　思考実験　9
実験室　5, 32–37
実証主義　37–42
疾病率の法則性　62–63
ジノヴィエフ Zinoviev, Alexander　69–70

ジフテリア抗毒素　54
死亡率の自然法則　62, 144-145
シモン Simon, Jules　122
シャイデンヘルム Scheidenhelm, Frederick W.　217-218
ジャウェット Jowett, Benjamin　143
社会学　22, 41, 260-261, 266, 284
社会的な技術　77-80
社会という概念　62
ジャクソン Jackson, Andrew　258-259
ジャサノフ Jasanoff, Sheila　255, 257
シャープ Sharp, Walter　197
シャプタル Chaptal, J.A.C. de　61
シャルガフ Chargaff, Edwin　29
シャルドン Chardon, Henri　167, 173, 194
シャルロン Charlon, Hippolyte　103-105
シュヴァリエ Chevalier, Michel　117, 172
収益の見積もり　175-177
州際商務委員会 Interstate Commerce Commission (ICC)　204-205, 220-222
ジュヴネル Jouvenel, Bertrand de　199
主観性（心理学の）　274
ジュフロワ Jouffroy, Louis-Maurice　169
シュモーラー Schmoller, Gustav　84
シュリー Schley, Julian　209, 222
ジュリアン Jullien, Adolphe　91, 184, 93
証券取引委員会 Securities and Exchange Commission (SEC)　134-136
情報　8, 72-76
職業安全衛生管理局 Occupational Safety and Health Administration (OSHA)　257
食品医薬品局 Food and Drug Administration (FDA)　269-271
ジョーンズ Jones, Richard　80
ジョンソン Johnson, H. Thomas　133, 247
シール Sheil, Richard Lalor　66
シン Shinn, Terry　100, 190
人口統計　57-58, 115
信頼　エリート間の　140-142, 150-158　研究機関の信頼性　278　個人の信頼性　45-47, 73-74, 131, 194, 259, 264, 278 289-290　信頼の技術　34, 292　不信と監視　64, 259　不信と定量化／客観性　12, 131, 138-140, 205, 255-256, 260-262, 269-272, 279-280
心理学　5, 37, 41, 136, 261, 266, 272-277

水路　92-93, 166, 173
スウィフト Swift, Jonathan　27, 127, 251
数学　11, 33, 89, 100-101, 109, 189-192, 197, 289　応用　162-164　の限界　144-150
スキナー Skinner, B. F.　40
スティグラー Stigler, Stephen　4, 262
スティムソン Stimson, Henry L.　205-206
スティール Steele, B. W.　228
ストラウス Straus, Michael W.　234
スミス Smith, Adam　262
スレイマン Suleiman, Ezra　192, 196

セー Say, Jean Baptiste　85, 88, 99
正確さ　51, 78, 135, 144, 148, 150-151, 156, 263
生物学的標準化　52-56
生命表　64, 144-148, 152, 154
生命保険　63-67, 144-158, 269　における数学　145-150, 153
セザンヌ Cézanne, Ernest　174
ゼネラルモーターズ社 General Motors Corp.　71
世論調査　58
選抜試験　162, 195-196
全米科学アカデミー National Academy of Sciences　296
専門性　6, 24-25, 131, 136-138, 140-141, 157-158, 160-161, 205, 255, 260, 264, 276-281

測量　43
ソレンソン Sorenson, Theodore　219

た

タイラー Tyler, M. C.　207

タヴェルニエ Tavernier, René　184–185
ダウンズ Downes, James John　154
ダストン Daston, Lorraine　4, 34, 124
ダル Daru, Comte　170
ダンカン Duncan, Otis Dudley　43
ダンジガー Danziger, Kurt　273

チェンバーズ Chambers, L. B.　227
チェンバーズ Chambers, R. J.　135–136
治水法（1936年） Flood Control Act　208, 211, 224 259
チャンドラー Chandler, Alfred　133
中央渓谷プロジェクト（カリフォルニア州） Central Valley Project　227
陳情書　46–47

ツィンマーマン Zimmerman, Orville　212

デイ Day, Archibald　145
ディヴィジア Divisia, François　98
デイヴィーズ Davies, Griffith　66
ディケンズ Dickens, Charles　65, 150, 253, 297
テイト Tait, Peter Guthrie　80
ディドロ Diderot, Denis　38
テイラー Taylor, F. W.　198, 247
定量化　外面的信頼　115, 122–126　技術官僚国家との対立　198–199　正当性の証明　68　卓越した方法　10–12
テヴノ Thevenot, Laurent　67–69
デカルト Descartes, René　282
テセレンク Teisserenc, Edmond　170
鉄道　89–94, 97–98, 102, 166–187, 202, 204
鉄道会社と陸軍技術団の対立　218–224
デトゥフ Detoeuf, Auguste　159
テニエス Tönnies, Ferdinand　284
テーヌ Taine, Hippolyte　195
テネシー峡谷開発公社 Tennessee Valley Authority　219
テネシー州トンビグビ川水路 Tennessee-Tombigbee waterway　222–224
デフォー Defoe, Daniel　109
デューイ Dewey, John　108
デュパン Dupin, Charles　87–88
デュピュイ Dupuit, Jules　57, 90–91, 93–95, 97, 99–105, 180, 182, 186–187, 191, 193
デュ・フェ Dufay, Charles　34
デュポン社 Du Pont Corp.　71
デ・ラ・ルー De la Rue, Warren　262
テラル Terrall, Mary　78
デール Dale, Henry H.　54
デロジエール Desrosières, Alain　5, 67–68
手技　医療　264, 266, 272　統計学　271
電気物理学　40
天文学　78, 262–263
電力公共事業　217–218

統計　医療統計　5, 7, 120–122, 264–272, 286　規範の創出　114　と自由主義　117–119, 122–123, 197　の障害　59–61　推計統計学　22, 261, 272　数理統計学　41, 118–119, 261, 266　図的・幾何学的　96–97　透明性の理想　114–115, 266
統計学会（パリ） Statistical Society of Paris　117–123
統計学会（ロンドン） Statistical Society of London　80, 115
統計局（フランス） Bureau de Statistique　60–61, 116
投資収益率（ROI）　71
ドゥソ Doussot, Antoine　181
トゥデスク Tudesq, André-Jean　190
時計　44
土地改良局（アメリカ内務省） Bureau of Reclamation, U.S. Department of Interior　201, 217, 224–244, 254
土地改良法（1939年） Reclamation Act　232
ドネリー Donnelly, John　223
土木局および土木学校 Ponts et Chaussées, Corps and Ecole　6, 87–98, 102, 119, 159–200, 202

トムソン Thomson, James 85–86
トムソン Thomson, R. D. 86
トムソン（ケルヴィン卿） Thomson, William (Lord Kelvin) 80, 85–86, 106
トムソン Thomson, William Thomas 156–157
トラヴィーク Traweek, Sharon 113, 288–289
トレビルコック Trebilcock, Clive 65
ドンデロ Dondero, George A. 211
ドンブレ Dhombres, Jean 100

な

ナヴィエ Navier, C.L.M.H. 87, 89–93, 98, 101, 163, 167–169, 180, 182
ナポレオン3世 Napoleon III, Louis 179
ナポレオン・ボナパルト Napoleon Bonaparte 61, 99, 190

二次便益 233–234, 243
ニューカム Newcomb, Simon 106
ニュートン Newton, Isaac 34, 39

ネイソン Neison, Francis 154
ネイマン Neyman, Jerzy 275
熱機関（エンジン） 82, 84–88
熱物理学 37–38, 84–86
熱力学 85–86

農務省（アメリカ） Department of Agriculture 224–225 土壌保全部 Soil Conservation Service 217, 224–225
ノースコート＝トレヴェリアンの報告書 Northcote-Trevelyan Report 140, 143
ノリス Norris, George W. 238
ノレル Norrell, William Frank 214

は

ハイルブロン Heilbron, John 39
パーカー Parker, R. H. 131
バージェス Burgess, Ernest 276
バショア Bashore, Harry 230–231, 234
パスカル Pascal, Blaise 78
ハスケル Haskell, Thomas 24
パーソン Person, John 241
ハッキング Hacking, Ian 3, 4, 30, 35, 62, 114
ハート Hart, R. P. 218
ハドソン Hudson, Liam 36
ハナム Hannum, Warren T. 228
ハーバーマス Habermas, Jurgen 74
ハーフ・ムーン・ベイ（カリフォルニア州） Half Moon Bay 214
バベッジ Babbage, Charles 65, 83
パーマー Palmer, R. R. 74
ハモンド Hammond, Richard J. 246, 255
バーランスタイン Berlanstein, Lenard 193
パランディエ Parandier, Auguste-Napoléon 171–172
ハリス Harris, Jose 142
ハリソン Harrison, G. C. 71
バルザック Balzac, Honore de 62, 117, 189, 193, 196, 253
ハルフォード Halford, H. 63–64
バロー Balogh, Brian 279
バーン Burn, Joshua H. 53, 55
犯罪率 5, 7, 62
バーンズ Barnes, Barry 140
ハンター Hunter, J. S. 51
パントゥフラージュ 193

ピアソン Pearson, Egon 41–42, 56, 110–112, 129, 266, 275
ビアド Beard, C. L. 242
ビアマン Bierman, Harold 136
ビオー Biot, Jean-Baptiste 100
東インド会社 East India Company 143
ピカール Picard, Alfred 175, 184
ピコン Picon, Antoine 159, 163
ヒスパニック（統計のカテゴリー） 67
ビスマルク Bismarck, Otto von 68
ピック Pick, Lewis 211, 223, 240, 244–245
ヒッチ Hitch, Charles 247
ビネ Binet, Alfred 272

秘密　142, 160–161, 164
ビヤークネス Bjerknes, Vilhelm　50
ヒューウェル Whewell, William　80–83, 98, 107
標準化　会計の　133–135, 139–140
心理テスト　5, 272–274　生産物の　74–76　生物学的・医学的　52–56, 269　専門性と　6, 157–158　単位と尺度の　42–52　統計のカテゴリーの　61–72　ひとの　139–140, 152, 261–263, 295　保険の　156
標準化の公的機関　50–52
費用便益分析　アメリカ　6, 200–249, 255, 257　イギリス　143　フランス　159–187
ビール Beall, J. Glenn　215
ヒル Hill, Austin Bradford　266–267
ビルボ Bilbo, Theodore　200
ピンチ Pinch, Trevor　289

ファー Farr, William　154
ファイオル Fayol, Henri　195, 197
ファレン Farren, Edwin James　144, 150
フィッシャー Fisher, R. A.　266, 275
フィッシュ Fish, Stanley　285
フィニー Finney, Donald J.　253
フィンレイソン Finlaison, John　62–63, 151–153
フーヴァー Hoover, Herbert　207–208, 297
フーヴァー委員会 (Hoover) Commissions on Organization of the Executive Branch of Government　233, 245, 247
フェニックス証券会社 Phoenix Assurance　65
フェリー Ferry, Jules　102
フェリンガ Feringa, P. A.　218, 221
フォヴィル Foville, Alfred de　117, 122
フォックスウェル Foxwell, Herbert S.　107
フォート Fort, J. Carter　222
フォール Faure, Fernand　118
フーコー Foncault, Michel　5, 72, 114, 140
ブッシュ Bush, Prescott　210
ブッシュ Bush, Vannevar　283
物理学　5, 40, 82, 96, 101, 104–107, 125, 288–292
プライス Price, R. C.　241
ブラウン Brown, Samuel　147
プラット Pratt, John Tidd　154
フランク Frank, Robert　264–265
プランク Planck, Max　48
ブリアン Brian, Eric　4, 116
ブリソン Brisson, Barnabe　163
フルケ Fourquet, François　199
ブルゲ Bourguet, Marie-Noëlle　4, 59, 73
フルスカ Hruska, Roman　240
ブルデュー Bourdieu, Pierre　192
プルードン Proudhon, P. J.　184
ブレイク Blake, Rhea　213
フレシネ Freycinet, Charles de　172, 179–183
ブロカ Broca, Paul　263
ブロードベント Broadbent, William　265
プロフェッショナル（統計のカテゴリー）　68

平均値　92, 183, 185, 265
ペイジ Page, John　226–228
ヘイズ Hays, Samuel　203
ベイリー Bailey, Arthur　145
ヘクロ Heclo, Hugh　142, 254
ベーコン Bacon, Francis　81
ペリカン生命保険会社 Pelican　65–66
ヘルツ Hertz, Heinrich　40
ベルティヨン Bertillon, Jacques　59
ベルティヨン Bertillon, Louis Adolphe　120–121
ベルトラン Bertrand, Joseph　189
ベルペール Belpaire, Alphonse　91–92, 101, 184
ヘルムシュテット Hermbstaedt　294
ヘルムホルツ Helmholtz, Hermann von　49, 267
ベンサム派 Benthamism　143

ベンダー Bender, Thomas　286

ボイル Boyle, Robert　34–35, 292
法廷　138, 256–257, 263, 271, 293–294
簿記　131
保険　海上　147　火災　147　生命　63–67, 144–158
保険協会に関する特別委員会（イギリス議会）Select Committee on Assurance Associations　150–156
『保険雑誌』*Assurance Magazine*　67, 145
保険数理士　イギリス　63–67, 141, 144–158, 160, 263–264　フランス　103–104, 253
保険数理士協会（イギリス）Institute of Actuaries　63, 67, 103, 149, 154–155, 263
ポーター Porter, Henry　148–149, 264
ホッブズ Hobbes, Thomas　292, 294
ボトムズ Bottoms, Eric E.　221
ポパー Popper, Karl　9, 77, 108–109
ホーフスタッター Hofstadter, Richard　256
ボーム Baum, Charles　175–178, 184–186
保養（定量可能な便益としての）　222, 239–241, 243–244
ポランニ Polanyi, Michael　31–33
ホリンガー Hollinger, David　282
ポール Pohl, Georg Friedrich　38
ホルクハイマー Horkheimer, Max　38, 108, 123–124
ボルダス Bordas, Louis　95–96
ホルトン Holton, Gerald　296
ポワソン Poisson, Siméon-Denis　100
ポワンカレ Poincaré, Raymond　194
ポンスレ Poncelet, J. V.　87

ま

マイルズ Miles, A. A.　55
マカスランド McCasland, S. P.　227
マーカム Markham, Edward　208
マキャンドリッシュ McCandlish, J. M.　147
マークス Marks, Harry　267, 270
マクスウェル Maxwell, James Clerk　80, 106
マクスパデン McSpadden, Herb　203
マクナマラ McNamara Robert　247
マクフィー McPhee, John　256
マクラップ Machlup, Fritz　248
マクロスキー McCloskey, Donald　107
マコーチ（陸軍技術団広報）MaCoach　236
マサチューセッツ統計局 Massachusetts Bureau of Statistics　204
マーシャル Marshall, Alfred　107
マッハ Mach, Ernst　40, 112
マリネ（フランスの技術者）Marinet　169
マルクス Marx, Karl　123
マルクーゼ Marcuse, Herbert　124
マルタン Martin, Roger　197
マレー Marey, Etienne-Jules　265
マント Mante, J.　192

ミシェル Michel, Louis-Jules　177
ミシシッピ川ユードラ放水路 Mississippi River, Eudora Floodway　213
ミナール Minard, Charles Joseph　166, 169–170
ミネソタ式多面人格テスト Minnesota Multiphasic Personality Inventory (MMPI)　277
ミラー Miller, Peter　5, 71
ミロウスキー Mirowski, Philip　98

ムーア Moore, Wayne S.　210
無形の便益　215, 218–219, 223, 234–237, 243–245, 247–248, 297
ムーマウ Moomaw, D. C.　218

メイ May, George O.　134
メギル Megill, Allan　20
メートル法　48–49
メナール Ménard, Claude　100–101
メールテンス Mehrtens, Herbert　107
メンガー Menger, Carl　84

モーガン Morgan, William　154

モンジュ Monge, Gaspard　99, 163

や

薬剤師　52-53

ユニヴァーサル生命火災保険会社　Universal Life and Fire Insurance Company　151

予算局（アメリカ）Bureau of the Budget　245

ら

ライト Wright, Carroll　204
ラヴォワジエ Lavoisier, A. L. de　38, 48, 78, 87, 293-294
ラガルデル Lagardelle, Hubert　199
ラゴルス Lagorce, André Mondot de　167
ラコルデール Lacordaire, Jean　171-172
ラザースフェルド Lazarsfeld, Paul　69
ラスウェル Lasswell, Harold　112
ラーテナウ Rathenau, Walter　198
ラドウィック Rudwick, Martin　285-286
ラトゥール Latour, Bruno　36, 50, 79, 291
ラパハノック川（ヴァージニア州）Rappahannoek River　217-218
ラプラス Laplace, P. S. de　38, 89, 100, 190
ラブリ Labry, Félix de　181
ランス Lance, William　145
ランド・コーポレーション RAND Corporation　246-247
ランドルフ Randolph, Jennings　215

リエス Liesse, André　118
リカード Ricardo, David　81-82, 85
リーガン Regan, Mark M.　247
陸軍技術団（アメリカ）Army Corps of Engineers　196, 200-249, 254, 259, 279
リスク分析　7, 248, 257-258
リテラシー　131
リパブリカン川 Republican River　237-239
リレイ Ryley, Edward　129, 152

ルア Loua, Toussaint　118, 121
ルイス Lewis, Sinclair　282
ルゴア Legoyt, A.　116
ルーシー Luethy, Herbert　196
ルジャンドル Legendre, Pierre　196
ルヌーヴィエ Renouvier, Charles　105
ル・プレー Le Play, Frédéric　95-96, 122
ルントグレーン Lundgreen, Peter　49, 202

歴史学　295
レクシス Lexis, Wilhelm　83-84
レッド川 Red River　216
連邦議会下院（アメリカ）House of Representatives, U.S.　211　河川港湾委員会 Rivers and Harbors Committee　218　公共事業委員会 Public Works Committee　210-215　歳出委員会 Appropriations Committee　223　治水委員会 Flood Control Committee　208-210, 212-215, 217, 225, 230-231, 236
連邦議会上院（アメリカ）Senate, U.S.　208-210　河川港湾委員会 Rivers and Harbors Committee　211, 219　公共事業委員会 Public Works Committee　210, 240　商務委員会 Commerce Committee　217
連邦省際河川流域委員会（アメリカ）Federal Inter-Agency River Basin Committee　241-243, 245
連邦電力委員会（アメリカ）Federal Power Commission　232, 242

ローカルノレッジ（局所的な知識）　8, 32-33, 72-75, 133-134, 144-145, 149-150, 153-155
ロジャーズ Rogers, Will　203
ローズ Rose, Nikolas　72, 114
ローズヴェルト Roosevelt, Franklin　200, 229
ローズヴェルト Roosevelt, Theodore　204
ロバーツ Roberts, Henry M.　219-222
ローブ Loeb, Jacques　40
ロフト Loft, Anne　139
ローラン Laurent, Hermann　103-105, 119

ローレンス Lawrence, Christopher　264
ローレンス Lawrence, Ernest　32

わ

ワイス Weiss, John　191
ワイズ Wise, M. Norton　4, 85
ワイズブロッド Weisbrod, Burton　248
ワルラス Walras, Léon　87, 98–99, 101–105, 186

参考文献

資料について —— 文献リストは完全をめざしたが，以下の 2 点は重要な例外である．第一に，ほとんどの政府の印刷物は除いた．それらは特定の著者名で書かれていない．ただし，註で繰り返し引用した数冊のきわめて重要な著書については別である．第二に，手稿のたぐいも除いた．それらのなかには，私の見つけた文書館の外ではほとんど閲覧できない一時的な印刷物もふくまれている．すべての文献において，所蔵場所は註記してある．パリの国立公文書館では，主に F14 シリーズのなかの公共事業関連資料に依拠した．アメリカの国立公文書館では，4 つの記録資料群，すなわち 77（陸軍技術団），83（農業経済局），111（土地改良局），315（連邦省際河川流域委員会）を用いた．すでに適切にカタログ化されている資料は，数字とスラッシュだけで識別されている．たとえば，N.A.77/111/642/301 など．ここで 77 は記録資料群を，111 は登録番号を，642 は箱の番号を，そして続く数字は箱のなかのファイル番号を示している．利用した文書館はすべて，巻頭の謝辞で列挙してある．

Abir-Am, Pnina, “The Politics of Macromolecules: Molecular Biologists, Biochemists, and Rhetoric,” *Osiris*, 7 (1992), 210–237.

Ackerman, Bruce, and William T. Hassler, *Clean Coal, Dirty Air* (New Haven, Conn.: Yale University Press, 1981).

Ackerman, Bruce, et al., *The Uncertain Search for Environmental Quality* (New York: Free Press, 1974).

Adorno, Theodor W., “Scientific Experiences of a European Scholar in America,” Donald Fleming, trans., in Donald Fleming and Bernard Bailyn, eds., *The Intellectual Migration: Europe and America, 1930–1960* (Cambridge, Mass.: Harvard University Press, 1969), 338–370.

Alborn, Timothy, “The Other Economists: Science and Commercial Culture in Victorian England” (Ph.D. dissertation, Harvard University, 1991).

______, “A Calculating Profession: Victorian Actuaries among the Statisticians,” *Science in Context*, forthcoming, 1994 [*Science in Context*, 7 (1994), 433–468].

Albrand, rapporteur, *Rapport de la Commission Spéciale des Docks au Conseil Municipal de la Ville de Marseille* (Marseille: Typographie des Hoirs Feissat Ainé et Demonchy, 1836).

Albury, Randall, *The Politics of Objectivity* (Victoria, N.S.W.: Deakin University Press, 1983).

Alcouffe, Alain, “The Institutionalization of Political Economy in French Universities, 1819–1896,” *History of Political Economy*, 21 (1989), 313–344.

Alder, Ken, “A Revolution to Measure: The Political Economy of the Metric System in France,” in Wise, *Values of Precision*, 39–71.

Alonso, William, and Paul Starr, eds., *The Politics of Numbers* (New York: Russell Sage Foundation, 1987).

American Psychological Association, *Publication Manual*, 2d ed. (Washington, D.C.: American Psychological Association, 1974).

Anderson, Benedict, *Imagined Communities: Reflections on the Origin and Spread of Nationalism*, 2d ed. (New York: Verso, 1991).〔アンダーソン『想像の共同体 —— ナショナリズムの起源と流行』白石さや・白石隆訳，NTT 出版，1997.〕

Anderson, Margo, *The American Census: A Social History* (New Haven, Conn.: Yale University Press, 1989).

Anderson, Warwick, "The Reasoning of the Strongest: The Polemics of Skill and Science in Medical Diagnosis," *Social Studies of Science*, 22 (1992), 653–684.

Ansari, Shahid L., and John J. McDonough, "Intersubjectivity—The Challenge and Opportunity for Accounting," *Accounting, Organizations, and Society*, 5 (1980), 129–142.

Arago, François, *Histoire de ma jeunesse* (Paris: Christian Bourgeois, 1985).

Armatte, Michel, "La moyenne à travers les traités de statistique an XIXè siècle," in Feldman et al., *Moyenne*, 85–106.

______, "L'économie à l'Ecole Polytechnique," in Belhoste et al., *Formation*, 375–396.

Arnett, H. E., "What Does 'Objectivity' Mean to Accountants," *Journal of Accountancy*, May 1961, 63–68.

Arnold, Joseph L., *The Evolution of the 1936 Flood Control Act* (Fort Belvoir, Va.: Office of History, U.S. Army Corps of Engineers, 1988).

Ash, Mitchell, "Historicizing Mind Science: Discourse, Practice, Subjectivity," *Science in Context*, 5 (1992), 193–207.

Ashmore, Malcolm, Michael Mulkay, and Trevor Pinch, *Health and Efficiency: A Sociology of Health Economics* (Milton Keynes, U.K.: Open University Press, 1989).

Ashton, Robert H., "Objectivity of Accounting Measures: A Multirule-Multimeasure Approach," *Accounting Review*, 52 (1977), 567–575.

Babbage, Charles, *On the Economy of Machinery and Manufactures*, 3d ed. (London: Charles Knight, 1833).

______, *A Comparative View of the Various Institutions for the Assurance of Lives* (1826; reprinted New York: Augustus M. Kelley, 1967).

Bailey, Arthur, and Archibald Day, "On the Rate of Mortality amongst the Families of the Peerage," *Assurance Magazine*, 9 (1860–61), 305–326.

Baker, Keith, *Condorcet: From Natural Philosophy to Social Mathematics* (Chicago: University of Chicago Press, 1975).

Balogh, Brian, *Chain Reaction: Expert Debate and Public Participation in American Commercial Nuclear Power, 1945–1975* (New York: Cambridge University Press, 1991).

Balzac, Honoré de, *Le curé de village* (1st ed., 1841; Paris: Société d'Editions Littéraires et Artistiques, 1901).〔バルザック「村の司祭」加藤尚宏訳，『バルザック全集』21，東京創元社，1975.〕

______, Les Employés in *La Comédie humaine*, vol. 7 (Paris: Gallimard, 1977).〔バルザック『平役人 —— 人間喜劇撰』寺田透訳，改造社，1950.〕

Barber, William J., *From New Era to New Deal: Herbert Hoover, the Economists, and American Economic Policy, 1921–1933* (Cambridge, U.K.: Cambridge University Press, 1985).

Barnes, Barry, "On Authority and Its Relation to Power," in Law, *Power*, 180–195.

Bartrip, P. W. J., and P. T. Fenn, "The Measurement of Safety: Factory Accident Statistics in Victorian and Edwardian Britain," *Historical Research*, 63 (1990), 58–72.

Bauchard, Philippe, *Les technocrates et le pouvoir* (Paris: Arthaud, 1966).

Baum, Charles, "Des prix de revient des transport par chemin de fer," *Annales des Ponts et Chaussées* [5] 10 (1875),

422–481.

______, "Etude sur les chemins de fer d'intérêt local," *Annales des Ponts et Chaussées* [5], 16 (1878), 489–546.

______, "Des longueurs virtuelles d'un tracé de chemin de fer," *Annales des Ponts et Chaussées* [5], 19 (1880), 455–578.

______, "Note sur les prix de revient des transports par chemin de fer, en France," *Annales des Ponts et Chaussées* [6], 6 (1883), 543–594.

______, *Chemins de fer d'intérêt local du Département du Morbihan: Rapport de l'Ingénieur en chef* (Vannes: Imprimerie Galles, 1885).

______, "Le prix de revient des transports par chemin de fer," *Journal de la Société de Statistique de Paris*, 26 (1885): 199–217.

______, "Note sur les prix de revient des transports," *Annales des Ponts et Chaussées* [6], 15 (1888), 637–683.

Bazerman, Charles, *Shaping Written Knowledge* (Madison: University of Wisconsin Press, 1988).

Belhoste, Bruno, Amy Dahan Dalmedico, and Antoine Picon, eds., *La formation polytechnicienne* (Paris: Dunod, 1994).

Belpaire, Alphonse, *Traité des dépenses d'exploitation aux chemins de fer* (Brussels: J. F. Buschmann, 1847).

Bender, Thomas, *Community and Social Change in America* (New Brunswick, N.J.: Rutgers University Press, 1978).

______, "The Erosion of Public Culture: Cities, Discourses, and Professional Disciplines," in Thomas Haskell, ed., *The Authority of Experts* (Bloomington: Indiana University Press, 1984).

Benveniste, Guy, *The Politics of Expertise*, 2d ed. (San Francisco: Boyd & Fraser, 1977).

Berkson, Joseph, "The Statistical Study of Association between Smoking and Lung Cancer," *Proceedings of the Staff Meetings of the Mayo Clinic*, 30 (15), July 27, 1955, 319–348.

Berlanstein, Lenard, *Big Business and Industrial Conflict in Nineteenth-Century France* (Berkeley: University of California Press, 1991).

Bertillon, Louis-Adolphe, "Des diverses manières de mesurer la durée de la vie humaine," *Journal de la Société de Statistique de Paris*, 7 (1866), 45–64.

______, "Méthode pour calculer la mortalité d'une collectivité pendant son passage dans un milieu déterminé . . . ," *Journal de la Société de Statistique de Paris*, 10 (1869), 29–40, 57–65.

Bertrand, Joseph, *Eloges académiques. Nouvelle série* (Paris: Hachette, 1902).

Biagioli, Mario, "The Social Status of Italian Mathematicians, 1450–1600," *History of Science*, 27 (1989), 41–95.

______, *Galileo Courtier: Science, Patronage, and Political Absolutism* (Chicago: University of Chicago Press, 1993).

Bierman, Harold, "Measurement and Accounting," *Accounting Review*, 38 (1963), 501–507.

Blanckaert, Claude, "Méthodes des moyennes et notion de série suffisante en anthropologie physique (1830–1880)," in Feldman et al., *Moyenne*, 213–243.

Bledstein, Burton, *The Culture of Professionalism* (New York: Norton, 1976).

Bloor, David, "Left and Right Wittgensteinians," in Pickering, *Science*, 266–282.

Bodewitz, J. H. W, Henk Buurma, and Gerard H. deVries, "Regulatory Science and the Social Management of Trust in Medicine," in Wiebe E. Bijker, Thomas P. Hughes, and Trevor Pinch, eds., *The Social Construction of Technological Systems* (Cambridge, Mass.: MIT Press, 1987), 243–259.

Boltanski, Luc, *Les cadres: La formation d'un groupe social* (Paris: Editions de Minuit, 1982).

Booth, Henry, "Chemin de fer de Liverpool à Manchester: Notice historique," *Annales des Ponts et Chaussées*, 1

(1831), 1–92.

Bordas, Louis, "De la mesure de l'utilité des travaux publics," *Annales des Ponts et Chaussées* [2], 13 (1847), 249–284.

Bourguet, Marie-Noëlle, *Déchiffrer la France: La statistique départementale à l'époque napoléonienne* (Paris: Edition des Archives Contemporaines, 1988).

Brautigam, Jeffrey, "Inventing Biometry, Inventing 'Man': Biometrika and the Transformation of the Human Sciences," (Ph.D. dissertation, University of Florida, 1993).

Brian, Eric, "Les moyennes à la Société de Statistique de Paris (1874–1885)," in Feldman et al., *Moyenne*, 107–134.

______, "Le Prix Montyon de statistique à l'Académie des Sciences pendant la Restauration," *Revue de synthèse*, 112 (1991), 207–236.

______, *La mesure de l'état: Administrateurs et géomètres au XVIIIe siècle* (Paris: Albin Michel, 1994).

Brickman, Ronald, Sheila Jasanoff and Thomas Ilgen, *Controlling Chemicals: The Politics of Regulation in Europe and the United States* (Ithaca, N.Y.: Cornell University Press, 1985).

Brock, William, *Investigation and Responsibility: Public Responsibility in the United States, 1865–1900* (Cambridge, U.K.: Cambridge University Press, 1984).

Brown, Donaldson, *Centralized Control with Decentralized Responsibilities* (New York: American Management Association, 1927).

Brown, Richard D., *Knowledge Is Power: The Diffusion of Information in Early America, 1700–1865* (New York: Oxford University Press, 1989).

Brown, Samuel, "On the Fires in London During the 17 Years from 1833 to 1849," *Assurance Magazine*, 1, no. 2 (1851), 31–62.

Bru, Bernard, "Estimations laplaciennes," in Jacques Mairesse, ed., *Estimations et sondages* (Paris: Economica, 1988), 7–46.

Brun, Gérard, *Technocrates et technocratie en France, 1918–1945* (Paris: Editions Albatross, 1985).

Brundage, Anthony, *England's Prussian Minister: Edwin Chadwick and the Politics of Government Growth* (University Park: Pennsylvania State University Press, 1988).

Brunot, A., and R. Coquand, *Le Corps des Ponts et Chaussées* (Paris: Editions du Centre National de la Recherche Scientifique, 1982).

Bud-Frierman, Lisa, ed., *Information Acumen: The Understanding and Use of Knowledge in Modern Business* (London: Routledge, 1994).

Bulmer, Martin, "The Methodology of Early Social Indicator Research: William Fielding Ogburn and 'Recent Social Trends,' 1933," *Social Indicators Research*, 13 (1983), 109–130.

______, "Governments and Social Science: Patterns of Mutual Influence," in Bulmer, *Social Science Research*, 1–23.

______, ed., *Social Science Research and the Government: Comparative Essays on Britain and the United States* (Cambridge, U.K.: Cambridge University Press, 1987).

______, "The Decline of the Social Survey Movement and the Rise of American Empirical Sociology," in Bulmer et al., *Social Survey*, 291–315.

Bulmer, Martin, Kevin Bales, and Kathryn Kish Sklar, "The Social Survey in Historical Perspective," in Bulmer et al., *Social Survey*, 13–48.

______, eds., *The Social Survey in Historical Perspective* (Cambridge, U.K.: Cambridge University Press, 1991).

Burchell, Stuart, Colin Clubb, and Anthony Hopwood, "Accounting in Its Social Context: Towards a History of Value Added in the United Kingdom," *Accounting, Organizations, and Society*, 17 (1992), 477–499.

Burgess, Ernest W., "Factors Determining Success or Failure on Parole," in Andrew A. Bruce et al., *The Workings of the Indeterminate Sentence Law and the Parole System in Illinois* (1928; reprinted Montclair, N.J.: Patterson Smith, 1968).

Burke, Edward J., "Objectivity and Accounting," *Accounting Review*, 39 (1964), 837–849.

Burn, J. H., "The Errors of Biological Assay," *Physiological Review*, 10 (1930), 146–169.

Burn, J. H., D. J. Finney, and L. G. Goodwin, *Biological Standardization* (1937; Oxford: Oxford University Press, 2d ed., 1950).

Burnham, John C., "The Evolution of Editorial Peer Review," *Journal of the American Medical Association*, 263, no. 10, March 9, 1990, 1323–1329.

Cahan, David, *An Institute for an Empire: The Physikalische-Technische Reichsanstalt, 1871–1918* (Cambridge, U.K.: Cambridge University Press, 1989).

Cairns, John Jr., and James R. Pratt, "The Scientific Basis of Bioassays," *Hydrobiologia*, 188/189 (1989), 5–20.

Calhoun, Daniel, *The American Civil Engineer: Origins and Conflict* (Cambridge, Mass.: MIT Press, 1960).

______, *The Intelligence of a People* (Princeton, N.J.: Princeton University Press, 1973).

Campbell-Kelly, Martin, "Large-Scale Data Processing in the Prudential, 1850–1930," *Accounting, Business, and Financial History*, 2 (1992), 117–139.

Carnot, Sadi, *Reflections on the Motive Power of Fire* (Manchester, U.K.: Manchester University Press, 1986).〔カルノー『熱機関の研究』広重徹訳・解説，みすず書房，1973.〕

Caron, François, *Histoire de l'exploitation d'un grand réseau: La Compagnie de Fer du Nord, 1846–1937* (Paris: Mouton, 1973).

Carson, John, "Army Alpha, Army Brass, and the Search for Army Intelligence," *Isis*, 84 (1993), 278–309.

Carter, Luther J., "Water Projects: How to Erase the 'Pork Barrel' Image," *Science*, 182, October 19, 1973, 267–269, 316.

Cartwright, Nancy, *Nature's Capacities and Their Measurement* (Oxford: Clarendon Press, 1989).

Caufield, Catherine, "The Pacific Forest," *New Yorker*, May 14, 1990, 46–84.

Chambers, R. J., "Measurement and Objectivity in Accounting," *Accounting Review*, 39 (1964), 264–274.

Chandler, Alfred, Jr., *Strategy and Structure: Chapters in the History of Industrial Enterprise* (Cambridge, Mass.: MIT Press, 1962).

______, *The Visible Hand: The Managerial Revolution in American Business* (Cambridge, Mass.: Harvard University Press, 1977).

Chapman, Paul Davis, *Schools as Sorters: Lewis M. Terman, Applied Psychology, and the Intelligence Testing Movement* (New York: New York University Press, 1988).

Chardon, Henri, *Les travaux publics: Essai sur le fonctionnement de nos administrations* (Paris: Perrin et Cie., 1904).

______, *L'administration de la France: Les fonctionnaires* (Paris: Perrin, 1908).

______, *Le pouvoir administratif* (Paris: Perrin, nouvelle ed., 1912).

Charle, Christophe, *Les hauts fonctionnaires en France au XIXe siècle* (Paris: Gallimard, 1980).

______, *Les élites de la République* (Paris: Fayard, 1987).

Chevalier, Michel, opening address, *Journal de la Société de Statistique de Paris*, 1 (1860), 1–6.

Cheysson, Emile, "Le cadre, l'objet et la méthode de l'éonomie politique" (1882), in Cheysson, *Oeuvres*, vol. 2, 37–66.

______, report of prize commission, 1883, *Journal de la Société de Statistique de Paris*, 25 (1884), 50–57.

______, "La statistique géométrique" (1887), in Cheysson, *Oeuvres*, vol. 1, 185–218.

______, *Oeuvres choisies*, 2 vols. (Paris: A. Rousseau, 1911).

Christophle, Albert, *Discours sur les travaux publics prononcés . . . dans les sessions législatives de 1876 et 1877* (Paris: Guillaumin et Cie., n.d. [ca. 1888].

Church, Robert, "Economists as Experts: The Rise of an Academic Profession in the United States, 1870–1920," in Lawrence Stone, ed., *The University in Society* (Princeton, N.J.: Princeton University Press, 1974).

Ciriacy-Wantrup, S. V., "Cost Allocation in Relation to Western Water Policies," *Journal of Farm Economics*, 36 (1954), 108–129.

Clark, John M., *Economics of Planning Public Works* (1935; reprinted New York: Augustus M. Kelley, 1965).

Cochrane, A. L., P. J. Chapman, and P. D. Oldham, "Observers' Errors in Taking Medical Histories," *The Lancet*, May 5, 1951, 1007–1009.

Cohen, Patricia Cline, *A Calculating People: The Spread of Numeracy in Early America* (Chicago: University of Chicago Press, 1982).

Coleman, William, *Death Is a Social Disease: Public Health and Political Economy in Early Industrial France* (Madison: University of Wisconsin Press, 1982).

Collins, Harry, *Changing Order* (Los Angeles: Russell Sage Foundation, 1985).

______, *Artificial Experts: Social Knowledge and Intelligent Machines* (Cambridge, Mass.: MIT Press, 1990).

Colson, Clément-Léon, "La formule d'exploitation de M. Considère," *Annales des Ponts et Chaussées* [7], 4 (1892), 561–616.

______, "Note sur le nouveau mémoire de M. Considère," *Annales des Ponts et Chaussées* [7], 7 (1894), 152–164.

______, *Transports et tarifs*, 2d ed. (Paris: J. Rothschild, 1898).

______, Théorie générale des phénomènes économiques, vol. 1 of his *Cours*.

______, *Les travaux publics et les transports*, vol. 6 of his *Cours*.

______, *Cours d'economie politique professé à l'Ecole Nationale des Ponts et Chaussées*, 2d ed., 6 vols. (Paris: Gauthier-Villars et Félix Alcan, 1907–10).

Colvin, Phyllis, *The Economic Ideal an British Government: Calculating Costs and Benefits in the 1970s* (Manchester, U.K.: Manchester University Press, 1985).

Considère, Armand, "Utilité des chemins de fer d'intérêt local: Nature et valeur des divers types de convention," *Annales des Ponts et Chaussées* [7], 3 (1892), 217–485.

______, "Utilite des chemins de fer d'intérêt local: Examen des observations formulées par M. Colson," *Annales des Ponts et Chaussées* [7], 7 (1894), 16–151.

Converse, Jean M., *Survey Research in the United States: Roots and Emergence, 1890–1960* (Berkeley: University of California Press, 1987).

Coon, Deborah J., "Standardizing the Subject: Experimental Psychologists, Introspection, and the Quest for a Technoscientific Ideal," *Technology and Culture*, 34 (1923), 261–283.

Coriolis, G., "Premiers résultats de quelques expériences relatives à la durée comparative de différentes natures de grés," *Annales des Ponts et Chaussées*, 7 (1834), 235–240.

Couderc, J., *Essai sur l'Administration et le Corps Royal des Ponts et Chaussées* (Paris: Carillan-Goeury, 1829).

Courcelle-Seneuil, J.-G., "Etude sur le mandarinat français," in Thuillier, *Bureaucratie*.

Cournot, A, A., *Recherches sur les principes mathématiques de la théorie des richesses* (Paris: Hachette; 1838).

______, *Exposition de la théorie des chances et des probabilités* (Paris: Hachette, 1843).

Courtois, Charlemagne, *Mémoire sur différentes questions d'économie politique relatives à l'établissement des voies de communication* (Paris: Carillan-Goeury, 1833).

______, *Mémoire sur les questions que fait naître le choix de la direction d'une nouvelle voie de communication* (Paris: Imprimerie Schneider et Langrand, 1843).

Craver, Earlene, "Patronage and the Directions of Reseach in Ecomomics: The Rockefeller Foundation in Europe, 1924–1938," *Minerva*, 24 (1986), 205–222.

Crenson, Matthew A., and Francis E. Rourke, "By Way of Conclusion: American Bureaucracy since World War II," in Galambos, *New American State*, 137–177.

Crépel, Pierre, ed., *Arago*, vol. 4 of *Sabix, Bulletin de la Société des Amis de la Bibliothèque de l'Ecole Polytechnique*, May 1989.

Cronon, William, *Changes in the Land* (New York: Hill and Wang, 1983).〔クロノン『変貌する大地――インディアンと植民者の環境史』佐野敏行・藤田真理子訳，勁草書房，1995.〕

______, *Nature's Metropolis: Chicago and the Great West* (New York: Norton, 1991).

Cullen, Michael, *The Statistical Movement in Early Victorian Britain* (Hassocks, U.K.: Harvester, 1975).

Curtin, Philip, *Death by Migration: Europe's Encounter with the Tropical World in the Nineteenth Century* (Cambridge, U.K.: Cambridge University Press, 1989).

Danziger, Kurt, *Constructing the Subject: Historical Origins of Psychological Research* (Cambridge, U.K.: Cambridge University Press, 1990).

Daru, M. le comte, *Des chemins de fer et de l'application de la loi du 11 juin 1842* (Paris: Librairie Scientifique-Industrielle de L. Mathias, 1843).

Daston, Lorraine, *Classical Probability in the Enlightenment* (Princeton, N.J.: Princeton University Press, 1988).

______, "The Ideal and Reality of the Republic of Letters in the Enlightenment," *Science in Context*, 4 (1991), 367–386.

______, "Objectivity and the Escape from Perspective," *Social Studies of Science*, 22 (1992), 597–618.

Daston, Lorraine, and Peter Galison, "The Image of Objectivity," *Representations* (1992).

Daston, Lorraine, and Katherine Park, *Wonders of Nature: The Culture of the Marvelous, 1500–1740* (Cambridge, Mass.: Harvard University Press, forthcoming). [*Wonders and the Order of Nature, 1150–1750* (New York: Zone Books, 1998).]

Davis, Audrey B., "Life Insurance and the Physical Examination: A Chapter in the Rise of American Medical Technology," *Bulletin of the History of Medicine*, 55 (1981), 392–406.

Day, Archibald, "On the Determination of the Rates of Premiums for Assuring against Issue," *Assurance Magazine*, 8 (1858–60), 127–138.

Day, Charles R., *Education for the Industrial World: The Ecoles d'Arts et Métiers and the Rise of French Industrial Engineering* (Cambridge, Mass.: MIT Press, 1987).

Dear, Peter, "*Totius in verba*: The Rhetorical Construction of Authority in the Early Royal Society," *Isis*, 76 (1985), 145–161.

______, "From Truth to Disinterestedness in the Seventeenth Century," *Social Studies of Science*, 22 (1992), 619–631.

Defoe, Daniel, *The Complete English Tradesman* (1726; Gloucester: Alan Sutton, 1987).

DeGroot, Morris H., Stephen E. Fienberg, and Joseph B. Kadane, eds., *Statistics and the Law* (New York: John Wiley & Sons, 1986).

Dennis, Michael Aaron, "Graphic Understanding: Instruments and Interpretation in Robert Hooke's *Micrographia*," *Science in Context*, 3 (1989), 309–364.

Desrosières, Alain, "Les specificités de la statistique publique en France: Une mise en perspective historique," *Courier des Statistiques*, no. 49, January 1989, 37–54.

______, "How to Make Things Which Hold Together: Social Science, Statistics, and the State," in P. Wagner, B. Wittrock, and R. Whitley, eds., *Discourses on Society, Sociology of the Sciences Yearbook*, 15 (1990), 195–218.

______, "Masses, individus, moyennes: La statistique sociale au XIXè siècle," in Feldman et al., *Moyenne*, 245–273.

______, *La politique des grands nombres: Histoire de la raison statistique* (Paris: Editions La Découverte, 1993).

Desrosières, Alain, and Laurent Thévenot, *Les catégories socioprofessionelles* (Paris: Editions La Découverte, 1988).

Dhombres, Jean, "L'Ecole Polytechnique et ses historiens," in Fourcy, *Histoire*, 30–39.

Dickens, Charles, *Martin Chuzzlewit* (New York: Penguin, 1968).〔ディケンズ『マーティン・チャズルウィット』北川悌二訳，三笠書房，1974，全3巻，筑摩書房，1993．田辺洋子訳，全2巻，あぽろん社，2005．〕

Divisia, François, *Exposés d'économique: L'apport des ingénieurs français aux sciences économiques* (Paris: Dunod, 1951).

Dodge, David A., and David A. A. Stager, "Economic Returns to Graduate Study in Science, Engineering, and Business," *Benefit-Cost Analysis: An Aldine Annual*, 1972 (Chicago: Aldine, 1973).

Dorfman, Robert, "Forty Years of Cost-Benefit Analysis," in Richard Stone and William Peterson, eds., *Econometric Contributions to Public Policy* (London: Macmillan, 1978), 268–288.

______, ed., *Measuring Benefits of Government Investments* (Washington, D.C.: Brookings Institution, 1965).

Doukas, Kimon A., *The French Railroads and the State* (1945; reprinted New York: Farrar, Straus, & Giroux, 1976).

Doussot, Antoine, "Observations sur une note de M. l'ingénieur en chef Labry relative à l'utilité des travaux publics," *Annales des Ponts et Chaussées* [5], 20 (1880), 125–130.

Drew, Elizabeth, "Dam Outrage: The Story of the Army Engineers," *Atlantic*, 225, April 1970, 51–62.

Duhamel, Henry, "De la necessité d'une statistique des accidents," *Journal de la Société de Statistique de* Paris, 29 (1888), 127–168.

Dumez, Hervé, *L'économiste, la science et le pouvoir: Le cas Walras* (Paris: Presses Universitaires de France, 1985).

Duncan, Otis Dudley, *Notes on Social Measurement: Historical and Critical* (New York: Russell Sage Foundation, 1984).

Dunham, Arthur L., "How the First French Railways Were Planned," *Journal of Economic History*, 1 (1941), 12–25.

Dupuit, Jules, "Sur les frais d'entretien des routes," *Annales des Ponts et Chaussées* [2], 3 (1842), 1–90.

______, "De la mesure de l'utilité des travaux publics," *Annales des Ponts et Chaussées* [2], 8 (1844), 332–375 (English translation in *International Economic Papers*, 2 (1952), 83–110).

______, "De l'influence des péages sur l'utilité des voies de communication," *Annales des Ponts et Chaussées* [2], 17 (1849), 170–249 (English translation in part in *International Economic Papers*, 11 (1962), 7–31).

______, *Titres scientifiques de M. J. Dupuit* (Paris: Mallet-Bachelier, 1857).

______, *La liberté commerciale: Son principe et ses conséquences* (Paris: Guillaumin, 1861).

______, *De l'utilité et de sa mesure: Ecrits choisis et republiés*, Mario de Bernardi, ed. (Turin: La Riforma Sociale, 1933).

Eckstein, Otto, *Water-Resource Development: The Economics of Project Evaluation* (Cambridge, Mass.: Harvard University Press, 1958).

Ekelund, Robert B., and Robert F. Hébert, "French Engineers, Welfare Economics, and Public Finance in the Nineteenth Century," *History of Political Economy*, 10 (1978), 636–668.

Elwitt, Sanford, *The Making of the Third Republic: Class and Politics in France, 1868–1884* (Baton Rouge: Louisiana State University Press, 1975).

______, *The Third Republic Defended: Bourgeois Reform in France, 1880–1914* (Baton Rouge: Louisiana State University Press, 1986).

Etner, François, *Histoire du calcul économique en France* (Paris: Economica, 1987).

Evans, Hughes, "Losing Touch: The Controversy over the Introduction of Blood Pressure Instruments into Medicine," *Technology and Culture*, 34 (1993), 784–807.

Ezrahi, Yaron, *The Descent of Icarus: Science and the Transformation of Contemporary Democracy* (Cambridge, Mass.: Harvard University Press, 1990).

Fagot-Largeault, Anne, *Les causes de la mort: Histoire naturelle et facteurs de risque* (Paris: Vrin, 1989).

Farren, Edwin James, "On the Improvement of Life Contingency Calculation," *Assurance Magazine*, 5 (1854–55), 185–196; 8 (1858–60), 121–127.

______, "On the Reliability of Data, when tested by the conclusions to which they lead," *Assurance Magazine*, 3 (1852–53), 204–209.

Faure, Fernand, "Observations sur l'organisation de l'enseignement de la statistique," *Journal de la Société de Statistique de Paris*, 34 (1893), 25–29.

Fayol, Henri, *General and Industrial Management* [1916] (London: Sir Isaac Pitman and Sons, 1949).

Federal Inter-Agency River Basin Committee, Subcommittee on Benefits and Costs, *Proposed Practices for Economic Analysis of River Basin Projects* (Washington, D.C.: USGPO, 1950; revised ed., 1958).

Feldman, Jacqueline, Gérard Lagneau, and Benjamin Matalon, eds., *Moyenne, milieu, centre: histoires et usages* (Paris: Editions de l'Ecole des Hautes Etudes en Sciences Sociales, 1991).

Feldman, Theodore S., "Applied Mathematics and the Quantification of Experimental Physics: The Example of Barometric Hypsometry," *Historical Studies in the Physical Sciences*, 15 (1985), 127–197.

______, "Late Enlightenment Meteorology," in Frängsmyr et al., *Quantifying Spirit*, 143–177.

Ferejohn, John A., *Pork Barrel Politics: Rivers and Harbors Legislation, 1947–1968* (Stanford, Calif.: Stanford University Press, 1974).

Fichet-Poitrey, F., *Le Corps des Ponts et Chaussées: Du génie civil à l'aménagement du territoire* (Paris, 1982).

Fink, Albert, *Argument . . . before the Committee on Commerce of the United States House of Representatives*, March 17–18, 1882 (Washington, D.C.:USGPO, 1882).

Finkelstein, Michael, and Hans Levenbach, "Regression Estimates of Damages in Price-Fixing Cases," in DeGroot et al., *Statistics*, 79–106.

Finney, Donald J., *Statistical Method in Biological Assay* (London: Charles Griffin and Co., 1952).

Fischhoff, Baruch, et al., *Acceptable Risk* (Cambridge, U.K.: Cambridge University Press, 1981).

Fish, Stanley, *Is There a Text in This Class? The Authority of Interpretive Communities* (Cambridge, Mass.: Harvard

University Press, 1980).〔フィッシュ『このクラスにテクストはありますか —— 解釈共同体の権威 3』小林昌夫訳，みすず書房，1992.〕

Flamholtz, Eric, "The Process of Measurement in Managerial Accounting: A Psycho-Technical Systems Perspective," *Accounting, Organizations, and Society*, 5 (1980), 31–42.

Fleming, Donald, "Attitude: The History of a Concept," *Perspectives in American History*, 1 (1967), 287–365.

Fortun, M., and S. S. Schweber, "Scientists and the Legacy of World War II: The Case of Operations Research," *Social Studies of Science*, 23 (1993), 595–642.

Foucault, Michel, *The Order of Things* (New York: Vintage, 1973).〔フーコー『言葉と物 —— 人文科学の考古学』渡辺一民・佐々木明訳，新潮社，1974.〕

Fougère, Louis, "Introduction générale," *Histoire de l'Administration française dépui 1800* (Geneva: Droz, 1975).

Fourcy, Ambroise, *Histoire de l'Ecole Polytechnique* (1837; Paris: Belin, 1987).

Fonrnier de Flaix, E., "Le canal de Panama," *Journal de la Société de Statistique de Paris*, 22 (1881), 64–70.

Fourquet, François, *Les comptes de la puissance: Histoire de la comptabilité nationale et du plan* (Paris: Encres Recherches, 1980).

Foville, Alfred de, "La statistique et ses ennemis," *Journal de la Société de Statistique de Paris*, 26 (1885), 448–454.

______, "Le rôle de la statistique dans le présent et dans l'avenir," *Journal de la Société de Statistique de Paris*, 33 (1892), 211–214.

Fox, Robert, "The Rise and Fall of Laplacian Physics," *Historical Studies in the Physical Sciences*, 4 (1974), 89–136.

Fox, Robert, and George Weisz, eds., *The Organization of Science and Technology in France, 1808–1914* (Cambridge, U.K.: Cambridge University Press, 1980).

Foxwell, H. S., "The Economic Movement in England," *Quarterly Journal of Economics*, 1 (1886–87), 84–103.

Frängsmyr, Tore, John Heilbron, and Robin Rider, eds., *The Quantifying Spirit in the Eighteenth Century* (Berkeley: University of California Press, 1990).

Frank, Robert, "The Telltale Heart: Physiological Instruments, Graphic Methods, and Clinical Hopes, 1865–1914," in William Coleman and Frederic L. Holmes, eds., *The Investigative Enterprise: Experimental Physiology in Nineteenth-Century Medicine* (Berkeley: University of California Press, 1988), 211–290.

Freidson, Eliot, *Professional Powers: A Study of the Institutionalization of Formal Knowledge* (Chicago: University of Chicago Press, 1986).

Friedman, Robert Marc, *Appropriating the Weather: Vilhelm Bjerknes and the Construction of a Modern Meteorology* (Ithaca, N.Y.: Cornell University Press, 1989).

Fuller, Steve, "Social Epistemology as Research Agenda of Science Studies," in Pickering, *Science*, 390–428.

Funkenstein, Amos, *Theology and the Scientific Imagination from the Middle Ages to the Seventeenth Century* (Princeton, N.J.: Princeton University Press, 1986).

Furner, Mary O., and Barry Supple, eds., *The State and Economic Knowledge: The American and British Experiences* (Cambridge, U.K.: Cambridge University Press, 1990).

Galambos, Louis, ed., *The New American State: Bureaucracies and Policies since World War II* (Baltimore: Johns Hopkins University Press, 1987).

Galison, Peter, "Aufbau/Bauhaus: Logical Positivism and Architectural Modernism," *Critical Inquiry*, 16 (1990), 709–752.

Garnier, Joseph, "Sur les frais d'entretien des routes en empierrement," *Annales des Ponts et Chaussées* [2], 10 (1845), 146–196.

Geiger, Reed, "Planning the French Canals: The 'Becquey Plan' of 1820–1822," *Journal of Economic History*, 44 (1984), 329–339.

Geison, Gerald L., "'Divided We Stand': Physiologists and Clinicians in the American Context," in Morris J. Vogel and Charles Rosenberg, eds., *The Therapeutic Revolution: Essays in the Social History of American Medicine* (Philadelphia: University of Pennsylvania, Press, 1979), 67–90.

______, "Scientific Change, Emerging Specialties, and Research Schools," *History of Science*, 19 (1981), 20–40.

______, ed., *Professions and the French State, 1700–1900* (Philadelphia: University of Pennsylvania Press, 1984).

Geison, Gerald L., and Frederic L. Holmes, eds., *Research Schools: Historical Reappraisals*, *Osiris*, 8 (1993).

Gertel, Karl, "Recent Suggestions for Cost Allocation of Multiple Purpose Projects in the Light of Public Interest," *Journal of Farm Economics*, 33 (1951), 130–134.

Gigerenzer, Gerd, "Probabilistic Thinking and the Fight against Subjectivity," in Krüger et al., *Probabilistic Revolution*, vol. 2, 11–33.

______, "The Superego, the Ego, and the Id in Statistical Reasoning," in Gideon Keren and Charles Lewis, eds., *A Handbook for Data Analysis in the Behavioral Sciences: Methodological Issues* (Hillsdale, N.J.: Erlbaum, 1993).

Gigerenzer, Gerd, and David J. Murray, *Cognition as Intuitive Statistics* (Hillsdale, N.J.: Erlbaum, 1987).

Gigerenzer, Gerd, et al., *The Empire of Chance: How Probability Changed Science and Everyday Life* (Cambridge, U.K.: Cambridge University Press, 1989).

Gillispie, Charles, *The Edge of Objectivity* (Princeton, N.J.: Princeton University Press, 1960).〔ギリスピー『客観性の刃 ―― 科学思想の歴史［新版］』島尾永康訳，みすず書房，2011.〕

______, "Social Selection as a Factor in the Progressiveness of Science," *American Scientist*, 56 (1968), 438–450.

______, *Science and Polity in France at the End of the Old Regime* (Princeton N.J.: Princeton University Press, 1980).

______, *The Montgolfier Brothers and the Invention of Aviation* (Princeton, N.J.: Princeton University Press, 1983).

______, "Un enseignement hégémonique: Les mathématiques," in Belhoste et al., *Formation*, 31–43.

Gilpin, Robert, *France in the Age of the Scientific State* (Princeton, N.J.: Princeton University Press, 1968).

Gispert, Hélène, "L'enseignement scientifique supérieure et les enseignants, 1860–1900: Les mathématiques," *Histoire de l'Education*, no. 41, January, 1989, 47–78.

Glaeser, Martin G., *Outlines of Public Utility Economics* (New York: Macmillan, 1927).

Goldstein, Jan, "The Advent of Psychological Modernism in France: An Alternative Narrative," in Ross, *Modernist Impulses*, 190–209.

Golinski, Jan, *Science as Public Culture: Chemistry and Enlightenment in Britain* (New York: Cambridge University Press, 1992).

Gondiner, Edmond, *Le Panache. Comédie en trois actes* (Paris: Michel Levy Fréres, 1876).

Gooday, Graeme, "Precision Measurement and the Genesis of Teaching Laboratories in Victorian Britain," *British Journal for the History of Science*, 23 (1990), 25–51.

Gooding, David, Trevor Pinch, and Simon Schaffer, eds., *The Uses of Experiment* (Cambridge, U.K.: Cambridge University Press, 1989).

Goodwin, Craufurd D., "The Valley Authority Idea—The Failing of a National Vision," in Erwin C. Hargrove and Paul K. Conkin, eds., *TVA: Fifty Years of Grass-Roots Bureaucracy* (Urbana: University of Illinois Press, 1983), 263–296.

Goody, Jack, *The Domestication of the Savage Mind* (Cambridge, U.K.: Cambridge University Press, 1977).〔グディ『未開と文明』吉田禎吾訳，岩波書店，1986.〕

______, ed., *Literacy in Traditional Societies* (Cambridge, U.K.: Cambridge University Press, 1968).

Gorges, Irmela, "The Social Survey in Germany before 1933," in Bulmer et al., *Social Survey*, 316–339.

Gough, Harrison G., "Clinical versus Statistical Prediction in Psychology," in Leo Postman, ed., *Psychology in the Making: Histories of Selected Research Problems* (New York: Alfred A. Knopf, 1964).

Gourvish, T. R., "The Rise of the Professions," in T. R. Gourvish and Alan O'Day, eds., *Later Victorian Britain, 1867–1900* (New York: St. Martin's Press, 1988), 13–35.

Gowan, Peter, "The Origins of the Administrative Elite," *New Left Review*, 61 (March-April 1987), 4–34,

Graff, Harvey J., *The Legacies of Literacy* (Bloomington: Indiana University Press, 1987).

Grant, Eugene L., *Principles of Engineering Economy* (New York: Ronald Press, 1930).

Grattan-Guinness, Ivor, "Work for the Workers: Advances in Engineering Mechanics and Instruction in France, 1800–1930," *Annals of Science*, 41(1984), 1–33.

______, *Convolutions in French Mathematics*, 3 vols. (Basel, Switzerland: Birkhäuser, 1990).

Gray, Peter, "On the Construction of Survivorship Assurance Tables," *Assurance Magazine*, 5 (1854–55), 107–126.

Gray, Ralph D., *The National Waterway: A History of the Chesapeake and Delaware Canal, 1769–1985*, 2d ed. (Urbana: University of Illinois Press, 1989).

Green, Mark J., "Cost-Benefit Analysis as a Mirage," in Timothy B. Clark, Marvin H. Kosters, and James C. Miller III, eds., *Reforming Regulation* (Washington, D.C.: American Enterprise Institute, 1980).

Greenawalt, Kent, *Law and Objectivity* (New York: Oxford University Press, 1992).

Greenberg, John, "Mathematical Physics in Eighteenth-Century France," *Isis*, 77 (1986), 59–78.

Greenleaf, W. H., *The British Political Tradition*, vol. 3: *A Much Governed Nation* (London: Methuen, 1987).

Grégoire, Roger, *La fonction publique* (Paris: Armand Colin, 1954).

Griliches, Zvi, "Research Costs and Social Returns: Hybrid Corn and Related Innovations," *Journal of Political Economy*, 66 (1958), 419–431.

Grison, Emmanuel, "François Arago et l'Ecole Polytechnique," in Crépel, *Arago*, 1–28.

Habermas, Jürgen, *The Structural Transformation of the Public Sphere*, Thomas Burger, trans. (1962; Cambridge, Mass.: MIT Press, 1989).〔ハーバーマス『公共性の構造転換 —— 市民社会の一カテゴリーについての探究［第2版］』細谷貞雄・山田正行訳，未來社，1994.〕

Hackett, John, aud Anne-Marie Hackett, *Economic Planning in France* (Cambridge, Mass.: Harvard University Press, 1963).

Hacking, Ian, *Representing and Intervening* (Cambridge, U.K.: Cambridge University Press, 1983).〔ハッキング『表現と介入 —— ボルヘス的幻想と新ベーコン主義』渡辺博訳，産業図書，1986.〕

______, "Telepathy: Origins of Randomization in Experimental Design," *Isis*, 79 (1988), 427–451.

______, *The Taming of Chance* (Cambridge, U.K.: Cambridge University Press, 1990).〔ハッキング『偶然を飼いならす —— 統計学と第二次科学革命』石原英樹・重田園江訳，木鐸社，1999.〕

______, "Statistical Language, Statistical Truth, and Statistical Reason: The Self Authentification of a Style of Scientific Reasoning," in Ernan McMullin, ed., *The Social Dimensions of Science* (Notre Dame: University of Notre Dame Press, 1992), 130–157.

______, "The Self-Vindication of the Laboratory Sciences," in Pickering, *Science as Practice*, 29–64.

Hamlin, Christopher, *A Science of Impurity: Water Analysis in Nineteenth-Century Britain* (Berkeley: University of California Press, 1990).

Hammond, Kenneth R., and Leonard Adelman, "Science, Values, and Human Judgement," *Science*, 194, 22 October 1976, 389–396.

Hammond, Richard J., *Benefit-Cost Analysis and Water-Pollution Control* (Stanford, Calif.: Food Research Institute of Stanford University, 1960).

______, "Convention and Limitation in Benefit-Cost Analysis," *Natural Resources Journal*, 6 (1966), 195–222.

Hannaway, Owen, "Laboratory Design and the Aim of Science: Andreas Libavius versus Tycho Brahe," in *Isis*, 77 (1986), 585–610.

Hansen, W. Lee, "Total and Private Rates of Return to Investment in Schooling," *Journal of Political Economy*, 71 (1963), 128–140.

Haraway, Donna, *Primate Visions: Gender, Race, and Nature in the World of Modern Science* (New York: Routledge, 1989).

Harper, Douglas, *Working Knowledge: Skill and Community in a Small Shop* (Chicago: University of Chicago Press, 1987).

Harré, Rom, *Varieties of Realism* (New York: Basil Blackwell, 1986).

Harris, Jose, "Economic Knowledge and British Social Policy," in Furner and Supple, *State and Economic Knowledge*, 379–400.

Haskell, Thomas, *The Emergence of Professional Social Science* (Urbana: University of Illinois Press, 1977).

Hatcher, Robert A., and J. G. Brody, "The Biological Standardization of Drugs," *American Journal of Pharmacy*, 82 (1910), 360–372.

Haveman, Robert, *Water Resource Investment and the Public Interest* (Nashville: Vanderbilt University Press, 1965).

Hawley, Ellis R., "Economic Inquiry and the State in New Era America: Antistatist Corporatism and Positive Statism in Uneasy Coexistence," in Furner and Supple, *State and Economic Knowledge*, 287–324.

Hayek, Friedrich, *The Counterrevolution of Science* (Indianapolis: Liberty Press, 1979 reprint). 〔ハイエク『科学による反革命』渡辺幹雄訳，春秋社，2011.〕

Hays, Samuel P., *Conservation and the Gospel of Efficiency: The Progressive Conservation Movement, 1890–1920*, 2d ed. (Cambridge, Mass.: Harvard University Press, 1969).

______, "The Politics of Environmental Administration," in Galambos, *New American State*, 21–53.

Heclo, Hugh, *A Government of Strangers: Executive Politics in Washington* (Washington, D.C.: The Brookings Institution, 1977).

Heclo, Hugh, and Aaron Wildavsky, *The Private Government of Public Money: Community and Policy inside British Politics* (Berkeley: University of California Press, 1974).

Heidelberger, Michael, *Die innere Seite der Natur: Gustav Theodor Fechners wissenschaftlich-philosophische Weltauffassung* (Frankfurt am Main: Vittorio Klostermann, 1993).

Heilbron, John L., *Electricity in the 17th and 18th Centuries* (Berkeley: University of California Press, 1979).

______, "Fin-de-siècle Physics," in Carl-Gustav Bernhard, Elisabeth Crawford, and Per Sèrböm, eds., *Science, Technology, and Society in the Time of Alfred Nobel* (Oxford: Pergamon Press, 1982), 51–71.

______, *The Dilemmas of an Upright Man: Max Planck as Spokesman for German Science* (Berkeley: University of California Press, 1986). 〔ハイルブロン『マックス・プランクの生涯――ドイツ物理学のディレンマ』村岡晋一訳，法政大学出版局，2000.〕

______, "Introductory Essay," in Frängsmyr et al., *Quantifying Spirit*, 1–23.

______, "The Measure of Enlightenment," in Frängsmyr et al., *Quantifying Spirit*, 207–242.

Heilbron, John, and Robert Seidel, *Lawrence and His Laboratory* (Berkeley: University of California Press, 1989).

Henderson, James P., "Induction, Deduction and the Role of Mathematics: The Whewell Group vs. the Ricardian Economists," *Research in the History of Economic Thought and Methodology*, 7 (1990), 1–36.

Henry, Ernest, *Les formes des Enquêtes administratives en matière de travaux d'intérêt public* (Paris and Nancy: Berger-Levrault et Cie., 1891).

Hill, Austin Bradford, *Principles of Medical Statistics* (London: The Lancet, 1937 and many subsequent editions).

______, "The Clinical Trial-II" (1952) in Hill, *Statistical*, 29–43.

______, "The Philosophy of the Clinical Trial" (1953), in Hill, *Statistical*, 3–14.

______, "Smoking and Carcinoma of the Lung," in Hill, *Statistical*, 384–413.

______, "Observation and Experiment," in Hill, *Statistical*, 369–383.

______, "Aims and Ethics," in Hill, *Controlled Clinical Trials*, 3–7.

______, ed., *Controlled Clinical Trials* (Oxford: Blackwell Scientific Publication, 1960).

______, *Statistical Methods in Clinical and Preventive Medicine* (Edinburgh, U.K.: E. & S. Livingston Ltd., 1962).

Hilts, Victor, "*Aliis exterendum*, or the Origins of the Statistical Society of London," *Isis*, 69 (1978), 21–43.

Himmelfarb, Gertrude, *Poverty and Compassion: The Moral Imagination of the Late Victorians* (New York: Alfred A. Knopf, 1991).

Hines, Lawrence G., "Precursors to Benefit-Cost Analysis in Early United States Public Investment Projects," *Land Economics*, 49 (1973), 310–317.

Hoffmann, Robert C., *New Clinical Laboratory Standardization Methods* (New York: Exposition Press, 1974).

Hoffmann, Stanley, "Paradoxes of the French Political Community," in Hoffmann et al., *In Search of France* (Cambridge, Mass.: Harvard University Press, 1963), 1–117.

Hofstadter, Douglas R., *Gödel, Escher, Bach: An Eternal Golden Braid* (New York: Vintage Books, 1980).〔ホフスタッター『ゲーデル，エッシャー，バッハ——あるいは不思議の環』野崎昭弘・はやしはじめ・柳瀬尚紀訳，白揚社，1985.〕

Hofstadter, Richard, *Anti-Intellectualism in American Life* (New York: Alfred A. Knopf, 1963).〔ホーフスタッター『アメリカの反知性主義』田村哲夫訳，みすず書房，2003.〕

Hollander, Samuel, "William Whewell and John Stuart Mill on the Methodology of Political Economy," *Studies in the History and Philosophy of Science*, 14 (1983), 127–168.

Hollinger, David, "Free Enterprise and Free Inquiry: The Emergence of Laissez-Faire Communitarianism in the Ideology of Science in the United States," *New Literary History*, 21 (1990), 897–919.

Holt, Robert R., *Methods in Clinical Psychology*, vol. 2: *Prediction and Research* (New York: Plenum Press, 1978).

Holton, Gerald, "Fermi's Group and the Recapture of Italy's Place in Physics," in Holton, *The Scientific Imagination: Case Studies* (Cambridge, U.K.: Cambridge University Press, 1978).

______, "On Doing One's Damndest: The Evolution of Trust in Scientific Findings," forthcoming [in *Einstein, History, and Other Passions* (Addison-Wesley, 1996; Harvard University Press, 2000)].

Hopwood, Anthony, *An Accounting System and Managerial Behaviour* (Lexington, Mass.: Lexington Books, 1973).

Horkheimer, Max, and Theodor W. Adorno, *Dialektik der Aufklärung: Philosophische Fragmente* (Frankfurt: S. Fischer Verlag, 1948).〔ホルクハイマー／アドルノ『啓蒙の弁証法——哲学的断想』徳永恂訳，岩波書店，1990.〕

Hornstein, Gail A., "Quantifying Psychological Phenomena: Debates, Dilemmas, and Implications," in Jill C. Morawski, ed., *The Rise of Experimentation in American Psychology* (New Haven, Conn.: Yale University Press, 1988).

Hoskin, Keith W., and Richard R. Macve, "Accounting and the Examination: A Genealogy of Disciplinary Power," *Accounting, Organizations, and Society,* 11 (1986), 105–136.

Hoslin, C., *Les limites de l'intérêt public dans l'etablissement des chemins de fer* (Marseille: Imprimerie Saint-Joseph, 1878).

Hudson, Liam, *The Cult of the Fact* (London: Jonathan Cape Ltd., 1972).

Hufbauer, Karl, *The Formation of the German Chemical Community (1720–1905)* (Berkeley: University of California Press, 1982).

Hundley, Norris, Jr., *The Great Thirst: Californians and Water* (Berkeley: University of California Press, 1992).

Hunt, Bruce J., *The Maxwellians* (Ithaca; N.Y.: Cornell University Press, 1991).

Hunter, J. S., "The National System of Scientific Measurement," *Science*, 210 (November 21, 1980), 869–874.

Ijiri, Yuji, and Robert K. Jaedicke, "Reliability and Objectivity of Accounting Measurements," *Accounting Review*, 41 (1986), 474–483.

Ingrao, Bruna, and Giorgio Israel, *The Invisible Hand: Equilibrium in the History of Science*, Ian McGilvray, trans. (Cambridge, Mass.: MIT Press, 1987).

Jacobs, Stuart, "Scientific Community: Formulations and Critique of a Sociological Motif," *British Journal of Sociology*, 38 (1987), 266–276.

Jaffé, William, ed., *Correspondence of Léon Walras and Related Papers*, 3 vols. (Amsterdam: North Holland, 1965).

Jasanoff, Sheila, "The Misrule of Law at OSHA," in Dorothy Nelkin, ed., *The Language of Risk* (Beverly Hills: Sage, 1985), 155–178.

______, *Risk Management and Political Culture* (New York: Russell Sage Foundation, 1986).

______, "The Problem of Rationality in American Health and Safety Regulation," in Smith and Wynne, *Expert Evidence*, 151–183.

______, *The Fifth Branch: Science Advisers as Policymakers* (Cambridge, Mass.: Harvard University Press, 1990).

______, "Science, Politics, and the Renegotiation of Expertise at EPA," *Osiris*, 7 (1991), 194–217.

Jellicoe, Charles, "On the Rate of Premiums to be charged for Assurances on the Lives of Military Officers serving in Bengal," *Assurance Magazine*, 1 (1850–51), no. 3, 166–178.

______, "On the Rates of Mortality Prevailing . . . in the Eagle Insurance Company," *Assurance Magazine*, 4 (1853–54), 199–215.

Jenkin, Fleeming, "Trade Unions: How Far Legitimate" (1868), in *Papers*, vol. 2, 1–75.

______, "The Graphic Representation of the Laws of Supply and Demand" (1870), in *Papers*, vol. 2, 76–106.

______, "On the Principles which Regulate the Incidence of Taxes" (1871–72), in *Papers*, vol. 2, 107–121.

______, *Papers: Literary, Scientific, etc.*, ed. Sidney Colvin and J. A. Ewing, 2 vols. (London: Longman, Green, and Co., 1887).

Johnson, H. Thomas, "Management Accounting in an Early Multidivisional Organization: General Motors in the 1920's," *Business History Review*, 52 (1978), 490–517.

______, "Toward a New Understanding of Nineteenth-Century Cost Accounting," *Accounting Review*, 56 (1981), 510–518.

Johnson, H. T., and R. S. Kaplan, *Relevance Lost: The Rise and Fall of Management Accounting* (Boston: Harvard

Business School Press, 1987).

Johnson, Hildegard Binder, *Order upon the Land: The US Rectangular Land Survey and the Upper Mississippi Country* (New York: Oxford University Press, 1976).

Jones, Edgar, *Accountancy and the British Economy, 1840–1980* (London: B. T. Batsford, 1981).

Jouffroy, Louis-Maurice, *La Ligne de Paris à la Frontière d'Allemagne (1825–1852): Une étape de la construction des grandes lignes de chemins de fer en France*, 3 vols. (Paris: S. Barreau & Cie., 1932), vol. 1.

Jouvenel, Bertrand de, *The Art of Conjecture*, Nikita Lant, trans. (New York: Basic Books, 1967).

Jullien, Ad., "Du prix des transports sur les chemins de fer," *Annales des Ponts et Chaussées* [2], 8 (1844), 1–68,

Jungnickel, Christa, and Russell McCormmach, *Intellectual Mastery of Nature: Theoretical Physics from Ohm to Einstein*, 2 vols. (Chicago: University of Chicago Press, 1986).

Kang, Zheng, "Lieu de savoir social: La Société de Statistique de Paris au XIXe siècle (1860–1910)," Thèse de Doctorat en Histoire, Ecole des Hautes Etudes en Sciences Sociales, 1989.

Keller, Evelyn Fox, *Reflections on Gender and Science* (New Haven, Conn.: Yale University Press, 1985).〔ケラー『ジェンダーと科学 —— プラトン，ベーコンからマクリントックへ』幾島幸子・川島慶子訳，工作舎，1993.〕

______, "The Paradox of Scientific Subjectivity," *Annals of Scholarship*, 9 (1992), 135–153.

Keller, Morton, *Affairs of State: Public Life in Late Nineteenth Century America* (Cambridge, Mass.: Harvard University Press, 1977).

______, *Regulating a New Economy: Public Policy and Economic Change in America, 1900–1933* (Cambridge, Mass.: Harvard University Press, 1990).

Kevles, Daniel J., "Testing the Army's Intelligence: Psychologists and the Military in World War I," *Journal of American History*, 55 (1968–69), 565–581.

Keyfitz, Nathan, "The Social and Political Context of Population Forecasting," in Alonso and Starr, *Politics of Numbers*, 235–258.

Kindleberger, Charles P., "Technical Education and the French Entrepreneur," in E. C. Carter et al., eds., *Enterprise and Entrepreneurs in Nineteenth- and Twentieth-Century France* (Baltimore: Johns Hopkins University Press, 1976).

Klein, Judy, *Time and the Science of Means: The Statistical Analysis of Changing Phenomena, 1830–1940* (Cambridge, U.K.: Cambridge University Press, forthcoming).

Kleinmuntz, Benjamin, "The Scientific Study of Clinical Judgment in Psychology and Medicine" (1984), in Hal R. Arkes and Kenneth K. Hammond, eds., *Judgement and Decision Making* (Cambridge, U.K.: Cambridge University Press, 1986).

Knoll, Elizabeth, "The Communities of Scientists and Journal Peer Review," *Journal of the American Medical Association*, 263, no. 10, March 9, 1990, 1330–1332.

Knorr-Cetina, Karin D., *The Manufacture of Knowledge* (Oxford: Pergamon, 1981).

Kranakis, Eda, "The Affair of the Invalides Bridge," *Jaarboek voor de Geschiedenis van Bedrijf in Techniek*, 4 (1987), 106–130.

______, "Social Determinants of Engineering Practice: A Comparative View of France and America in the Nineteenth Century," *Social Studies of Science*, 19 (1989), 5–70.

Krüger, Lorenz, Lorraine Daston, and Michael Heidelberger, eds., *The Probabilistic Revolution*, vol. 1: *Ideas in History* (Cambridge, Mass.: MIT Press, 1987).〔クリューガー／ダーストン／ハイデルベルガー編『確

率革命 —— 社会認識と確率』近昭夫・木村和範・長屋政勝・伊藤陽一・杉森滉一訳，梓出版社，1991.〕

Krüger, Lorenz, Gerd Gigerenzer, and Mary Morgan, eds., *The Probabilistic Revolution*, vol. 2: *Ideas in the Sciences* (Cambridge, Mass.: MIT Press, 1987).

Krutilla, John, and Otto Eckstein, *Multiple-Purpose River Development* (Baltimore: Johns Hopkins University Press, 1958).

Kuhn, Thomas, *The Structure of Scientific Revolutions*, 2d ed. (Chicago: University of Chicago Press, 1970).〔クーン『科学革命の構造』中山茂訳，みすず書房，1971.〕

Kuhn, Tillo E., *Public Enterprise Economics and Transport Problems* (Berkeley: University of California Press, 1962).

Kuisel, Richard F., *Ernest Mercier: French Technocrat* (Berkeley: University of California Press, 1967).

______, *Capitalism and the State in Modern France* (Cambridge, U.K.: Cambridge University Press, 1981).

Kula, Witold, *Measures and Men*, Richard Szreter, trans. (Princeton, N.J.: Princeton University Press, 1986).

Labiche, Eug., and Ed. Martin, *Les Vivacités du Capitaine Tic* (Paris: Calmann-Levy, n.d.; first performed 1861).

Labry, Félix de, "A Quelles conditions les travaux publics sont-ils rémunerateurs," *Journal des économistes*, 10 (November 1875), 301–307.

______, "Note sur le profit des travaux," *Annales des Ponts et Chaussées* [5], 19 (1880), 76–85.

______, "L'outillage national et la dette de l'état: Replique à M. Doussot," *Annales des Ponts et Chaussées* [5], 20 (1880), 131–144.

La Gournerie, Jules de, "Essai sur le principe des tarifs dans l'exploitation des chemins de fer" (1879), in La Gournerie, *Etudes économiques*.

______, *Etudes économiques sur l'exploitation des chemins de fer* (Paris: Gauthier-Villars, 1880).

Lalanne, Léon, "Sur les tables graphiques et sur la géometrie anamorphique appliquée à diverses questions qui se rattachent à l'art de l'ingénieur," *Annales des Ponts et Chaussées* [2], 11 (1846).

Lamoreaux, Naomi, "Information Problems and Banks' Specialization in Short-Term Commercial Lending: New England in the Nineteenth Century," in Temin, *Inside*, 161–195.

Lance, William, "Paper upon Marine Insurance," *Assurance Magazine*, 2 (1851–52), 362–376.

Landes, David, *Revolution in Time* (Cambridge, Mass.: Harvard University Press, 1983).

Latour, Bruno, *Science in Action* (Cambridge, Mass.: Harvard University Press, 1987).〔ラトゥール『科学が作られているとき —— 人類学的考察』川崎勝・高田紀代志訳，産業図書，1999.〕

______, *The Pasteurization of France*, Alan Sheridan and John Law, trans. (Cambridge, Mass.: Harvard University Press, 1988).

______, *We Have Never Been Modern*, Catherine Porter, trans. (Cambridge, Mass.: Harvard University Press, 1993).〔ラトゥール『虚構の「近代」 —— 科学人類学は警告する』川村久美子訳，新評論，2008.〕

Laurent, Hermann, *Petit traité d'économie politique, rédigé conformément aux préceptes de l'école de Lausanne* (Paris: Charies Schmid, 1902).

______, *Statistique mathematique* (Paris: Octave Doin, 1908).

Lave, Jean, "The Values of Quantification," in Law, *Power*, 88–111.

Lavoie, Don, "The Accounting of Interpretations and the Interpretation of Accounts," *Accounting, Organizations, and Society*, 12 (1987), 579–604.

Lavoisier, Antoine, *De la richesse territoriale de France*, Jean-Claude Perrot, ed. (Paris: Editions du C.T.H.S.,

1988).

Lavollée, Hubert, "Les Chemins de fer et le budget," *Revue des Deux Mondes*, 55, February 15, 1883, 857–885.

Law, John, ed., *Power, Action, and Belief: A New Sociology of Knowledge?* (London: Routledge, 1986).

Lawrence, Christopher, "Incommunicable Knowledge: Science Technology and the Clinical Art in Britain, 1850–1914," *Journal of Contemporary History*, 20 (1985), 503–520.

Lécuyer, Bernard-Pierre, "L'hygiène en France avant Pasteur," in Claire Salomon-Bayer, ed., *Pasteur et la révolution pastorienne* (Paris: Payot, 1986), 65–142.

______, "The Statistician's Role in Society: The Institutional Establishment of Statistics in France," *Minerva*, 25 (1987), 35–55.

Legendre, Pierre, *Histoire de l'administration de 1750 jusqu'à nos jours* (Paris: Presses Universitaires de France, 1968).

Legoyt, A., "Les congrès de statistique et particulièrement le congrès de statistique de Berlin," *Journal de la Société de Statistique de Paris*, 4 (1863), 271–285.

______, untitled remarks, *Journal de la Société de Statistique de Paris*, 8 (1867), 284.

Leibnitz, Heinz-Maier, "The Measurement of Quality and Reputation in the World of Learning," *Minerva*, 27 (1989), 483–504.

Léon, A., review of Michel Chevalier, *Travaux publics de la France, Annales des Ponts et Chaussées*, 16 (1838), 201–246.

Leonard, Robert, "War as a 'Simple Economic Problem': The Rise of an Economics of Defense," in Craufurd D. Goodwin, ed., *Economics and National Security: A History of Their Interactions* (Durham, N.C.: Duke University Press, 1991), 261–283.

Leopold, Luna B., and Thomas Maddock, Jr., *The Flood Control Controversy: Big Dams, Little Dams, and Land Management* (New York: Ronald Press, 1954).

Le Play, Frédéric, "Vues générales sur la statistique," *Journal de la Société de Statistique de Paris*, 26 (1885), 6–11.

Leuchtenberg, William, *Flood Control Politics: The Connecticut River Valley Problem, 1927–1950* (Cambridge, Mass.: Harvard University Press, 1953).

Levasseur, E., "Le département du travail et les bureaux de statistique aux Etats-Unis," *Journal de la Société Statistique de Paris*, 35 (1894), 21–29.

Lewis, Gene D., *Charles Ellet, Jr: The Engineer as Individualist* (Urbana: Universiry of Illinois Press, 1968).

Lewis, Jane, "The Place of Social Investigation, Social Theory, and Social Work in the Approach to Late Victorian and Edwardian Social Problems: The Case of Beatrice Webb and Helen Bosanquet," in Bulmer et al., *Social Survey*, 148–170.

Lexis, Wilhelm, "Zur mathematisch-ökonomischen Literatur," *Jahrbücher für Nationalökonomie und Statistik*, N.F. 3 (1881), 427–434.

Liebenau, Jonathan, *Medical Science and Medical Industry* (London: Macmillan, 1987).

Liesse, Andre, *La statistique: Ses difficultés, ses procédés, ses résultats*, 5th ed. (Paris: Félix Alcan, 1927).

Lindqvist, Svante, "Labs in the Woods: The Quantification of Technology in the Late Enlightenment," in Frängsmyr et al., *Quantifying Spirit*, 291–314.

Loft, Anne, "Towards a Critical Understanding of Accounting: The Case of Cost Accounting in the U.K., 1914–1925," *Accounting, Organizations and Society*, 12 (1987), 235–265.

Loisne, Henri Menche de, "De l'influence des rampes sur le prix de revient des transports en transit," *Annales des*

Ponts et Chaussées [5], 17 (1879), 283–298.

Loua, Toussaint, comment, *Journal de la Société de Statistique de Paris*, 10 (1869), 65–67.

______, "A nos lecteurs," *Journal de la Société de Statistique de Paris*, 15 (1874), 57–59.

Louvois, Marquis de, "Au rédacteur," *Journal des débats politiques et littéraires*, January 14, 1842, 1.

Lowi, Theodore J., *The End of Liberalism: Ideology, Policy, and the Crisis of Public Authority*, 2d ed. (New York: Norton, 1979).

______, "The State in Political Science: How We Become What We Study," *American Political Science Review*, 86 (1992), 1–7.

Löwy, Ilana, "Tissue Groups and Cadaver Kidney Sharing: Sociocultural Aspects of a Medical Controversy," *International Journal of Technology Assessment in Health Care*, 2 (1986), 195–218.

Luethy, Herbert, *France against Herself*, Eric Mosbacher, trans. (New York: Praeger, 1955).

Lundgreen, Peter, "Measures for Objectivity in the Public Interest," part 2 of his *Standardization—Testing—Regulation, Report Wissenschaftsforschung*, 29 (Bielefeld, Germany: Kleine Verlag, 1986).

______, "Engineering Education in Europe and the U.S.A., 1750–1930: The Rise to Dominance of School Culture and the Engineering Profession," *Annals of Science*, 47 (1990), 37–75.

Maass, Arthur, *Muddy Waters: The Army Engineers and the Nation's Rivers* (Cambridge, Mass.: Harvard University Press, 1951).

Maass, Arthur, and Raymond L. Anderson, . . . *And the Desert Shall Rejoice: Conflict, Growth, and Justice in Arid Environments* (Cambridge, Mass.: MIT Press, 1978).

McCandlish, J. M., "Fire Insurance," *Encyclopaedia Britannica*, 9th ed,, 1881, vol. 13.

McCloskey, Donald N., *The Rhetoric of Economics* (Madison: University of Wisconsin Press, 1985).〔マクロスキー『レトリカル・エコノミクス――経済学のポストモダン』長尾史郎訳，ハーベスト社，1992.〕

______, "Economics Science: A Search through the Hyperspace of Assumptions?" *Methodus*, June 3, 1991, 6–16.

McCraw, Thomas K., ed., *Regulation in Perspective: Historical Essays* (Cambridge, Mass.: Harvard University Press, 1981).

McKean, Roland N., *Efficiency in Government through Systems Analysis, with Emphasis on Water Resource Development: A RAND Corporation Study* (New York: John Wiley & Sons, 1958).

MacKenzie, Donald, "Negotiating Arithmetic, Constructing Proof: The Sociology of Mathematics and Information Technology," *Social Studies of Science* 23 (1993), 37–65.

MacLeod, Roy, ed., *Government and Expertise: Specialists, Administrators and Professionals, 1860–1919* (Cambridge, U.K.: Cambridge University Press, 1988).

McPhee, John, *The Control of Nature* (New York: Farrar, Straus & Giroux, 1989).

Maier, Paul, Jerome Sacks, and Sandy Zabell, "What Happened in Hazelwood: Statistics, Employment Discrimination, and the 80% Rule," in DeGroot et al., *Statistics*, 1–40.

Mainland, Donald, *The Treatment of Clinical and Laboratory Data* (Edinburgh, U.K.: Oliver and Boyd, 1938).

Makeham, William Matthew, "On the Law of Mortality and the Construction of Annuity Tables," *Assurance Magazine*, 8 (1858–60), 301–330.

Marcuse, Herbert, *Reason and Revolution: Hegel and the Rise of Social Theory* (New Yosk: Oxford University Press, 1941).〔マルクーゼ『理性と革命――ヘーゲルと社会理論の興隆』桝田啓三郎・中島盛夫・

向来道男訳，岩波書店，1961．〕

Margolis, Julius, "Secondary Benefits, External Economies, and the Justification of Public Investment," *Review of Economics and Statistics*, 39 (1957), 284–291.

______, "The Economic Evaluation of Federal Water Resource Development," *American Economic Review*, 49 (1959), 96–111.

Marks, Harry M., "Ideas as Reforms: Therapeutic Experiments and Medical Practice, 1900–1980" (Ph.D. dissertation, MIT, 1987).

______, "Notes from the Underground: The Social Organization of Therapeutic Research," in Russell C. Maulitz and Diana E. Long, eds., *Grand Rounds: One Hundred Years of Internal Medicine* (Philadelphia: University of Pennsylvania Press, 1988), 297–336.

Martinez-Alier, Juan, *Ecological Economics* (New York: Basil Blackwell, 1987).

Matthews, J. Rosser, *Mathematics and the Quest for Medical Certainty* (Princeton, N.J.: Princeton University Press, 1995).

Mauskopf, Seymour, and Michael R. McVaugh, *The Elusive Science: Origins of Experimental Psychical Research* (Baltimore: Johns Hopkins University Press, 1980).

Meehl, Paul E., *Clinical versus Statistical Prediction* (Minneapolis: University of Minnesota Press, 1954).

Megill, Allan, "Introduction: Four Senses of Objectivity," in Megill, *Rethinking Objectivity*, 301–320.

______, ed., *Rethinking Objectivity*, special issue of *Annals of Scholarship*, 8 (1991), parts 3–4, and 9 (1992), parts 1–2.

Mehrtens, Herbert, *Moderne—Sprache—Mathematik: Eine Geschichte des Streits um die Grundlagen der Disziplin und des Subjects formaler Systeme* (Frankfurt am Main: Suhrkamp Verlag, 1990).

Mellet and Henry, MM., *L'arbitraire administratif des ponts et chaussées dévoilé aux chambres* (Paris: Giraudet et Jouaust, 1835).

Ménard, Claude, *La formation d'une rationalité économique: A. A. Cournot* (Paris: Flammarion, 1978).

______, "La machine et le coeur: Essai sur les analogies dans le raisonnement économique," in André Lichnérowicz, ed., *Analogie et connaissance* (Paris: Librairie Maloine, 1981).

Mendoza, Eric, "Physics, Chemistry, and the Theory of Errors," *Archives internationales d'histoire des sciences*, 41 (1991), 282–306.

Merchant, Carolyn, *Ecological Revolutions: Nature, Gender, and Science in New England* (Chapel Hill: University of North Carolina Press, 1989).

Meynaud, Jean, "A propos des spéculations sur l'avenir. Esquisse bibliographique," *Revue française de la science politique*, 13 (1963), 666–688.

______, *Technocracy*, Paul Barnes, trans. (New York: Free Press, 1969).

Michel, Louis-Jules, "Etude sur le trafic probable des chemins de fer d'intérêt local," *Annales des Ponts et Chaussées* [4], 1868, 145–179.

Miles, A. A., "Biological Standards and the Measurement of Therapeutic Activity," *British Medical Bulletin*, 7 (1951), no. 4 (special number on "Measurement in Medicine"), 283–291.

Miller, Leslie A., "The Battle That Squanders Billions," *Saturday Evening Post*, 221, May 14, 1949, 30–31.

Miller, Peter, and Ted O'Leary, "Accounting and the Construction of the Governable Person," *Accounting, Organizations, and Society*, 12 (1987), 235–265.

Miller, Peter, and Nikolas Rose, "Governing Economic Life," *Economy and Society*, 19 (1991), 1–31.

Minard, Charles-Joseph, "Tableau comparatif de l'estimation et de la dépense de quelques canaux anglais," *Annales des Ponts et Chaussées*, 1832 (offprint).

______, *Second mémoire sur l'importance du parcours partiel sur les chemins de fer* (Paris: Imprimerie de Fain et Thunot, 1843).

Mirowski, Philip, *More Heat than Light: Economics as Social Physics. Physics as Nature's Economics* (New York: Cambridge University Press, 1989).

______, "Looking for Those Natural Numbers: Dimensions Constants and the Idea of Natural Measurement," *Science in Context*, 5 (1992), 165–188.

Mirowski, Philip, and Steven Sklivas, "Why Econometricians Don't Replicate (Although They Do Reproduce)," *Review of Political Economy*, 3 (1991), 146–162.

Moore, Jamie W., and Dorothy P. Moore, *The Army Corps of Engineers and the Evolution of Federal Flood Plain Management Policy* (Boulder: Institute of Behavioral Science, University of Colorado, 1989).

Moyer, Albert E., *Simon Newcomb: A Scientist's Voice in American Culture* (Berkeley: University of California Press, 1992).

Nathan, Richard P., *Social Science in Government: Uses and Misuses* (New York: Basic Books, 1988).

Navier, C.L.M.H., "De l'exécution des travaux, et particulièrement des concessions," *Annales des Ponts et Chaussées*, 3 (1832), 1–31.

______, "Note sur la comparaison des avantages respectifs de diverses lignes de chemins de fer," *Annales des Ponts et Chaussées*, 9 (1835), 129–179.

Nelson, John S., Allan Megill, and Donald McCloskey, eds., *The Rhetoric of the Human Sciences* (Madison: University of Wisconsin Press, 1987).

Nelson, William E., *The Roots of American Bureaucracy, 1830–1900* (Cambridge, Mass.: Harvard University Press, 1987).

Newcomb, Simon, *Principles of Political Economy* (New York, 1885).

Noël, Octave, *La question des tarifs des chemins de fer* (Paris: Guillaumin, 1884).

Nordling, Wilhelm, "Note sur le prix de revient des transports par chemin de fer," *Annales des Ponts et Chaussées* [6], 11 (1886), 292–303.

Novick, Peter, *That Noble Dream: The 'Objectivity Question' and the American Historical Profession* (Cambridge, U.K.: Cambridge University Press, 1988).

Nyhart, Lynn K., "Writing Zoologically: The *Zeitschrift für wissenschaftliche Zoologie* and the Zoological Community in Late Nineteenth-Century Germany," in Peter Dear, ed., *The Literary Structure of Scientific Argument: Historical Studies* (Philadelphia: University of Pennsylvania Press, 1991).

Oakeshott, Michael, "Rationalism in Politics" (1947), in *Rationalism in Politics and Other Essays* (Indianapolis: Liberty Press, 1991), 1–36.

Olesko, Kathryn M., *Physics as a Calling: Discipline and Practice in the Königsberg Seminar for Physics* (Ithaca, N.Y.: Cornell University Press, 1991).

O'Malley, Michael, *Keeping Watch: A History of American Time* (New York: Viking, 1990).

Orlans, Harold, "Academic Social Scientists and the Presidency: From Wilson to Nixon," *Minerva*, 24 (1986), 172–204.

Osborne, Thomas R., *A Grande Ecole for the Grand Corps: The Recruitment and Training of the French Administrative Elite in the Nineteenth Century* (Boulder: Social Science Monographs, 1983).

Owens, Larry, "Patents, the 'Frontiers' of American Invention, and the Monopoly Committee of 1939: Anatomy of a Discourse," *Technology and Culture*, 32 (1992), 1076–1093.

Palmer, Robert R., *The Age of the Democratic Revolution*, 2 vols. (Princeton, N.J.: Princeton University Press, 1959–1964).

Parker, James E., "Testing Comparability and Objectivity of Exit Value Accounting," *Accounting Review*, 50 (1975), 512–524.

Parker, R. H., *The Development of the Accountancy Profession in Britain in the Early Twentieth Century* (London: Academy of Accounting Historians, 1986).

Parkhurst, David F., "Statistical Hypothesis Tests and Statistical Power in Pure and Applied Science," in George M. von Furstenberg, ed., *Acting under Uncertainty: Multidisciplinary Conceptions* (Boston: Kluwer, 1990).

Patriarca, Silvana, *Numbers and the Nation: The Statistical Representation of Italy, 1820–1871* (Cambridge, U.K.: Cambridge University Press, forthcoming). [*Numbers and nationhood : writing statistics in nineteenth-century Italy* (Cambridge University Press, 1996).]

Pauly, Philip, *Controlling Life: Jacques Loeb and the Engineering Ideal in Biology* (New York: Oxford University Press, 1987).

Pearson, Karl (published under pseudonym Loki), *The New Werther* (London: C. Kegan Paul and Co., 1880).

Pearson, Karl, "The Ethic of Freethought," in *The Ethic of Freethought and Other Essays* (London: T. F. Unwin, 1888).

______, *The Grammar of Science* (1892; New York: Meridian, reprint of 3d [1911] ed., 1957).

Perkin, Harold, *The Rise of Professional Society: England since 1880* (London: Routledge, 1989).

Peterson, Elmer T., *Big Dam Foolishness: The Problem of Modern Flood Control and Water Storage* (New York: Devin-Adair Co., 1954).

Peterson, William, "Politics and the Measurement of Ethnicity," in Alonso and Starr, *Politics of Numbers*, 187–233.

Picard, Alfred, "Enquêtes relatives aux travanx publics," in *Les chemins de fer français: Etude historique sur la constitution et le régime du réseau*, 6 vols. (Paris: J. Rothschild, 1884).

______, *Les chemins de fer: Aperçu historique, résultats généraux de l'ouverture des chemins de fer . . .* (Paris: H. Dunod et E. Pinat, 1918).

Pickering, Andrew, ed., *Science as Practice and Culture* (Chicago: University of Chicago Press, 1992).

Picon, Antoine, "Les ingénieurs et la mathématisation: L'exemple du génie et de la construction," *Revue d'histoire des sciences*, 42 (1989): 155–172.

______, *L'invention de l'ingénieur moderne: L'Ecole des Ponts et Chaussées, 1747–1851* (Paris: Presses de l'Ecole Nationale des Ponts et Chaussées, 1992).

______, "Les années d'enlisement: L'Ecole Polytechnique de 1870 à l'entre-deux-guerres," in Belhoste et al., *Formation*, 143–179.

Pinch, Trevor, *Confronting Nature: The Sociology of Solar-Neutrino Detection* (Dordrecht, Holland: D. Reidel, 1986).

Pingle, Gautam, "The Early Development of Cost-Benefit Analysis," *Journal of Agricultural Economics*, 29 (1978), 63–71.

Pinkney, David H., *Decisive Years in France, 1840–1848* (Princeton, N.J.: Princeton University Press, 1986).

Poirrier, A., *Tarifs des chemins de fer: Rapport . . . présenté à la Chambre de Commerce de Paris* (Havre: Imprimerie Brennier & Cie., 1882).

Polanyi, Michael, *Personal Knowledge: Towards a Post-Critical Philosophy* (Chicago: University of Chicago Press, 1958).〔ポラニー『個人的知識 —— 脱批判哲学をめざして』長尾史郎訳，ハーベスト社，1985.〕

Popper, Karl, *The Open Society and Its Enemies*, 2 vols., 4th ed. (London: Routledge and Kegan Paul, 1962).〔ポパー『開かれた社会とその敵』全２巻，小河原誠・内田詔夫訳，未來社，1980.〕

Porter, Henry W., "On Some Points Connected wirh the Education of an Actuary," *Assurance Magazine*, 4 (1853–54), 108–118.

Porter, Theodore M.,"The Promotion of Mining and the Advancement of Science: The Chemical Revolution of Mineralogy," *Annals of Science*, 38 (1981), 543–570.

______, *The Rise of Statistical Thinking, 1820–1900* (Princeton, N.J.: Princeton University Press, 1986).〔ポーター『統計学と社会認識 —— 統計思想の発展 1820–1900 年』長屋政勝・近昭夫・木村和範・杉森滉一訳，梓出版社，1995.〕

______, "Objectivity and Authority: How French Engineers Reduced Public Utility to Numbers," *Poetics Today*, 12 (1991), 245–265.

______, "Quantification and the Accounting Ideal in Science," *Social Studies of Science*, 22 (1992), 633–652.

______, "Objectivity as Standardization: The Rhetoric of Impersonality in Measurement, Statistics, and Cost-Benefit Analysis," in Megill, *Rethinking Objectivity, Annals of Scholarship*, 9 (1992), 19–59.

______, "Statistics and the Politics of Objectivity," *Revue de Synthèse*, 114 (1993), 87–101.

______, "Information, Power, and the View from Nowhere," in Bud-Frierman, *Information Acumen*, 217–230.

______, "The Death of the Object: Fin-de-siècle Philosophy of Physics," in Ross, *Modernist Impulses*, 128–151.

______, "Rigor and Practicality: Rival Ideals of Quantification in Nineteenth-Century Economics," in Philip Mirowski, ed., *Natural Images in Economic Thought: Markets Read in Tooth and Claw* (New York: Cambridge University Press, 1994), 128–170.

______, "Precision and Trust: Early Victorian Insurance and the Politics of Calculation," in Wise, *Values of Precision*, 173–197.

______, "Information Cultures," *Accounting, Organizations, and Society*, forthcoming [20 (1995), 83–92].

Power, Michael, "After Calculation? Reflections on *Critique of Economic Reason* by André Gorz," *Accounting, Organizations, and Society*, 17 (1992), 477–499.

Prest, A. R., and R. Turvey, "Cost-Benefit Analysis: A Survey," *Economic Journal*, 75 (1965), 683–735.

Price, Don K., *The Scientific Estate* (Cambridge, Mass.: Harvard University Press, 1965).〔プライス『科学と民主制』中村陽一訳，みすず書房，1969.〕

Proctor, Robert N., *Value-Free Science?: Purity and Power in Modern Knowledge* (Cambridge, Mass.: Harvard University Press, 1991).

Quirk, Paul J., "Food and Drug Administration," in James Q. Wilson, ed., *The Politics of Regulation* (New York: Basic Books, 1980), 191–235.

Ratcliffe, Barrie M., "Bureaucracy and Early French Railroads: The Myth and the Reality," *Journal of European Economic History*, 18 (1989), 331–370.

Reader, W. J., *Professional Men: The Rise of the Professional Classes in Nineteenth-Century England* (London: Weidenfeld and Nicolson, 1966).

Regan, Mark M., and E. L. Greenshields, "Benefit-Cost Analysis of Resource Developmeht Programs," *Journal of Farm Economics*, 33 (1951), 866–878.

Reisner, Marc, *Cadillac Desert: The American West and Its Disappearing Water* (New York: Viking Penguin, 1986).

Resnick, Daniel, "History of Educational Testing," in Alexandra K. Wigdor and Wendell R. Garner, eds., *Ability Testing: Uses, Consequences, and Controversies*, 2 vols. (Washington, D.C.: National Academy Press, 1982), vol. 2, 173–194.

Reuss, Martin, *Water Resources, People and Issues: Interview with Arthur Maass* (Fort Belvoir, Va.: Office of History, U.S. Army Corps of Engineers, 1989).

______, "Coping with Uncertainty: Social Scientists, Engineers, and Federal Water Resource Planning," *Natural Resources Journal*, 32 (1992), 101–135.

Reuss, Martin, and Paul K. Walker, *Financing Water Resources Development: A Brief History* (Fort Belvoir, Va.: Historical Division, Office of the Chief of Engineers, 1983).

Revel, Jacques, "Knowledge of the Territory," *Science in Context*, 4 (1991), 133–162.

Reynaud, "Tracé des routes et des chemins de fer," *Annales des Ponts et Chaussées* [2], 2 (1841), 76–113.

Ribeill, Georges, *La révolution ferroviaire* (Paris: Belin, 1993).

Richards, Joan, *Mathematical Visions: The Pursuit of Geometry in Victorian England* (Boston: Academic Press, 1988).

______, "Rigor and Clarity: Foundations of Mathematics in France and England, 1800–1840," *Science in Context*, 4 (1991), 297–319.

Ricour, Théophile, "Notice sur la répartition du trafic des chemins de fer français et sur le prix de revient des transports," *Annales des Ponts et Chaussées* [6], 13 (1887), 143–194.

______, "Le prix de revient sur les chemins de fer," *Annales des Ponts et Chaussées* [6], 15 (1888), 534–564.

Rider, Robin, "Measures of Ideas, Rule of Language: Mathematics and Language in the 18th Century," in Frängsmyr et al., *Quantifying Spirit*, 113–140.

Ringer, Fritz, *The Decline of the German Mandarins, 1890–1933* (Cambridge, Mass.: Harvard University Press, 1969).

Roberts, Lissa, "A Word and the World: The Significance of Naming the Calorimeter," *Isis*, 82 (1991), 198–222.

Rorty, Richard, *Objectivity, Relativism, and Truth* (Cambridge, Mass.: Cambridge University Press, 1991).

Rose, Nikolas, *Governing the Soul* (London: Routledge, 1990).

Ross, Dorothy, *The Origins of American Social Science* (Cambridge, U.K.: Cambridge University Press, 1991).

______, ed., *Modernist Impulses in the Human Sciences* (Baltimore: Johns Hopkins University Press, 1994).

Rothermel, Holly, "Images of the Sun: Warren De la Rue, George Biddell Airy and Celestial Photography," *British Journal for the History of Science*, 26 (1993), 137–169.

Rudwick, Martin J. S., *The Great Devonian Controversy* (Chicago: University of Chicago Press, 1985).

S., M. "La mesure de l'utilité des chemins de fer," *Journal des économistes*, 7 (1879), 231–243.

Sagoff, Mark, *The Economy of the Earth: Philosophy, Law, and the Environment* (Cambridge, U.K.: Cambridge University Press, 1988).

Salomon-Bayet, Claire, ed., *Pasteur et la révolution pastorienne* (Paris: Payot, 1986).

Samelson, Franz, "Was Mental Testing (a) Racist Inspired, (b) Objective Science, (c) a Technology for Democracy, (d) the Origin of Multiple-Choice Exams, (e) None of the Above? (Mark the Right Answer)," in Sokal, *Psychological Testing*, 113–127.

Schabas, Margaret, *A World Ruled by Number: William Stanley Jevons and the Rise of Mathematical Economics* (Prince-

ton, N.J.: Princeton University Press, 1989).

Schaffer, Simon, "Glass Works: Newton's Prisms and the Uses of Experiments," in Gooding et al., *Uses of Experiment*, 67–104.

______, "Astronomers Mark Time: Discipline and the Personal Equation," *Science in Context*, 2 (1988), 115–145.

______, "Late Victorian Metrology and Its Instrumentation: A Manufactory of Ohms," in Robert Bud and Susan F. Cozzens, eds., *Invisible Connections: Instruments, Institutions, and Science* (Bellingham, Wash.: SPIE Optical Engineering Press, 1992), 23–56.

Schiesl, Martin J., *The Politics of Efficiency: Municipal Administration and Reform in America* (Berkeley: University of California Press, 1977).

Schneider, Ivo, "Forms of Professional Activity in Mathematics before the Nineteenth Century," in Herbert Mehrtens, H. Bos, and I. Schneider, eds., *Social History of Nineteenth-Century Mathematics* (Boston: Birkhäuser, 1981), 89–110.

______, "Maβ und Messen bei den Praktikern der Mathematik vom 16. his 19. Jahrhundert," in Harald Witthöft et al., eds., *Die historische Metrologie in den Wissenschaften* (St. Katharinen, Switz.: Scripta Mercaturae Verlag, 1986).

Schuster, John A., and Richard R. Yeo, eds., *The Politics and Rhetoric of Scientific Method* (Dordrecht, Holland: Reidel, 1986).

Select Committee on Assurance Associations (SCAA), *Report*, British Parliamentary Papers, 1853, vol. 21.

Self, Peter, *Econocrats and the Policy Process: The Politics and Philosophy of Cost-Benefit Analysis* (London: Macmillan, 1975).

Sellers, Christopher, "The Public Health Service's Office of Industrial Medicine," *Bulletin of the History of Medicine*, 65 (1991), 42–73.

Servos, John, "Mathematics and the Physical Sciences in America," Isis, 77 (1986), 611–629.

Sewell, William, *Work and Revolution en France: The Language of Labor from the Old Regime to 1848* (New York: Cambridge University Press, 1980).

Shabman, Leonard A., "Water Resources Management: Policy Economics for an Era of Transitions," *Southern Journal of Agricultural Economics*, July 1984, 53–65.

Shallat, Todd, "Engineering Policy: The U.S. Army Corps of Engineers and the Historical Foundation of Power," *The Public Historian*, 11 (1989), 7–27.

Shapin, Steven, *A Social History of Truth: Gentility, Credibility, and Scientific Knowledge in Seventeenth-Century England* (Chicago: University of Chicago Press, 1994).

Shapin, Steven, and Simon Schaffer, *Leviathan and the Air-Pump: Hobbes, Boyle, and the Experimental Life* (Princeton, N.J.: Princeton University Press, 1985).

Sharp, Walter Rice, *The French Civil Service: Bureaucracy in Transition* (New York: Macmillan, 1931).

Shinn, Terry, *Savoir scientifique et pouvoir social: L'Ecole Polytechnique (1794–1914)* (Paris: Presses de la Fondation Nationale des Sciences Politiques, 1980).

Simon, Marion J., *The Panama Affair* (New York: Charles Scribner's Sons, 1971).

Sklar, Kathryn Kish, "*Hull House Maps and Papers*: Social Science as Women's Work in the 1890s," in Bulmer et al., *Social Survey*, 111–147.

Skrowonek, Stephen, *Building a New American State: The Expansion of National Administrative Capacities, 1877–*

1920 (Cambridge, U.K.: Cambridge University Ptess, 1982).

Sloan, Alfred P., Jr., *My Years with General Motors* (Garden City, N.Y.: Doubleday, 1964).

Smith, Adam, *The Wealth of Nations*, 2 vols. (1776; New York: Dutton, 1971).〔スミス『国富論』大河内一男監訳，中央公論社，1976．水田洋監訳・杉山忠平訳，全 4 巻，岩波書店，2000–2001．山岡洋一訳，全 2 巻，日本経済新聞社，2007．他〕

Smith, Cecil O., Jr., "The Longest Run: Public Engineers and Planning in France," *American Historical Review*, 95 (1990), 657–692.

Smith, Crosbie, and M. Norton Wise, *Energy and Empire: A Biographical Study of Lord Kelvin* (Cambridge, U.K.: Cambridge University Press, 1989).

Smith, Roger, and Brian Wynne, "Introduction," to Smith and Wynne, *Expert Evidence*, 1–22.

______, eds., *Expert Evidence: Interpreting Science in the Law* (London: Routledge, 1989).

Smith, V. Kerry, ed., *Environmental Policy under Reagan's Executive Order: The Role of Benefit-Cost Analysis* (Chapel Hill: University of North Carolina Press, 1984).

Sokal, Michael M., ed., *Psychological Testing and American Society, 1890–1930* (New Brunswick, N.J.: Rutgers University Press, 1987).

Starr, Paul, *The Social Transformation of American Medicine* (New York: Basic Books, 1982).

______, "The Sociology of Official Statistics," in Alonso and Starr, *Politics of Numbers*, 7–57.

Statistical Society of Paris, Excerpt from statutes, *Journal de la Société de Statistique de Paris*, 1 (1860), 7–9.

Stechl, Peter, "Biological Standardization of Drugs before 1928" (Ph.D. dissertation, University of Wisconsin, 1969).

Stigler, George, *Memoirs of an Unregulated Economist* (New York: Basic Books, 1988).

Stigler, Stephen M., *The History of Statistics: The Measurement of Uncertainty before 1900* (Cambridge, Mass.: Harvard University Press, 1986).

Stine, Jeffrey K., "Environmental Politics in the American South: The Fight over the Tennessee-Tombigbee Waterway," *Environmental History Review*, 15 (1991), 1–24.

Suleiman, Ezra N., *Politics, Power, and Bureaucracy in France: The Administrative Elite* (Princeton, N.J.: Princeton University Press, 1974).

______, *Elites in French Society: The Politics of Survival* (Princeton, N.J.: Princeton University Press, 1978).

______, "From Right to Left: Bureaucracy and Politics in France," in Suleiman, ed., *Bureaucrats and Policy Making: A Comparative Overview* (New York: Holmes and Meier, 1985), 107–135.

Supple, Barry, *Royal Exchange Assurance: A History of British Assurance: 1720–1970* (Cambridge, U.K.: Cambridge University Press, 1970).

Sutherland, Gillian, *Ability, Merit and Measurement: Mental Testing and English Education, 1880–1940* (Oxford: Clarendon Press, 1984).

Sutherland, Ian, "The Statistical Requirements and Methods," in Hill, *Controlled Clinical Trials*, 47–51.

Swijtink, Zeno, "The Objectification of Observation: Measurement and Sratistical Methods in the Nineteenth Century," in Krüger et al., *Probabilistic Revolution*, vol. 1, 261–285.

Tarbé de Saint-Hardouin, *Quelques mots sur M. Dupuit* (Paris: Dunod, 1868).

Tarbé des Vauxclairs, M. le chevalier, *Dictionnaire des travaux publics, civils, militaires et maritimes* (Paris: Carillan-Goeury, 1835).

Tavernier, René, "Note sur l'exploitation des grandes compagnies et la nécessité de réformes décentralisatrices,"

Annales des Ponts et Chaussées [6], 15 (1888), 637–683.

______, "Note sur les principes de tarification et d'exploitation du trafic voyageurs," *Annales des Ponts et Chaussées* [6], 18 (1889), 559–654.

Teisserenc, Edmond, "Des principes généraux qui doivent présider au choix des tracés des chemins de fer: Observations sur le rapport présenté par M. Le Comte Daru au nom de la sous-commission supérieure d'enquête," extrait de la *Revue indépendante*, September 10, 1843, 6–8.

Temin, Peter, *Taking Your Medicine: Drug Regulation in the United States* (Cambridge, Mass.: Harvard University Piess, 1980).

______, ed., *Inside the Business Enterprise* (Chicago: University of Chicago Press, 1991).

Terrall, Mary, "Maupertuis and Eighteenth-Century Scientific Culture" (Ph.D. dissertation, University of California, Los Angeles, 1987).

______, "Representing the Earth's Shape: The Polemics Surrounding Maupertuis's Expedition to Lapland," *Isis*, 83 (1992), 218–237.

Tézenas du Montcel, A., and C. Gérentet, *Rapport de la commission des tarifs de chemins de fer* (Saint-Etienne, France: Imprimerie Théolier Frères, 1877).

Thévenez, René, *Legislation des chemins de fer et des tramways* (Paris: H. Dunod et E. Pinat, 1909).

Thévenot, Laurent, "La Politique des statistiques: Les Origines des enquêtes de mobilité sociale," *Annales: Economies, sociétés, civilisations*, no. 6 (1990), 1275–1300.

Thoenig, Jean-Claude, *L'ère des technocrates: Le cas des Ponts et Chaussées* (Paris: Editions d'Organisation, 1973).

Thompson, E. P., "Time, Work Discipline, and Industrial Capitalism," *Past and Present*, 38 (December 1967), 56–97.

Thuillier, Guy, *Bureaucratie et bureaucrates en France au XIXe siècle* (Geneva: Librairie Droz, 1980).

Todhunter, Isaac, ed., *William Whewell, D.D., An Account of his Writings*, 2 vols. (London: Macmillan, 1876).

Tompkins, H., "Remarks upon the present state of Information relating to the Laws of Sickness and Mortality . . . ," *Assurance Magazine*, 3 (1852–53), 7–15; "Editorial Note," ibid., 15–17.

Traweek, Sharon, *Beamtimes and Lifetimes: The World of High Energy Physicists* (Cambridge, Mass.: Harvard University Press, 1988).

Trebilcock, Clive, *Phoenix Assurance and the Development of British Insurance*, vol. 1: 1782–1870 (Cambridge, U.K.: Cambridge University Press, 1985).

Trevan, J. W., "The Error of Determination of Toxicity," *Proceedings of the Royal Society of London*, B, 101 (July 1927), 483–514.

Tribe, Lawrence, "Trial by Mathematics: Precision and Ritual in the Legal Process," *Harvard Law Review*, 84(1971), 1329–1393, 1801–1820.

Tudesq, André-Jean, *Les grands notables en France (1840–1849): Etude historique d'une psychologie sociale*, 2 vols. (Paris: Presses Universitaires de France, 1964).

Turhollow, Anthony F., *A History of the Los Angeles District, U.S. Army Corps of Engineers* (Los Angeles: Los Angeles District, Corps of Engineers, 1975).

Vogel, David, "The 'New' Social Regulation in Historical and Comparative Perspective," in McCraw, *Regulation*, 155–185.

Von Mayrhauser, Richard T., "The Manager, the Medic, and the Mediator: The Clash of Professional Styles and the Wartime Origins of Group Mental Testing," in Sokal, *Psychological Testing*, 128–157.

Wagner, John W., "Defining Objectivity in Accounting," *Accounting Review*, 40 (1965), 599–605.

Ward, Stephen H., "Treatise on the Medical Estimate of Life for Life Assurance," *Assurance Magazine*, 8 (1858–60), 248-263, 329–343.

Warner, John Harley, *The Therapeutic Perspective: Medical Practice, Knowledge, and Identity in America, 1820–1885* (Cambridge, Mass.: Harvard University Press, 1986).

Weber, Eugen, *Peasants into Frenchmen: The Modernization of Rural France, 1870–1914* (Stanford, Calif.: Stanford University Press, 1976).

Weber, Max, *Economy and Society*, Guenther Ross and Claus Wittich, eds., 2 vols. (Berkeley: University of California Press, 1978).〔ウェーバー『経済と社会』世良晃志郎他訳，全６巻，創文社，1960–76．他に部分訳〕

Weisbrod, Burton A., *Economics of Public Health: Measuring the Economic Impact of Diseases* (Philadelphia: University of Pennsylvania Press, 1961).

______, "Costs and Benefits of Medical Research: A Case Study of Poliomyelitis," in *Benefit-Cost Analysis: An Aldine Annual, 1971* (Chicago: Aldine-Atherton, 1972), 142–160.

Weiss, John H., *The Making of Technological Man: The Social Origins of French Engineering Education* (Cambridge, Mass.: MIT Press, 1982).

______, "Bridges and Barriers: Narrowing Access and Changing Structure in the French Engineering Profession, 1800–1850," in Geison, *Professions*, 15–65.

______, "Careers and Comrades," unpublished manuscript.

Weisz, George, *The Emergence of Modern Universities in France, 1863–1914* (Princeton, N.J.: Princeton University Press, 1983).

______, "Academic Debate and Therapeutic Reasoning in Mid-19th Century France," in Ilana Löwy et al., eds., *Medicine and Change: Historical and Sociological Studies of Medical Innovation* (Paris and London: John Libbey Eurotext, 1993).

Westbrook, Robert B., *John Dewey and American Democracy* (Ithaca, N.Y.: Cornell University Press, 1991).

Whewell, William, "Mathematical Exposition of some of the leading Doctrines in Mr. Ricardo's 'Principles of Political Economy and Taxation,'" reprinted in Whewell, *Mathematical Exposition of Some Doctrines of Political Economy* (1831; New York: Augustus M. Kelley, 1971).

______, review of Richard Jones, *An Essay on the Distribution of Wealth and on the Sources of Taxation, The British Critic*, 10 (1831), 41–61.

White, Gilbert F., "The Limit of Economic Justification for Flood Protection," *Journal of Land and Public Utility Economics*, 12 (1936), 133–148.

White, James Boyd, "Rhetoric and Law: The Arts of Cultural and Communal Life," in Nelson et al., *Rhetoric*, 298–318.

Wiebe, Robert, *The Search for Order* (New York: Hill and Wang, 1967).

Wiener, Martin J., *Reconstructing the Criminal: Culture, Law, and Policy in England, 1830–1914* (Cambridge, U.K.: Cambridge University Press, 1990).

Williams, Alan, "Cost-Benefit Analysis: Bastard Science? And/Or Insidious Poison in the Body Politick," *Journal of Public Economics*, 1 (1972), 199–225.

Williams, L. Pearce, "Science, Education, and Napoleon I," *Isis*, 47 (1956), 369–382.

Wilson, James Q., *Bureaucracy: What Government Agencies Do and Why They Do It* (New York: Basic Books,

1989).

Wise, M. Norton, "Work and Waste: Political Economy and Natural Philosophy in Nineteenth-Century Britain," *History of Science*, 27 (1989), 263–317, 391–449; 28 (1990), 221–261.

______, "Exchange Value: Fleeming Jenkin Measures Energy and Utility," unpublished manuscript.

______, ed., *The Values of Precision* (Princeton, N.J.: Princeton University Press, 1995).

Wise, M. Norton, and Crosbie Smith, "The Practical Imperative: Kelvin Challenges the Maxwellians," in Robert Kargon and Peter Achinstein, eds., *Kelvin's Baltimore Lectures and Modern Theoretical Physics* (Cambridge, Mass.: MIT Press, 1987), 324–348.

Wojdak, Joseph F., "Levels of Objectivity in the Accounting Process," *Accounting Review*, 45 (1970), 88–97.

Wolman, Abel, Louis R. Howson, and R. T. Veatch, *Flood Protection in Kansas River Basin* (Kansas City: Kansas Board of Enginders, May, 1953).

Wood, Gordon S., *The Radicalism of the American Revolution* (New York: Alfred A. Knopf, 1992).

Worster, Donald, *Nature's Economy* (Cambridge, Mass.: Cambridge University Press, 1985).

______, *Rivers of Empire: Water, Aridity, and the Growth of the American West* (New York: Pantheon, 1985).

Wynne, Brian, *Rationality and Ritual: The Windscale Inquiry and Nuclear Decisions in Britain* (Chalfont St. Giles, U.K.: British Society for the History of Science, 1982).

______, "Establishing the Rules of Laws: Constructing Expert Authority," in Smith and Wynne, *Expert Evidence*, 23–55.

Yeo, Richard, "Scientific Method and the Rhetoric of Science in Britain, 1830–1917," in Schuster and Yeo, *Politics and Rhetoric*, 259–297.

Zahar, Elie, "Einstein, Meyerson, and the Role of Mathematics in Physical Discovery," *British Journal for the Philosophy of Science*, 31 (1980), 1–43.

Zeff, Stephen A., "Some Junctures in the Evolution of the Process of Establishing Accounting Principles in the USA: 1917–1972," *Accounting Review*, 59 (1984), 447–468.

______, ed., *Accounting Principles through the Years: The Views of Professional and Academic Leaders, 1938–1954* (New York: Garland, 1982).

Zeldin, Theodore, *France, 1848–1945*, vol. 1: *Ambition, Love and Politics* (Oxford: Clarendon Press, 1973).

______, *France, 1848–1945*, vol. 2: *Intellect, Taste, and Anxiety* (Oxford: Clarendon Press, 1977).

Zenderland, Leila, "The Debate over Diagnosis: Henry Goddard and the Medical Acceptance of Intelligence Testing," in Solcal, *Psychological Testing*, 46–74.

Ziman, John, *Reliable Knowledge: An Exploration of the Grounds for Belief in Science* (Cambridge, U.K.: Cambridge University Press, 1978).

Zinoviev, Alexander, *Homo Sovieticus*, Charles Janson, trans. (Boston: Atlantic Monthly Press, 1985).

Zwerling, Craig, "The Emergence of the Ecole Normale Supérieure as a Centre of Scientific Education in the Nineteenth Century," in Fox and Weisz, *Organization*.

Zylberberg, André, *L'économie mathématique en France, 1870–1914* (Paris: Economica, 1990).

原註

原註では，以下の省略形が用いられている．

A.N.: Archives Nationales, Paris〔パリ国立公文書館〕

BENPC: Bibliothèque de l'Ecole Nationale des Ponts et Chaussées, Paris〔パリ国立土木学校図書館〕

N.A.: National Archives (of the United States)〔国立公文書館（アメリカ）〕

USGPO: U.S. Government Printing Office〔アメリカ政府印刷局〕

序

(1) Richards, *Mathematical Visions*.

はじめに

エピグラフは Hofstadter, *Gödel, Escher, Bach*, 43-45〔ホフスタッター『ゲーデル，エッシャー，バッハ』野崎・はやし・柳瀬訳，62 頁〕より．

(1) 客観性の意味については以下参照．Megill, "Introduction: Four Senses of Objectivity"; Daston and Galison, "Image of Objectivity"; Daston, "Objectivity and the Escape from Perspective"; Dear, "From Truth to Disinterestedness." 客観性とその代替物に関する哲学的考察は，Rorty, *Objectivity, Relativism, and Truth* 参照．

(2) Greenawalt, *Law and Objectivity*.

(3) Porter, "Objectivity and Authority." もちろん，コンピューターのパッケージソフトでさえ選択が必要であり，曖昧さの余地のない唯一の正解などないだろう．そしてすぐれた社会科学研究者は，一般に，なまのデータを編集しなくてはならない．

(4) Haskel, *Emergence of Professional Social Science*.

(5) Church, "Economists as Expert"; Dumez, *L'economiste, la science et le pouvoir*, chaps. 3-4. また、Gigerenger et al., *Empire of Chance* 参照 .

(6) Polanyi, *Personal Knowledge*. ポランニは，この「暗黙知の次元」を理想化する傾向がある．なぜならそれが科学者をより人間的にし，科学をより機械的でない活動にするからである．しかしながら，スティーヴ・フラーが「社会的認識論」Fuller, "Social Epistemology" で指摘しているように，これは明らかに，科学全体を内部者のコントロール下におくという非民主的な帰結である．

(7) ここで東ヨーロッパのかつての共産主義国を思い浮かべるひともいるだろう．しかし，共産主義諸国の官僚機構はまた，政治的民主主義とは異なるいくつかの本質的差異をもっており，それらは本書の議論の対象にしていない．

(8) Keyfitz, "Social and Political Context."

第1章　自然記述の技巧の世界

エピグラフは Abir-Am, "Politics of Macromolecules," 237.

(1)　Hacking, "Self-Vindication."

(2)　その歴史については，Burnham, "Editorial Peer Review" および Knoll, "Communities of Scientists" を参照．

(3)　科学研究における理論から実践への関心の推移を象徴する著作は，Pickering, *Science as Practice*.

(4)　Polanyi, *Personal Knowledge*, 207.

(5)　Collins, *Changing Order*.

(6)　引用は Heilbron and Seidel, *Lawrence and his Laboratory*, 318.

(7)　Polanyi, *Personal Knowledge*, 55.

(8)　同上，31; Collins, *Artificial Experts*.

(9)　Funkenstein, *Theology and the Scientific Imagination*, 28 によれば，「明白さ」は，古代から西洋の科学と西洋の法における不朽の価値の一つであった．

(10)　Hannaway, "Laboratory Design."

(11)　Lorraine Daston, "The Cold Facts of Light and the Facts of Cold Light," conference paper at UCLA workshop, February 1990, forthcoming in Daston and Park, *Wonders of Nature* [David Rubin, ed., *Signs of Early Modern France II: 17th Century and Beyond*, (Charlottesville: Rockwood Press, 1997): 17–44].

(12)　Schaffer, "Glass Works."

(13)　Shapin and Schaffer, *Leviathan and the Air-Pump*.

(14)　Schaffer, "Late Victorian Metrology."

(15)　Shapin and Schaffer, *Leviathan and the Air-Pump*.

(16)　Hacking, *Representing and Intervening*; Hacking, "Self-Vindication."

(17)　Latour, *Science in Action*; Latour, *Pasteurization of France*; 引用は Zahar, "Role of Mathematics," p. 7 から．

(18)　Hudson, *Cult of the Fact*, 55–56; Gillispie, "Social Selection." ジェンダーに関しては，今ではたくさんの文献がある．古典的著作では，Keller, *Reflections on Gender and Science*.

(19)　Feldman, "Late Enlightenment Meteorology"; Heilbron, *Electricity in the 17th and 18th Centuries*.

(20)　Gillispie, *Edge of Objectivity*, chap. 5; Terrall, "Maupertuis and Eighteenth-Century Scientific Culture"; Jungnickel and McCormmach, *Intellectual Mastery of Nature*, vol. 1, 56.

(21)　Gillispie, *Science and Polity in France*, 65. コンディヤックについては Rider, "Measures of Ideas" を参照．より一般的には Foucault, *Order of Things*.

(22)　Roberts, "A Word and the World," and Heilbron, "Introductory Essay," in Frängsmyr, *Quantifying Spirit*.

(23)　Horkheimer and Adorno, *Dialektik der Aufklärung*, 11.

(24)　Cartwright, *Nature's Capacities and Their Measurement*.

(25)　Heilbron, "Fin-de-siècle Physics."

(26)　Biagioli, "Social Status of Italian Mathematicians."

(27)　Pauly, *Controlling Life*.

(28)　Porter, "Death of the Object"; Heidelberger, *Innere Seite der Natur*.

(29) Pearson, *Grammar of Science*, 12, 77. 方法論の使用が科学の領域を拡大するというピアソンの言については Yeo, "Scientific Method" 参照.
(30) Pearson, *Grammar of Science*, 203–204, 353, 260.
(31) より詳細な議論については Porter, "Death of the Object" 参照.
(32) H. Johnson, *Order upon the Land*.
(33) Duncan, *Social Measurement*, 36.
(34) ここで言及した季節のサイクルは，ニューイングランドのインディアンの経験を反映している．Cronon, *Changes in the Land*, chap. 3; Merchant, *Ecological Revolutions* 参照.
(35) Landes, *Revolution in Time*, chap. 3.
(36) Thompson, "Time, Work Discipline, and Industrial Capitalism"; O'Malley, *Keeping Watch*.
(37) 定量化の文化がいつでも急進的で一様でありつづけるという性質については，Lave, "Values of Quantification" 参照.
(38) Kula, *Measures and Men*, 39.
(39) 同上，22.
(40) Heilbron, "The Measure of Enlightenment"; Schneider, "Maß und Messen"; Schneider, "Forms of Professional Activity." 多種多様な非十進法尺度がある時代に，算術の基礎をつくることの困難さについては Cohen, *A Calculating People* 参照.
(41) Heilbron, *Dilemmas of an Upright Man*, 53–54; Mirowski, "Looking for Those Natural Numbers."
(42) Kula, *Measures and Men*; Heilbron, "Measure of Enlightenment"; Alder, "Revolution to Measure."
(43) Smith and Wise, *Industry and Empire*, chap. 20; Schaffer, "Late Victorian Metrology."
(44) Cahan, *Institute for an Empire*.
(45) Lundgreen, "Measures for Objectivity," 94, 45.
(46) Friedman, *Appropriating the Weather*, 62–66; Latour, *We Have Never Been Modern*, 113.
(47) Hunter, "National System of Scientific Measurement," 869.
(48) Liebenau, *Medical Science and Medical Industry*, 6–8, 21, 41.
(49) Hatcher and Brody, "Biological Standardization of Drugs," 361, 369, 370.
(50) Burn, "Errors of Biological Assay," p. 146; ジギタリスについては Stechl, "Biological Standardization of Drugs," 132–149 参照．方法は，持続期間によって再分類された．1 時間，4 時間，12 時間など.
(51) Stechl, "Biological Standardization," chap. 9.
(52) Miles, "Biological Standards."
(53) 国際連盟保健機構 League of Nations, Health Organisation, *The Biological Standardisation of Insulin* (Geneva: League of Nations, April 1926); 引用は Henry H. Dale, "Introduction," 5–8 より.
(54) Miles, "Biological Standards," 289, 287.
(55) Burn et al., *Biological Standardization*, 5.

第 2 章　社会を記述する数値が妥当とされるまで

エピグラフは Dupuit, "De la mesure," 375 より．本章は私の論文 "Objectivity as Standardization" (1992) を収載したものである.
(1) 国勢調査については，Alonso and Starr, *Politics of Numbers*; Anderson, *American Census* を参照.

(2)　Converse, *Survey Research in the United States*, 138, 194, 267–304; Fleming, "Attitude: The History of a Concept," また Porter, "Objectivity as Standardization" からいくつかの文章をそのままひき写している.

(3)　最初の引用は国際疾病名集（international nomenclature of disease）の1903年版による．二つめの引用はConstance Perry and Alice Dolmanの論文による．ともにFagot-Largeault, *Causes de la mort*, 204, 229 所収.

(4)　Bru, "Estimations laplaciennes."

(5)　Bourguet, *Déchiffrer la France*, 216 および Brian, *Mesure de l'etat*, part 2.

(6)　Balzac, *Le curé de village*, chap. 12, at 131.〔訳註，ガリマール Gallimard 社の *Collection Folio*, 659（1975年版）では137（22–24行目)〕

(7)　Porter, *Rise of Statistical Thinking*, chap. 2; Hacking, "Statistical Language."

(8)　Himmerlfarb, *Poverty and Compassion*, 41.

(9)　Hacking, *Taming of Chance*, 47; Tompkins, "Laws of Sickness and Mortality"; "Editional Note," *Assurance Magazine*, 3 (1852–53), 15–17, at 15.

(10)　英国議会「共済組合に関する特別委員会報告書」*Report from the Select Committee on the Friendly Society Bill*, Parliamentary Papers, 1849, XIV, 1, testimony by William Sanders, 43–56, at 46. 事故統計はまた，介入の形式によって変化する．Bartrip and Fenn, "Measurement of Safety" を参照.

(11)　Trebilcock, *Phoenix Assurance*, 605.

(12)　Dickens, *Martin Chuzzlewit*, chap. 27, at 509–510. 彼はまた読者に，会員が会費を納入済みの資本など存在しないこと，会社は広告宣伝に誤った数字をのせること，報奨金は非常に低いこと，を伝えている．会社の明暗は，その役員たちの性格から紛れようもなく明らかであった.

(13)　Babbage, *Institutions for the Assurance of Lives*, 125.

(14)　Trebilcock, *Phoenix Assurance*, 211–212, 419, 552.

(15)　同上，607–608.

(16)　Supple, *Royal Exchange Assurance*, 176–177, 99.

(17)　英国議会下院「株式会社に関する特別委員会報告書，付・証拠についての覚書」*Report of the Select Committee on Joint Stock Companies, together with the Minutes of Evidence*, British Parliamentary Papers, House of Commons, 1844, VII, 147–148.

(18)　Ward, "Medical Estimate of Life," 252, 338, 336; reprinted from *American Life Assurance Magazine*. 本節は，Porter, "Precision and Trust" から引用した.

(19)　Desrosières and Thévenot, *Catégories socioprofessionelles*, 39.

(20)　Peterson, "Politics and the Measurement of Ethnicity."

(21)　Desrosières, "How to Make Things Which Hold Together"; Desrosières, "Specificités de la statistique"; また Desrosières and Thévenot, *Catégories socioprofessionelles*; Boltanski, *Les cadres*.

(22)　Thévenot, "La politique des statistiques."

(23)　Anderson, *Imagined Communities*; Revel, "Knowledge of the Territory"; Patriarca, *Numbers and the Nation*.

(24)　Zinoviev, *Homo Sovieticus*, 96.

(25)　Adorno, "European Scholar in America," 347, 366.

(26)　Miller and O'Leary, "Accounting and the Governable Person," 253 から引用．Chandler, *Strategy and Structure*; Johnson, "Management Accounting."

(27)　Hopwood, *Accounting System*, 2–3.

(28)　アメリカ連邦森林局の Richard Brown, 引用は Caufield, “The Pacific Forest,” 68 から．また Hays, “Politics of Environmental Administration,” 48.

(29)　Miller and O'Leary, “Accounting and the Governable Person”; Miller and Rose, “Governing Economic Life”; Rose, *Governing the Soul*. 多角的企業の会計に関する二つの古典的研究として，Brown, *Centralized Control*; Sloan, *My Years with General Motors*.

(30)　Sewell, *Work and Revolution*.

(31)　たとえばイングランド銀行は，19 世紀のはじめにごまかしの戦略として「移動平均」を創った．議会が銀行の正貨準備を明らかにするよう求めたときのことである．Klein, *Time and the Science of Means* を参照．

(32)　18 世紀について知るには，Brown, *Knowledge Is Power* を参照．この植民地時代のアメリカに対するブラウンの観察をあまりに広く一般化することは軽率であろうが，多くの部分はヨーロッパにもあてはまるように思える．

(33)　Palmer, *Age of the Democratic Revolution*; Habermas, *Structural Transformation of the Public Sphere*.

(34)　Cronon, *Nature's Metropolis*, chap. 3. また私の論文 “Information, Power, and the View from Nowhere” をみてほしい．

第 3 章　経済指標と科学の価値

エピグラフは Popper, *Open Society*, 22〔ポパー『開かれた社会とその敵』1，小河原・内田訳，40 頁〕より．本章は私の論文 “Rigor and Practicality” をもとにしている．

(1)　Feldman, “Applied Mathematics.”

(2)　Terrall, “Representing the Earth's Shape”; Greenberg, “Mathematical Physics.”

(3)　Latour, *Science in Action*; Desrosières, *Politique des grands nombres*.

(4)　Legoyt, remarks, 284 を参照．保険については，Duhamel, “De la necessité d'une statistique” を参照．

(5)　Hollander, “Whewell and Mill on Methodology.”

(6)　Whewell to Jones, July 23, 1831, in Todhunter, *Whewell*, Vol. 2, 353, 94. ヒューウェルの否定的な志向は，さらに 1829 年にジョーンズにあてた 2 通の手紙からも明らかである．Henderson, “Induction,” 16 に引用．

(7)　ヒューウェルのジョーンズ評，Whewell, *Essay*, 61.

(8)　Whewell, “Mathematical Exposition,” 2, 32.

(9)　Wise, “Exchange Value.”

(10)　Jenkin, “Trade-Unions,” 9, 15.

(11)　Jenkin, “Graphic Representation,” 93, 87.

(12)　Jenkin, “Incidence of Taxes.”

(13)　Barbbage, *On the Economy of Machinery and Manufactures*.

(14)　Lexis, “Zur mathematisch-ökonomischen Literatur,” 427.

(15)　Wise, “Work and Waste.”

(16)　同上，417.

(17)　引用（1855）は Wise and Smith, “The Practical Imperative,” 245 から．

(18)　Wise, “Work and Waste,” 224 に引用．

(19)　Lavoisier, *De la richesse territoriale de France* にある Perrot の序文およびラヴォワジエの本文を参照．

(20)　Fox, "Introduction" to Carnot, *Reflections*.

(21)　Grattan-Guinness, "Work for the Workers"; Grattan-Guinness, *Convolutions in French Mathematics*, chap. 16. 人間と機械による労働力の比較計測は 18 世紀にさかのぼり，特にフランスでおこなわれた. Lindqvist, "Labs in the Woods" を参照.

(22)　F. Caquot, 引用は Divisia, *Exposés d'économique*, x から.

(23)　Picon, *L'invention de l'ingénieur moderne*, 396, 452–453.

(24)　Fourcy, *Histoire de l'Ecole Polytechnique*, 350 からの引用.

(25)　ラプラスの改革については，第 6 章を参照. Crépel, *Arago* は学生の記録から講義を復元している. また，Grison, "François Arago" を参照.

(26)　Picon, *L'invention de l'ingénieur moderne*, e.g., 346; C. Smith, "The Longest Run."

(27)　Navier, "Comparaison des avantages" を参照.

(28)　レオンによるシュヴァリエの書評，Léon, *Travaux publics de la France* を参照.

(29)　たとえば，Coriolis, "Durée comparative de différentes natures de grés"; Reynaud, "Tracé des routes," しかしレノーは，実施費用の大小に関係する数式は，依拠するにはあまりに不十分であり，数式によらない定量化の技術が最良であると結論づけている.

(30)　Dupuit, *Titres scientifiques*, 3–10（複写がパリの国立図書館にある），また Tarbé de Saint-Hardouin, *Quelques mots sur M. Dupuit*, また Dupuit Dossier 10, Correspondance, II (uncatalogued), ともにパリ国立土木学校図書館 (BENPC).

(31)　Dupuit, "Sur les frais d'entretien des routes," 74. デュピュイの系統的維持の議論に独自性はないが，定量的な取り扱いは彼独自のものである. Etner, *Calcul économique en France*, chap. 2 を参照.

(32)　Julien, "Du prix des transports"; Ribeill, *Révolution ferroviaire*, 87–101.

(33)　Belpaire, *Traité des dépenses d'exploitation aux chemins de fer*, 26.

(34)　同上，577–578.

(35)　Navier, "De l'exécution des travaux publics." また Etner, *Calcul économique en France* および Ekelund and Hébert, "French Engineers" を参照 .

(36)　Kranakis, "Social Determinants of Engineering Practice," 32. はるかに時代を下って 1887 年に Veron Duverger は国家技術者を「彼ら理論家たちは……過酷な規制を課す著しい傾向を示した. また，商工業の精神に反してあまりにも抽象的な数学の圧政をしいた」と特徴づけた. Elwitt, *Making of the Third Republic*, 150 からの引用.

(37)　Kranakis, "Affair of the Invalides Bridge"; Picon, *L'Invention de l'ingénieur moderne*, 371–384. 代用橋を建築したのはマルク・セガンであり，彼は 1822 年にナヴィエの独断の犠牲になった人物であった. セガン一族および橋の建築については，Gillispie, *Montgolfier*, 154–177 を参照.

(38)　Dupuit, "Influence des péages," 213.

(39)　Dupuit, *Titres scientifiques*, 31, Dupuit, *La liberté commerciale*, 230; Depuit, "Mesure de l'utilité des travaux publics."

(40)　Bordas, "Mesure de l'utilité des travaux publics," 257, 279.

(41)　Dupuit, "Influence des péages," 375; Depuit, "Mesure de l'utilité des travaux publics," 342, 372; Depuit, "De l'utilité et de sa mesure," in *De l'utilité*, 191.

(42)　Elwitt, *Third Republic Defended*, 51; シェイソンの引用は 67.

(43)　だいたい 1870 年代以降，物理学のエネルギー概念を利用する経済学の継続的な，しかし相対的に地味な伝統があった. 大部分は，古典的主流に対する慎重な破壊活動であった. Mar-

tinez-Alier, *Ecological Economics* を参照.

(44) Cheysson, "Cadre, objet et méthode de l'économic politique," 48.

(45) Cheysson, "Statistique géométrique." フランスの工学における図的方法については，Lalanne, "Tables graphiques" を参照.

(46) Divisia, *Exposés d'économique*, 101.

(47) Mirowski, *More Heat than Light*. より好意的な見方については，Schabas, *A World Ruled by Number* を参照.

(48) Etner, *Calcul économique en France*, 199, 238–239.

(49) Ménard, *Cournot*, 12 の引用．Dumez, *Walras*; Ingrao and Israel, *The Invisible Hand*.

(50) L. P. Williams, "Science, Education, and Napoleon I," 378.

(51) Shinn, *Savoir scientifique et pouvoir social*. 科学帝国建国者としてのラプラスについては，Fox, "Rise and Fall of Laplacian Physics" を参照.

(52) Dhombres, "L'Ecole Polytechnique," 30–39.

(53) Zwerling, "The Ecole Normale Supérieure" は，高等師範学校が科学研究を教育する場としてエコール・ポリテクニークを抜いた年を 1840 年としている.

(54) Ménard, *Cournot*, 63–64.

(55) 同上，44, 93–110, 139, 200.

(56) 同上，5, 15.

(57) Cournot, *Théorie des richesses*, 22–25.

(58) クールノーはまた，機械の仕事を計測することについても書いている．Ménard, "La machine et le coeur," 142 を参照.

(59) Walras to Cournot, March 20, 1874, letter, 253, in Jaffé, *Correspondence of Léon Walras*.

(60) Walras to Ferry, March 11, 1878, letter 403, in Jaffé, *Correspondence of Léon Walras*. また letter 444 to Ferry 参照のこと.

(61) Letters from Hippolyte Charlon, September 22, 1873, and to Charlon, October 15, 1873, numbers 234 and 236 in Jaffé, *Correspondence.*

(62) Charlon to Walras, January 30, 1876, letter 347 in Jaffé, *Correspondence*.

(63) 同上，vol. 3. ローランとの往復書簡は 1898 年の letter 1374 から始まる .

(64) Laurent, *Petit traité d'économie politique*.

(65) Jaffé, *Correspondence*, letter 1380.

(66) Laurent, *Statistique mathématique*, iv, l.

(67) Laurent to Walras, November 29, 1898, and reply December 3, 1898, letters 1374 and 1377; Walras to Georges Renard, July 1899, letter 1409, いずれも所収は Jaffé, *Walras*. 保険数理士のサークル（のちに協会）については，Zylberberg, *L'économie mathématique en France* を参照.

(68) Alcouffe, "Institutionalization of Political Economy."

(69) Renouvier to Walras, May 18, 1874, letter 274 in Jaffé, *Walras*.

(70) Walras to Jevons, May 25, 1877, letter 357 in Jaffé, *Walras* を参照.

(71) Newcomb, *Principles of Political Economy*; Moyer, *Simon Newcomb*.

(72) Wise and Smith, "Practical Imperative," 327–328 からの引用.

(73) Foxwell, "Economic Movement in England," 88, 90.

(74) McCloskey, "Economics Science."

(75)　Mehrtens, *Moderne—Sprache—Mathematik*. 数学を救出ととらえる着想は，1802 年のカール・フリードリヒ・ガウスからきている．

第 4 章　定量化の政治哲学

エピグラフは *Dialektik der Aufklärung*, 13 より．

(1)　Westbrook, *John Dewey*, 141–144, 170; Popper, *The Open Society and Its Enemies*, vol. 1, at 1; vol. 2, at 218.

(2)　Defoe, *The Complete English Tradesman*, 23; Ziman, *Reliable Knowledge*, 12.

(3)　Daston and Galison, "Image of Objectivity"; Dennis, "Graphic Understanding." 統計学的なイメージの客観性については Brautigam, *Inventing Biometry*, chap. 6 を参照.

(4)　Pearson, "Ethic of Freethought," 19–20.

(5)　Pearson, *Grammar of Science*, 6, 8.

(6)　Gillispie, *Edge of Objectivity*, 特に第 2 版（1990）の序文．Worster, *Nature's Economy*. 自己に対する実験的統制については，E. Keller, "Paradox of Scientific Subjectivity" を参照.

(7)　Ringer, *Decline of the German Mandarins*; Goldstein, "Psychological Modernism in France"; Porter, "Death of the Object."

(8)　チャールズ・メリアムへあてた手紙から．Ross, *Origins of American Social Science*, 403–404 からの引用.

(9)　Traweek, *Beamtimes and Lifetimes*, 162. 公開性よりも重要なのは，トラヴィークの感銘深い研究が取り上げているように，この文化のなかで成功するために女も男も払わねばならない犠牲である．実験物理学者のなかで，定量化への深い関与は，全体のなかのほんの一部にすぎない．このことはつけ加えておくべきことであろう．

(10)　Bulmer et al., eds., *Social Survey in Historical Perspective*, 特に編者による序の 35–38 頁．また Sklar, "*Hull-House Maps and Papers*"; Lewis, "Webb and Bosanquet."

(11)　Gigerenzer, *Empire of Chance*, chap. 7. 定量的研究が権力のない層を好むというこの傾向は，まだ残っているが，今では定量化の網はすべてのひとを含むほどにひろがっている．

(12)　Hacking, *Taming of Chance*; Rose, *Governing the Soul*.

(13)　Hilts, "*Aliis exterendum*"; Porter, *Rise of Statistical Thinking*, chaps. 2, 4; Dear, "*Totius in verba*."

(14)　Wiener, *Reconstructing the Criminal*.

(15)　Himmelfarb, *Poverty and Compassion*, 116; 統計学会については Cullen, *The Statistical Movement* を参照.

(16)　Funkenstein, *Theology and the Scientific Imagination*, 358.

(17)　Legoyt, "Congrès de statistique," 271.

(18)　Lécuyer, "L'hygiène en France"; Lécuyer, "Statistician's Role"; Brian, "Prix Montyon."

(19)　Brian, "Moyennes," 122; Kang, "Lieu de savoir social," 253; Coleman, *Death Is a Social Disease*.

(20)　Statistical Society of Paris, statutes, 7 からの抜粋.

(21)　Chevalier, opening address, 2.

(22)　Balzac, *Les Employés*, 1112.〔訳注，ガリマール Gallimard 社の *Collection Folio Classique*, 1669（1985 年版）では 287–288.〕

(23)　Foville, "Rôle de la statistique," 214.

(24)　Chevalier, opening address, 2–3. 1894 年に E. Levasseur が，アメリカ人特有の統計好みに言及

して，同様な説明をしているのが “Départment du travail” である．しかし，アメリカの公的な統計は，南北戦争後までは著しく場当たり的である．M. Anderson, *American Census* 参照．

(25) Porter, *Statistical Thinking*, 172–173.

(26) Loua, “A nos lecteurs.”

(27) Liesse, *Statistique*, 57.

(28) Faure, “Organisation de l'enseignement”; Cheysson, report of prize commission, 1883; Laurent, *Statistique mathématique*; Liesse, *Statistique*, 47 ほか各所.

(29) Starr, “Sociology of Official Statistics.”

(30) Daston, *Classical Probability*; Baker, *Condorcet* 参照.

(31) Bertillon, “Durée de la vie humaine,” 45, 47.

(32) Bertillon, “Mortalité d'une collectivité,” 29.

(33) Loua, comment.

(34) Foville, “La statistique et ses ennemis,” 448. Gondinet, *Le Panache*, 112; Labiche and Martin, *Capitaine Tic*, 18, 21.

(35) Le Play, “Vues générales sur la statistique,” 10.

(36) イポリット・カルノーに対するシモンの賛辞，引用は Charle, *Elites de la république*, 27 から．

(37) Oakeshott, “Rationalism in Politics,” 31.

(38) Horkheimer and Adorno, *Dialektik der Aufklärung*, 11; Marcuse, *Reason and Revolution*. その議論がいまでも魅力的であることは，Merchant, *Ecological Revolutions*, 266–267.

(39) Daston and Galison, “Image of Objectivity,” 82; Dear, “From Truth to Disinterestedness.”

(40) Peter Galison, “In the Trading Zone,” papers given at UCLA, December 1989.

(41) Ezrahi, *Descent of Icarus*. コミットメントと透明性とが政治的・哲学的・美学的に共鳴することについては Galison, “Aufbau/Bauhaus” を参照.

第５章　客観性に対抗する専門家

エピグラフは英国議会「保険協会に関する特別委員会報告書」*Report from the Select Committee on Assurance Associations*（以下 *SCAA*），British Parliamentary Papers, 1853, vol. 21, 246 の証言より．この章は，私の論文 “Quantification and the Accounting Ideal” および “Precision and Trust” から転載.

(1) ピアソンの優れた著書で Loki というペンネームで出版された *The New Werther* を参照のこと.

(2) Goody, *Domestication of the Savage Mind*, 15; Goody, *Literacy in Traditional Societies*; Graff, *Legacies of Literacy*, 54–55.

(3) R. H. Parker, *Accountancy Profession in Britain*, 4, 26–29; Jones, *Accountancy and the British Economy*; Gourvish, “Rise of the Professions.”

(4) Lavoie, “Accounting of Interpretations” は，会計の実証主義を批判している．Ansari and McDonough, “Intersubjectivity” も同様.

(5) Wagner, “Defining Objectivity in Accounting,” 600, 605.

(6) Johnson and Kaplan, *Relevance Lost*, 特に chap. 6; 引用は 125.

(7) Chandler, *Visible Hand*, 267–269, 273–281; H. T. Johnson, “Nineteenth-Century Cost Accounting”; Johnson and Kaplan, *Relevance Lost*.

(8) Temin, *Inside the Business Enterprise*, 特に Lamoreaux, “Information Problems and Banks”; また私の小論

"Information Cultures" を参照のこと.

(9)　Zeff, "Evolution of Accounting Principles."

(10)　Zeff, *Accounting Principle*, 1-2 にある May, "Introduction" (1938) は，アメリカ会計研究所総会の開会の辞で，特に「会計原理の言明」について述べたもの．Wilcox, "What is Lost" (1941), in Zeff, *Accounting Principle*, 96, 101; Werntz, "Progress in Accounting" (1941), in Zeff, *Accounting Principle*, 315-323.

(11)　Flamholz, "Measurement in Managerial Accounting." 世界恐慌の時代，デフレーションの期間には，規則は明らかに会社にとって好ましくないものであった.

(12)　Chambers, "Measurement and Objectivity," 268.

(13)　Arnett, "Objectivity to Accountants," 63 からの引用.

(14)　Burke, "Objectivity and Accounting," 842.

(15)　Bierman, "Measurement and Accounting," 505-506.

(16)　Ijiri and Jaedicke, "Reliability and Objectivity," 引用は 474, 476.

(17)　Ashton, "Objectivity of Accounting Measures," 567; また Parker, "Testing Comparability and Objectivity."

(18)　Wojdak, "Levels of Objectivity."

(19)　Ashton, "Objectivity of Accounting Measures."

(20)　続く規則については Bloor, "Left and Right Wittgensteinians" 参照.

(21)　Loft, "Cost Accounting in the U.K."; また Burchell et al., "Value Added in the United Kingdom" を参照.

(22)　Power, "After Calculation."

(23)　Barnes, "Authority and Power."

(24)　American Psychological Association, *Publication Manual*, 19.

(25)　Gowan, "Origins of Administrative Elite"; Perkin, *Rise of Professional Society*; Reader, *Professional Men*.

(26)　MacLeod, *Government and Expertise*; Smith and Wise, *Energy and Empire*, chap. 19; Hunt, *The Maxwellians*, chap. 6; Harris, "Economic Knowledge."

(27)　Heclo and Wildavsky, *Private Government of Public Money*, 2, 15, 61-62.

(28)　Harris, "Economic Knowledge," 394.

(29)　Self, *Econocrats and the Policy Process*.

(30)　Colvin, *Economic Ideal in British Government*; Ashmore, et al., *Health and Efficiency*.

(31)　Wynne, *Rationality and Ritual*, 65-66; Williams, "Cost-Benefit Analysis," 200.

(32)　Gowan, "Origins of Administrative Elite"; Greenleaf, *A Much Governed Nation*; Brundage, *England's Prussian Minister*; Hamlin, *Science of Impurity*.

(33)　Farren, "Life Contingency Calculation," 185-187, 121.

(34)　Bailey and Day, "Rate of Mortality," 318; Lance, "Marine Insurance," 364.

(35)　Alborn, "A Calculating Profession."

(36)　2 通の匿名の手紙 "Solution of Problem" と "The Same Subject," *Assurance Magazine*, 12 (1864-66), 301-2.

(37)　Campbell-Kelly, "Data Processing in the Prudential."

(38)　英国議会「共済組合に関する特別委員会報告書」*Report from the Select Committee on Friendly Societies*, British Parliamentary Papers, 1849, XIV, Francis G. P. Neison による証言，8.

(39) Jellicoe, "Rates of Mortality"; Day, "Assuring against Issue."

(40) Curtin, *Death by Migration*. このような調査の例として，Jellicoe, "Military Officers in Bengal" がある．Trebilcock, *Phoenix Assurance*, 552–565 は，ペリカン社によって課された追加料金を論じている．

(41) Brown, "Fires in London"; Lance, "Marine Insurance," 362. それでもやはり専門家のあいだでは，平均値からの変動があることはよく知られていた．確率の議論は，共済組合が合理的に安全といえるためには少なくとも 150 から 300 の加入者を必要とする，といった議論をするために使われた．チャールズ・バベッジはこれを特別委員会で説明した（英国議会下院「共済組合に関する法律についての特別委員会報告書」*Report from the Select Committee on the Laws respecting Friendly Societies*, British Parliamentary Papers, House of Commons, 1826–27, III, 28–33）．委員会は，疫病の影響を質問することによって彼の主張の効果を弱めた．疫病は，標準の確率計算を応用できなかった．

(42) McCandlish, "Fire Insurance," 163.

(43) Trebilcock, *Phoenix Assurance*, 355, 419, 446 ほか各所.

(44) Francis G. P. Neison による証言，*SCAA*, 204.

(45) Gray, "Survivorship Assurance Tables," 125–126.

(46) H. Porter, "Education of an Actuary," 108–111.

(47) 同上，108, 112, 116, 117.

(48) Farren, "Reliability of Data," 204.

(49) Alborn, "The Other Economists," 236.

(50) William S. D. Pateman による証言，*SCAA*, 282.

(51) John Finlaison による証言，*SCAA*, 49–64.

(52) Ryley, in *SCAA*, 246. また George Taylor による証言，*SCAA*, 30; Charles Ansell による証言，*SCAA*, 70; James John Downes による証言，*SCAA*, 105.

(53) 英国議会下院「株式会社に関する特別委員会報告書，付・証拠についての覚書」*Report of the Select Committee on Joint Stock Companies, together with the Minutes of Evidence*, British Parliamentary Papers, House of Commons, 1844, VII, Charles Ansell による証言 (1841), 49.

(54) *SCAA*, Charles Ansell による証言，69, 74, 82.

(55) Samuel Ingall in *SCAA*, 158–159, 165.

(56) Ansell, 81; Downes, 105, 107, 108; Neison, 197; Farr, 303, いずれも *SCAA*.

(57) 英国議会下院「共済組合に関する法律についての特別委員会報告書」，1824, IV, 18, これは 59th Geo. 3. c. 128 に言及している．委員会は，この規定が下院通過の前に削除されたと報告している．しかし，何人かの証人は，この尺度に効果があったかのように話している．

(58) 同上の報告書内の William Morgan による証言，52, および Thomas John Becher による証言，30. ベッカーは最終的に保険数理士を，数学者として「流動の問題」を解決でき，「算術的にも代数的にも計算できる」ひとと定義している．

(59) 株式会社に関する特別委員会での証言，1844, 81.

(60) Downes, 108; Jellicoe, 188, 184, いずれも *SCAA*.

(61) Thomson, 85–104; Edmonds, 138, いずれも *SCAA*.

(62) Francis G. P. Neison, in *SCAA*, 196.

(63) John Adams Higham in *SCAA*, 213, 220.

(64) Thomson in *SCAA*, 97; Alborn, "The Other Economists," 239.

第6章　フランスの国家技術者と技術官僚の曖昧さ

エピグラフは Divisia, *Exposés d'économique*, 47 より．

(1) Etner, *Calcul économique en France*, 22, 115.

(2) Gillispie, "Enseignement hégemonique"; Kranakis, "Social Determinants of Engineering Practice."

(3) Picon, "Ingénieurs et mathématisation"; Picon, *L'invention de l'ingénieur moderne*, 371–388, 424–442.

(4) Gispert, "Enseignement scientifique."

(5) Picon, *L'invention de l'ingénieur moderne*, 309.

(6) 同上，422, 511–512; Couderc, *Essai sur l'Administration*, 54.

(7) この理事会は，総括監察官と幾人かのパリの役人からなっていた．階層性は完全に単純とはいえず，人数は時期によって異なったが，19 世紀のあいだの大部分は，だいたい 5 人の総括監察官がいた．その下にだいたい 15 人の部門監察官がおり，おそらく 105 人の主任技術者がおり（それぞれ一つの部門に責任を負っていた），300 人あるいはそれ以上のふつうの技術者，および意欲にあふれた新人技術者，学生の一団がいた．以下を参照のこと．Picon, *L'invention de l'ingénieur moderne*, 314–317; Gustave-Pierre Brosselin, *Note sur l'origine, les transformations, et l'organisation du Conseil général des Ponts et Chaussées*, Bibliothèque de l'Ecole National des Ponts et Chaussées（以下 BENPC), c1180 x27084. 土木局の幹部役員の詳細なリストは，各年度ごとに以下を参照（年鑑の表題はさまざまである）．*Almanach National* / *Almanach Royal* / *Almanach Impérial*, under Ministère des Travaux Publics.

(8) たとえば，H. Sorel, président, "Embranchements de Livarot à Lisieux et de Dozulé à Caen: Observations de la Chambre de commerce de Honfleur," 1874 年 6 月 16 日の会議，BENPC, c672 x12022. オンフルールの町は，他のすべての町と同様，よい鉄道サービスを得ようとし，競合する路線を妨害しようとした．

(9) "Enquêtes relatives aux travaux publics," reprinted in Picard, *Chemins de fer français*, vol. 4, "Documents Annexes," 1–3; Henry, *Formes des Enquêtes administratives*; Thévenez, *Legislation des chemins de fer*, 78–85; そして特に，Tarbé des Vauxclairs, *Dictionnaire des travaux publics*, "Enquête" の項，237–239, および "De commodo et incommodo" の項，195.

(10) Tarbé, *Dictionnaire*, "Concours de l'Etat aux travaux particuliers, concours des particuliers aux travaux publics" の項，153–154.

(11) フランス土木局は，鉄道事業におけるイギリスの先進性に敬意を払い，イギリスの鉄道の商業的評価について翻訳を出版している．たとえば Booth, "Chemin de fer de Liverpool à Manchester." こういった仕事は，ただ単に鉄道におけるイギリスの技術的リードを反映しているだけではなく，イギリスの洗練された投資家たちへの期待をも反映している．議会もまた説得しなければならない相手だった．すべての運河，鉄道，その他の建築物で所有権の侵害をふくんでいるものは，議会法案が必要であるということを．これは通常，まったくの敵対的手続きを意味する．なぜならある路線に反対することは，より多額の補償金を得るのによい方法であり，反対尋問に続いて路線の価値を主張する証言をふくんでいたからである．このシステムを作動させる手腕は，高いレベルの技術者に求められる本質的な技能であった．Hamlin, "Engineering Expertise and Private Bill Procedure in Nineteenth-Century Britain," paper at Joint Anglo-American His-

tory of Science meetings, Tronto, July 25–28, 1992 を参照.

(12) John H. Weiss, "Careers and Comrades," unpublished manuscript, chap. 4.

(13) Geiger, "Planning the French Canals." 鉄道の見積もりはよいものではなかった. 1830年代に土木局は，パリからレ・アヴルまでの費用を50%も低く見積もっていた. Dunham, "How the First French Railways Were Planned," 19 を参照.

(14) Minard, "Tableau comparatif."

(15) Chardon, *Travaux publics*, 24 ほか各所.

(16) Etner, *Calcul économique en France*, 129 に引用.

(17) Picon, *L'invention de l'ingénieur moderne*, 321; Fichet-Poitrey, *Le Corps des Ponts et Chaussées*. また E. Weber, *Peasants into Frenchmen* は，田舎でフランス国家のアイデンティティが形成されていく動因として，鉄道は学校と並ぶ鍵であったとしている.

(18) Louvois（パリ発ブルゴーニュ経由リヨンゆき鉄道の中央委員会の委員長）による "Au rédacteur" に，出典なしに引用（そして反論）されている. 論争となったのは，パリからストラスブールへの直行線の建設である. 彼は，都市や町をぬって回り道する路線の方を好んだ. 1840年代のフランス鉄道計画については，Pinkney, *Decisive Years in France* を参照.

(19) Courtois, *Questions d'économie politique*, 1; 数式は 4–6 で引用されている.

(20) Courtois, *Choix de la direction*, 59, 9, 15. また Etner, *Calcul économique en France*, 127–128 を参照.

(21) Courtois, *Choix*, 52; Jouffroy, *Ligne de Paris à la Frontière*, 76, 190–191.

(22) Minard, *Second Mémoire*. 鉄道計画については，C. Smith, "The Longest Run" を参照.

(23) Daru, *Chemins de fer*, 121, 136.

(24) "Rapport de la commission chargée de l'examen des project du chemin de fer de Paris à Dijon, Resumé," unpublished manuscript, BENPC x6329. このレポートには，Fèvre, Kermaingant, Hanvilliers, Mallet, Le Masson による署名がある.

(25) Teisserenc, "Principes généraux," 6–8.

(26) Albrand, *Rapport de la Commission*; Lepord, "Rapport de l'Ingénieur en chef du Finistère," October 11, 1854, BENPC, manuscript, 2833.

(27) Jean-Auguste Philipert Lacordaire, "Chemin de fer de Dijon à Mulhouse," 3 parts dated March 20 and March 24, 1854, BENPC c394 x6248–6250; Lacordaire, "Chemin de fer de Dijon à Mulhouse, Ligne mixte dite de Conciliation, par Gray et Vallée de l'Ognon; Avantages et Désavantages de cette Ligne," dated April 2, 1845, BENPC c394 x6247.

(28) フランス下院会議録付属文書 Chambre des desputés, Annexe au procès verbal de la séance du 4 juin 1878, no. 794,「鉄道を補足する交通網の現在価値の格づけに関する法案，提案は……M. C. ド・フレシネによる」, 3.

(29) フランス国民議会会議録付属文書 Assemblée Nationale, Annexe au procès verbal de la séance du 7 juillet 1875, no. 3156, 報告者クランツ「仏英間海底鉄道の公的効用認定と利用権の設定を目的とした報告書」.

(30) Chardon, *Travaux publics*, 171–180. 官僚的遅延と，土木局による運河への時代遅れの関与は，フランスにおける鉄道建設が相対的にゆっくりなペースであるという理由から，しばしば非難された. この活動は Ratcliffe, "Bureaucracy" では，より好意的に描かれている.

(31) たとえば，国民議会会議録付属文書 Assemblée Nationale, Annexe au procès-verbal de la séance du 13 juillet 1875, 報告者アクローグ「南仏鉄道会社の鉄道路線の公的効用認定と利用権の設定

を目的とした報告書」.

(32)　「土木局理事会の審議．原本．1869 年第 4 四半期」．12 月 23 日の会議．AN F14 15368.

(33)　フランス国民議会会議録付属文書 Assemblée Nationale, Annexe au procès verbal de la séance du 3 février 1872, no. 1588. 報告者エルネスト・セザンヌ「鉄道および他の輸送手段に関する調査委員会の名のもとで，カレーからマルセイユへの直行線の利用権設定に関する嘆願書についての報告書」.

(34)　フランス国民議会会議録付属文書 Assemblée Nationale, Annexe au procès verbal de la séance du 23 février 1875, no. 2905, 報告者エルネスト・セザンヌ「いくつかの鉄道の公的効用認定，およびパリ—リヨン—地中海鉄道会社の利用権設定に関する報告書」.

(35)　これは，アミアンからディジョンゆきの線に関係した計画で，1869 年に提案された．Picard, *Chemins de fer français*, vol. 3, 326.

(36)　同上，vol. 1, 273–276, 294–295 ほか各所．ピカールは，土木局の総括監察官を務め，公共事業省の鉄道部門長を務め，国務院のメンバーを務め，結局は国務院の副議長となった.

(37)　たとえば，MM. Mellet et Henry（パリからルーアンおよび海岸へ向かう鉄道の落札者と同定される），*L'Arbitraire administratif*.

(38)　Baum, "Longueurs virtuelles."

(39)　Baum, "Etude sur les chemins de fer."

(40)　Michel, "Trafic probable." ミシェルの方法の分析は，匿名の著者による "Moyens de déterminer l'importance du traffic d'un chemin de fer d'intérêt local," *Journal de la Société de Statistique de Paris*, 8 (1867), 132–133. また Etner, *Calcul économique en France*, 185–190 も参照.

(41)　Baum, *Chemins de fer d'intérêt local du Département du Morbihan: Rapport de l'Ingénieur en chef* (Vannes: Imprimerie Galles, 1885); 私は図書館の複写 BENPC c1006 x18978 を用いた.

(42)　Fournier de Flaix, "Canal de Panama." パナマ運河のこれらの費用と収益の見積もりは，大きな変動がある．しかしこれらは，両大洋間運河調査国際会議の統計委員会によって正当と認められた．この統計委員会は，著名な統計学者である E. レヴァスールをリーダーとしている．Simon, *The Panama Affair*, 30–31 を参照．しかしフランスの名声は，費用と収益の予測と同じくらい多くの公債を費やした．特にトラブルの兆候が現れたあとにはそうであった.

(43)　総括監察官シェールによってつくられた報告書の概要による．この報告書は，主任技術者ラテラドがまとめたもので，ヴィルヌーヴからファルゲイラに向かう路線案についてだった．土木局理事会鉄道部門，項目番号 113，1879 年 1 月 4 日から 5 月 25 日までの審議の台帳にふくまれる．AN F14 15564 を参照．理事会のこの部門は，単純な地方の利便性に対して，より排他的でない注意を向けるよう求めて，さらに詳細な研究を重ねるため報告書を差し戻している.

(44)　レ・マンからグラン・リュセおよびバロンからアントワーヌに向かう線については，同上，項目番号 126,「総括監察官デスランドによる利用権設定と公的効用認定の要求についての報告書」参照.

(45)　Elwitt, *Making of the Third Republic*, chaps. 3–4.

(46)　Etner, *Calcul économique en France*, 148, 193ff.

(47)　C. ド・フレシネ「1878 年 5 月 14 日の下院での発言」が *Journal Officiel* の 1878 年 5 月 15 日号 25–26 に引用されている．Etner，同上から引用.

(48)　ジョルジュ＝メデリック・レシャラスによるセーヌ川下流の路線について，引用は（著者

不明）“La mesure de l'utilité des chemins de fer,” *Journal des économistes*, November 1879, offprint による．フレシネに続いて効用の計測について考察した2人の他の技術者は，オスラン（Hoslin, *Limites de l'intérêt public*）とラ・グルヌリー（La Gournerie, *Etudes Economicques*, appendix D, 65–68）である．前者はこれらの公的効用の計測は決定的に重要であると主張し，後者は国家の歳入をあまりに上まわる測定に対して懐疑を示した．

(49) Christophle, *Discours sur les travaux publics*, préface; Lavollée, “Chemins de fer et le budget.”

(50) Labry, “A Quelles conditions”; Larby, “Profit des travaux”; Doussot, “Observations sur une note de Labry”; Labry, “Outillage national.”

(51) Considère, “Utilité: Nature et valeur,” 217–348.

(52) Colson, “Formule d'exploitation de M. Considère”; Considère, “Utilité: Examen des observations”; Colson, “Note sur le nouveau mémoire,” 153.

(53) Colson, *Cours*, vol.6, *Travaux publics*, chap. 3.

(54) 国家の鉄道へのサポートと規制については，Doukas, *French Railroads and the State* を参照．

(55) たとえばフランス国務院，鉄道料金の施行に関する調査 Conseil d'Etat, *Enquête sur l'application des tarifs des chemins de fer* (Paris, Imprimerie National, 1850), BENPC c336 x5779; Poirrier, *Tarifs des chemins de fer*; Nöel, *Question des tarifs*.

(56) Tézenas du Montcel and Gérentet（サンテティエンヌ商工会議所の），*Rapport de la commission*（委員会報告）が典型的である．料金の設定については Ribeill, Révolution ferroviaire, 282–292 参照．

(57) Dupuit, “Influence des péages,” 225–229.

(58) Picard, *Chemins de fer*, chap. 3 (“Mesure de l'utilité des chemins de fer”), 280.

(59) Proudhon, *Des réformes dans l'exploitation des chemins de fer*, 引用は Tavernier, “Note sur tarification,” 575 による．

(60) Baum, “Des prix de revient”; Baum, “Note sur les prix de revient”; Baum, “Le prix de revient”; また La Gournerie, “Essai sur le principe des tarifs dans l'exploitation des chemins de fer” (1879), in La Gournerie, *Etudes économiques*; Ricour, “Répartition du trafic”; Ricour, “Prix de revient.”

(61) Tavernier, “Exploitation des grandes compagnies”; Tavernier, “Notes sur les principes.”; また少し前の時代のものだが，やや系統的でない批判として，Menche de Loisne, “Influence des rampes”; Nordling, “Prix de revient.”

(62) Baum, “Note sur les prix de revient” (1889); Tavernier, “Note sur les principes,” 570. 平均値に関する議論は，Feldman et al., *Moyenne, milieu, centre* を参照．

(63) Armatte, “L'économie à l'Ecole polytechnique”; Picon, *L'Invention de l'ingénieur moderne*, 452–453.

(64) Colson, *Cours*, vol.1, *Théorie générale des phénomènes économiques*, 1–2, 38–39, 引用は 39.

(65) コルソンがこれを占有するより前に，政治経済のコースは，教養課程の非技術者らによっておこなわれた．Joseph Garnier が 1846–81 年，Henri Baudrillart が 1881–92 年（*Cours d'économie politique. Note prises par les éleves. Ecole Nationale des Ponts et Chaussées*, 1882, BENPC 16034 参照）．

(66) Colson, *Cours*, vol. 6, *Les travaux publics*, 183.

(67) Colson, *Transports et tarifs*, chap. 2; Colson, *Course*, vol. 6, *Les travaux publics*, chap. 3.

(68) ワルラスは理由もなく，技術経済学がフランス鉄道を独占しているといって非難した．これが彼の確執の一つの理由である．Etner, *Calcul économique en France*, 106–107 を参照．

(69) Considère, “Utilité: Nature et valeur,” 349–354.; Colson, *Transports et tarifs*, 44. コンシデールはしか

し，非直接的な利便性を基礎に議論した．つまり，国家はこの点より低い料金を設定するのが賢明であることが多い，というものである．一方でコルソンは非直接的な利便性を最低限にするよう扱った．

(70) Colson, *Cours*, vol. 6, *Les travaux publics*, 209–211.

(71) Caron, *Histoire de l'exploitation*, 370–372.

(72) Colson, *Cours*, vol. 6, *Les travaux publics*, 210–211, 198–199.

(73) Weisz, *Emergence of Modern Universities*.

(74) Tudesq, *Grands notables*, vol. 2, 636.

(75) Brunot and Coquand, *Corps des Ponts et Chaussées*, 407; trans. in Kranakis, "Social Determinants," 33–34.

(76) Balzac, *Le curé de village*, chap. 23.〔訳注，ガリマール Gallimard 社の *Collection Folio*, no. 659（1975年版）では 226〕; Gaston Darboux, "Eloge historique de Joseph Bertrand," in Bertrand, *Eloges académiques*, x–xi.

(77) Arago, *Histoire de ma jeunesse*, 46.

(78) Picon, *L'invention de l'ingénieur moderne*, 92–93; Shinn, *L'Ecole Polytechnique*, 24–35. サン・シモン主義に関しては，Picon, *L'invention*, 455, 595–597 を参照．また Hayek, *Counterrevolution of Science*, ハイエクは，ポリテクニシャンの狭い科学的位置づけを誇張している．

(79) Fourcy, *Histoire de l'Ecole Polytechnique*, 351 に引用．

(80) Tudesq, *Grands notables*, vol. 1, 352.

(81) Weiss, "Bridges and Barrries," 19–20. これらの事柄に関するもっとも充実した議論は，Shinn, *L'Ecole Polytechnique* 参照．中央学校（エコール・サントラル）は，エコール・ポリテクニークよりももっと実践的な技術教育を提供し，また国家技術者よりも私企業の技術者を訓練するよう設置されたが，この中央学校もまた，強力なエリート主義をとり，19 世紀終わりには，国家の局の特徴をもつようにさえなった，とワイスは指摘している．Weiss, *Making of Technological Man* を参照．

(82) エコール・ポリテクニーク教育委員会会議録 Conseil d'Instruction, Ecole Polytechnique, minutes of meeting, t. 5, 1812 年 9 月 27 日の会議録，エコール・ポリテクニーク図書館アーカイヴ，ロゼール，フランス．

(83) 技術者 A. Léon が 1849 年に出版した小冊子から，彼は，単なる機械の操作者と技術者との大きな隔たりについて書いている．Kranakis, "Social Determinants," 28–29; Weiss, "Careers and Comrades," chap. 6 参照．

(84)「ストルム氏によって，公共事業委員会の名のもとに書かれた報告書．土木局の組織変革と技術者採用法変革に関する法案について」，*Le Moniteur universel*, 1848 年 12 月 19 日号 3606–3610; ジュール・デュピュイ「いかにしてわれわれは土木局員を募集すべきか」，上記報告書に対する返答の修正原稿，日付なし，Dupuit papers, dossier 7, BENPC, uncatalogued.

(85) Shinn, *L'Ecole Polytechnique*, 119 参照．

(86) 同上各所，および Charle, *Elites de la République*; Picon, "Années d'enlisement."

(87) Suleiman, *Elites in French Society*, 163, 165. イギリスの公務員については，第 5 章参照．

(88) Suleiman, *Elites in French Society*, 168.

(89) Suleiman, *Politics, Power, and Bureaucracy*, 262; C. Day, *Education for the Industrial World*, 10.

(90) Suleiman, *Politics, Power, and Bureaucracy*, 246. ここで彼は，Thoenig, *L'ère des technocrates* を批判している．

(91) デュピュイの往復書簡，in dossier 9 of Dupuit file, BENPC, uncatalogued 参照．たとえば，1827 年 12 月に，デュピュイがル・マンの死に傷ついていたため，コモワはお悔やみの手紙を送っている．1827 年 10 月にジュリアンは，ル・マンがヌヴェルよりも頭が鈍いはずはほとんどないが，しかし彼があまりに運河に没頭して，パリの楽しみ —— 知事，役人，上流社会，そして婦人をなつかしく思うことはなかった，と書いている．彼はまた，デュピュイなら異なっていただろうともつけ加えている．デュピュイはサロンにかかった総括監察官ベッケイやナヴィエの肖像画を切り裂いたのである．

(92) Berlanstein, *Big Business*, chap. 3, 引用は 113.

(93) ポリテクニシャンのキャリアについては，以下を参照．Kindleberger, "Technical Education"; Zeldin, *France, 1848–1945*, vol. 1; Berlanstein, *Big Business*.

(94) Elwitt, *Making of Third Republic*, 155.

(95) Sharp, *French Civil Service*, 33 に引用．

(96) Chardon, *Administration de la France*, 56, 58; Chardon, *Pouvoir administratif*, 34. シャルドンは，政治的干渉に異議を唱えた．しかし特に，86 人も知事がいることによる権威の分断に異議を唱えた．

(97) Fayol, *General and Industrial Management*, 33.

(98) 選抜試験システムについては，以下を参照．Zeldin, *France*, *1848–1945*, vol. 1, 118ff.; Gilpin, *France*, 103; Sharp, *French Civil Service*. 選抜試験システムはまた，短かった第二共和政の期間のあいだにも好まれた．Thuillier, *Bureaucratie et bureaucrates*, 334–339; Hippolyte Carnot, quoted in Charle, *Hauts fonctionnaires* を参照．

(99) Courcelle-Seneuil, "Etude sur le mandarinat français" (1872), in Thuillier, *Bureaucratie*, 104–113. 奇妙なことに，彼はひそかに選抜試験により大きな信頼をおいたまま問題を解決することを望んだ．

(100) Thuillier, *Bureaucratie*, 346 に引用．Joan Richard は "Rigor and Clarity", 303 で，エコール・ポリテクニークの草創期には，数学は知性の強さを測る客観的試験として「公正で，貴族的でない，能力主義社会」に貢献するものとして，価値がおかれていたと述べている．

(101) しかし，ジョゼフ・ベルトランは，この問題はもしポリテクニークが人文系の科目で学校独自の試験を課せば解決すると考えていた．以下を参照．エコール・ポリテクニーク改善委員会会議録 minutes of Conseil de Perfectionnement, Ecole Polytechnique, t. 8 (1856–1874), 1874 年 4 月 28 日の会議，342–343，エコール・ポリテクニーク図書館アーカイブ，ロゼール，フランス．また，Fayol, *General and Industrial Management*, 86.

(102) 同上（改善委員会会議録），359.

(103) Fougère, "Introduction générale," to Fougère, *L'administration française*, 3–9.

(104) Hoffman, "Paradoxes," 17; Suleiman, "From Right to Left."

(105) Luethy, *France against Herself*, 38; Legendre, *Histoire de l'administration*, 536–537; Hoffman, "Paradoxes," 9; Grégoire, *Fonction publique*, 70; Osborne, *A Grande Ecole*, 82, 86.

(106) Grégoire, *Fonction publique*, 101–104.

(107) Suleieman, *Politics, Power, and Bureaucracy*, 280–281.

(108) Sharp, *French Civil Service*, vii.

(109) Suleiman, *Elites in French Society*, 171.

(110) 同上，173.

(111) Fayol, *General and Industrial Management*, 82, 86.

(112)　Brun, *Technocrates et Technocratie*, 49, 74.

(113)　Kuisel, *Capitalism and the State*.

(114)　Zeldin, *France, 1848–1945*, vol. 2, 1128 は，1963 年においてさえ多くの「テクノクラート」は技術的知識というよりも一般的文化が彼らの成功の基礎であると考えていたことに注意を喚起している．反対の考え方，つまりテクノクラートは彼らの研究に閉じ込められた純粋理論家である，という考え方もよく見られる．例としては Bauchard, *Technocrates et pouvoir*, 9–11, しかし，このような考え方はあまり説得的ではない．

(115)　Brun, *Technocrates et Technocratie*, 82 に引用．

(116)　Jouvenel, *Art of Conjecture*. また以下を参照．Meynaud, "Spéculations sur l'avenir"; Gilpin, *France*, 231ff.

(117)　Fourquet, *Comptes de la puissance*. また Hackett and Hackett の著作 *Economic Planning in France* は，経済学モデリングやその他のすすんだ量的テクニックは 1960 年まではあまり使われていなかったと示唆している．

(118)　Servos, "Mathematics in America."

第 7 章　アメリカ陸軍技術者と費用便益分析の興隆

エピグラフはアメリカ連邦議会報告書 *Congressional Record*, 80 (1936), 7685 より．私がここでこの大言壮語を使ったからといって，発言者の悪名高い人種差別主義を好んでいるわけではないことをわざわざ明記する必要があるだろうか．

(1)　Shallat, "Engineering Policy"; Calhoun, *American Civil Engineer*, 141–181.

(2)　Harold L. Ickes, "Foreword," to Maass, *Muddy Waters*, ix.

(3)　Lundgreen, "Engineering Education"; Porter, "Chemical Revolution of Mineralogy."

(4)　Lewis, *Charles Ellet*, 11; Shallat, "Engineering Policy," 12–14.

(5)　Chandler, *Visible Hand*; Hoskin and Macve, "Accounting and the Examination."

(6)　Lewis, *Charles Ellet*, 17–20, 54; Calhoun, *Intelligence of a People*, 301–304.

(7)　たとえば Fink, *Argument* (1882).

(8)　Pingle, "Early Development." アメリカの開発においては，西部の土地の価値に関する 1880 年のガラティン報告書からはじまっている．Hines, "Precursors to Benefit-Cost Analysis" 参照．

(9)　Hays, "Preface, 1969," in *Conservation*; Wiebe, *Search for Order*, Haskell, *Emergence of Professional Social Science*.

(10)　アメリカ連邦議会下院治水委員会『治水計画と新しいプロジェクト —— ヒアリング……』House of Representatives, Committee on Flood Control, *Flood Control Plans and New Project: Hearing . . .*, April 20 to May 14 1941, 495. マクスパデンが，見物人を沸かすために演技していたのはたしかである．そして実際，その証言のなかで経済的定量化をいささか効果的に用いていた．そうしたからといって，彼がオクラホマの原油の権益を握っている人物から援助を受ける妨げにはならなかった．今回にかぎり，ダムは移動された．家を守るのに十分なくらい遠くへ．

(11)　Wright, "The Value and Influences of Labor Statistics" (1904), 引用は Brock, *Investigation and Responsibility*, 154 から．

(12)　W. Nelson, *Roots of American Bureaucracy*, chap. 4; Schiesl, *Politics of Efficiency*.

(13)　Glaeser, *Public Utility Economics*, chap. 6. グレイサーは，ICC（州際商務委員会）と以下の点で

合意した．資本効用の客観的価値づけは不可能であるということ，そして代わりに専門家判断を信頼する必要があるということ（438, 500, 638–639, 696）．

(14) Keller, *Regulating a New Economy*, 50, 63; また Brock, *Investigation and Responsibility*, 192–200.

(15) M. Keller, *Affairs of State*, 428; Skowronek, *Building a New American State*, 144–151.

(16) M. Keller, *Affairs of State*, 381–382; Hays, *Conservation*, 93, 213; Reuss and Walker, *Financing Water Resources Development*, 14.

(17) 第 61 回アメリカ連邦議会第 2 会期，1910 年，H.D.〔House of Representative Documents〕678 [5732],「テキサス州アランサス道港からタートル入江を経由してコーパス・クリスティに至る運河」Channel from Aransas Pass Harbor through Turtle Cove to Corpus Christi, Texas. ほかの例として，R. Gray, *National Waterway*, 222–223 参照.

(18) N.A. 77/496/3, 河川港湾技術者理事会，行政ファイル Administrative Files, 91, 125.

(19) 第 69 回アメリカ連邦議会第 1 会期 (1925, H.D. 125, Skagit River, Washington, 21．あるいは，この計算は覆される可能性があった．予測される洪水被害の資本価値によって，許容費用の限界が定義されるからである．この方法は，G. White, "Limit of Economic Justification" によって批判されている．

(20) 第 69 回アメリカ連邦議会第 1 会期 (1925), H.D. 123.

(21) 第 73 回アメリカ連邦議会第 1 会期 (1933), H.D. 31[9758], Kanawha River, West Virginia.

(22) 第 73 回アメリカ連邦議会第 1 会期 (1933), H.D. 45, Bayou Lafourche, Louisiana.

(23) Hammond, "Convention and Limitation."

(24) Barber, *New Era to New Deal*, 21.

(25) 治水プロジェクトのために計算された費用便益比の平均は，地域によって大きな差があった．多くの場所では（楽観的な計算に従って），その値は 1.6 から 3.0 あるいは 4.0 のあいだであった．しかし，ミシシッピ川下流では 4.8 であり，ミシシッピ上流では 13.7 であった．その値のばらつきをより公平に許容する必要性があったことから，なぜ，陸軍技術団が費用便益比に従ってプロジェクトの優先順位を割り当てることを拒んだのかが説明できる．下院公共事業委員会『治水プログラムの費用便益』H.R., Committee on Public Works, *Costs and Benefits of the Flood Control Program*, 第 85 回アメリカ連邦議会第 1 会期，House Committee Print no. 1, April 17, 1957 参照.

(26) Arnold, *1936 Flood Control Act*.

(27) Lowi, "State in Political Science," 5.

(28) *Congressional Record*, 90 (1944), 8241, 4221.

(29) John Overton in *Congressional Record*, 83 (1938), 8603.

(30) 下院治水委員会『包括的治水計画のヒアリング』*Comprehensive Flood Control Plans: Hearings*, 第 76 回アメリカ連邦議会第 3 会期，1940, 13. 同委員会『治水計画と新しいプロジェクト —— 1943 年および 1944 年ヒアリング』*Flood Control Plans and New Project: 1943 and 1944 Hearing*, 第 78 回アメリカ連邦議会第 1 および第 2 会期，20.

(31) 費用便益比 1.03 は，ペンシルヴァニア州リーハイ川のプロジェクトである．下院治水委員会『1946 年の治水議案』*Flood Control Bill of 1946*, 第 79 回アメリカ連邦議会第 2 会期，1946 年 4–5 月，23–26. ネチェズ川 = アンジェリーナ川については，下院公共事業委員会，河川港湾小委員会『1948 年の河川港湾議案』*Rivers and Harbors Bill of 1948*, 第 80 回アメリカ連邦議会第 2 会期，1948 年 2–4 月，189. プレスコット・ブッシュについては，上院公共事業委員会，治水

および河川港湾小委員会『ヒアリング —— 河川と港湾 = 治水 1954 年』*Hearings: Rivers and Harbors—Flood Contril, 1954*, 第 83 回アメリカ連邦議会第 2 会期, 1954 年 7 月, 20.

(32) いずれも *Congressional Record*, 80 (1936), 8641, 7758, 7576 より.

(33) 引用は Ferejohn, *Pork Barrel Politics*, 21 から.

(34) 下院公共事業委員会, 公共事業研究小委員会『公共事業研究のヒアリング』*Study of Civil Works: Hearings*, 第 82 回アメリカ連邦議会第 2 会期, 1952 年 3–5 月, 3 vols., Part 1, at 31, 11.

(35) 下院治水委員会『ヒアリング —— 包括的治水計画』*Hearing: Comprehensive Flood Control Plans*, 第 75 回アメリカ連邦議会第 1 会期, 1938 年 3–4 月, 306–307; 下院公共事業委員会, 治水小委員会『ヒアリング —— オハイオ州リッキング川ディロン・ダムの認証を取り消されたプロジェクトについて』*Hearings: Deauthorize Project for Dill Dam, Licking River, Ohio*, 第 80 回アメリカ連邦議会第 1 会期, 1947 年 6 月, 81. ダムの反対者たちに対して, コリーは, 険悪にほのめかしている.「率直にいって, われわれは彼らの動機を疑問視しています. われわれは彼らの動機を知らない. われわれは, 彼らがこのヒアリングの場に連れて来られたことは一度もないと思います」. 反対者たちは実際には, 上流に住む不運なひとびとであった. ダムができれば家や農地が数百フィートの水の底に沈んでしまうのである.

(36) ミシシッピ川の治水をめぐる現在の政治については, McPhee, *Control of Nature*, part 1, "Atchafalaya" 参照

(37) 下院治水委員会『ヒアリング』*Hearings*, 1938 年, 914, 927–928.

(38) 同上, 927, 912.

(39) 下院治水委員会『治水計画と新しいプロジェクト —— ヒアリング……』*Flood Control Plans and New Projects: Hearings . . .*, 1941 年 4–5 月, 728–729, 732.

(40) 同上, 824, 825. ウィッティントンは, これ見よがしの行動をあまりとらない傾向があったが, 最後には, この取り引きに我慢がならなくなった.「軍の技術者たちが, ここにいるわれわれよりも政治的圧力から自由であるなんて私は信じない. しかし, 何らかの不当, 不正な圧力があるとも思えない」.

(41) 下院公共事業委員会, 河川港湾小委員会『河川港湾議案, 1948 年 —— ヒアリング……』*Rivers and Harbors Bill, 1948: Hearings . . .*, 第 80 回アメリカ連邦議会第 2 会期, 1948 年 2–4 月, 198–199, 201.

(42) N.A. 77/111/1552/7249,「レビューの概要, プロジェクトの適用」"Outline of Review. Project Application," 1935 年 8 月 31 日付；下院治水委員会『1946 年ヒアリング』*1946 Hearings*, 119–122.

(43) 下院治水委員会『1946 年ヒアリング』*1946 Hearings*, 392, 675; 上院公共事業委員会, 治水および河川港湾改良小委員会『ヒアリング —— 河川と港湾 = 治水緊急法』*Hearings: Rivers and Harbors—Flood Control Emergency Act*, 第 80 回アメリカ連邦議会第 2 会期, 1948 年 5–6 月, 77–82. このような言葉の使い方は, プロジェクト報告書のなかにも見られる. たとえば, 第 76 回アメリカ連邦議会第 2 会期, H.D. 655 [10504], *Fall River and Beaver Creek, S. Dak.* 少なくとも一度は, 上院は, 新しいダムを陸軍技術団の報告書なしに提案している. これは, その年の終わりに, コネティカット川の治水を望むマサチューセッツ州とコネティカット州と, 多くの土地が水没しほとんど利益が得られないヴァーモント州とのあいだの意見の不一致に終わった. オヴァトンはこの失敗が例外的なものであると印象づけることに多くの努力を払った. それゆえこの件は先例にはならなかった. *Congressional Record*, 90 (1944), 8557 参照.

(44) 下院治水委員会『1943年および1944年のヒアリング』*1943 and 1944 Hearings*, vol. 1, 1943, 190–233. 引用は196, 225.

(45) 下院治水委員会『ヒアリング，1941年』*Hearings, 1941*, 512–521は，リトルミズーリ川の治水プロジェクトの技術者理事会に対する例外的ヒアリングから引用されている．ワシントンでの会合を，技術者理事会は断った．アーカンソー州での新しいヒアリングを，委員長のトマス・M. ロビンスは以下のように説明した．ヒアリングは，「アーカンソー州のたいへん有能な上院議員の並はずれた努力のおかげなんですよ，ミラーさん」．このような努力は，吟味のプロセスのあいだ中，確かに発揮された．1940年の技術団の公的な報告書は，保養の便益を定量化するための「不規則な」方法をすでに採用していたためである．この方法は農地の収入が徐々に増えることを予測し，そしてそれゆえ費用便益比を0.92にまで高めさえしたのである．第76回アメリカ連邦議会第2会期，H. D. 837 [10505], *Little Missouri River, Ark.*, 50参照.

(46) 下院治水委員会『ヒアリング，1938年』*Hearings, 1938*, 270–275参照．このなかで，マサチューセッツ州チコピーの商工会議所の代表は，町のなかのコネティカット川の堤防が経済学的に正当化され，また陸軍技術団の否定的報告書が不十分な評価をもとに，工場の閉鎖とそれに続く失業による間接的な損害を結論づけていると不平をいった．

(47) 技術団は，1950年代のどこかの時点までは，水管理の多目的使用に断固抵抗していたとして，決まって非難される．この解釈は，土地改良局の支持者たちによる技術団に対する攻撃から生まれたもののようだ．特に，Maass, *Muddy Waters*. 彼は，土地改良局が合理的で系統的な管理を求めて行政府のなかで戦うのに対し，技術団が偏狭な利益誘導型政治のために議会の支援を得て戦っているとした．私は，1940年代を通じて，また1930年代でさえ，技術団が河川管理の新しい目的を求める上で際立って勇敢であったことを発見した．特に技術団にゆだねられるのが水運と治水にかぎられていたときに．1950年代の終わりに，技術団は，マースに相談役として協力を求めた．彼が買収されたという告発は不公正なものである．しかし，技術団に専門家として関与することは，たしかに彼の技術団に対する意見を改めさせた．彼は，技術団は結局，多目的使用の河川計画を受け入れたと主張している．Reuss, *Interview with Arthur Maass*, 6参照.

(48) E. W. Opieによる証言，下院治水委員会『1946年ヒアリング』*1946 Hearings*, 86–90.

(49) 同上参照．引用は，上院商務委員会『ヒアリング —— 治水』Committee on Commerce, *Hearings: Flood Control*, 第79回アメリカ連邦議会第2会期，1946年6月，157, 228より．上流の利害は，やや効果的であった．ヴァージニア州知事の要求は，計算された費用便益比では少しコストがかさんだが，少なくともダムを20フィート低いところに造ることを上院に納得させた．*Congressional Record*, 92 (1946), 7087参照．1934年に，技術団の報告書は，ラパハノック川の氾濫を「重要ではない」とした．N.A. 77/111/1418/7249.

(50) 1946年のヒアリングは，下院河川港湾委員会『アーカンソー川と支流の改良……に関する……ヒアリング』*Hearings . . . on . . . the Improvement of the Arkansas River and Tributaries . . .*, 第79回アメリカ連邦議会第2会期，1946年5月8–9日，引用は3, 113．またMoore and Moore, *The Army Corps*, 31–33参照.

(51) 上院商務委員会『ヒアリング —— 河川と港湾』*Hearings: Rivers and Harbors*, 第79回アメリカ連邦議会第2会期，1946年6月，2, 39–45.

(52) 同上，61, 75, 86, 142–143.

(53) 同上，121–122, 125–126, 131. 技術団の反論報告は，143–153にある.

(54)　上院商務委員会，河川港湾小委員会『ヒアリング —— 河川港湾の公共事業建設について』*Hearings: Construction of Certain Public Works on Rivers and Harbors*, 第 66 回アメリカ連邦議会第 1 会期，1939 年 6 月，6, 10.

(55)　下院河川港湾委員会『アラバマ州，ミシシッピ州のトンビグビ川とテネシー川を連結する水路の改善に関する……ヒアリング』*Hearings . . . on the Improvement of Waterway Connecting the Tombigbee and Tennessee Rivers*, Ala. and Miss., 第 79 回アメリカ連邦議会第 2 会期，1946 年 5 月 1–2 日. 3–117 は 1939 年の報告書，119–178 は 1946 年の修正，179ff. にヒアリング，引用は 185.

(56)　下院歳出委員会『技術団公共事業プログラムの調査 —— 不備と軍の民間機能小委員会前のヒアリング』Committee on Appropriations, *Investigation of Corps of Engineers Civil Works Programs: Hearings before the Subcommittee on Deficiencies and Army Civil Functions*, 第 82 回アメリカ連邦議会第 1 会期，1951 年，2 vols., vol. 2, 引用は 154–155．のちに，この分析において環境の価値をどう見積もるかについての論争がおこった．Stine, "Environmental Politics" 参照.

(57)　たくさんの可能な例のなかでも，以下を参照，下院公共事業委員会，治水小委員会『ディロンダムの承認解除』*Deauthorize Dillon Dam* (1947), 8–11. 上院公共事業委員会，治水小委員会『1948 年ヒアリング』*1948 Hearings*, 100–112; E. Peterson, *Big Dam Foolishness*; Leuchtenberg, *Flood Control Politics*, 49.

(58)　下院公共事業委員会，公共事業調査小委員会『公共事業調査 —— ヒアリング』*Study of Civil Works: Hearings* (1952), part 2，同小委員会『農務省の治水プログラム報告書』*The Flood Control Program of the Department of Agriculture; Report*, 第 82 回アメリカ連邦議会第 2 会期，1952 年 12 月 5 日.

(59)　下院治水委員会『1946 年ヒアリング』*1946 Hearings*, 114 参照.

(60)　Leopold and Maddock, *Flood Control Controversy*.

(61)　下院治水委員会『1943 年および 1944 年ヒアリング』*1943 and 1944 Hearings*, vol. 2 (1944), 621.

(62)　「CVPS 取締役 Harlan H. Barrows から検査官〔Harry Bashore〕にあてたメモ，1944 年 3 月 15 日」in N.A. 115/7/639/131. 5.

(63)　ジョン・ペイジから内務省長官ハロルド・イックスにあてたメモ，1939 年 3 月 28 日，N.A. 115/7/639/131. 5. 彼の協力の事例は，パイン平原（キングズ川）とフリアントダムの両方の計画をふくんでいた.

(64)　イックスからローズヴェルトにあてた覚書，1939 年 7 月 19 日，N.A. 115/7/639/131. 5.

(65)　Worster, *Rivers of Empire*, chap. 5; Reisner, *Cadillac Desert*.

(66)　土地改良局のファイルは，キングズ川用水協会の W. P. ボーンからの 1936 年 1 月 2 日付の手紙からはじまっている（N.A. 115/7/1643/301）．キングズ川に政府ダムをつくる可能性は，すでに連邦動力委員会に知らされていた．以下参照．Ralph R. Randell, *Report to the Federal Power Commission on the Strage Resources of the South and Middle Forks of Kings River, California* (Washington, D.C.: Federal Power Commission, June 5, 1930), a copy of which in N.A. 115/7/1643/ B. W. ギアハルトの法案は，下院，1972 年 1939 年 2 月 7 日付.

(67)　"Kings Park and Pine Flat Tie Up Fails," *San Francisco Chronicle*, March 30, 1939, 12; letter, L. B. Chambers to Haryy L. Haehl, August 18, 1938, N.A., San Bruno, Calf., R.G. 77, uncatalogued general administrative files (1913–1942) of main office, South Pacific Division, Corps of Engineers, Box 17, FC 501. 水道会社と技術団とのより詳細なやりとりについては，N.A. (Suitland) 77/111/678/7402/1 参照.

(68)　マカスランドから名前不明の「水力工学者」にあてた手紙，1939 年 7 月 22 日付；S. P.

MacCasland, *Kings River, California. Project Report No. 29*, dated June 1939; ともに N.A. 115/7/642/301.

(69) 「R. A. Sterzik から」の電話の鉛筆書きのメモ，1939 年 2 月 25 日付参照．電話の受け手は名前不明であるが，3 つの貯水池容量ごとの年間便益，年間費用，そして「防御の程度」（容量を超える洪水の頻度の逆数で測定される）を表にして記録している．これはケルン川に関係する資料だが，ケルン川は，このすぐあとにキングズ川にまつわる論争と同じ論争にまきこまれた．N.A., San Bruno, R.G. 77, accession no. 9NS-77-91-033, Box 3, folder labeled "Kern River Survey."

(70) 1939 年 5 月 6 日付のメモ，B. W. スティール（技術者長）から技術者理事会にあてたもので，780,000 エーカーフィートの容量の貯水池を推薦している．また，1939 年 5 月 16 日付の手紙，主任技術者補佐の M. C. テイラーから部局技術者ウォレン・T. ハナムにあてたもの．またこの手紙への「コメント」，1939 年 5 月 29 日，地区技術者 L. B. チェンバーズから部局技術者経由主任技術者あて．および 1939 年 6 月？の手紙，ハナムから技術者理事会あて．以上すべて N.A. 77/111/678/7402/1; また 1939 年 5 月 18 日付メモ，チェンバーズからハナムあて，N.A. (San Bruno), general administrative files, main office of South Pacific Division of Coprs, Box 17, FC 501. ファイルのなかの（更新された）図表の位置から，それらはスティールによって，あるいはスティールのもとで準備されたことが示唆される．彼らはより小さなダムを支持していたので，土地改良局のファイルに，地区技術者の元の報告書とともにその複写もふくまれていることは，重要であると同時に驚きである．

(71) 1939 年 12 月 11 日の手紙，R. A. フィーラー（主任技術者）からジョン・ペイジ（土地改良局長官）あてを参照．ペイジは同じ日に，デンバーの主任技術者にあてたメモのなかでその変更を勧めている．以下参照．N.A. 115/7/642/301.

(72) 先述の註で言及したジョン・ペイジによるメモ参照．また，1939 年 10 月 28 日の手紙，デンバーの主任技術者からペイジあて．軍技術団のファイルのなかから私が見つけ出したもの．N.A. 77/111/678/7402.

(73) カリフォルニアでは，彼らは灌漑にこの 25% のさらに半分の費用しか認めたがらなかった．1939 年 6 月 15 日のメモ，地区技術者チェンバーズから部局技術者ハナムあて，また 1939 年 6 月 16 日のメモ，ハナムから技術者理事会あて参照，in N.A. (San Bruno), R.G. 77, general administrative files of main office, South Pacific Division, Box 17, FC 501.

(74) この等しい便益がマカスランドの『キングズ川プロジェクト』（註 68）でも提案された．特に技術団ファイルの報告書概要を参照．そこには地区技術者ハナムによる批判的コメントがつけ加えられていた．また，同様に主任技術者補佐のトマス・M. ロビンズあての批判的コメントも添えられていた．ハナムは，治水の便益は，灌漑の便益を大きく上回っていると主張した．しかしワシントンの技術団は，こんどは大統領からの圧力を感じ，すでに協定が結ばれていると言って大統領に熱心に忠告した．1940 年 1 月 16 日付，ロビンズからペイジへの手紙を参照．すべて N.A. 77/111/678/7402/1.

(75) 第 76 回アメリカ連邦議会第 3 会期，H.D. 639 [10503]，『キングズ川とトゥーレア湖，カリフォルニア……——事前評価と調査〔陸軍技術団による〕』*Kings River and Tulare Lake, California . . .: Preliminary Examination and Survey*, 1940 年 2 月 2 日；同，H.D. 631 [10501]，『カリフォルニア州キングズ川プロジェクト……——土地改良局報告書』*Kings River Project in California . . .: Report of the Bureau of Reclamation*, 1940 年 2 月 12 日．技術団報告書の時期早尚な公開については，以下を参照．イックスおよびフレデリック・デラノ（国家資源計画理事会）またはローズヴェルトあてのメモ，そして軍事秘書官ハリー・ウッドリングによる説明，in N.A. (San Bruno), gen-

eral administrative files, main office, South Pacific Division of Corps, Box 17, FC 501.

(76)　ローズヴェルトによる判断は，土地改良局報告書に印刷されている（H.D. 631）．陸軍技術団の使命に関する彼の理解，そしてイックスの意見については，以下参照．ローズヴェルトからウッドリングあてメモ，1940年6月6日付，そしてイックスからローズヴェルトあて，同日ホワイトハウスで受け取り．どちらの複写もN.A. (San Bruno), General administrative files, main office, South Pacific Division of Corps, Box 17, FC 501.

(77)　Maass and Anderson, *Desert Shall Rejoice*, 264–265; Hundley, *Great Thirst*, 261.

(78)　下院治水委員会『ヒアリング，1941年』*Hearings, 1941*, 97ff.; 同『1943年および1944年のヒアリング』*1943 and 1944 Hearings*, vol. 1, 249ff.; vol. 2, 588ff.; *Congressional Record*, 90 (1944), 4123–4124.

(79)　Maass and Anderson, *Desert Shall Rejoice*, 260. 技術団はキングズ川の便益の順位を，そのつど変えた．明らかに政治的な便宜のためである．Maass, *Muddy Waters*, chap. 5参照．しかし，これらの変更はまた純粋に，不確実性があることを反映してもいる．この証拠として，内部資料における順位づけの方法の議論が抽象的であることが挙げられる．たとえば，「カリフォルニア州キングズ川において承認されたパイン平原貯水池と関連する施設の費用配分の分析概要」陸軍技術団サクラメント部局の報告書，1946年10月28日，この資料の複写を私に提供してくれたサクラメント部局計画課のアレン・ルーイに謝意を表する．

(80)　上院灌漑および土地改良委員会，上院決議案小委員会，295，『ヒアリング――中央渓谷プロジェクト，カリフォルニア』*Hearings: Central Valley Project, California*, 第78回アメリカ連邦議会第2会期，1944年7月；*Fresno Bee*, issues of April 25, 26, 29, May 29, September 27, 30, October 5, 23, all 1941; また June 1943のいくつかの論文．特に大きな水の権益の利害関係者たちへの反対を初期に表明したものについては，以下の小冊子を参照．*Pine Flat News*, dated April 15, 1940, in N.A. 115/7/639/023.

(81)　下院公共事業委員会，公共事業分析小委員会『連邦水資源開発プロジェクトの経済分析……アラバマ州〔ロバート・〕ジョーンズ氏による』*Economic Evaluation of Federal Water Resource Department Projects: Report . . . by Mr. [Robert] Jones of Alabama*, 第82回アメリカ連邦議会第2会期，下院委員会報告書，第24号，1952年12月5日，14–18. 土地改良局は，ときに，総農業収益を純農業収益に変換することさえしなかった．A. B. Roberts, *Task Force Report on Water Resources Projects: Certain Aspects of Power, Irrigation and Flood Control Projects*, prepared for the Commission on Organization of the Executive Branch of the Government, Appendix K (Washington, D.C.: USGPO), January (1949), 21を参照．

(82)　Leslie A. Miller et al., *Task Force Report on Natural Resources: Organization and Policy in the Field of Natural Resources*, prepared for the Commission on Organization of the Executive Branch of the Government, Appendix K (Washington, D.C.: USGPO, January 1949), 23.

(83)　下院公共事業委員会，公共事業分析小委員会『経済評価』*Economic Evaluation*, 7; 同『ヒアリング』*Hearings*, 489–490; 下院治水委員会『1943年および1944年ヒアリング』*1943 and 1944 Hearings*, vol. 2 (1944), 640, 633. 土地改良局はこの会計の形式を，すべての河川流域に適用しようとさえした．よりよいプロジェクトが，もっとも悪いものを埋め合わせることができるようにである．Reisner, *Cadillac Desert*, 140–141. Elizabeth Drew, "Dam Outrage," 56は，以下の見解を引用している．費用便益の「計測は，パイクス山で栽培しているバナナが実る可能性を証明できるくらい十分に柔軟である」．この見解は，土地改良局の引き起こしたものとしか考えられな

いであろう．実際，土地改良局は特にコロラド州の山地や高原ではこれまでにない発案が必要だった．

(84) John M. Clark, Eugene L. Grant, Maurice M. Kelso, *Report of Panel of Consultants on Secondary or Indirect Benefits of Water-Use Projects*, dated June 26, 1952, 3, 12. マニュアルがつくられた理由は，土地改良局がF. I. A. R. B. C.〔連邦省際河川流域委員会〕*Proposed Practices* の承認を拒否したことである．これについてはのちに議論する．この報告書の複写については，N.A. 315/6/4.

(85) 下院公共事業委員会，公共事業分析小委員会，『アメリカ陸軍技術団の民生機能プログラム報告書……アラバマ州ジョーンズ氏による』*The Civil Functions Program of the Corps of Engineers United States Army, Report . . . by Mr. Jones of Alabama*, 第 82 回アメリカ連邦議会第 2 会期，1952 年 12 月 5 日，6 頁では，1930 年代から技術者理事会は，調査や予備調査のうち 55.2% に対して好ましくないという判断を下してきた，と報告している．多くの却下されたプロジェクトは，便益がより広範に定義されるようになってからのちに承認された．そうなってさえ，より疑念のあるプロジェクトを遅らせるために，技術団は費用便益の尺度を用いた．

(86) 1938 年にサクラメントの地区技術者 L. B. チェンバーズは，ネヴァダ州フンボルト川のプロジェクトを却下する決断を下した．利害関係者たちは，サンフランシスコの部局技術者，ウォレン・T. ハナムに異議を申し立て，彼らの水の価値は 1 エーカーフィートあたりたったの 1 ドルに過ぎないのに，南カリフォルニアの都会人は 20 倍以上の価値を認められている，と不平をいった．ハナムはうわべは説得されて，チェンバーズに分析を正当化してくれるように頼み，チェンバーズはそれをある程度詳細におこなった．詳しくは，N.A. (San Bruno), general administrative files, main office, Sauth Pacific Division of Corps, Box 17, FC 501. イナゴの計算は，ウィリアム・ウィップル・ジュニアによる 1987 年の未公刊の自伝で言及されている．この自伝は，陸軍技術団歴史資料室 Office of History, Army Corps of Engineers のアーカイブにある．技術者数については，以下参照．U.S. Commission on Organization of the Executive Branch of the Government, *The Hoover Commission Report* (New York: McGrawHill, 1949; reprinted, Westport, Conn.: Greenwood Press, 1970), 279.

(87) River and Harbor Circular Letter no. 39, June 9, 1936, in N.A. 77/142/11. 経済分析についての他の初期の回覧は，R&H 43 (June 22, 1936); R&H 46 (August 12, 1938); R&H 49 (August 23, 1938); R&H 42 (August 11, 1939); R&H 43 (August 14, 1939); R&H 62 (Decemeber 27, 1939); R&H 29 (June 1, 1940); R&H 43 (August 30, 1940). これらは N.A. 77/142/11–16 にふくまれる．1939 年と 1940 年の回覧の多くは，経済分析手続きの省際調整に関することである．1950 年代および 1960 年代初頭のいくつかのマニュアルは，陸軍技術団歴史資料室，XIII-2，1956–62 Manuals.

(88) J. R. ブレナンによるガリ版刷りパンフレットのなかで引用されている．これは，陸軍省に向けて書かれたものである．軍技術団ロサンゼルス地区『治水の便益 —— ロサンゼルス地区において治水の便益を評価する上で従うべき手順』*Benefits from Flood Control. Procedure to be followed in the Los Angeles Engineer District in appraising Benefits from flood control improvements*, 1943 年 12 月 1 日（より初期の版は，1939 年 10 月 1 日，1940 年 4 月 15 日）．N.A., Pacific Southwest Region (Laguna Niguel, California), 77/800.5. 主任技術者は，このパンフレットを他の地区に回覧することを認めたが，製本することは認めなかった．

(89) 下院治水委員会『堤防と洪水防壁についてのヒアリング，オハイオ川流域』*Hearings on Levees and Flood Walls, Ohio River Basin*, 第 75 回アメリカ連邦議会第 1 会期，1937 年 6 月，140–141.

(90) 史実にもとづく損害の平均値（13,888 ドル）が，「潜在的損害」（43,000 ドル）よりずっと

小さいことの例は，以下のなかにある．下院，第76回アメリカ連邦議会第3会期（1940），H.D. 719 [10505]，『オレゴン州およびワシントン州のワラワラ川とその支流』*Walla Walla River and Tributaries, Oregon and Washington*, 17．これらの方法の公式な議論については，陸軍技術団ロサンゼルス地区『治水の便益』*Benefits from Flood Control*, chaps. 1–2 参照．これらの一般的方法は，しばしばプロジェクト報告書で引用され，またときに，議会ヒアリングにおいてさえ引用される．たとえば，下院治水委員会『ヒアリング，1938年』，207.

(91)　第76回アメリカ連邦議会第2会期，H.D. 479 [10503], *Chattanooga, Tenn. and Rossville, Ga.*, 29–30, 33.

(92)　「コロラド州，カンザス州，ネブラスカ州の治水計画とリパブリカン川流域に関する覚書」，1942年7月13日．カンザスシティ地区技術者A. M. ニールソンから部局技術者にあてた覚書，1941年4月11日．ともにN.A. 77/111/1448/7402.

(93)　地区技術者C. L. ストルデバントから主任技術者事務所のトマス・M・ロビンズにあてた手紙，1939年12月11日，N.A. 77/111/1448/7402; また，下院，第76回アメリカ連邦議会第3会期（1940），H.D. 842 [10505], *Republican River, Nebr. and Kans*. (Preliminary Examination and Survey.)

(94)　承認は主に，どちらの機関もすでに考慮した大部分のプロジェクトを積み重ねることによってなされた．詳細な議論が以下にある．*Congressional Record*, 90 (1944), たとえば4132, on the Republican River. プロジェクト調査については，以下参照．第81回アメリカ連邦議会第2会期 (1949–1950), H.D. 642 [11429a], *Kansas River and Tributaries, Colorado, Nebraska, and Kansas*; また，Wolman et al., *Report*.

(95)　下院公共事業委員会，公共事業分析小委員会『公共事業研究』，25; 同『技術団の民生機能』，34（ともに1952年）.

(96)　J. L. Peterson of the Ohio River Division of the Corps, 1954, 引用はMoore and Moore, *Army Corps*, 37–39から．

(97)　ウィーラーについては，下院河川港湾委員会『トンビグビ川とテネシー川についてのヒアリング』*Hearings on Tombigbee and Tennessee*, 185参照．イザベラ貯水池については，*Definite Project Report. Isabella Project. Kern River, California. Part VII—Recreational Facilities* (August 27, 1948), Appendix A. "Preliminary Report of Recreational Facilities by National Park Service," in N.A. (San Bruno), R.G. 77, accession no. 9NS-77-91-033, Box 2参照．専門家の調査については，U.S. Department of Interior, National Park Service, *The Economics of Public Recreation: An Economic Study of the Monetary Value of Recreation in the National Parks* (Washington, D.C.: Land and Recreational Planning Division, National Park Service, 1949) 参照．議会は1932年の法律で，技術団がヨットやハウスボートなどで水上交通を支援する権限を与えた．Turhollow, *Los Angeles* District参照．

(98)　下院公共事業委員会，治水および河川港湾小委員会『ヒアリング ―― 貯水池からの保養効果の評価』*Hearings: Evaluation of Recreational Benefits from Reservoirs*, 第85回アメリカ連邦議会第1会期，1957年3月，33.

(99)　「客観性」への要求の議論は，メイン州のエドマンド・ムスキーによって提起された．予算局のアルマー・スターツが，判断に必須の要素について話したあとのことである．上院公共事業委員会，治水および河川港湾小委員会『ヒアリング ―― 土地取得政策と保養便益の評価』*Hearings: Land Acquisition Policies and Evaluation of Recreation Benefits*, 第86回アメリカ連邦議会第2会期，1960年5月，151．またU.S. Water Resources Council, *Evaluation Standards for Primary Outdoor Recreation Benefits* (Washington, D.C.: USGPO, June 4, 1964) 参照．

(100)　N.A. 315/2/1, first file, called "Interdepartment Group," 1943–1945. プライスの論文は，アラバマ州クーサ川水系のダムの提案に関係していた．

(101)　N.A. 315/2/1, 1st meeting, January 26, 1944.

(102)　N.A. 315/2/1, meetings 12 (January 25, 1945), 23 (December 27, 1945), 24 (January 31, 1946), 27 (April 25, 1946).

(103)　N.A. 315/6/1, 1st meeting, April 24, 1946. メンバーは，陸軍技術団治水部局の主任，G. L. ビアド，土地改良局プロジェクト計画長のJ. W. ディクソン，連邦動力委員会の河川流域主任のF. L. ウィーバー，農務省長官室のE. H. ウィーキングである．スタッフのうち2人は経済学者とわかる．農務省のN. A. バックと土地改良局のG. E. マクローニンである．彼らに加えて，農務省のM. M. リーガンが2回目の会合から参加しており，R. C. ライスもやはりスタッフの一員であった．

(104)　「便益費用実践の量的側面」についての最初の経過報告書は4つの省庁で使われ，小委員会の第29回会合の議事録に添付されている．2つめの経過報告書は「便益費用実践の測定」についてのもので，第50回会合で配布された．N.A. 315/6/1 および 315/6/3. 以下参照．連邦省際河川流域委員会，便益費用小委員会『河川流域の経済分析の実践提案プロジェクト』*Proposed Practices for Economic Analysis of River Basin Projects* (Washington, D.C.: USGPO, 1950), 58–70, 71–85.

(105)　複写は N.A. 315/6/3, 55th meeting にある．主要な著者は，315/6/5 のなかに書かれた作業分担の部分からはほとんど読みとれないが，明らかに，M. M. リーガン，E. H. ウィーキングである．また E. C. ウェイトセルと N. A. バックが補助として加わっている．

(106)　『実践提案』の第2版（1958）は，より強力な方法をとっており，それら〔訳注，二次便益〕の正当性を否定している．

(107)　FIARBC〔連邦省際河川流域委員会〕『実践提案』，7, 27. この本は，1958年版にあったいくつかの点を後退させている．引用した文章を削除し，「無形物」のうち景観価値についての価値の有効期限を表にしている．しかし，以下のような脚注も加えられている．「いくつかの無形物に正当化可能な消費価値を統一的に許可することは，事例によっては望ましいだろう」（7頁）．この点については Porter, "Objectivity as Standardization" を参照．

(108)　「便益費用に関する作業グループの第1回経過報告書 —— アーカンソー州ホワイト川＝レッド川」（アーカンソー州ホワイト川＝レッド川に関する省際委員会小委員会による），in N.A. 315/6/5 参照；またウォレス・R. ヴォウター「アーカンソー州ホワイト川＝レッド川流域の省際委員会の事例分析」，in U.S. Commission on Organization of the Executive Branch of the Government [second Hoover Commission], Task Force on Water Resources and Power, *Report on Water Resources and Power* (n.p. June 1955), 3 vols., vol. 3, 1395–1472 参照．助言を求められて，連邦省際河川流域委員会の小委員会は，受け取った対価の150件のリストと，農家から支払われた対価の175件のリストを提案した．そののち，両方を215にまとめ，比率を一定に保てるようにし，効果がないという予想になるようにした．

関係省庁は，テネシー峡谷開発公社にならぶような独立の官僚機構がつくられることを恐れて，これらの河川流域委員会で協力するよう動機づけられた．Goodwin, "Valley Authority Idea" 参照．

(109)　下院公共事業委員会，公共事業分析小委員会『公共事業の分析』*Study of Civil Works* (1952), 7. ピックは，アーサー・マースの著書 Arthur Maass, *Muddy Water* における技術団への厳しい批判を，「彼の行政哲学，政府により中央集権化された権威」をつくりあげる試みとして片づけ

た．マースの罪は，国家のアーカイブを使おうとしていることである．「陸軍技術団への批判は，その行政哲学を普及させるために選ばれた目的達成手段である．それは，われわれの偉大な政府のアーカイブにアクセスすることができ，情報を得て選択することができる小さな効果的なグループという行政哲学であり，そして，その情報とは，政府のさまざまな部局のリーダーによって書かれたり述べられたりしたもののなかに見いだされ，アメリカのすべてのひとびとには一般に利用可能ではないものである」．ウォーミング知事の批判的な論文に対し，ピックは答えている．「明らかにミラー氏は，技術団がアメリカ上院の選挙に影響力を行使できるという一つの信念をもっているだろう．これはもちろん，ばかげた考えだ」．同上，84, 107.

(110)　アメリカ予算局のファイルを参照．陸軍技術団歴史資料室「予算局 1947–1960 年のプロジェクト，技術団 1948–1960 年のプロジェクト」“Bureau Projects with Issues. 1947-1960. Corps Projects with Issues. 1948–1960” と題されたファイル．たとえば，1960 年 5 月 31 日付の保養便益に批判的な報告書，また計算された便益費用比が 0.93 となったプロジェクトに反対する報告書．生命の損失といったような「普通ではない重大な無形の便益」のような例をのぞいては，この数字は決定的である．予算局が技術団を統制しようとした無駄な努力については，Ferejohn, *Pork Barrel Politics*, 79–86 参照．予算局の後身である行政予算管理局は，連邦政府内の費用便益分析のもっとも積極的な提唱者となった．その権力は，少なくとも論文によれば，ロナルド・レーガン〔訳注，第 40 代大統領（1981–89）〕のときに頂点に達した．レーガンはすべての新しい規制が，費用便益分析で裏づけられることを要求した．このことは，意図されたとおり，新しい規制の意欲をそいだ．しかし，詳細にまで強制することは，行政予算管理局の手に余った．Smith, *Environmental Policy* を参照.

(111)　1949 年 12 月 15 日の草稿原稿より．陸軍技術団歴史資料室，公共事業の再組織化についてのファイル，1943–49，第一次フーヴァー委員会，III 3–13, “corresp: fragments, MG Pick. 1949.” U.S. Commission On Organization of the Executive Branch of the Government, *The, [first] Hoover Commission Report on Organization of the Executive Branch of Government* (New York: McGrawHill, 1949), chap. 12. C. H. チョーペニングによる技術団の反論については下院公共事業委員会，公共事業分析小委員会『公共事業の分析』*Study of Civil Works*（1952），61 参照.

(112)　U.S. Commission [2d Hoover Commission], *Report on Water Resources* (1955), vol. 1, 24, 104–110; vol.2, 630, 652–653. プロジェクトを評価するために客観的な討論の場を要求することは，技術者連合理事会で合意された．*Principles of a Sound Water Policy* (1951 and) *1957 Restatement*, Report No. 105, May 1957, のちに Carter, “Water Projects.” フーヴァー委員会やアメリカの官僚制度の合理化の努力については，Crenson and Rourke, “American Bureaucracy” 参照.

(113)　Moore and Moore, *Army Corps*; Reuss, “Coping with Uncertainty.”

(114)　たとえば，Clark, *Economics of Public Works*. これは，世界大恐慌のあいだに国家計画局および国家資源局の下で準備されていた仕事である．ジョージ・スティグラーは，1943 年に影響力のあった論文「新しい福祉経済」を書いたが，一連の効力ある執行機関を削減する一方で，便益を国家資源計画局に分配した．彼の著作 Stigler, *Unregulated Economist*, 52 参照.

(115)　Hammond, *Benefit-Cost Analysis*; Hammond, “Convention and Limitation.”

(116)　高速道路当局は，水資源分析のグリーン・ブックに対抗して「レッド・ブック」を開発した．American Association of State Highway Officials (AASHO), Committee on Planning and Design Policies, *Road User Benefit Analysis for Highway Improvements* (Washington, D.C.: AASHO, 1952); また Kuhn, *Public Enterprise Economics* 参照.

(117) Fortun and Schweber, "Scientists and the Legacy."

(118) Leonard, "War as Economic Problem"; Orlans, "Academic Social Scientists."

(119) 経済学者のなかには，自分たちの専門性が純粋な出自をもたないかもしれないことを否定したがり，代わりに福祉経済学の自然な副産物であると提案した．特にパレート最適を解釈したカルドア＝ヒックスがそのように主張した．しかし，実務家の費用便益分析の歴史は，しばしばそれが官僚制度を起源としていることを認めている．この考え方はハモンドの批判的歴史に適用されているだけでなく，以下にも適用されている．Prest and Turvey, "Cost-Benefit Analysis"; Dorfman, "Forty Years." 前者はイギリスの論文であるが，どちらも費用便益分析の起源は，特に陸軍技術団であることを指摘している．

(120) アメリカ農業経済局「灌漑水の価値と値段」，タイプ原稿，行政使用のみと記されている．California Regional Office (Berkeley), dated October 1943, no authors named, University of California, Berkeley, Water Resources Library Archives, G4316 G3-1. 農業経済局の計画の多くは，費用便益を考慮せず立てられているという私の印象は，そのアーカイブをざっと調査した情報にもとづくものである．それによると，水資源プロジェクト関連でも，1940年代後半以前は，常に便益を定量化しようという企図はなかった．たとえば，U.S. Department of Agriculture, *Water Facilities Area Planning Handbook*, January 1, 1941, in N.A. 83/179/5 を参照．1950年以降は，農業経済学者たちは，水資源プロジェクトの費用便益について定期的に出版しはじめ，のちには，他のプログラムの分析にも拡張される．たとえば，Regan and Greenshields, "Benefit-Cost Analysis"; Gertel, "Cost Allocation"; Ciriacy-Wantrup, "Cost Allocation"; Griliches, "Research Costs." 農業経済局の歴史については，Hawley, "Economic Inquiry," 293–299 参照．

(121) Regan and Greenshields, "Benefit-Cost" は，Clark, *Public Works*, and Grant, *Engineering Economy* を資料としている．

(122) Margolis, "Secondary Benefits"; Eckstein, *Water-Resource Development*; Krutilla and Eckstein, *Multiple-Purpose River Development*; McKean, *Efficiency in Government*; Margolis, "Economic Evaluation"; U.S. Bureau of the Budget, Panel of Consultants [Maynard M. Hufschmidt, chairman, Krutilla, Margolis, Stephen Marglin], *Standards and Criteria for Formulating and Evaluating Federal Water Resource Developments* (Washington, D.C.: Bureau of the Budget, June 30, 1961); Haveman, *Water Resource Investment*.

(123) Sagoff, *Economy of the Earth*, 76 参照．

(124) Weisbrod, *Economics of Public Health*; Weisbrod, "Costs and Benefits of Medical Research"; Hansen, "Investment in Schooling"; Dodge and Stager, "Economic Returns to Graduate Study."

(125) この主題は，以下の本で扱われている．Dorfman, *Measuring Benefits*. 引用は，Fritz Machlup, "Comment," on Burton Weisbrod, "Preventing High School Drop-outs," at 155 から．マクラップの意図は，ワイズブロッドが無視した「非経済的」価値を過小評価することにある（マクラップが彼の恐れゆえに引用している）．

(126) 詳細にわたり議論が尽くされた例として，デラウェア川流域の汚染対策の試みが，Ackerman, *Uncertain Search* で扱われている．彼の批判は，けっして経済的定量化に限定されてはいない．

(127) Fischhoff, *Acceptable Risk*, xii, 55–57, 引用は 57．利害関係のある集団がリスク分析を使用することに抵抗する一方で，彼らは，専門家判断の暗黙の作法をより好意的に見ていた．「専門家が限定された展望しかもっておらず，高いレベルの政策決定に対してほとんど影響をもたらさない場合には，幅の狭い解決策となってしまうだろう」(64 頁)．

(128)　以下に書かれている．Partha Dasgupta, Amartya Sen, and Stephen Marglin. 彼らはこの野望を実現不可能とよんでいたが，可能なかぎり追求しようと試みた．United Nations Industrial Development Organization, *Guidelines for Project Evaluation* (Project Formulation and Evaluation Series, no. 2; New York: United Nations, 1972), 172.

第8章　客観性と専門分野の政治

エピグラフは Finney, *Statistical Method*, 170 より．

(1)　Weber, *Economy and Society*, vol. 1, 225–226; また vol.2, 983–985. Habermas, *Structural Transformation* は，ウェーバーを当然のように扱い，国家行政における計算可能性と没個性化の動きを，ブルジョワ資本主義の要求と解釈している．

(2)　Heclo, *Government of Strangers*, 158, 171.

(3)　Wilson, *Bureaucracy*, x, 31.

(4)　同上，342; また Price, *Scientific Estate*, 57–75. 官僚的 = 法的様式については，White, "Rhetoric and Law" を参照．

(5)　Hammond, "Convention and Limitation," 222. 正当化のために定量的分析を使うことは，広く強調されてきた．しかし一方，定量的分析は無力であり，詐欺的であり，判断は実際には別の根拠にもとづいてなされることもしばしば含意されてきた．有用な議論が以下にある．Benveniste, *Politics of Expertise*, 56ff.

(6)　Jasanoff, *Fifth Branch*, 9; また Balogh, *Chain Reaction*, 34.

(7)　Hofstadter, *Anti-Intellectualism*, 428. ジャクソンの官僚主義については Wood, *Radicalism of American Revolution*, 303–305 参照．

(8)　アメリカの裁判所において統計の複雑さに直面しようとしない傾向は，法学者同様，統計学者からも批判されてきた．以下参照．DeGroot et al., *Statistics and the Law*, 特に Maier, Sacks, and Zabell, "Hazelwood"，および Finkelstein and Levenbach, "Price-Fixing Cases"; また，Tribe, "Trial by Mathematics."

(9)　Wilson, *Bureaucracy*, 280, 286 は Nathan Glazer を引用している．Martin Bulmer, "Governments and Social Science" は，アメリカとイギリスを，理論的専門知識対実践的専門知識という関係によって対比している．

(10)　Roger Smith and Brian Wynne, "Introduction," and Wynne, "Rules of Laws," in Smith and Wynne, *Expert Evidence*, 引用は 51 から．アメリカでの専門家の証言については，Freidson, *Professional Powers*, 100–102 を参照．

(11)　McPhee, *Control of Nature*, 147–148.

(12)　MacKenzie, "Negotiating Arithmetic."

(13)　Jasanoff, "Misrule of Law"; Jasanoff, *Fifth Branch*, 58; Jasanoff, "Problem of Rationality." Cairns and Pratt, "Bioassays," 6 は，アメリカの規制当局が長いあいだ環境への害を評価するのに，生物学的検査よりも化学的物理的検査を好んできたことを述べている．なぜなら化学的物理的検査の方が容易に定量化でき，比較的うまく標準化できるのに対し，生物学的検査はただ単に密接な関係があるだけだからである．最終的に外部研究者たちが 1 つの生物種についての定型作業を終え，それから多種の生物学的検査を進めたところ，規制当局は徐々に受け入れるようになった．

(14) Brickman et al., *Controlling Chemicals*, 304.

(15) 全米科学アカデミーの報告書，1983年より．以下の書のなかで引用されている．Jasanoff, *Risk Management*, 26; National Research Council, *Regulating Chemicals*, 33.

(16) Jasanoff, "Science, Politics."

(17) Bledstein, *Culture of Professionalism*, 90; Starr, *Social Transformation of American Medicine*.

(18) Ackerman and Hassler, *Clean Coal, Dirty Air*, 4; Vogel, "New Social Regulation"; Shabman, "Water Resources Management." より広い展望として Lowi, *End of Liberalism* 参照．

(19) Ralph Frammolino, "Getting Grades for Diversity," *Los Angeles Times*, February 23, 1994, A15; 最後の引用は *Notice* of University of California Academic Senate, 18 (4), February 1994, 2 より．

(20) Bulmer et al., "Social Survey," and Gorges, "Social Survey in Germany" を参照．バルマーは「社会調査の凋落」"Decline of Social Survey" という論文で，シカゴの社会学者たちが政治から逃れるために客観性をどのように追求したかを示している．

(21) Stigler, *History of Statistics*, 28.

(22) 「株式会社が独占的特権なしにうまく実行できる交易とは，すべての操作がルーティンすなわち定型作業と言われるものに還元できるもの，あるいは変動がほとんどないかまったく許されない統一された方法に還元できるものだけである」．他の事例ではすべて，「個人の投機師たちの強い警戒や注意」は疑いなく組織の人間を打ち倒すだろう，と彼は主張している．Smith, *Wealth of Nations*, vol. 2, 242.

(23) Swijtink, "Objectification of Observation," 278; Schaffer, "Astronomers Mark Time"; Daston, "Escape from Perspective."

(24) 1860–61年の往復書簡より．引用は Rothermel, "Images of the Sun," 157–158 から．

(25) 1866年に書かれたもの．引用は Blanckaert, "Méthodes des moyennes," 225 から．

(26) Olesko, *Physics as a Calling*; Gooday, "Precision Measurement." 実験物理学における誤差理論の展開は散発的なものであった．しかし，部分的には，データの均一性に対する根強い疑いによるものである．たとえば，C. V. ボーイズは，1895年に重力定数のよりよい計測法を探していて，週末の交通量が彼の一連の装置を振動させ，異なる平均値を出すことを見いだした．そして彼は週末の測定を無視した．Mendoza, "Theory of Errors."

(27) Makeham, "Law of Mortality," 301–302.

(28) "Proceedings of the Institute of Actuaries of Great Britain and Ireland," *Assurance Magazine*, 1 (1850–51), no. 1, 103–112; Porter, "Education of an Actuary," 125.

(29) Lawrence, "Incommunicable Knowledge," 507.

(30) Geison, "Divided We Stand."

(31) Frank, "Telltale Heart," 212. および Evans, "Losing Touch" 参照．Warner, *Therapeutic Perspective* は，アメリカでは19世紀後半までにすでに定量化が医学的実践の客観化を推し進めていたことを示している．

(32) Desrosières, "Masses, individus, moyennes"; また Armatte, "Moyenne" 参照．

(33) 1840年のレビューによる．引用は Matthews, *Mathematics*, 75 から．

(34) Weisz, "Academic Debate."

(35) たとえば Hill, "Observation and Experiment," and "Smoking and Carcinoma" 参照．この議論は深刻なものであった．R. A. フィッシャーは懐疑派であった．Berkson, "Smoking and Lung Cancer" は，喫煙とがんの関係を調べる先行研究において対照群のほうが喫煙群よりすべての側面にお

いて健康であるため，調査は独特の集団でなくてはならず，また公正な対照ではない，と主張している．

(36) Matthews, *Mathematics*, chap. 5.

(37) Hill, “Clinical Trial-II”（ハーヴァード医学校における1952年の講演より），29–31.

(38) Marc Daniels, 引用は Hill, “Clinical Trial-I,” 27 から．

(39) Hill, “Clinical Trial-II,” 34, 38; Hill, “Philosophy of Clinical Trial” (1953), 12, 13; Sutherland, “Statistical Requirements,” 50. また Marks, “Notes from Underground,” 318 を参照．

(40) Hill, *Principles of Medical Statistics*; Marks, *Ideas as Reforms*, 15–16.

(41) Hill, “Aims and Ethics,” 5; Hill, “Clinical Trial-II,” 38.

(42) Marks, “Notes from Underground.”

(43) Davis, “Life Insurance”; Sellers, “Office of Industrial Hygiene.”

(44) Trevan, “Determination of Toxicity,” この書は，LD 50（50% 致死量）についての発想と表記法を導入している．Finney, *Statistical Method.*

(45) Mainland, *Clinical and Laboratory Data*, 145–147 はジギタリスの検査法を議論している．薬理学者は会社に対してそれぞれのサンプルに対する平均値と標準誤差を報告している，と彼は説明している．

(46) Marks, “Ideas as Reforms,” chap. 2.

(47) Bodewitz et al., “Regulatory Science.”

(48) Quirk, “Food and Drug Administration,” 222, また Temin, *Taking Your Medicine.* この認可は後に取り消された．このような決定を FDA が軽率におこなったわけではない．統計的優位性よりも厳しい基準を押しつけることは，薬品会社からの法的訴訟を招いた．

(49) 最近の例は，医師に対してプログラム化された基準にそった診断をするよう義務づける努力である．この努力は研究者たちから科学と公開性の名のもとに擁護されたが，あまり成功しなかった．Anderson, “Reasoning of the Strongest.”

(50) Marks, *Ideas as Reforms*, chaps. 3–4. 統計的なコツについては175頁参照．メジャー・グリーンウッドはこのフレーズを使い，また A. B. ヒルはこれを引用している．臨床実践を標準化する努力，特に研究におけるそれについては，Cochrane et al., “Observers’ Errors”; Hoffmann, *Clinical Laboratory Standardization.*

(51) 医学的客観性の原動力は，もちろん統計学に限定されるものではない．たとえば生体組織の交換可能性の検査は，移植の成功を予測する上ではあまり助けにはなっていないにもかかわらず，誰が稀少な組織を得るのかを判断する客観的基礎として評価される．Löwy, “Tissue Groups.”

(52) ニューヨーク高等裁判所判事ジョン・W. ゴッフ．引用は Kevles, “Testing the Army,” 566 から．

(53) Zenderland, “Debate over Diagnosis”; Carson, “Army Alpha.”

(54) Von Mayrhauser, “Manager, Medic, and Mediator”; Samelson, “Mental Testing”; Sutherland, *Ability, Merit and Measurement*, chap. 10.

(55) Resnick, “Educational Testing”, Chapman, *Schools as Sorters.*

(56) Danziger, *Constructing the Subject*, 79, 109 での引用．

(57) 同上，81–83; Gigerenzer and Murray, *Cognition as Intuitive Statistics*, 27.

(58) Ash, “Historicizing Mind Science”; Mauskopf and McVaugh, *Elusive Science*, Hacking, “Telepathy.”

(59) Danziger, *Constructing the Subject*, 148–149, 153–155; Gigerenzer, "Probabilistic Thinking"; Coon, "Standardizing the Subject."

(60) Gigerenzer, "Probabilistic Thinking"; Gigerenzer et al., *Empire of Chance*, chaps. 3, 6; Hornstein, "Quantifying Psychological Phenomena." 推論についてのこの機械的理想に対する批判は，主観性への恐れを，機械的理想が永続化する理由としてよく指摘する．たとえば，Parkhurst, "Statistical Hypothesis Tests" 参照．

(61) Gigerenzer, "Superego, Ego, and Id."

(62) Gigerenzer and Murray, *Cognition*; Gigerenzer et al., *Empire of Chance*, chap. 6.

(63) Burgess, "Success or Failure on Parole," 245.

(64) Kleinmuntz, "Clinical Judgment," 553. この議論の典型的な例は，Meehl, *Clinical versus Statistical Prediction*. もっとも影響力のある臨床判断の擁護者は，ロバート・R. ホルトであった．彼による Holt, *Prediction and Research* を参照．初期の議論の歴史については Gough, "Clinical versus Statistical Prediction" 参照．

(65) Collins, *Artificial Experts*; Ashmore, et al., *Health and Efficiency*; Mirowski and Sklivas, "Why Econometricians Don't Replicate."

(66) Balogh, *Chain Reaction*.

(67) Albury, *Politics of Objectivity*, 36.; Green, "Cost-Benefit Analysis as Mirage"; また Shapin, *Social History of Truth*. 技能と共同体については，明らかに郷愁にみちた本 Harper, *Working Knowledge* を参照．

第9章　科学は共同体によってつくられている？

エピグラフは Harré, *Varieties of Realism*, 1 より．

(1) Hollinger, "Free Enterprise." ヴァネヴァー・ブッシュの話術における個人主義と共同体に関しては，Owens, "Patents" 参照．

(2) "A Word up Your Nose," *The Economist*, August, 7, 1993, 20.

(3) Harré, *Varieties of Realism*, 1–2, 6–7. 最近の科学論における共同体についての議論は，Jacobs, "Scientific Community" を参照．

(4) Fish, *Is There a Text in This Class*, 14–17.

(5) Rudwick, *Grear Devonian Controversy*, 448.

(6) Heclo and Wildavsky, *Private Government of Public Money*.

(7) Bender, "Erosion of Public Culture," 89; Bender, *Community and Social Change*, 149.

(8) Leibnits, "Measurement of Quality," 483–485.

(9) Traweek, *Beamtimes and Lifetimes*.

(10) Pinch, *Confronting Nature*, 207.

(11) 物理学だけの話ではない．Haraway, *Primate Visions*, 170–171 では，ジェーン・グドール〔訳注，イギリスの動物行動学者，タンザニアの国立公園でチンパンジーを観察〕がどのように用紙のメモの取り方を標準化し，タンザニアの野外調査アシスタントに委託したか，そして学生たちに任せたか，を記述している．

(12) Latour, *Science in Action*.

(13) Shapin and Schaffer, *Leviathan and the Air-Pump*.

(14) Biagioli, *Galileo Courtier*; Shapin, *Social History of Truth*.

(15)　Daston, "Republic of Letters."

(16)　Nyhart, "Writing Zoologically"; Harry M. Marks, "Local Knowledge: Experimental Communities and Experimental Practices, 1918–1950," paper given at University of California, San Francisico, May 1988. ここで私が刊行されていない論文を引用することを，読者にはお許しいただきたい．引用を承知してくれたハリー・マークスに感謝する．

(17)　Holton, "Fermi's Group"; Holton, "On Doing One's Damndest: The Evolusion of Trust in Scientific Findings," forthcoming [in *Einstein, History, and Other Passions*]. 研究学派については，Geison, "Research Schools"; Geison and Holmes, *Research Schools* を参照．

(18)　W. B. Trommsdorff, 引用は Hufbauer, *German Chemical Community*, 139 から．

(19)　Golinski, *Science as Public Culture*, 138.

(20)　Kuhn, *Structure of Scientific Revolutions*, 47

(21)　McCloskey, *Rhetoric of Economics*, chaps. 9–10; Bazerman, *Shaping Written Knowledge*, chap. 9.

(22)　Novick, *The Noble Dream*, 4, 52–53, 89–90.

(23)　科学の方法論を形づくる上での外圧の必要性については，Knorr-Cetina, *Manufacture of Knowledge*, chap. 4 参照．

(24)　Holton, "On Doing One's Damndest"; Hammond and Adelman, "Science, Values, and Human Judgment," 390–391. 彼らは嘆く．「このように（全米科学アカデミーは），すでに法律家（とジャーナリスト）の倫理の犠牲になった．誰も信用しない，というのが規則である．彼らがこれの否定証明をしないかぎり」．

(25)　Bulmer, "Social Indicator Research," 112, 119; 最初の引用は William F. Ogburn によるもの．2つめは Leonard White によるもの．ロックフェラーのような財団は，論争を生まないような研究を支援したいと望んでおり，このような態度を奨励する．Craver, "Patronage" を参照．

(26)　Nathan, *Social Science in Government*, 94.

著者略歴

(Theodore M. Porter)

1953年生まれ．カリフォルニア大学ロサンゼルス校歴史学名誉教授．専門は科学史・科学論．スタンフォード大学，プリンストン大学に学び，チャールズ・ギリスピー，トマス・クーンの指導を受ける．81年，プリンストン大学にてPh. D.（歴史学）取得．82-83年，ビーレフェルト大学学際研究センター「確率革命」研究プロジェクトに参加し，Krüger et al. eds., *The Probabilistic Revolution*, 2 vols.（MIT Press, 1987）に執筆．最初の単著 *The Rise of Statistical Thinking, 1820–1900*（Princeton University Press, 1986〔『統計学と社会認識——統計思想の発展1820-1900年』長屋政勝・近昭夫・木村和範・杉森滉一訳，梓出版社，1995〕）で社会の定量化の歴史を論じ，ついで本書 *Trust in Numbers: The Pursuit of Objectivity in Science and Public Life*（Princeton University Press, 1995）により1997年Society for Social Studies of Science（4S: 国際科学技術社会論学会）のFleck Prize受賞．最新著 *Genetics in the Madhouse: The Unknown History of Human Heredity*（Princeton University Press, 2018）．2008年にAAAS（全米科学振興協会）代表メンバーに選出された．2023年にHSS（米国科学史学会）のGeorge Sarton Medal受賞．

訳者略歴

藤垣裕子〈ふじがき・ゆうこ〉 1962年生まれ．東京大学大学院総合文化研究科広域科学専攻博士課程修了．学術博士．専門は科学技術社会論・科学計量学．現在，東京大学大学院総合文化研究科広域システム科学系教授．2002-5年Society for Social Studies of Science（4S）理事．2013-16年，科学技術社会論学会会長．著書に『専門知と公共性——科学技術社会論の構築にむけて』（東京大学出版会，2003），『科学者の社会的責任』（岩波書店，2018），共著に『研究評価・科学論のための科学計量学入門』（丸善，2004），『社会技術概論』（放送大学教育振興会，2007），『大人になるためのリベラルアーツ（正・続）』（東京大学出版会，2016，2019），編著に *Lessons from Fukushima: Japanese Case Studies on Science, Technology and Society*（Springer, 2015），『科学技術社会論の挑戦』I-III（共編，東京大学出版会，2020）など．

セオドア・M・ポーター
数値と客観性
科学と社会における信頼の獲得
藤垣裕子訳

2013年 9月20日 初 版第1刷発行
2024年 9月17日 新装版第1刷発行

発行所 株式会社 みすず書房
〒113-0033 東京都文京区本郷2丁目20-7
電話 03-3814-0131(営業) 03-3815-9181(編集)
www.msz.co.jp

本文印刷所 萩原印刷
扉・表紙・カバー印刷所 リヒトプランニング
製本所 誠製本

Printed in Japan
ISBN 978-4-622-09744-0
[すうちときゃっかんせい]